普通高等教育"十二五"规划教材

高等数学

（上册）

李德新　编著

科学出版社

北京

内 容 简 介

本书根据"工科类本科数学基础课程教学基本要求"及考研大纲,并结合教学实践的经验编写而成,其中各部分知识的展开和习题的安排都充分注意循序渐进的教学原则.

本书分上、下两册.上册内容包括:函数、极限与连续,微分与导数,微分中值定理和导数的应用,定积分与不定积分,微元法与定积分的应用,微分方程,共 6 章.每节后均附有习题,每章末附有综合测试题.上、下册分别附有 3 套模拟试题.并给出了部分题目答案,供读者参考.

本书可作为高等学校理工类专业学生的教材,也可作为考研学生首轮复习的参考用书.

图书在版编目(CIP)数据

高等数学.上册 / 李德新编著. —北京:科学出版社,2014

普通高等教育"十二五"规划教材
ISBN 978-7-03-040709-2

Ⅰ.①高… Ⅱ.①李… Ⅲ.①高等学校－高等学校－教材 Ⅳ.①O13

中国版本图书馆 CIP 数据核字(2014)第 106731 号

责任编辑:李淑丽 / 责任校对:李 影
责任印制:赵 博 / 封面设计:华路天然工作室

科 学 出 版 社 出版
北京东黄城根北街 16 号
邮政编码:100717
http://www.sciencep.com

安泰印刷厂印刷
科学出版社发行 各地新华书店经销

*

2014 年 7 月第 一 版 开本:787×1092 1/16
2017 年 7 月第三次印刷 印张:17 1/2
字数:459 000

定价:36.80 元
(如有印装质量问题,我社负责调换)

前　　言

"高等数学"是高等学校理工类本科各专业的一门重要基础课,通过此课程的学习,使学生获得所要求的基本概念、基本理论和基本技能,培养学生的逻辑推理能力、抽象思维能力、空间想象能力、自学能力及综合运用所学知识分析问题和解决问题的能力,并逐步形成创新意识和应用意识,为学习后继课程和进一步获取知识奠定必要的数学基础.

本书在确保满足"工科类本科数学基础课程教学基本要求"的前提下,对高等数学的基本概念、基本理论和基本方法的阐述力求严谨简明、详略得当,同时突出微积分基本思想在理工科学科中的应用,可作为理工科本科生的公共教材,也可作为参加工学硕士研究生入学数学考试第一阶段系统复习时的参考用书,还可供科技人员参考.

本书分上、下两册,上册主要介绍一元函数微积分和微分方程,下册主要介绍无穷级数、向量代数与空间解析几何和多元函数微积分等.

本书有如下鲜明特点：

(1)力图把读者当成自己的朋友,用通俗的语言去刻画深刻的道理.努力把分类、发散、逆向、联想等思维方法贯穿全书内容之中,重视通过对问题的分析与挖掘,充分调动读者的主观能动性.

(2)尽量对各部分内容的表达顺序和表达形式进行改善,从课程本身化解难点,主要是概念更加平易直观；逻辑推演更加直接明快；方法更加通用有力.

(3)多处知识板块后有一些简短的注记或小结,有助于学习者从深度和广度上理解与掌握相关知识.

(4)针对较难的例题,把思路与求解分开,既引导思考过程又明确解题格式.把"如何想"与"如何写"更清晰地区分开来,有助于帮助读者形成深入思考的习惯和提高既严密又简明的书写能力.

(5)注重数学思想的应用,尽量把零散的应用实例进行集中归并,目的在于提高应用意识与能力.

(6)每章后附有综合测试题,上、下册分别给出 3 套模拟试题(题量按通常的 120 分钟的考试时间设置,与期末考试的题量大致相当).读者可根据情况进行筛选.

(7)书中加星号的或用楷体字印刷的内容,可作为对数学要求较高的读者选读研究.

在本书写作的过程中,得到了学校教务处等有关部门和学院领导的大力支持,另外温永仙、王秀丽、姜永、陈绩馨、陈超英、官明友、林妹珠、陈建华、许冰等老师提供了许多宝贵意见和建议.在此谨表诚挚的谢意.

在本书写作的过程中,参考了国内外与高等数学相关的许多优秀著作,在此恕不一一列名致谢.

编者才疏学浅,难免存在不足之处.敬请使用本书的读者们不吝评正.

编　者
2013 年 12 月

目 录

第1章 函数、极限与连续 ·········· 1
  预备知识 ·········· 1
  §1.1 函数概述 ·········· 2
    习题1.1 ·········· 12
  §1.2 数列极限的概念与基本性质 ·········· 13
    习题1.2 ·········· 16
  §1.3 函数极限的概念与基本性质 ·········· 17
    习题1.3 ·········· 22
  §1.4 无穷小与无穷大 ·········· 23
    习题1.4 ·········· 26
  §1.5 极限的运算与求法(一) ·········· 27
    习题1.5 ·········· 35
  §1.6 极限的运算与求法(二) ·········· 36
    习题1.6 ·········· 40
  §1.7 极限的初步应用 ·········· 41
    习题1.7 ·········· 45
  §1.8 函数的连续性与间断点 ·········· 46
    习题1.8 ·········· 51
  §1.9 闭区间上连续函数的性质 ·········· 51
    习题1.9 ·········· 54
  综合测试题一 ·········· 55

第2章 微分与导数 ·········· 57
  §2.1 微分的概念与基本性质 ·········· 57
    习题2.1 ·········· 61
  §2.2 导数的概念与基本性质 ·········· 61
    习题2.2 ·········· 67
  §2.3 导数与微分的运算与求法(一) ·········· 68
    习题2.3 ·········· 71
  §2.4 导数与微分的运算与求法(二) ·········· 72
    习题2.4 ·········· 79
  §2.5 高阶导数 ·········· 79
    习题2.5 ·········· 83

§2.6 隐式函数与参数函数的求导 ·· 84
  习题 2.6 ··· 88
§2.7 导数的初步应用 ·· 89
  习题 2.7 ··· 91

综合测试题二 ··· 93

第3章 微分中值定理和导数的应用 ··· 95
§3.1 微分中值定理 ··· 95
  习题 3.1 ··· 100
§3.2 函数的增减性与极值、最大值与最小值 ··· 101
  习题 3.2 ··· 109
§3.3 曲线的凹凸性与拐点、曲率 ·· 110
  习题 3.3 ··· 115
§3.4 函数图像的描绘 ·· 116
  习题 3.4 ··· 119
§3.5 洛必达法则 ·· 120
  习题 3.5 ··· 126
§3.6 泰勒公式 ··· 127
  习题 3.6 ··· 134

综合测试题三 ··· 135

第4章 定积分与不定积分 ·· 137
§4.1 定积分的概念与基本性质 ·· 137
  习题 4.1 ··· 143
§4.2 不定积分的概念与微积分基本定理 ·· 143
  习题 4.2 ··· 149
§4.3 积分的运算与求法（一） ·· 150
  习题 4.3 ··· 154
§4.4 积分的运算与求法（二） ·· 155
  习题 4.4 ··· 162
§4.5 积分的运算与求法（三） ·· 163
  习题 4.5 ··· 169
§4.6 积分的运算与求法（四） ·· 170
  习题 4.6 ··· 178
§4.7 变限积分函数与积分中值定理 ·· 179
  习题 4.7 ··· 187
§4.8 定积分的初步应用 ··· 188
  习题 4.8 ··· 190
§4.9 反常积分 ··· 191

习题 4.9 ·· 197

　　综合测试题四 ··· 197

第 5 章　微元法与定积分的应用 ·· 200

　§ 5.1　定积分的微元法 ·· 200

　　习题 5.1 ·· 201

　§ 5.2　定积分的几何应用 ·· 202

　　习题 5.2 ·· 210

　§ 5.3　定积分的物理应用 ·· 212

　　习题 5.3 ·· 216

　　综合测试题五 ··· 217

第 6 章　微分方程 ··· 219

　§ 6.1　微分方程的基本概念 ·· 219

　　习题 6.1 ·· 221

　§ 6.2　一阶可分方程与一阶线性方程 ································· 222

　　习题 6.2 ·· 227

　§ 6.3　可利用变量替换法求解的一阶方程 ·························· 228

　　习题 6.3 ·· 231

　§ 6.4　二阶可降阶方程 ·· 231

　　习题 6.4 ·· 234

　§ 6.5　二阶线性常系数齐次方程 ······································· 234

　　习题 6.5 ·· 237

　§ 6.6　二阶线性常系数非齐次方程 ···································· 238

　　习题 6.6 ·· 245

　§ 6.7　微分方程的应用(一) ·· 246

　　习题 6.7 ·· 248

　§ 6.8　微分方程的应用(二) ·· 248

　　习题 6.8 ·· 254

　　综合测试题六 ··· 255

高等数学(上册)模拟试题一 ··· 257

高等数学(上册)模拟试题二 ··· 259

高等数学(上册)模拟试题三 ··· 261

习题、综合测试题、模拟试题部分参考答案 ···························· 263

参考文献 ··· 271

第 1 章　函数、极限与连续

函数是相互依赖的变量之间的确定性关系,是高等数学研究的主要对象. 极限是函数的无穷变化趋势,是高等数学的理论基础和基本工具. 连续是函数的重要性态,是高等数学研究的许多问题的基本条件和桥梁. 本章我们先回顾初等数学中函数的有关知识,然后介绍极限的概念、性质、运算法则以及函数的一个重要性质即连续性. 学习本章时,需要注意的是极限理论与方法,它是人们从有限中认识无限、从近似中认识精确、从量变中认识质变的最基本的思想方法,几乎贯穿了高等数学的全课程.

预 备 知 识

在回顾复习函数的知识前,先介绍一些基础知识.

首先,引进常用的**逻辑符号**与**关系符号**如下:

符号 $\forall$:表示"对每一个","任取",或"任意给定",它是英文 Any(每一个)或 All(所有的)字头 A 的倒写.

符号 $\exists$:表示"存在一个","至少有一个"或"能够找到",它是英文 Exist(存在)的字头 E 的反写.

符号 $\Rightarrow$:表示"推出"或"蕴含".

符号 $\Leftrightarrow$:表示"等价"或"充分必要".

符号 $\triangleq$:表示"记为".

符号 $\overset{\triangle}{=}$:表示"定义为"或"记为".

其次,给出变量、区间及邻域的概念.

在某一过程中保持不变的数量称为**常量**或**常数**,用字母 a,b 等表示;可以取不同数值的数量称为**变量**,用字母 x,y 等表示. 今后,凡无特别说明,本书所言的数量都是指实数.

只取有限个或可列无穷多个数值的变量称为**离散型变量**. 如价格、产值等. 所谓可列无穷多个数值,是指这无穷多个数值可以写成一个无穷数列的形式,如数值 $1,2,3,\cdots$,以及 $\frac{1}{2},\frac{1}{4},\frac{1}{8},\cdots$ 等. 可以取某区间上任何数值的变量称为**连续型变量**,如温度、时间等. 所谓区间可以是有限区间,如开区间 (a,b),闭区间 $[a,b]$,半开半闭区间 $(a,b]$ 和 $[a,b)$;也可以是无限区间,如 $(a,+\infty)$,$(-\infty,b]$ 或 $(-\infty,+\infty)$ 等. 在不需要细分的情况下,各种区间统称**区间**,常用 I 表示.

为了研究变量的局部变化状态,今后还常用到邻域的概念.

若 δ 是正数,称开区间 $(a-\delta,a+\delta)$ 为点 a 的 δ **邻域**,记作 $U(a,\delta)$,即
$$U(a,\delta) = (a-\delta,a+\delta) = \{x \mid |x-a|<\delta\}.$$

其中点 a 称为这邻域的**中心**,δ 称为这邻域的**半径**. 邻域 $U(a,\delta)$ 表示与点 a 的距离小于 δ

的一切点 x 的全体(图 1-0-1).

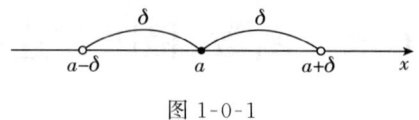

图 1-0-1

任何有限开区间都可视为邻域. 例如,区间 $(-1,3)=U(1,2)$.

若把邻域 $U(a,\delta)$ 的中心点去掉,所剩下的部分称为点 a 的去心 δ **邻域**,记作 $\mathring{U}(a,\delta)$,即
$$\mathring{U}(a,\delta)=(a-\delta,a)\bigcup(a,a+\delta)=\{x\mid 0<\mid x-a\mid<\delta\}.$$
开区间 $(a-\delta,a)$ 称为点 a 的左 δ **邻域**,$(a,a+\delta)$ 称为点 a 的右 δ **邻域**.

在不必指明邻域的半径时,可把以点 a 为中心的任何开区间称为点 a 的**邻域**,记作 $U(a)$,把邻域 $U(a)$ 的中心点去掉后所剩下的部分称为点 a 的**去心邻域**,记作 $\mathring{U}(a)$.

数学是研究现实世界中数量关系和空间形式的科学. 初等数学主要是对数量关系和空间形式作静止的分析,而高等数学则着重于以动态的观点作研究. 简单地说,高等数学就是研究变量变化规律的学科. 不过,高等数学研究的变量一般不是指孤立的某个变量,而是若干个相互依赖、相互制约的变量. 同一变化过程中若干个相互依赖、相互制约的变量之间所具有的确定性的关系,实质上就是函数.

§1.1 函数概述

一、函数的基本概念

定义 设 x 和 y 是两个变量,D 是数集. 若 $\forall x\in D$,y 按照一定的法则总有确定的数值与之对应,则称 y 是 x 的**函数**,记为
$$y=f(x),x\in D \quad \text{或} \quad y=y(x),x\in D.$$
其中 x 称为**自变量**,y 称为**因变量**,D(或记成 D_f)称为函数的**定义域**,$f(\ )$ 或 f 称为函数的**对应法则**.

在函数定义中,$\forall x\in D$,对应的 y 值是确定的,但 y 值不一定是唯一的. 若 $\forall x\in D$,y 有且只有一个值与它对应,则这类函数称为**单值函数**;若 $\forall x\in D$,y 可以有多个值与它对应,则这类函数称为**多值函数**. 例如,设 x 和 y 之间的对应法则由方程 $y^2=x$ 给出,当 $x\geqslant 0$ 时有 $y=\pm\sqrt{x}$ 与之对应,因此是一个多值函数. 对于多值函数,如果附加一些条件,可使得在此附加条件下,对每个 $x\in D$,对应的 y 值是唯一的,即为一个单值函数. 例如,对于 $y^2=x$,附加条件 $y\geqslant 0$,就得到一个单值函数 $y=\sqrt{x}$;若附加条件 $y\leqslant 0$,就得到另一个单值函数 $y=-\sqrt{x}$. 由于多值函数可以分解为多个单值函数来研究,因此,今后凡是没有特别说明时,函数都是指单值函数.

当自变量在定义域内取某一数值 a 时,函数 $f(x)$ 的对应值,称为函数 $f(x)$ 在 $x=a$ 点处的**函数值**,记为 $f(a)$ 或 $y\vert_{x=a}$. 当自变量取遍定义域内的一切数值时,相应的函数值的全体称为函数的**值域**,记为 W 或 W_f,即

$$W = \{y \mid y = f(x), x \in D\}.$$

函数定义中,包含了自变量、因变量、定义域、对应法则和值域这几个因素,其中定义域 D 与对应法则 f 称为函数的**两要素**.

函数的定义域是使函数有意义的自变量的取值范围. 在实际问题中,函数的定义域是根据问题的实际意义来确定的. 比如,圆的面积 A 是半径 R 的函数 $A = \pi R^2$,其定义域为 $R > 0$. 若不考虑函数的实际意义,而抽象地研究用算式表达的函数,这时函数的定义域是使函数中的所有算式都有意义的自变量的全部取值.

例 1 函数 $y = \dfrac{\sqrt{1+\ln x}}{1-x}$ 的定义域是( )

A. $\left(\dfrac{1}{e}, 1\right)$ B. $\left[\dfrac{1}{e}, 1\right)$ C. $(1, +\infty)$ D. $\left[\dfrac{1}{e}, 1\right) \cup (1, +\infty)$

这是一道四选一的单项选择题,请读者用直推法、特取法、淘汰法自行求解. 答案是 D. 今后对高等数学的单项选择题,还可用反演法、图解法和估值法等解答.

函数的两要素中,对应法则 $f(\ )$ 是表示自变量与因变量之间关系的,是函数的核心. 理解这个核心的直观方法是把对应法则看作是一部机器,若 x 在函数 $f(x)$ 的定义域中,当把 x 视为机器的输入放进机器,则通过机器的处理产生了一个输出 $f(x)$. 当然,函数的定义域就被看作是一切允许输入的集合;函数的值域被看作是一切可能输出的集合. 在计算器中预先编好程序的函数,是把函数看作机器的一个很好例证. 例如,在普通计算器上都有 $\sqrt{\ }$ 键,它表示进行开平方运算的函数. 要对一个数进行开平方运算,首先输入 x 到计算器的显示屏,然后按下 $\sqrt{\ }$ 键. 当 $x \geq 0$ 时,函数值即被显示出来;当 $x < 0$ 时,由于 x 不在开平方函数的定义域内,即这个 x 是一个不被认可的输入,计算器将在显示屏上显示错误信息. 实际上,函数的"函"就带有"袋子"、"盒子"、"箱子"的意思,因而函数的对应法则,可看成是将输入的数字进行变化后再输出的一种特殊的"袋子"、"盒子"、"箱子".

两个函数只有当它们的定义域相同,且对应法则也相同时,才称这两个函数是相同的.

注 函数与自变量和因变量所采用的表示符号无关.

例如,$y = x + 1$ 与 $y = \dfrac{x^2 - 1}{x - 1}$ 不是同一个函数,因为定义域不同;$y = \dfrac{x^2 - 1}{x - 1}$ 与 $y = \dfrac{x^3 - 1}{x - 1}$ 也不是同一个函数,因为对应法则不同;而 $y = \sin 2x$ 与 $u = \sin 2v$ 是相同的函数.

为了表示 y 是 x 的函数,所采用的记号并不唯一. 但是,若同时研究多个不同的函数,为了避免混淆,则不能用同一个记号来表示不同的函数.

表示函数的方法,通常有公式法、图像法和表格法三种,另外还可以用语言文字的叙述表示,用电子计算机的语言表示等. 将公式法和图像法结合起来(**数形结合法**),仍然是今后经常用到的一种分析处理问题的基本方法.

在平面直角坐标系 xOy 中,函数 $y = f(x)$ 的**图像**(或**图形**)是指点集

$$C = \{(x, y) \mid y = f(x), x \in D\},$$

可简记为 $C: y = f(x), x \in D$. 显然(图 1-1-1),函数的图像在 x 轴和 y 轴上的投影分别就是函数的定义域和值域. 例如,线性函数 $y = kx + b$ 是一条斜率为 k,在 y 轴上的截距为 b 的直线;二次函数

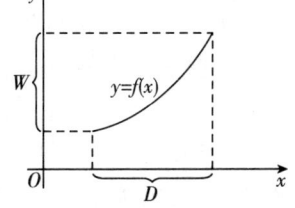

图 1-1-1

$y=ax^2+bx+c(a\neq 0)$ 是一条顶点为 $\left(-\dfrac{b}{2a},\dfrac{4ac-b^2}{4a}\right)$，对称轴为 $x=-\dfrac{b}{2a}$ 的抛物线.

函数作图的一般方法：研究函数性质，描出一些特殊点，连线作图并根据函数性质进行必要的修改后获得图像.

二、函数的基本特性

在函数的性质中，奇偶性、周期性、单调性和有界性是比较简单的，这些特性与函数图像的某种特征相匹配，也可以说是函数的几何特性.

设函数 $f(x)$ 在区间 I 上有定义（I 可以是整个定义域 D_f，也可以是 D_f 的一部分），I 关于原点对称（即 $x\in I\Leftrightarrow -x\in I$）. 若 $\forall x\in I$，恒有 $f(-x)=-f(x)$（或 $f(-x)=f(x)$），则称 $f(x)$ 是区间 I 上的**奇函数**（或**偶函数**）.

注 $f(x)$ 在 I 上是奇函数（或偶函数）$\Leftrightarrow \forall x\in I$，恒有 $f(-x)\pm f(x)=0\Leftrightarrow f(x)$ 在 I 上的图像关于原点（或 y 轴）对称.

例如，$y=C$（C 是常数），$y=x^2$，$y=|x|$，$y=\cos x$ 都是偶函数；$y=\dfrac{1}{x}$，$y=x^3$，$y=\sin x$ 都是奇函数；$y=kx+b(k\neq 0,b\neq 0)$，$y=ax^2+bx+c(a\neq 0,b\neq 0)$，$y=2^x$，$y=\ln x$ 都是非奇非偶函数；$y=0$ 既是奇函数又是偶函数.

设函数 $f(x)$ 的定义域为 D，若 $\exists T>0$，使得 $\forall x\in D$，有 $(x+T)\in D$，且恒有 $f(x+T)=f(x)$，则称 $f(x)$ 是**周期函数**，T 为 $f(x)$ 的一个**周期**.

注 $f(x)$ 周期为 $T\Leftrightarrow \forall x\in I$，恒有 $f(x+T)-f(x)=0\Leftrightarrow f(x)$ 的图像在相邻的每个长度为 T 的区间上完全相同.

若 T 为 f 的一个周期，则 $\forall$ 正整数 n，nT 都是 f 的周期. 若在周期中存在最小的正值，就称它为**最小正周期**. 通常，周期函数的周期是指最小正周期.

例如，$y=\sin x$，$y=\cos x$ 的周期是 2π；$y=\sin 2x$，$y=|\sin x|$ 的周期是 π.

设函数 $f(x)$ 在区间 I 上有定义，若 $\forall x_1,x_2\in I$，当 $x_1<x_2$ 时恒有 $f(x_1)<f(x_2)$（或 $f(x_1)>f(x_2)$），则称 $f(x)$ 在 I 上**单调增加**（或**单调减少**），I 为 $f(x)$ 的一个**单调增加**（或**单调减少**）**区间**. 单调增加和单调减少的函数（或区间）统称为**单调函数**（或**单调区间**）.

注 $f(x)$ 在 I 上单调增加（或减少）$\Leftrightarrow \forall x_1,x_2\in I$，当 $x_1\neq x_2$ 时，恒有 $\dfrac{f(x_2)-f(x_1)}{x_2-x_1}>$（或 $<$）$0\Leftrightarrow f(x)$ 在 I 上的图像是渐升（或渐降）的.

例如，$y=x^2$ 在 $[0,+\infty)$ 上单调增加，在 $(-\infty,0]$ 上单调减少；而在 $(-\infty,+\infty)$ 内，函数 $y=x^2$ 不是单调的. 可见，函数的单调性具有局部性.

函数的单调性是相对于有定义的某区间而言的，只有在整个定义域上单调的函数，在指明其单调性时才可以把相应的单调区间省略，如 $y=\mathrm{e}^x$，$y=\ln x$ 是单调增加函数.

设函数 $f(x)$ 在区间 I 上有定义，若 $\exists$ 常数 M（或 m），使得 $\forall x\in I$，恒有 $f(x)\leqslant M$（或 $f(x)\geqslant m$），则称 $f(x)$ 在 I 上**有上界**（或**有下界**），数 M（或 m）称为 $f(x)$ 在 I 上的一个**上界**（或**下界**）. 若 $f(x)$ 在 I 上既有上界又有下界，则称 $f(x)$ 在 I 上**有界**或 $f(x)$ 是 I 上的**有界函数**. 否则，称 $f(x)$ 在 I 上**无界**.

注 $f(x)$ 在 I 上有界 $\Leftrightarrow \exists K>0$，使得 $\forall x\in I$，恒有 $|f(x)|\leqslant K\Leftrightarrow f(x)$ 在 I 上的图像介

于两条平行于 x 轴的水平线之间.

如, $y=x$ 在 $(0,1)$ 上有界, 在 $[1,+\infty)$ 上无界; $y=\dfrac{1}{x}$ 在 $(0,1)$ 无界, 在 $[1,+\infty)$ 上有界.

函数的有界性仍然与区间有关, 只有在整个定义域上讨论有界性时, 才可以省略具体的区间. 如 $y=\sin x$ 和 $y=\cos 2x$ 是有界函数.

有界性定义中的上界(或下界), 即常数 M(或 m)可以不唯一, 可以不必是 $f(x)\leqslant M$(或 $f(x)\geqslant m$)成立的最小(或最大)值.

思考: f 在 I 上有最大最小值与 f 在 I 上有界, 这两者是否等价?

三、函数的基本运算

函数的基本运算包括四则运算, 复合运算和反演运算三类.

对常数 k, 函数 $f(x)$ 和 $g(x)$ 施行的以下运算

$$kf(x), f(x)\pm g(x), f(x)g(x), \frac{f(x)}{g(x)}$$

称为函数的**四则运算**, 所得到的函数分别称为函数 $f(x)$ 的**乘数函数**, 函数 $f(x)$ 与 $g(x)$ 的**和、差函数**, **积函数**, **商函数**.

函数经四则运算后, 生成的新的函数的定义域一般是各构成函数的定义域的交集, 而对商函数 $\dfrac{f(x)}{g(x)}$, 其定义域是 $\{x\mid x\in D_f\bigcap D_g, g(x)\neq 0\}$.

如, 由正弦函数 $\sin x$, 余弦函数 $\cos x$, 可得到正切函数 $\tan x=\dfrac{\sin x}{\cos x}$, 余切函数 $\cot x=\dfrac{\cos x}{\sin x}$, 正割函数 $\sec x=\dfrac{1}{\cos x}$, 余割函数 $\csc x=\dfrac{1}{\sin x}$. 由此并结合 $\sin^2 x+\cos^2 x=1$, 可推出 $1+\tan^2 x=\sec^2 x$, $1+\cot^2 x=\csc^2 x$.

注 把一个复杂的函数分解成若干个简单的函数的四则运算, 这个过程称为函数的**分项**(这里把乘除的因式也看作项). 同一个函数可能有不同的分项方法, 如函数 $x(x+1)$, 既可以当成 x^2 与 x 的和, 也可当成 x 与 $x+1$ 的积. 函数的分项方法是高等数学中较基本的化简方法.

设 y 是 u 的函数 $y=f(u)$, 定义域为 D_f, 而 u 是 x 的函数 $u=g(x)$, 且在 I 上有定义, 若 $W=\{u\mid u=g(x), x\in I\}$, 且 $W\subset D_f$, 那么, $\forall x\in I$, y 通过 u 的联系便成为 x 的函数, 这个新的函数称为由函数 $y=f(u)$ 和 $u=g(x)$ 复合而成的**复合函数**, 记为 $y=f[g(x)]$, 其中, $y=f(u)$ 称为**外层函数**, $u=g(x)$ 称为**内层函数**, u 称为**中间变量**. 由已知函数获得复合函数的运算过程称为**复合运算**.

通俗地理解, 复合函数就是函数套函数. 复合函数也可以由两个以上的函数经过复合而成, 如 $y=\mathrm{e}^{\sin\sqrt{x}}$ 就可以看作是由三个函数 $y=\mathrm{e}^u$, $u=\sin v$, $v=\sqrt{x}$ 复合而成的. 要注意, 不是任何两个函数都能复合成一个复合函数的. 例如, $y=\sqrt{u}$ 及 $u=-x^2-1$ 就不能复合(请思考这是为何?).

注 把一个复杂的复合函数分解成若干个简单的函数的复合运算, 这个过程称为函数的**分层**. 复合函数的复合运算过程是由内到外进行的, 而分层过程与复合运算过程恰好是

反序的——由表及里逐步设中间变量,因此,复合函数的分层俗称**剥皮法**. 正确而熟练掌握这一方法,将给今后学习带来很多方便. 另外,研究复合函数时,还常常用到**换元法**(变量替换法)和**还原法**.

例 2 设 $f\left(\dfrac{1}{x}\right)=\dfrac{x+1}{x-2}$,求 $f(x)$.

思路 利用换元法,结合函数与变量记号无关的特性.

解 令 $\dfrac{1}{x}=u$,则 $x=\dfrac{1}{u}$,由题设得 $f(u)=\dfrac{\dfrac{1}{u}+1}{\dfrac{1}{u}-2}=\dfrac{1+u}{1-2u}$.

故 $f(x)=\dfrac{1+x}{1-2x}$.

例 3 设 $f\left(x-\dfrac{1}{x}\right)=3-x^2-\dfrac{1}{x^2}$,求 $f(\sin x)$.

思路 若令 $x-\dfrac{1}{x}=u$,不便求出 x,可把 $3-x^2-\dfrac{1}{x^2}$ 直接还原成 $x-\dfrac{1}{x}$ 的表达式.

解 因为 $f\left(x-\dfrac{1}{x}\right)=3-x^2-\dfrac{1}{x^2}=1-\left(x-\dfrac{1}{x}\right)^2$,所以 $f(u)=1-u^2$.

故有 $f(\sin x)=1-\sin^2 x=\cos^2 x$.

设函数 $y=f(x)$ 在区间 I 上有定义,若 $\forall y\in W=\{y\mid y=f(x),x\in I\}$,通过 $y=f(x)$ 都有唯一确定的 x 与 y 对应,则得到一个以 y 为自变量,x 为因变量的函数 $x=g(y)$,该函数称为函数 $y=f(x)$ 的**反函数**,习惯上写成 $y=g(x)$,并记为 $f^{-1}(x)=g(x)$. 由已知函数获得反函数的运算过程称为**反演运算**.

由于 $f(x)=y\Leftrightarrow f^{-1}(y)=x$,所以函数与其反函数的图像关于直线 $y=x$ 是对称的.

注 单调区间上的函数一定有反函数. 比如,函数 $y=x^2$ 在 $(-\infty,0)$ 内的反函数为 $y=-\sqrt{x},x>0$;函数 $y=e^x$ 在 $(-\infty,+\infty)$ 的反函数为 $y=\ln x,x>0$.

三角函数 $y=\sin x,y=\cos x,y=\tan x,y=\cot x$ 在包含锐角的单调区间上,即函数

$$y=\sin x,x\in\left[-\dfrac{\pi}{2},\dfrac{\pi}{2}\right],\ y=\cos x,x\in[0,\pi],$$

$$y=\tan x,x\in\left(-\dfrac{\pi}{2},\dfrac{\pi}{2}\right),\ y=\cot x,x\in(0,\pi)$$

的反函数,依次记为

$$y=\arcsin x,x\in[-1,1],\ y=\arccos x,x\in[-1,1],$$

$$y=\arctan x,x\in(-\infty,+\infty),\ y=\operatorname{arccot} x,x\in(-\infty,+\infty).$$

如,由反三角函数的定义,可得 $\arctan 1=\dfrac{\pi}{4},\arccos\sin\left(-\dfrac{\pi}{3}\right)=\dfrac{5}{6}\pi$.

利用函数的四则运算(分项法)、复合运算(分层法)和反演运算(反演法)这些基本运算研究函数的某些性质,有时可以起到化繁为简的作用.

以函数奇偶性的四则运算为例,(不难证得)在共同有定义的对称区间内,函数的奇偶性有如下的运算规律:

奇+奇=奇,偶+偶=偶,奇+偶=非奇非偶;

奇×奇＝偶,偶×偶＝偶,奇×偶＝奇.

其中"奇＋偶＝非奇非偶"的规律不包含恒为零的函数.

例 4 判别 $f(x)=x\sin x+|x|\cos x$ 的奇偶性.

解 因为 $x,\sin x$ 是奇函数,所以 $x\sin x$ 是偶函数;又因为 $|x|,\cos x$ 是偶函数,所以 $|x|\cos x$ 是偶函数,于是 $f(x)=x\sin x+|x|\cos x$ 是偶函数.

思考:(1)若 f 和 g 都是奇函数,问 $f[g(x)]$ 是奇还是偶函数?

(2)若 f 和 g 在 I 上都单调增加,则 $f(x)+g(x),f(x)g(x)$ 在 I 上是否一定单调增加?

四、函数的基本类型

研究复杂函数通常都是把函数分解转化成简单的函数,然后利用相关运算来研究,因此记住一些简单函数的性质是非常有必要的.

在各种函数中,比较简单的有:常数函数 $y=C$,幂函数 $y=x^a$(a 是常数),指数函数 $y=a^x$(a 是常数且 $a>0,a\neq 1$),对数函数 $y=\log_a x$(a 是常数且 $a>0,a\neq 1$),三角函数 $y=\sin x$、$y=\cos x$、$y=\tan x$、$y=\cot x$、$y=\sec x$、$y=\csc x$ 和反三角函数 $y=\arcsin x$、$y=\arccos x$、$y=\arctan x$、$y=\operatorname{arccot} x$ 等,这些函数统称为**基本初等函数**或**基本函数**,它们是构成各种各样复杂函数的"零件". 因此,读者要熟悉每个基本函数的定义域、图像、特性等(见表 1-1-1).

表 1-1-1 基本函数的图像与特性

名 称	表 达 式	定 义 域	图 像	特 性
常数函数	$y=C$ (C 为常数)	$(-\infty,+\infty)$		值域为 $\{C\}$;图像是一条平行于 x 轴的直线;是偶函数
幂函数	$y=x^a$ ($a\neq 0$)	对不同的 a,x^a 的定义域则有所不同;但对于任意的 a,x^a 在 $(0,+\infty)$ 内都有定义.		图像总过点 $(1,1)$;图像在第一象限的部分都是单调的:当 $a>0$ 时是增函数;当 $a<0$ 时是减函数
指数函数	$y=a^x$ ($0<a\neq 1$)	$(-\infty,+\infty)$		因为图像在 x 轴上方,值域:$(0,+\infty)$;总经过点 $(0,1)$;当 $0<a<1$ 时是减函数;当 $a>1$ 时是增函数
对数函数	$y=\log_a x$ ($0<a\neq 1$)	$(0,+\infty)$		图像在 y 轴右侧,且总经过点 $(1,0)$;当 $0<a<1$ 时是减函数;当 $a>1$ 时是增函数

续表

名称		表达式	定义域	图像	特性
三角函数	正弦函数	$y=\sin x$	$(-\infty,+\infty)$		周期为 2π；奇函数，图像关于原点对称；是有界函数，图像介于两平行直线 $y=\pm 1$ 之间，即 $|\sin x|\leqslant 1$
	余弦函数	$y=\cos x$	$(-\infty,+\infty)$		周期为 2π；偶函数，图像关于 y 轴对称；有界函数，图像介于两平行直线 $y=\pm 1$ 之间，即 $|\cos x|\leqslant 1$
	正切函数	$y=\tan x$	$x\neq(2k+1)\dfrac{\pi}{2}$ $k=0,\pm 1,\pm 2,\cdots$		周期为 π；奇函数；在 $\left(-\dfrac{\pi}{2},\dfrac{\pi}{2}\right)$ 内增加
	余切函数	$y=\cot x$	$x\neq k\pi$ $k=0,\pm 1,\pm 2,\cdots$		周期为 π；奇函数；在 $(0,\pi)$ 内减少
反三角函数	反正弦函数	$y=\arcsin x$	$[-1,1]$		增函数，奇函数；值域 $\left[-\dfrac{\pi}{2},\dfrac{\pi}{2}\right]$
	反余弦函数	$y=\arccos x$	$[-1,1]$		减函数；值域 $[0,\pi]$
	反正切函数	$y=\arctan x$	$(-\infty,+\infty)$		增函数，奇函数；值域 $\left(-\dfrac{\pi}{2},\dfrac{\pi}{2}\right)$
	反余切函数	$y=\operatorname{arccot} x$	$(-\infty,+\infty)$		减函数；值域 $(0,\pi)$

由基本函数经有限次四则运算或复合运算所得到的函数称为**初等函数**.

注 由于运算有限次,因而初等函数在整个定义域上必可用一个式子表出.

例如,多项式 $P(x)=a_n x^n+a_{n-1}x^{n-1}+\cdots+a_1 x+a_0$,有理函数 $\dfrac{P(x)}{Q(x)}$(其中 $P(x)$,$Q(x)$ 是多项式),对有理函数施以开方运算而成的无理函数等,统称为**代数函数**. 代数函数是初等函数.

代数函数以外的初等函数统称为**超越函数**.

工程技术中常用的**双曲函数**是超越函数,其定义如下:
$$\mathrm{sh}x=\frac{\mathrm{e}^x-\mathrm{e}^{-x}}{2},\mathrm{ch}x=\frac{\mathrm{e}^x+\mathrm{e}^{-x}}{2},\mathrm{th}x=\frac{\mathrm{e}^x-\mathrm{e}^{-x}}{\mathrm{e}^x+\mathrm{e}^{-x}},$$

依次读作"双曲正弦"、"双曲余弦"、"双曲正切". 它们具有类似于三角函数的性质,如 $\mathrm{th}x=\dfrac{\mathrm{sh}x}{\mathrm{ch}x}$, $\mathrm{ch}^2 x-\mathrm{sh}^2 x=1$, $\mathrm{sh}2x=2\mathrm{sh}x\cdot\mathrm{ch}x$,等等.

设 $f(x)$,$g(x)$ 是两个初等函数,且 $f(x)>0$,则函数 $y=[f(x)]^{g(x)}$,既不是幂函数,也不是指数函数,称其为**幂指函数**,它是一个初等函数. 这是因为
$$y=[f(x)]^{g(x)}=\mathrm{e}^{g(x)\ln f(x)}.$$
上式对幂指函数的恒等变形用到了对数恒等式和对数性质,即
$$N=\mathrm{e}^{\ln N},\ln N^a=a\ln N.$$

注 研究初等函数所采用的方法有分项法、分层法、反演法、换元法、恒等法等.

初等函数是最经常见到的函数,之前所列的函数均是初等函数. 但在实际问题中,有时会遇到在整个定义域内不能只用一个式子表示的函数,例如邮资计费、个人所得税收取等. 又如,电脉冲发生器发出一个三角形的脉冲波,电压 U(伏)和时间 t(微秒)之间的函数关系是
$$U=\begin{cases}1.5t,& 0\leqslant t\leqslant 10,\\-1.5t+30,& 10\leqslant t\leqslant 20.\end{cases}$$

在自变量不同的取值范围内用不同的式子表示的一个(而不是几个)函数,即分段表示的函数,称为**分段函数**.

例 5 绝对值函数 $y=|x|=\begin{cases}x,& x\geqslant 0,\\-x,& x<0\end{cases}$ 是分段函数.

例 6 符号函数 $y=\mathrm{sgn}x=\begin{cases}1,& x>0,\\0,& x=0,\\-1,& x<0\end{cases}$ 是分段函数.

例 7 设 x 为任意数,不超过 x 的最大整数称为 x 的**整数部分**,记作 $[x]$. 例如 $[1/3]=0$,$[\sqrt{3}]=1$,$[2]=2$,$[-\pi]=-4$. 若把 x 看成自变量,则函数 $y=[x]$ 称为**取整函数**,是个分段函数.

注 分段函数的定义域是各段表示式的定义域的并集,分段函数的函数值是自变量所在的段的函数的值,分段函数作图时必须分段分别作图(各段的图像可能相连接,也可能断开),研究处理分段函数的方法常称为**分段法**.

下面看一个利用分段法解决的问题.

例 8 设 $f(x)=\begin{cases}2x-1, & 0<x\leqslant 1,\\ 2-(x-2)^2, & 1<x\leqslant 2,\end{cases}$ (1)求 $f(x+1)$；(2)求 $y=f(x)$ 的反函数，并确定反函数的定义域.

思路 求分段函数的反函数，要逐段计算，并注意相应的取值范围.

解 (1)当 $0<x+1\leqslant 1$ 即 $-1<x\leqslant 0$ 时，$f(x+1)=2(x+1)-1=2x+1$；

当 $1<x+1\leqslant 2$ 即 $0<x\leqslant 1$ 时，$f(x+1)=2-(x+1-2)^2=2-(x-1)^2$，所以

$$f(x+1)=\begin{cases}2x+1, & -1<x\leqslant 0,\\ 2-(x-1)^2, & 0<x\leqslant 1.\end{cases}$$

(2)当 $0<x\leqslant 1$ 时，$y=2x-1$，所以 $-1<y\leqslant 1$，且 $x=\dfrac{y+1}{2}$；

当 $1<x\leqslant 2$ 时，$y=2-(x-2)^2$，所以 $1<y\leqslant 2$，且 $x=2-\sqrt{2-y}$（其中 $x=2+\sqrt{2-y}$ 舍弃），

合并得

$$x=\begin{cases}\dfrac{y+1}{2}, & -1<y\leqslant 1,\\ 2-\sqrt{2-y}, & 1<y\leqslant 2,\end{cases}$$

即所求的反函数是

$$f^{-1}(x)=\begin{cases}\dfrac{x+1}{2}, & -1<x\leqslant 1,\\ 2-\sqrt{2-x}, & 1<x\leqslant 2,\end{cases}$$

它的定义域为 $(-1,1]\cup(1,2]=(-1,2]$.

利用分段法讨论问题是一个难点，要注意结论的合并即先分后合的解题格式. 这也是重要的数学思想方法之一——**分类与整合**.

分段函数一般不是初等函数. 如符号函数 $y=\mathrm{sgn}\,x$，取整函数 $y=[x]$ 就不是初等函数，因为它们都不能用一个式子表示，因此不是初等函数（这个判断还不是很严谨，以后可利用初等函数的连续性结合反证法加以证明）.

有些分段函数可化为初等函数. 如，绝对值函数 $|x|$ 虽是分段函数，但由于 $|x|=\sqrt{x^2}$，因此它也是初等函数.

分段函数 $t(x)=\begin{cases}1, & x>0,\\ 0, & x<0,\end{cases}$ 它可写成 $t(x)=\dfrac{x+\sqrt{x^2}}{2x}$，$x\neq 0$，因此它也是初等函数. 该函数称为区间 $(0,+\infty)$ 上的**特征函数**. 用它可以把一些分段函数拼接成初等函数. 如 $f(x)=\begin{cases}x^2, & x<0,\\ 2^x, & x>0\end{cases}=t(-x)\cdot x^2+t(x)\cdot 2^x$.

初等函数与分段函数，都是直接用自变量的表达式来表示因变量的，可总称为**直接函数**.

若函数 $y=y(x)$ 是由一个二元方程 $F(x,y)=0$ 来确定的，则称 $y=y(x)$ 是由 $F(x,y)=0$ 确定的**隐式函数**. 若函数 $y=y(x)$ 是由含参数 t 的方程组 $\begin{cases}x=x(t),\\ y=y(t)\end{cases}$ 来确定的，则称

$y=y(x)$ 是由 $\begin{cases} x=x(t), \\ y=y(t) \end{cases}$ 确定的**参数函数**. 隐式函数与参数函数总称为**间接函数**.

函数除了以上基本类型,以后还会遇到用积分表示的变限积分函数,用级数表示的和函数等.

注 对函数进行适当的分类是以后要经常用到的思路,也可以说,高等数学解题的战略思想便是分类的思维方法——**先分类后求解**.

函数是刻画现实世界中的各种数量关系的有力工具. 但是,运用函数模型去解决实际问题时,首要的一步,便是要正确建立函数关系(这是数学建模的一种),然后才能对它进行分析. 至于如何建立函数关系,并无万能通用的办法,只能根据具体问题作具体处理,这里给出高等数学中常用的几个步骤,这些步骤读者在初等数学中已经有接触了.

(1)搞清楚问题中哪些量是常量,哪些是变量,并分别引用或设立适当的字母来表示其中的变量,有时还要建立坐标系或画出示意图;

(2)利用几何、物理等方面的知识,寻找常量、变量之间的关系;

(3)列出函数关系的表达式,并指明定义域.

五、无穷数列

无穷数列是指自变量为正整数 n 的特殊函数:$y_n = f(n)$,它的定义域是全体正整数,当自变量 n 依次取 $1,2,3,\cdots$ 时,对应的函数值就排成数列

$$y_1, y_2, \cdots, y_n, \cdots,$$

通常也将数列 $y_n = f(n)(n=1,2,\cdots)$ 简记为 $\{y_n\}$ 或 y_n. 数列中的每一项称为数列的项,第 n 项 y_n 称为数列的**一般项**或**通项**.

若 $\forall$ 正整数 n,恒有 $y_n \leqslant y_{n+1}$,即 $y_1 \leqslant y_2 \leqslant \cdots \leqslant y_n \leqslant y_{n+1} \leqslant \cdots$,则称数列 y_n **单调增加**;同样可以定义数列 y_n **单调减少**. 单调增加和单调减少的数列统称为**单调数列**. 这里的单调数列是指广义意义下的,也就是说,不等式条件中可以有相等的情形. 以后称单调数列都是指这种广义意义下的单调数列.

例如,数列 $x_n = 2^n$ 单调增加,$y_n = \dfrac{1}{2^n}$ 单调减少,而 $z_n = (-1)^{n+1}$ 与 $w_n = (-1)^n n$ 都不单调.

若 $\exists M$(或 m)使得 $\forall$ 正整数 n,恒有 $y_n \leqslant M$(或 $y_n \geqslant m$),称数列 y_n **有上界**(或**有下界**),数 M(或 m)称为 y_n 的一个**上界**(或**下界**). 若 y_n 既有上界又有下界,则称数列 y_n 是**有界的**.

显然,y_n 有界 $\Leftrightarrow \exists K$,使得 $\forall$ 正整数 n,恒有 $|y_n| \leqslant K$.

例如,数列 $y_n = \dfrac{1}{2^n}, z_n = (-1)^{n+1}$ 有界,数列 $x_n = 2^n, w_n = (-1)^n n$ 无界.

判别简单数列的单调性或有界性,可以用观察法、比较法、比值法、放缩法、归纳法,以及利用函数方法等.

例9 求证数列 $y_n = \dfrac{\sqrt{n}}{n+1}$ 单调减少且有界.

思路 可利用比较法、比值法或放缩法判别证明单调性,这里用比较法,按作差—变

形—定号这三步骤进行. 有界性证明用放缩法即可.

证 因为 $\forall$ 正整数 n, 恒有

$$y_n - y_{n+1} = \frac{\sqrt{n}}{n+1} - \frac{\sqrt{n+1}}{n+2} = \frac{\sqrt{n(n+2)^2} - \sqrt{(n+1)^3}}{(n+1)(n+2)}$$

$$= \frac{n^2+n-1}{(n+1)(n+2)[\sqrt{n(n+2)^2} + \sqrt{(n+1)^3}]} > 0,$$

即 $y_n > y_{n+1}$, 因此所给数列单调减少.

因为 $\forall$ 正整数 n, 恒有 $y_n = \frac{\sqrt{n}}{n+1} > 0$ 且 $y_n = \frac{\sqrt{n}}{n+1} < \frac{\sqrt{n}}{n} = \frac{1}{\sqrt{n}} \leqslant 1$, 即恒有 $0 < y_n < 1$, 因此所给数列有界.

习 题 1.1

1. 求下列函数的定义域:

   (1) $y = 2^{1/\sqrt{x}} + \frac{1}{1-\lg x}$; (2) $y = \arcsin\frac{x-2}{3}$;

   (3) $y = f(x^2)$, 其中 $f(x)$ 的定义域为 $[-1,1]$;

   (4) $y = f(\sin x)$, 其中 $f(x)$ 的定义域为 $[0,1]$.

2. 判断下列各对函数是否相同, 为什么?

   (1) $|x|$ 与 $\sqrt{x^2}$; (2) $\frac{x^2-4}{x+2}$ 与 $x-2$;

   (3) $\sin u$ 与 $\sqrt{1-\cos^2 u}$; (4) $3\lg x$ 与 $\lg x^3$.

3. 函数 $y = e^x$ 的图像与下列各函数的图像之间有什么联系?

   (1) $y = e^{-x}$; (2) $y = -e^x$; (3) $y = -e^{-x}$; (4) $y = e^{x-1}$; (5) $y = e^x + 1$.

4. 判别下列函数的奇偶性:

   (1) $f(x) = \cos x + \frac{\sin x}{x}$; (2) $f(x) = \log_2 \cos x$;

   (3) $f(x) = \arcsin(\sin x)$; (4) $f(x) = |\sin x|\ln(x + \sqrt{x^2+1})$.

5. 在下表的空格里填写关于函数奇偶性运算的一般结果(假设运算可行):

已知条件		运算结果			
$f(x)$	$g(x)$	$f(x) \pm g(x)$	$f(x) \cdot g(x)$	$f[g(x)]$	$f^{-1}(x)$
奇	奇				
奇	偶				
偶	奇				
偶	偶				

6. 设 $f(x)$ 在区间 $(-a,a)$ 内有定义, 证明: $f(x)$ 可以表为一个奇函数与一个偶函数之和, 且表示法唯一.

7. 下列函数中哪些是周期函数? 对周期函数指出它的周期:

   (1) $f(x) = \sin\left(3x + \frac{\pi}{3}\right)$; (2) $f(x) = x\sin x$.

8. 指出函数 $f(x)=1/x$ 在指定区间上是有界还是无界：
(1) $(0,1]$；　　　(2) $(1,2)$；　　　(3) $[2,+\infty)$；　　　(4) $(2,+\infty)$.

9. 设 $f(x)=2^x, g(x)=\sqrt{x}$，求：
(1) $f[f(x)]$；　　(2) $f[g(x)]$；　　(3) $g[g(x)]$；　　(4) $g[f(x)]$.

10. 求满足下列各条件的 $f(x)$：
(1) $f\left(x-\dfrac{1}{x}\right)=\dfrac{x^2}{1+x^4}$；　　　　(2) $2f(x)+f(1-x)=x^2$.

11. 设 $f(x)=\begin{cases}1-2x, & |x|\leqslant 1, \\ x^2+1, & |x|>1,\end{cases}$ 求 $f(0), f(-1), f\left[f\left(-\dfrac{1}{2}\right)\right]$.

12. 求 $f(x)=\begin{cases}1-2x^2, & x<-1, \\ x^3, & -1\leqslant x\leqslant 2, \\ 12x-16, & x>2\end{cases}$ 的反函数.

13. 分别画出下列函数的图像：
(1) $y=\operatorname{sgn}x$；　　(2) $y=[x]$；　　(3) $y=\max\{x,x^2\}$.

14. 建立下列问题中的函数关系：
(1) 在半径为 R 的球内，作内接圆柱体，试将圆柱体的体积表示为高度的函数，并写出定义域；
(2) 物体的运动速度与阻力成反比，已知速度为 5m/s 时，阻力为 20N，试写出速度与阻力之间的函数关系；
(3) 火车站收取行李费的规定如下：当行李不超过 50 千克时，按基本运费计算，如从北京到某地每千克收费 0.15 元．当超过 50 千克时，超重部分每千克按 0.25 元收费．试求北京到某地的行李费 y（元）与重量 x（千克）之间的函数关系式，并画出图形.

15. 解答下列各题：
(1) 判别数列 $y_n=\dfrac{n}{n^2+1}$ 的单调性与有界性；
(2) 已知 $\sum\limits_{i=1}^{n}i^2=an^3+bn^2+cn$，其中 a,b,c 为常数，求 $\sum\limits_{i=1}^{n}i^2$；
(3) 设 $f(x)=\mathrm{e}^x, a_k=\ln\prod\limits_{i=1}^{k}f(i)$，求 $\sum\limits_{k=1}^{n}a_k$.

§1.2　数列极限的概念与基本性质

高等数学中，极限是最重要的概念之一，是研究各种问题的重要工具．以后大家遇到的许多重要概念，如连续、导数、定积分、反常积分、无穷级数等等，均通过极限来定义．因此，掌握极限的概念、思想与方法是学好本课程的前提条件．本节我们先来研究数列的极限.

一、数列极限的概念

极限概念是由某些实际问题的精确解答而产生的，其思想源远流长．

例如，古希腊数学家阿基米德（公元前 287—211）用"穷竭法"求出圆的面积和周长，中国古代数学家刘徽（公元 3 世纪）利用"割圆术"推算圆的面积和圆周率，这都是极限思想的萌芽．刘徽在《九章算术注》中提出："割之弥细，所失弥少，割之又割，以至于不可割，则与圆合体而无所失矣"，其基本思想是用圆的内接正多边形去逐步逼近圆.

设有一圆,作圆的内接正三边形、正六边形、正十二边形,……,一般的把正 $3 \cdot 2^{n-1}$ 边形的面积记为 A_n,这样就得到一系列内接正多边形的面积:

$$A_1, A_2, A_3, \cdots, A_n, \cdots$$

它们构成一个数列.

当 n 越大,A_n 就越接近圆的面积,但是无论 n 取得如何大,只要取定,A_n 终究只是多边形的面积,而还不是圆的面积. 因此,设想内接正多边形的边数无限增加,那么内接正多边形将无限贴近圆,即 n 无限增大时,A_n 会无限接近于圆的面积. 圆的面积 A 就是数列 A_n 当 n 无限增大时的极限.

以上解决实际问题的方法,就是极限方法,它是高等数学中的基本方法,因此有必要作进一步的阐明.

观察如下几个数列:

(1) $y_n = \dfrac{1}{n}$;　　(2) $y_n = \dfrac{1}{2^n}$;　　(3) $y_n = (-1)^n$;　　(4) $y_n = 2^n$.

可以看出,随着 n 的逐渐增大,它们有各自的变化趋势,但总体来说有两种情形:其一是 y_n 无限接近于一个确定的常数(如数列(1)、(2)都接近于 0);其二是 y_n 不接近于任何一个确定的常数(如数列(3)、(4)),由此我们给出数列极限的直观定义.

定义 1　设 y_n 是无穷数列,若当 n 无限增大时,y_n 的值无限接近于某个确定的常数 A,则称**数列 y_n 的极限为 A**,又称**数列 y_n 收敛于 A**,记为

$$\lim_{n \to \infty} y_n = A \quad \text{或} \quad y_n \to A (n \to \infty).$$

其中,$n \to \infty$ 其实是 $n \to +\infty$,今后讨论数列极限时,我们可略去"+",这不会引起混淆.

若 $y_n = C$(某常数),规定其极限等于 C,即 $\lim\limits_{n \to \infty} C = C$.

若数列 y_n 没有极限,则称数列 y_n **发散**,也说成 $\lim\limits_{n \to \infty} y_n$ **不存在**.

例如,$\lim\limits_{n \to \infty} \dfrac{1}{n} = 0$,$\lim\limits_{n \to \infty} \dfrac{1}{2^n} = 0$,$\lim\limits_{n \to \infty} (-1)^n$ 不存在,$\lim\limits_{n \to \infty} 2^n$ 不存在.

利用数列的值是否无限接近于一个常数来判别数列的极限,是一种**直观分析**的方法,只能用来判别一些简单数列的极限,而对复杂的情形往往无能为力. 如下列极限就不能直观分析出:

$$\lim_{n \to \infty} \left(1 + \dfrac{1}{n}\right)^n, \lim_{n \to \infty} \left(\dfrac{1}{n+1} + \dfrac{1}{n+2} + \cdots + \dfrac{1}{n+n}\right).$$

为了深入研究极限,仅有极限的直观描述(**定性描述**)是不够的.

下面要引入数列极限的**精确定义**(**定量描述**).

如何从数量上来刻画"无限接近"呢? 我们知道,在数轴上,$|a-b|$ 表示两点 a 与 b 之间的距离. 因此,两个数之间的接近程度可以用这两个数之差的绝对值来度量. 于是,数列极限 $\lim\limits_{n \to \infty} y_n = A$ 的意思是:当 n 充分大时,$|y_n - A|$ 可以小于任何预先给定的正数,也就是说,对任意给定的正数 ε(无论多么小),只要取适当的正整数 N,当 $n > N$ 时,必能保证不等式 $|y_n - A| < \varepsilon$ 恒成立. 由此得到数列极限的精确定义(称为 **$\varepsilon - N$ 定义**).

定义 1′　若 $\forall \varepsilon > 0$,$\exists$ 正整数 N,使得当 $n > N$ 时,恒有

$$|y_n - A| < \varepsilon,$$

则称**数列 y_n 的极限为 A**,又称**数列 y_n 收敛于 A**,即
$$\lim_{n\to\infty} y_n = A \quad \text{或} \quad y_n \to A(n \to \infty).$$

定义中正数 ε 是任意给定的,因为只有这样,不等式 $|y_n - A| < \varepsilon$ 才能刻画出 y_n 无限接近于 A. N 是正整数,它与任意给定的正数 ε 有关,随着 ε 的给定而选定,也就是说,ε 一经选取,就一定存在满足条件的 N.

利用数列极限的定义来验证 $\lim_{n\to\infty} y_n = A$ 的关键是:在给出 ε 之后,怎么找出 N?也就是要寻找当 $n > N$ 时,能使 $|y_n - A| < \varepsilon$ 成立的 N,所以要从解不等式 $|y_n - A| < \varepsilon$ 着手,找出符合定义要求的 N. 请看下面的例题.

例 1 证明 $y_n = \dfrac{n+1}{n}$ 的极限是 1.

证 $\forall \varepsilon > 0$,为了使 $|y_n - 1| = \left|\dfrac{n+1}{n} - 1\right| = \dfrac{1}{n} < \varepsilon$,只要 $n > \dfrac{1}{\varepsilon}$,所以取正整数 $N = \left[\dfrac{1}{\varepsilon}\right]$,则当 $n > N$ 时,就有 $|y_n - 1| < \varepsilon$. 故 $y_n = \dfrac{n+1}{n}$ 的极限是 1.

例 2 设 $y_n = \dfrac{(-1)^n}{(n+1)^2}$,证明 $\lim_{n\to\infty} y_n = 0$.

证 $\forall \varepsilon > 0$(不妨设 $\varepsilon < 1$),为了使 $|y_n - 0| = \dfrac{1}{(n+1)^2} < \dfrac{1}{n+1} < \varepsilon$,只要 $n > \dfrac{1}{\varepsilon} - 1$,所以取正整数 $N = \left[\dfrac{1}{\varepsilon} - 1\right]$,则当 $n > N$ 时,就有 $|y_n - 1| < \varepsilon$.

故 $\lim_{n\to\infty} y_n = 0$.

例 2 的证明中用到了不等式放大的方法,目的是为了降低找 N 的难度. 放大法的思路是:任给 $\varepsilon > 0$,将 $|y_n - A|$ 放大为 β_n,从不等式 $\beta_n < \varepsilon$,解得 $n > g(\varepsilon)$;取 $N = [g(\varepsilon)]$,写出当 $n > N$ 时,不等式 $|y_n - A| < \varepsilon$ 成立.

用放大法是先找 β_n 后找 N,符合放大要求的 β_n 可以不唯一.

如例 2,还可从 $|y_n - 0| = \dfrac{1}{(n+1)^2} < \dfrac{1}{n} < \varepsilon$,解得 $n > \dfrac{1}{\varepsilon}$,即可以取 $N = \left[\dfrac{1}{\varepsilon}\right]$.

不过,放大要适可而止,所寻找的 β_n 要满足:$\forall \varepsilon > 0$,不等式 $\beta_n < \varepsilon$ 有解 $n > N$,这实质上就是要求数列 β_n 的极限为 0.

利用 $\varepsilon - N$ 定义,可以得到 $\lim_{n\to\infty} y_n = A$ 的一个充要条件是:存在数列 β_n,使得 $|y_n - A| \leq \beta_n$,且 $\lim_{n\to\infty} \beta_n = 0$.

为了应用方便,我们把上述充要条件简写成:
$$\lim_{n\to\infty} y_n = A \Leftrightarrow |y_n - A| \leq \beta_n \to 0 (n \to \infty).$$

以后我们可以直接利用这个条件来证明或验证数列的极限,这比用 $\varepsilon - N$ 定义要简单些. 当然,这个条件通常只能用来证明或验证数列极限,而不是用来求出极限,因为这里需要预先知道极限值是多少. 证明时,关键是利用放大法,寻找到满足条件的简单数列 β_n(可以不唯一).

例 3 求证 $\lim_{n\to\infty} \dfrac{1+(-1)^n}{(n+1)^2} = 0$.

证 因为 $\left|\dfrac{1+(-1)^n}{(n+1)^2}-0\right|=\dfrac{1+(-1)^n}{(n+1)^2}<\dfrac{2}{n+1}\left(\text{或}\dfrac{2}{n}\right)\to 0(n\to\infty)$，所以原式成立.

例 4 求证 $\lim\limits_{n\to\infty}\dfrac{n^2}{2n^2+n}=\dfrac{1}{2}$.

证 因为 $\left|\dfrac{n^2}{2n^2+n}-\dfrac{1}{2}\right|=\dfrac{n}{2(2n^2+n)}<\dfrac{n}{4n^2}=\dfrac{1}{4n}\to 0(n\to\infty)$，所以原式成立.

利用 $\varepsilon-N$ 定义可以证得数列极限与其子列极限之间满足下列关系：

数列 y_n 极限为 A 的充要条件是 y_n 的奇数项组成的数列 y_{2n-1} 与偶数项组成的数列 y_{2n} (y_{2n-1} 与 y_{2n} 称为 y_n 的子列)的极限都为 A，即

$$\lim_{n\to\infty}y_n=A \Leftrightarrow \lim_{n\to\infty}y_{2n-1}=A, \text{且} \lim_{n\to\infty}y_{2n}=A.$$

若子列 y_{2n-1} 与 y_{2n} 有一个发散，或它们收敛于不同的极限值，则 y_n 发散.

如，数列 $y_n=(-1)^n$，因为 $\lim\limits_{n\to\infty}y_{2n-1}=\lim\limits_{n\to\infty}(-1)=-1$，$\lim\limits_{n\to\infty}y_{2n}=\lim\limits_{n\to\infty}1=1$，两者不等，所以 $\lim\limits_{n\to\infty}y_n=\lim\limits_{n\to\infty}(-1)^n$ 不存在.

二、数列极限的基本性质

下面给出有关收敛数列的不等式性质.

定理 1(全局有界性) 若 $\lim\limits_{n\to\infty}y_n=A$ 存在，则 y_n 有界.

证 由 $\lim\limits_{n\to\infty}y_n=A$ 定义，取 $\varepsilon=1$，则 $\exists$ 正整数 N，当 $n>N$ 时，恒有 $|y_n-A|<1$，即 $|y_n|\leqslant|y_n-A|+|A|<1+|A|$.

取 $K=\max\{|y_1|,|y_2|,\cdots,|y_N|,1+|A|\}$，则 $\forall$ 正整数 n，恒有 $|y_n|\leqslant K$，故 y_n 有界.

注 数列收敛是数列有界的充分条件，不是必要条件，也就是说，如果数列有界，不能断定数列一定收敛. 例如 $y_n=(-1)^n$ 有界，但却是发散的.

定理 2(局部保号性) 若 $\lim\limits_{n\to\infty}y_n=A$，且 $A>0$(或 $A<0$)，则 $\exists$ 正整数 N，使得当 $n>N$ 时，恒有 $y_n>0$(或 $y_n<0$).

证 设 $A>0$，由 $\lim\limits_{n\to\infty}y_n=A$ 定义，取正数 $\varepsilon=A/2$，则 $\exists$ 正整数 N，使得当 $n>N$ 时，恒有 $|y_n-A|<A/2$，即有 $y_n>\dfrac{A}{2}>0$.

类似可证 $A<0$ 的情形.

由定理 2，利用反证法，可得以下推论.

推论 若 $y_n\geqslant 0$(或 $y_n\leqslant 0$)，且 $\lim\limits_{n\to\infty}y_n=A$，则 $A\geqslant 0$(或 $A\leqslant 0$).

注 当 $y_n>0$ 时，不一定有 $A>0$. 如 $y_n=\dfrac{1}{n}>0$，但 $\lim\limits_{n\to\infty}y_n=0$.

习 题 1.2

1. 下列极限是否存在，若存在，写出极限：

(1) $\lim\limits_{n\to\infty}\dfrac{1+(-1)^n}{n}$；　　(2) $\lim\limits_{n\to\infty}\dfrac{n}{n+1}$；　　(3) $\lim\limits_{n\to\infty}3^n$.

2. 验证下列极限：

(1) $\lim\limits_{n\to\infty}\dfrac{1}{n}\cos\dfrac{\pi}{n}=0$； (2) $\lim\limits_{n\to\infty}\dfrac{2n-1}{3n+1}=\dfrac{2}{3}$； (3) $\lim\limits_{n\to\infty}\dfrac{\sqrt{n^2+1}}{n}=1$.

3. (**截杖问题**)战国时期哲学家庄周所著的《庄子·天下篇》有这样一句话："一尺之棰,日取其半,万世不竭."记 $y_0=1$ 为棰的最初的长度, $y_n(n=1,2,\cdots)$ 为第 n 天截取后剩下的棰长度. 试写出数列 $y_n(n=1,2,\cdots)$,并问 $\lim\limits_{n\to\infty}y_n=?$

4. 验证下列各题：

(1) 设 $\lim\limits_{n\to\infty}y_n=a$,验证 $\lim\limits_{n\to\infty}|y_n|=|a|$. 并举例说明反之未必成立；

(2) 设 $y_n=\dfrac{n}{n^2+1}$,验证：$\dfrac{y_{n+1}}{y_n}<1$；$\lim\limits_{n\to\infty}\dfrac{y_{n+1}}{y_n}=1$；

(3) 若 $y_1=\pi,y_{n+1}=\sqrt{y_n+6}$,验证 $\lim\limits_{n\to\infty}y_n=3$.

§1.3 函数极限的概念与基本性质

一、函数极限的概念

数列 $y_n=f(n)$ 的极限中,自变量 $n=1,2,3,\cdots$ 是跳跃式无限增大的,它是"离散型"的. 对一般函数 $y=f(x)$ 而言,自变量 x 是取实数连续变化的,通常说是"连续型"的.

为叙述方便,规定：当 x 无限增大时,记为 $x\to+\infty$(读作" x 趋于正无穷大")；当 $x<0$ 且 $|x|$ 无限增大(即 x 无限减少)时,记为 $x\to-\infty$(读作" x 趋于负无穷大")；当 $|x|$ 无限增大时,记为 $x\to\infty$(读作" x 趋于变号无穷大"或" x 趋于无穷大")；当 x 从 a 的左侧无限接近于 a 时,记为 $x\to a^-$(读作" x 从 a 的左侧趋于 a ")；当 x 从 a 的右侧无限接近于 a 时,记为 $x\to a^+$(读作" x 从 a 的右侧趋于 a ")；当 x 从 a 左右两侧无限接近于 a 时,记为 $x\to a$(读作" x 趋于 a ")表示.

对给定的函数 $y=f(x)$,若当自变量 $x\to*$($*$ 表示 x 趋于的某个"目标",共有六种不同方式)时,相应的函数值无限接近于一个确定的常数,就称该常数是函数当 $x\to*$ 时的极限. 由于 $*$ 的不同,因此相应的极限定义就有六个不同形式,这些形式可划分为自变量趋于无穷大与自变量趋于有限值两大类. 下面主要讲述 $x\to\infty$ 和 $x\to a$ 这两种情形的极限.

定义 1 设函数 $f(x)$ 当 $|x|$ 大于某一正数时有定义. 若 $x\to\infty$ 时,相应的函数值 $f(x)$ 无限接近于某个确定的常数 A,则称**函数 $f(x)$ 当 $x\to\infty$ 时的极限为 A**,记为
$$\lim_{x\to\infty}f(x)=A \quad \text{或} \quad f(x)\to A(x\to\infty).$$

若 $f(x)=C$(某常数),规定其极限都等于 C,即 $\lim\limits_{x\to\infty}C=C$.

例如, $\lim\limits_{x\to\infty}\dfrac{1}{x}=0, \lim\limits_{x\to\infty}\dfrac{1}{|x|}=0$.

精确地说,有如下的定义(称为 $\varepsilon-X$ 定义)：

定义 1' 设函数 $f(x)$ 当 $|x|$ 大于某一正数时有定义. 若 $\forall\varepsilon>0$, $\exists$ 正数 X,使得当 $|x|>X$ 时,恒有
$$|f(x)-A|<\varepsilon,$$
则**称函数 $f(x)$ 当 $x\to\infty$ 时的极限为 A**,记为
$$\lim_{x\to\infty}f(x)=A \quad \text{或} \quad f(x)\to A(x\to\infty).$$

从几何上来说，$\lim\limits_{x\to\infty}f(x)=A$ 的意义是：作直线 $y=A-\varepsilon$ 和 $y=A+\varepsilon$，则总有一个正数 X 存在，使得当 $x<-X$ 或 $x>X$ 时，函数 $y=f(x)$ 的图形位于这两直线之间(图 1-3-1)。

用 $\varepsilon-X$ 定义证明 $\lim\limits_{x\to\infty}f(x)=A$，关键是在给出 ε 之后，寻找符合定义要求的 X，这与证明数列极限 $\lim\limits_{n\to\infty}y_n=A$ 的方法类似。

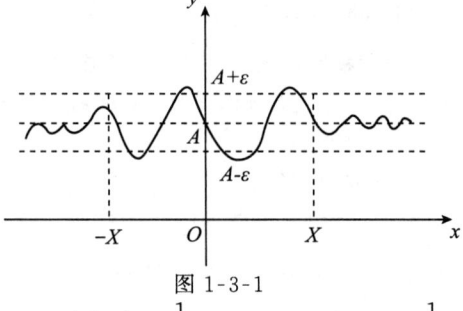

图 1-3-1

例 1 证明 $\lim\limits_{x\to\infty}\dfrac{\sin x}{x}=0$.

证 $\forall\varepsilon>0$，为了使 $\left|\dfrac{\sin x}{x}-0\right|=\left|\dfrac{\sin x}{x}\right|\leqslant\dfrac{1}{|x|}<\varepsilon$，只要 $|x|>\dfrac{1}{\varepsilon}$，所以取正数 $X=\dfrac{1}{\varepsilon}$，则当 $|x|>X$ 时，就有 $\left|\dfrac{\sin x}{x}-0\right|<\varepsilon$. 故 $\lim\limits_{x\to\infty}\dfrac{\sin x}{x}=0$.

利用 $\varepsilon-X$ 定义，可证得以下结论，今后可直接用此结论证明极限.
$$\lim_{x\to\infty}f(x)=A\Leftrightarrow|f(x)-A|\leqslant\beta(x)\to 0(x\to\infty).$$

与 $x\to\infty$ 时的情形类似，当 $x\to-\infty$ 时函数 $f(x)$ 的极限 $\lim\limits_{x\to-\infty}f(x)$ 和当 $x\to+\infty$ 时函数 $f(x)$ 的极限 $\lim\limits_{x\to+\infty}f(x)$，都有相应的直观描述、精确定义、几何意义及等价条件等，这里不再重复了.

例 2 证明 $\lim\limits_{x\to+\infty}\dfrac{\sin 2x}{x}=0$.

思路 利用放大法找 $\beta(x)$.

证 因 $\left|\dfrac{\sin 2x}{x}-0\right|=\dfrac{|\sin 2x|}{x}\leqslant\dfrac{1}{x}\to 0(x\to+\infty)$，故 $\lim\limits_{x\to+\infty}\dfrac{\sin 2x}{x}=0$.

例 3 证明 $\lim\limits_{x\to+\infty}(\sqrt{x^2+1}-x)=0$.

证 因 $|(\sqrt{x^2+1}-x)-0|=\dfrac{1}{\sqrt{x^2+1}+x}$
$$\stackrel{\text{放大}}{<}\dfrac{1}{x}\to 0(x\to+\infty),$$

故 $\lim\limits_{x\to+\infty}(\sqrt{x^2+1}-x)=0$.

极限 $\lim\limits_{x\to+\infty}f(x)$，$\lim\limits_{x\to-\infty}f(x)$ 称为**单侧极限**，而 $\lim\limits_{x\to\infty}f(x)$ 称为**双侧极限**. 利用极限定义可得如下定理.

定理 1 $\lim\limits_{x\to\infty}f(x)=A\Leftrightarrow\lim\limits_{x\to-\infty}f(x)=A$，且 $\lim\limits_{x\to+\infty}f(x)=A$.

若两个单侧极限有一个不存在，或虽然两者都存在，但不相等，则 $\lim\limits_{x\to\infty}f(x)$ 不存在.

例如，由函数 $y=e^x$ 的图形可以看出，$\lim\limits_{x\to-\infty}e^x=0$，但 $\lim\limits_{x\to+\infty}e^x$ 不存在，因此 $\lim\limits_{x\to\infty}e^x$ 不存在；由函数 $y=\arctan x$ 的图形可以看出，$\lim\limits_{x\to-\infty}\arctan x=-\pi/2$，$\lim\limits_{x\to+\infty}\arctan x=\pi/2$，因此 $\lim\limits_{x\to\infty}\arctan x$ 不存在.

利用数列极限的定义与函数当 $x\to+\infty$ 时极限的定义，可推得：

若 $\lim\limits_{x\to+\infty}f(x)=A$ 成立，则 $\lim\limits_{n\to\infty}f(n)=A$ 也存在.

这是利用函数极限求数列极限的方法,例如,由 $\lim\limits_{x\to+\infty}\dfrac{\sin 2x}{x}=0$ 便可推出 $\lim\limits_{n\to\infty}\dfrac{\sin 2n}{n}=0$.

下面研究函数当自变量趋于有限值时的极限问题.

考察两个具体的函数 $f(x)=x+1$ 和 $g(x)=\dfrac{x^2-1}{x-1}$. 这两个函数是不同的,前者在 $x=1$ 点有定义,后者在 $x=1$ 点无定义(图 1-3-2).

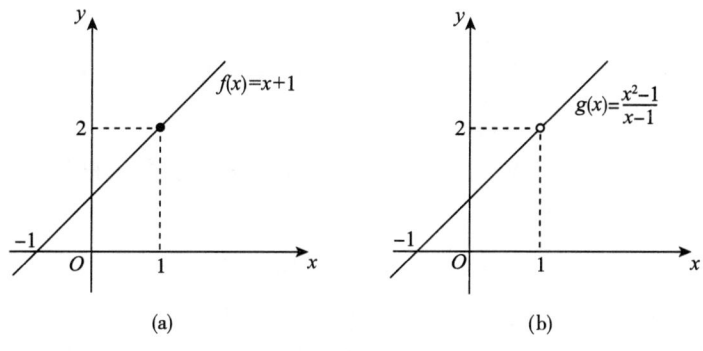

图 1-3-2

不难看出,当 $x\to 1$ 时,函数 $f(x)=x+1$ 无限接近于 2,函数 $g(x)=\dfrac{x^2-1}{x-1}$ 也无限接近于 2,即这两个不同的函数当 $x\to 1$ 时都无限接近于常数 2.

定义 2 设函数 $f(x)$ 在点 a 的某去心邻域内有定义. 若 $x\to a$ 时,相应的函数值 $f(x)$ 无限接近于某个确定的常数 A,则称函数 $f(x)$ 当 $x\to a$ **时的极限为** A,记为

$$\lim_{x\to a}f(x)=A \quad \text{或} \quad f(x)\to A(x\to a).$$

例如,$\lim\limits_{x\to 1}(x+1)=2,\lim\limits_{x\to 1}\dfrac{x^2-1}{x-1}=2$.

又如,$\lim\limits_{x\to a}x=a,\lim\limits_{x\to a}(x-a)=0,\lim\limits_{x\to a}|x-a|=0$.

利用函数值是否无限接近于一个常数来判别函数的极限,仍然只是一种直观分析的方法,只能用来判别一些简单函数的极限. 为了深入研究函数的极限,下面引入极限的严格定义(定量描述).

在函数极限 $\lim\limits_{x\to a}f(x)=A$ 中有两个过程:一个是 x 无限趋于 a(但 $x\neq a$),另一个是 $f(x)$ 无限接近于 A. $\lim\limits_{x\to a}f(x)=A$ 的意思是:当 $|x-a|$ 充分小(但 $x\neq a$)时,$|f(x)-A|$ 可以小于任何预先给定的正数,也就是说,对任意给定的正数 ε(无论多么小),只要取适当的正数 δ,当 $0<|x-a|<\delta$ 时,必能保证不等式 $|f(x)-A|<\varepsilon$ 恒成立. 由此给出 $x\to a$ 时极限的精确定义(称为 $\varepsilon-\delta$ 定义).

定义 2′ 设函数 $f(x)$ 在点 a 的某去心邻域内有定义. 若 $\forall \varepsilon>0,\exists \delta>0$,使得当 $0<|x-a|<\delta$ 时,恒有

$$|f(x)-A|<\varepsilon,$$

则称函数 $f(x)$ 当 $x\to a$ **时的极限为** A,即

$$\lim_{x\to a}f(x)=A \quad \text{或} \quad f(x)\to A(x\to a).$$

定义中 $0<|x-a|<\delta$ 表示 $x\neq a$,极限 $\lim\limits_{x\to a}f(x)$ 与 $f(x)$ 在点 a 是否有定义无关. ε 刻画 $f(x)$ 与 A 的接近程度,δ 刻画 x 与 a 的接近程度;δ 是随 ε 而确定的.

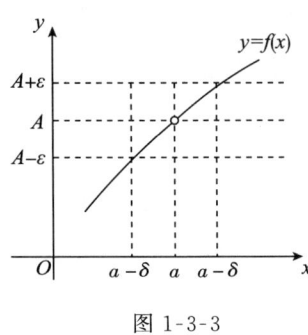

图 1-3-3

极限的"$\varepsilon-\delta$"定义的几何解释(图 1-3-3):任意给定一正数 ε,作平行于 x 轴的两条直线 $y=A-\varepsilon$ 和 $y=A+\varepsilon$,存在点 a 的去心 δ 邻域 $(a-\delta,a)\cup(a,a+\delta)$,当曲线 $y=f(x)$ 上点的横坐标 x 落在该去心邻域内时,这些点的纵坐标 $f(x)$ 落在带形区域 $A-\varepsilon<f(x)<A+\varepsilon$ 内.

验证 $\lim\limits_{x\to x_0}f(x)=A$ 的关键是:在给出 ε 之后,怎么找 δ?这既可以直接从不等式 $|f(x)-A|<\varepsilon$ 入手,也可以用先用放大法,然后从 $|f(x)-A|<\beta(x)<\varepsilon$ 入手来找出符合定义要求的 δ.

例 4 证明 $\lim\limits_{x\to 1}(2x+1)=3$.

证 $\forall \varepsilon>0$,为了使 $|(2x+1)-3|=2|x-1|<\varepsilon$,只要 $|x-1|<\varepsilon/2$. 取 $\delta=\varepsilon/2$,则当 $0<|x-1|<\delta$ 时,就有 $|(2x+1)-3|<\varepsilon$. 故 $\lim\limits_{x\to 1}(2x+1)=3$.

利用 $\varepsilon-\delta$ 定义,可证得以下结论,用此结论也可证明极限.
$$\lim_{x\to a}f(x)=A\Leftrightarrow |f(x)-A|\leqslant\beta(x)\to 0(x\to a).$$

例 5 验证:当 $a>0$ 时,$\lim\limits_{x\to a}\sqrt{x}=\sqrt{a}$.

证 因为 $|\sqrt{x}-\sqrt{a}|=\left|\dfrac{x-a}{\sqrt{x}+\sqrt{a}}\right|\leqslant\dfrac{1}{\sqrt{a}}|x-a|\to 0(x\to a)$,

所以 $\lim\limits_{x\to a}\sqrt{x}=\sqrt{a}$.

例 6 验证:$\forall a\in\mathbf{R}$,有 $\lim\limits_{x\to a}\sin x=\sin a$.

思路 利用三角和差化积公式以及不等式 $|\cos\theta|\leqslant 1$,$|\sin\theta|\leqslant|\theta|$(后面这个不等式,可利用 §1.6 之例 14 的解答方法进一步推导出).

证 因 $|\sin x-\sin a|=\left|2\cos\dfrac{x+a}{2}\sin\dfrac{x-a}{2}\right|\leqslant 2\left|\sin\dfrac{x-a}{2}\right|$
$\leqslant|x-a|\to 0(x\to a)$,

故 $\lim\limits_{x\to a}\sin x=\sin a$.

例 5,例 6 都是极限值恰好等于函数值的情形. 一般地,有下列定理.

定理 2 若 $f(x)$ 是基本函数,a 是其定义域内的点,则
$$\lim_{x\to a}f(x)=f(a).$$

定理 2 给出了求基本函数极限的简单方法,即**代入法**.

与 $\lim\limits_{x\to a}f(x)$ 时的情形类似,极限 $\lim\limits_{x\to a^-}f(x)$ 和 $\lim\limits_{x\to a^+}f(x)$,也都有相应的直观描述、精确定义、几何意义及等价条件.

极限 $\lim\limits_{x\to a^-}f(x)$(或 $f(a^-)$)和 $\lim\limits_{x\to a^+}f(x)$(或 $f(a^+)$)分别称为 $f(x)$ 当 $x\to a$ 时的**左极限**和**右极限**,统称**单侧极限**. 极限 $\lim\limits_{x\to a}f(x)$ 称为**双侧极限**.

单、双侧极限满足下列的关系定理.

定理 3 $\lim\limits_{x\to a}f(x)=A \Leftrightarrow \lim\limits_{x\to a^-}f(x)=A$，且 $\lim\limits_{x\to a^+}f(x)=A$.

若左、右极限有一个不存在，或两者都存在但不相等，则 $\lim\limits_{x\to a}f(x)$ 不存在.

例 7 设 $f(x)=\begin{cases}x, & x<0,\\ x-1, & x\geqslant 0,\end{cases}$ 求 $\lim\limits_{x\to 0}f(x)$.

思路 因为在 $x=0$ 两侧函数的表达式不同，所以应先求出两个单侧极限(图 1-3-4).

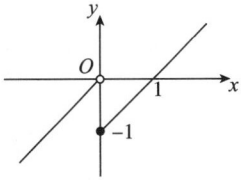

解 因为 $\lim\limits_{x\to 0^-}f(x)=\lim\limits_{x\to 0^-}x=0$，但 $\lim\limits_{x\to 0^+}f(x)=\lim\limits_{x\to 0^+}(x-1)=-1$，两者不等，所以 $\lim\limits_{x\to 0}f(x)$ 不存在.

图 1-3-4

注 分段函数在分段点的极限未必等于分段点的函数值，即不能用代入法.

二、函数极限的基本性质

与收敛数列的基本性质比较，可得函数极限的一些相应的性质. 以下我们只列出 $x\to a$ 的情形，其他如 $x\to\infty$ 等情形有相似的性质.

定理 4(局部有界性) 若 $\lim\limits_{x\to a}f(x)=A$，则在点 a 的某去心邻域内 $f(x)$ 有界.

证 由 $\lim\limits_{x\to x_0}f(x)=A$ 定义，取 $\varepsilon=1$，则 $\exists\delta>0$，当 $0<|x-a|<\delta$ 时，恒有 $|f(x)-A|<1$，即 $|f(x)|\leqslant|f(x)-A|+|A|<1+|A|$，定理 4 得证.

定理 4 表明，当极限存在时，函数仅是在点 a 的某个去心邻域内有界，而不是在整个定义域上有界(见图 1-3-3). 这就是为什么对函数有"局部"有界性的说法. 如 $f(x)=x$，因为 $\lim\limits_{x\to 1}f(x)=1$ 存在，在 $0<|x-1|<1$ 中有界，但 $f(x)=x$ 显然不是有界函数.

不过，对数列来说，当极限存在时，数列 y_n 在整个正整数集上有界.

定理 5(局部保号性) 若 $\lim\limits_{x\to a}f(x)=A$，且 $A>0$(或 $A<0$)，则在点 a 的某心邻域内恒有 $f(x)>0$(或 $f(x)<0$).

证 设 $A>0$，由 $\lim\limits_{x\to x_0}f(x)=A$ 的定义，取正数 $\varepsilon=A/2$，则 $\exists\delta>0$，使得当 $0<|x-a|<\delta$ 时，恒有 $|f(x)-A|<A/2$，即有 $f(x)>\dfrac{A}{2}>0$.

类似可证明 $A<0$ 的情形.

若已知极限 $\lim\limits_{x\to a}f(x)=A$ 的符号，则函数在点 a 的某去心邻域内与其极限保持相同的正、负号. 由此可以证明在"局部"范围内成立的函数不等式.

例 8 设 $\lim\limits_{x\to 0}\dfrac{f(x)}{1-\cos x}=2$，求证：$\exists a>0$，使得在 $(-a,0)\cup(0,a)$ 内都有 $f(x)>0$.

思路 证明在"局部"范围内成立的函数不等式，可考虑利用局部保号性定理.

证 因为 $\lim\limits_{x\to 0}\dfrac{f(x)}{1-\cos x}=2>0$，所以 $\exists\delta>0$，使得当 $x\in(-\delta,0)\cup(0,\delta)$ 时，恒有 $\dfrac{f(x)}{1-\cos x}>0$.

又 $\forall x\in\left(-\dfrac{\pi}{2},0\right)\cup\left(0,\dfrac{\pi}{2}\right)$，有 $1-\cos x>0$(注意不取等号). 只要取 $a=\min\left\{\delta,\dfrac{\pi}{2}\right\}$，那么，在 $(-a,0)\cup(0,a)$ 内不等式

$$\frac{f(x)}{1-\cos x} > 0 \text{ 与 } 1-\cos x > 0$$

同时成立,即有 $f(x) > 0$.

推论 若 $f(x) \geqslant 0$(或 $f(x) \leqslant 0$),且 $\lim\limits_{x \to a} f(x) = A$,则 $A \geqslant 0$(或 $A \leqslant 0$).

定理 6(函数极限与数列极限的关系) 若极限 $\lim\limits_{x \to a} f(x)$ 存在,x_n 为函数 $f(x)$ 的定义域内任一收敛于 a 的数列,且 $x_n \neq a$,则相应的函数值数列 $f(x_n)$ 必收敛,且

$$\lim_{n \to \infty} f(x_n) = \lim_{x \to a} f(x).$$

定理 6 证明从略.

推论 若有数列 $x_n \to a(n \to \infty)$,$y_n \to a(n \to \infty)$,$x_n \neq a$,$y_n \neq a$,使得 $\lim\limits_{n \to \infty} f(x_n) \neq \lim\limits_{n \to \infty} f(y_n)$,则 $\lim\limits_{x \to a} f(x)$ 不存在.

推论是用来判别函数极限不存在的一种方法.

例如,对极限 $\lim\limits_{x \to 0} \sin\frac{1}{x}$. 取数列 $x_n = \frac{1}{2n\pi} \to 0$,则 $\lim\limits_{n \to \infty} f(x_n) = 0$;取数列 $y_n = \dfrac{1}{2n\pi + \dfrac{1}{2}\pi} \to 0$,则 $\lim\limits_{n \to \infty} f(y_n) = 1$,因此 $\lim\limits_{x \to 0} \sin\frac{1}{x}$ 不存在.

例 9 设 $D(x) = \begin{cases} 1, & x \in \mathbf{Q}, \\ 0, & x \notin \mathbf{Q} \end{cases}$ ($\mathbf{Q}$ 为有理数集),求证: $\forall a, \lim\limits_{x \to a} D(x)$ 不存在.

证 $\forall a$,一定存在全由有理数组成的数列 $x_n \to a(n \to \infty)$ 和全由无理数组成的数列 $y_n \to a(n \to \infty)$,且 $x_n \neq a$,$y_n \neq a$.

因为 $\lim\limits_{n \to \infty} D(x_n) = \lim\limits_{n \to \infty} 1 = 1$,$\lim\limits_{n \to \infty} D(y_n) = \lim\limits_{n \to \infty} 0 = 0$,

两者不相等,故 $\lim\limits_{x \to a} D(x)$ 不存在.

函数 $D(x)$ 称为 **狄利克雷**(Dirichlet)**函数**. 它是个非常特别的函数,如,它的定义域为 $(-\infty, +\infty)$,值域为二元集 $\{0, 1\}$;是个偶函数;是以任意有理正数为周期的周期函数,但没有最小正周期;是个非单调函数;是有界函数;是个处处不存在极限的函数;是个无法绘出图像的函数. 正由于狄氏函数的性质太"坏",经常作为反例出现.

习 题 1.3

1. 下列极限是否存在,若存在,写出极限:

   (1) $\lim\limits_{x \to +\infty} \dfrac{\sin 2x}{\sqrt{x}}$; (2) $\lim\limits_{x \to 0} \dfrac{x(x+1)}{x}$; (3) $\lim\limits_{x \to \infty} e^x$.

2. 求下列极限:

   (1) $\lim\limits_{x \to \infty} \arctan x$; (2) $\lim\limits_{x \to 0} \dfrac{|x|}{x}$; (3) $\lim\limits_{x \to 1} [x]$.

3. 设 $f(x) = \begin{cases} 1-x, & x < 0, \\ 0, & x = 0, \\ x, & 0 < x < 1, \\ 1, & 1 < x < 2 \end{cases}$,画出函数图像,并求 $\lim\limits_{x \to 0} f(x)$,$\lim\limits_{x \to 1} f(x)$.

4. 下列说法哪些是错误的:

(1) 若 $f(x)=\begin{cases} x, x\neq a \\ A, x=a \end{cases}$,则 $\lim_{x\to a}f(x)=A$;

(2) 若 $\lim_{x\to a}f(x)$ 存在,则 $f(x)$ 有界;

(3) 若极限 $\lim_{x\to a}f(x)=A$ 存在,且恒有 $f(x)>0$,则必有 $A>0$.

5. 求证下列极限不存在: (1) $\lim_{x\to\infty}x\sin x$; (2) $\lim_{x\to 0}\sin\dfrac{\pi}{x}$.

6. 设 $\lim_{x\to 0}\dfrac{f(x)}{|\sin x|}=1$,求证:必有 $a>0$ 使得在 $(-a,0)\cup(0,a)$ 内,恒有 $f(x)>0$.

§1.4 无穷小与无穷大

一、无穷小

函数(或数列)的极限存在的各种不同情况中,其中有一种很重要的特殊情况,就是极限为零.

定义 1 若函数 $f(x)$ 当 $x\to *$ 时的极限为零,即 $\lim_{x\to *}f(x)=0$,则称函数 $f(x)$ 当 $x\to *$ 时为**无穷小**. 若数列 y_n 的极限为零,则称数列 y_n 为**无穷小**.

例如,函数 $1/x$,当 $x\to\infty$ 时是无穷小;函数 $x-1$,当 $x\to 1$ 时是无穷小;数列 $1/n$ 是无穷小.

在函数(或数列)极限的定义中设 $A=0$,就可以得到无穷小的精确定义,比如当 $x\to a$ 时函数为无穷小的定义如下.

定义 1' 设函数 $f(x)$ 在点 a 的某去心邻域内有定义. 若 $\forall\varepsilon>0,\exists\delta>0$,使得当 $0<|x-a|<\delta$ 时,恒有

$$|f(x)|<\varepsilon,$$

则称函数 $f(x)$ 当 $x\to a$ 时为**无穷小**,即

$$\lim_{x\to a}f(x)=0 \quad \text{或} \quad f(x)\to 0(x\to a).$$

注 (1) 无穷小并不是表达量的大小,而是表达量的变化状态,即无穷小是指在自变量趋于某个目标时极限为零的函数. 不要把无穷小与很小的数相混淆,很小的数,如百万分之一,就不能小于任意给定的正数,只是一个有限小的数. 在所有的常数中,零(也可视为零函数 $f(x)=0$)是唯一可以当作为无穷小的. (2) 无穷小一定是局部有界的.

利用无穷小的精确定义,可以证明(在自变量的同一个变化过程中)无穷小具有如下性质.

性质 1(无穷小的有界乘) 无穷小与有界函数的乘积为无穷小.

性质 1 表明:若 $\lim_{x\to *}f(x)=0$,且 $|g(x)|\leqslant K$,则 $\lim_{x\to *}f(x)g(x)=0$.

利用这一性质计算极限,是一种很特别的方法,读者要引起足够重视.

例 1 求 $\lim_{x\to 0}\sin x\sin\dfrac{1}{x}$.

解 因为 $\lim_{x\to 0}\sin x=0$,且 $\left|\sin\dfrac{1}{x}\right|\leqslant 1$,所以 $\lim_{x\to 0}\sin x\sin\dfrac{1}{x}=0$.

性质 2(无穷小的运算)　有限个无穷小的和、差、积为无穷小.

注　(1)无限个无穷小之和未必为无穷小. 如,当 $n\to\infty$ 时, $\frac{1}{n}$ 是无穷小,但由于

$$\lim_{n\to\infty}\underbrace{\left(\frac{1}{n}+\frac{1}{n}+\cdots+\frac{1}{n}\right)}_{n\uparrow}=\lim_{n\to\infty}1=1\neq 0,$$

即 $\underbrace{\left(\frac{1}{n}+\frac{1}{n}+\cdots+\frac{1}{n}\right)}_{n\uparrow}$ 不是无穷小.

(2)两个无穷小的商未必是无穷小. 如,当 $x\to 0$ 时,x 与 $2x$ 皆是无穷小,但由 $\lim\limits_{x\to 0}\frac{2x}{x}=2\neq 0$,即 $\frac{2x}{x}$ 当 $x\to 0$ 时不是无穷小.

由极限定义可知 $\lim\limits_{x\to *}f(x)=A \Leftrightarrow \lim\limits_{x\to *}[f(x)-A]=0$,若记

$$\alpha(x)=f(x)-A,$$

则有如下的关于**极限与无穷小的关系定理**.

定理 1　$\lim\limits_{x\to *}f(x)=A \Leftrightarrow f(x)=A+\alpha(x)$,其中 $\lim\limits_{x\to *}\alpha(x)=0$.

如,因为 $\frac{x+1}{x}=1+\frac{1}{x}$,且 $\lim\limits_{x\to\infty}\frac{1}{x}=0$,所以 $\lim\limits_{x\to\infty}\frac{x+1}{x}=1$.

二、无穷大

函数(或数列)极限不存在的情况中,很特殊的就是"函数(或数列)的极限为无穷大"的情况.

定义 2　若 $x\to *$ 时,相应的函数值 $f(x)$ 的绝对值 $|f(x)|$ 无限增大(即可大于任何预先给定的常数),则称函数 $f(x)$ 当 $x\to *$ **时为无穷大**,记作

$$\lim_{x\to *}f(x)=\infty \quad \text{或} \quad f(x)\to\infty(x\to *).$$

把定义中的 $|f(x)|$ 换成 $f(x)$(或 $-f(x)$),就记作

$$\lim_{x\to *}f(x)=+\infty(\text{或}\lim_{x\to *}f(x)=-\infty).$$

精确地说,(以 $\lim\limits_{x\to a}f(x)=\infty$ 为例)有如下定义.

定义 2′　设函数 $f(x)$ 在点 a 的某去心邻域内有定义. 若 $\forall K>0, \exists \delta>0$,使得当 $0<|x-a|<\delta$ 时,恒有

$$|f(x)|>K,$$

则称函数 $f(x)$ 当 $x\to a$ **时为无穷大**,即

$$\lim_{x\to a}f(x)=\infty \quad \text{或} \quad f(x)\to\infty(x\to a).$$

如,$\lim\limits_{x\to 0}\frac{1}{x}=\infty$,$\lim\limits_{x\to\infty}x^2=+\infty$,$\lim\limits_{x\to +\infty}e^x=+\infty$,$\lim\limits_{x\to 0^+}\ln x=-\infty$.

注　(1)无穷大是极限不存在的一种情形,这里借用极限的记号,不表示极限存在. (2)无穷大是函数 $f(x)$ 的绝对值无限地变大,它是一个变量. 不要把无穷大与很大的数混为一谈,任何常数都不是无穷大,即使是绝对值非常大的数都不能把它看作无穷大;(3)无穷大一

定是无界的,但无界变量不一定是无穷大. 例如,数列 $y_n = [1+(-1)^n]n$ 是无界的,但不是无穷大.

由无穷大的定义,可证得无穷大的下面性质.

性质 3(无穷大的有界和) 无穷大与有界函数的和(或差)为无穷大.

性质 4(无穷大的乘积) 有限个无穷大的乘积为无穷大.

请读者把性质 3 与性质 1,性质 4 与性质 2 作对比,并举例说明不同点.

由无穷小与无穷大的定义,可得关于无穷大与无穷小的关系定理.

定理 2 $\lim\limits_{x \to *} f(x) = 0 \Leftrightarrow \lim\limits_{x \to *} \dfrac{1}{f(x)} = \infty$,其中 $f(x) \neq 0$.

例如,$\lim\limits_{x \to +\infty} e^x = +\infty \Leftrightarrow \lim\limits_{x \to +\infty} \dfrac{1}{e^x} = 0 \Leftrightarrow \lim\limits_{x \to +\infty} e^{-x} = 0$.

最后,需要再提醒读者的是:

不能离开自变量的变化过程而笼统地说 $f(x)$ 为无穷小或无穷大. 例如,$f(x) = e^x$ 当 $x \to -\infty$ 时为无穷小,当 $x \to +\infty$ 时为无穷大,当 $x \to \infty$ 时既不是无穷小也不是无穷大.

若函数 $f(x)$ 极限不存在且 $f(x)$ 也不是无穷大,这种情况下,通常是指 $f(x)$ 的值在几个数值之间"摆动",可俗称为"**摆动型**"或"**振荡型**"极限不存在. 如,当 $x \to \infty$ 时 $\sin x$ 的值总是在 +1 与 -1 之间摆动,所以 $\lim\limits_{x \to \infty} \sin x$ 不存在,可记作 $\lim\limits_{x \to \infty} \sin x \not\exists$.

三、极限概念小结

我们已经用分类的思路介绍了极限的概念及一些相关的基本问题. 从研究对象来分,有函数的极限,也有特殊函数即数列的极限;从自变量趋于的方式来分,有自变量趋于有限值时的极限和自变量趋于无穷大时的极限;从自变量趋于的方向来分,有单侧极限和双侧极限;从极限结果来分,有极限存在(无穷小或非无穷小)和极限不存在(无穷大型或振荡型).

必须强调几点:

(1) 极限的精确定义(ε-语言)及其应用(用楷体字的内容),在工科本科考试与考研中,均不作要求,因此这些内容,仅供读者取舍参考.

(2) 极限符号是高等数学分析问题时最常用的符号之一. 同一个函数在不同的自变量变化趋势下的极限存在情况一般是不一样的. 因此,谈到函数的极限时,必须要指明自变量趋于哪个"目标"时的极限,即要指明 $\lim$ 下方中的" $*$ ". 其中 $\lim$ 为极限符号,$x \to *$ 为极限条件. 在一个函数前面加上 $\lim\limits_{x \to *}$,表示对该函数进行极限运算,其结果不再是函数值本身而是它的极限,即函数无限接近于的那个数,且是唯一的常数.

(3) 由于 $\lim\limits_{n \to \infty} y_n$ 只与 n 无限增大时有关,因此增加、减少或改变数列的有限项,不影响数列的收敛性和极限值. 由于 $\lim\limits_{x \to a} f(x)$ 的条件是 $x \to a$,因此极限 $\lim\limits_{x \to a} f(x)$ 与 $x = a$ 或远离 a 时 $f(x)$ 是否有定义及取值大小都毫无关系.

(4) 对极限(存在或无穷大)的讨论都可归结为对无穷小的讨论. 如,

$$\lim\limits_{x \to *} f(x) = A \Leftrightarrow |f(x) - A| \leqslant \beta(x),\text{其中} \lim\limits_{x \to *} \beta(x) = 0;$$

$$\lim_{x\to *}f(x)=A \Leftrightarrow f(x)=A+\alpha(x), \text{其中} \lim_{x\to *}\alpha(x)=0;$$

$$\lim_{x\to *}f(x)=\infty \Leftrightarrow \lim_{x\to *}\frac{1}{f(x)}=0.$$

正因如此,以至于有人常常把整个极限理论称为"无穷小分析".

(5)高等数学里的极限运算(尤其涉及无穷小、无穷大以及无限个时)与初等数学里有限个常数的运算有很多本质差异. 在极限计算务必要保证每个步骤等式都符合极限的算理,要多问"为什么",谨防"想当然".

若"想当然",就可能认为"无穷多个无穷小之和是无穷小","无穷多个无穷小之积是无穷小",但这都是错误的.

要从理论上探讨为什么上述说法是错的,需要先定义"什么是无穷多个数之和(积)". 以后,我们会在第7章学习"无穷多个数之和",到时请读者细读§7.6例3,然后令 $x\to 0$,就会发现"无穷多个无穷小之和未必是无穷小".

"无穷多个数之积"不在本书研究范围,为避免过度引用,仅给出相对直观的反例.

第1个数列: $1, \frac{1}{2}, \frac{1}{3}, \frac{1}{4}, \frac{1}{5}, \frac{1}{6}, \cdots$

第2个数列: $1, 2, \frac{1}{2}, \frac{1}{3}, \frac{1}{4}, \frac{1}{5}, \cdots$

第3个数列: $1, 1, 3!, \frac{1}{2}, \frac{1}{3}, \frac{1}{4}, \cdots$

第4个数列: $1, 1, 1, 4!, \frac{1}{2}, \frac{1}{3}, \cdots$

……

以上无穷多个数列,每个都是无穷小,但这无穷多个数列的乘积是

$$1, 1, 1, 1, 1, \cdots$$

它是个每项均1的数列,其极限为1,不是无穷小.

这就说明:无穷多个无穷小之积未必是无穷小.

无穷多个无穷小的乘积,可能会变成非无穷小,这种"突变"主要是由于各数列趋于零的"速度不同"造成的.

习 题 1.4

1. 指出下列各题中,哪些是无穷小? 哪些是无穷大?

(1) $1+x, (x\to 0)$; (2) $\sqrt{|x|}, (x\to 0)$; (3) $\frac{x+1}{x^2-1}, (x\to 1)$;

(4) $e^{1/x}, (x\to 0)$; (5) $\ln x, (x\to 0^+)$; (6) $\sin x, \left(x\to \frac{\pi}{2}\right)$.

2. 下列说法哪些是错误的:

(1) 两个无穷小的商一定是无穷小;

(2) 两个无穷大的和一定是无穷大;

(3) 一个无穷小与一个无穷大的乘积的极限为1;

(4) 有界函数与无穷大的乘积是无穷大;

(5) 无界函数必是无穷大.

3. 求下列极限,并说明理由:

(1) $\lim\limits_{x\to 0} x\sin x$;   (2) $\lim\limits_{x\to 0} x\sin\dfrac{1}{x}$;   (3) $\lim\limits_{x\to \infty} \dfrac{\sin x}{x}$;   (4) $\lim\limits_{x\to 0} \dfrac{1}{x\sin x}$.

4. 下列函数哪些是无界函数,当 $x \to \infty$ 时哪些是无穷大?

(1) $y = \sin x$;   (2) $y = x + \sin x$;   (3) $y = x\sin x$.

§1.5 极限的运算与求法(一)

利用极限概念(或等价条件),利用无穷小、无穷大的性质以及它们之间的关系,可以求出一些简单函数(或数列)的极限. 对基本函数,通过直观分析(可结合图像考察),就可以直接写出极限结果,如:

$$\lim_{n\to\infty} \frac{1}{n} = 0, \lim_{n\to\infty} q^n = \begin{cases} 0, & |q|<1, \\ \infty, & |q|>1, \\ 1, & q=1, \\ \not\exists, & q=-1; \end{cases}$$

$$\lim_{x\to\infty} \frac{1}{x} = 0, \lim_{x\to 0} \frac{1}{x} = \infty; \lim_{x\to -\infty} e^x = 0, \lim_{x\to +\infty} e^x = +\infty;$$

$$\lim_{x\to 0^+} \ln x = -\infty, \lim_{x\to +\infty} \ln x = +\infty; \lim\sin x \not\exists, \lim\cos x \not\exists;$$

$$\lim_{x\to -\infty} \arctan x = -\pi/2, \lim_{x\to +\infty} \arctan x = \pi/2.$$

为了求出复杂函数(或数列)的极限,本节要讨论一些极限的运算法则和极限存在性的判别准则,并推出两个重要极限.

一、极限的四则运算法则

这里只列出函数极限的四则运算法则,关于数列极限有类似结果.

定理 1 若函数 $f = f(x), g = g(x)$ 的极限 $\lim\limits_{x\to *} f, \lim\limits_{x\to *} g$ 都存在,则

(1) $\lim\limits_{x\to *} kf = k\lim\limits_{x\to *} f$($k$ 是常数);

(2) $\lim\limits_{x\to *} (f \pm g) = \lim\limits_{x\to *} f \pm \lim\limits_{x\to *} g$;

(3) $\lim\limits_{x\to *} (f \cdot g) = \lim\limits_{x\to *} f \cdot \lim\limits_{x\to *} g$;

(4) 当分母极限 $\lim\limits_{x\to *} g \neq 0$ 时, $\lim\limits_{x\to *} \dfrac{f}{g} = \dfrac{\lim\limits_{x\to *} f}{\lim\limits_{x\to *} g}$.

证 只证 $\lim\limits_{x\to *}(f \cdot g) = \lim\limits_{x\to *} f \cdot \lim\limits_{x\to *} g$,其他请读者自证.

设 $\lim\limits_{x\to *} f = A, \lim\limits_{x\to *} g = B$,由函数极限与无穷小的关系有

$$f = A + \alpha, g = B + \beta,$$

其中 $\lim\limits_{x\to *} \alpha = \lim\limits_{x\to *} \beta = 0$. 于是

$$f \cdot g = (A+\alpha)(B+\beta) = AB + A\beta + B\alpha + \alpha\beta.$$

由无穷小运算性质知, $\lim\limits_{x\to *}(A\beta + B\alpha + \alpha\beta) = 0$,再由无穷小与函数的极限的关系,得

$$\lim_{x \to *}(f \cdot g) = AB = \lim_{x \to *} f \cdot \lim_{x \to *} g.$$

一般地，函数(或数列)的和、差、积、商的极限等于函数极限的和、差、积、商．其中，法则(2)和(3)可以推广到有限个函数的情形．

注 利用四则运算计算极限时，要把函数(或数列)分项成有限个极限为已知的简单函数的运算，这是一种化整为零的技术．下面，我们利用这种"**分项法**"来求出一些极限，为强调极限分类以及算理，把法则(2)、(3)、(4)左边的极限依次记为 $A \pm B$ **型**、$A \cdot B$ **型**、$\dfrac{A}{B}(B \neq 0)$**型**．

例 1 求 $\lim\limits_{x \to 2} \dfrac{2x^2 + x - 1}{x^2 - 1}$．

思路 先求分子分母极限，可看出原商式极限是 $\dfrac{A}{B}(B \neq 0)$ 型的．

解 因为分子极限
$$\lim_{x \to 2}(2x^2 + x - 1) = 2(\lim_{x \to 2} x)^2 + \lim_{x \to 2} x - \lim_{x \to 2} 1 = 2 \times 2^2 + 2 - 1 = 9,$$

而分母极限 $\lim\limits_{x \to 2}(x^2 - 1) = (\lim\limits_{x \to 2} x)^2 - \lim\limits_{x \to 2} 1 = 2^2 - 1 = 3 \neq 0,$

因此 $\lim\limits_{x \to 2} \dfrac{2x^2 + x - 1}{x^2 - 1} = \dfrac{\lim\limits_{x \to 2}(2x^2 + x - 1)}{\lim\limits_{x \to 2}(x^2 - 1)} = \dfrac{9}{3} = 3.$

一般地，对于多项式函数 $P(x)$，求极限 $\lim\limits_{x \to a} P(x)$ 均可用**代入法**；对有理分式函数 $\dfrac{P(x)}{Q(x)}$，求极限 $\lim\limits_{x \to a} \dfrac{P(x)}{Q(x)}$ 时，如果分母在点 a 的函数值 $Q(a) \neq 0$ 时，也可用代入法．

注 一般地，若 $f(x)$ 为初等函数，它在点 a 的某邻域内有定义，则求 $\lim\limits_{x \to a} f(x)$ 均可用代入法，即
$$\lim_{x \to a} f(x) = f(a).$$

这个方法的理论依据我们将在 §1.8 中予以说明．

对商式极限 $\lim\limits_{x \to a} \dfrac{f(x)}{g(x)}$，若分母的函数值 $g(x) = 0$，代入法就失效了，必须另作考虑．

例 2 求 $\lim\limits_{x \to 1} \dfrac{2x^2 + x - 1}{x^2 - 1}$．

思路 这里自变量的变化过程与例 1 不同，且分母极限 $\lim\limits_{x \to 1}(x^2 - 1) = 0$，所以不能用代入法．但因为分子极限 $\lim\limits_{x \to 1}(2x^2 + x - 1) = 2 \neq 0$，因此可以先求出此分式倒数的极限．

解 因为 $\lim\limits_{x \to 1} \dfrac{x^2 - 1}{2x^2 + x - 1} = \dfrac{1^2 - 1}{2 \times 1^2 + 1 - 1} = 0,$

根据无穷大与无穷小的关系，得 $\lim\limits_{x \to 1} \dfrac{2x^2 + x - 1}{x^2 - 1} = \infty.$

注 例 2 所代表的极限类型记为 $\dfrac{A}{0}(A \neq 0)$ **型**，这一类极限不能直接利用代入法和法则(3)，但由无穷大与无穷小之间的倒数关系可知，其极限都为 ∞．如
$$\lim_{x \to 2} \dfrac{x - 1}{x^2 - 4} \left(\dfrac{1}{0} \text{ 型}\right) = \infty, \quad \lim_{x \to -\infty} \dfrac{2}{\mathrm{e}^x} \left(\dfrac{2}{0} \text{ 型}\right) = \infty.$$

例 3 $\lim\limits_{x\to 1}\dfrac{x^2+2x-3}{x^2-1}$.

思路 分子、分母的极限都是零,这种类型的极限称之为 $\dfrac{0}{0}$ 型,不能直接用代入法,也不能直接用无穷小与无穷大的倒数关系,必须设法把它化为其他形式. 注意到分子、分母有公因式 $x-1$,而 $x\to 1$ 时 $x\neq 1$,因此我们可先将分式约去无穷小的因子(**约零因子**),然后再求极限.

解 $\lim\limits_{x\to 1}\dfrac{x^2+2x-3}{x^2-1}=\lim\limits_{x\to 1}\dfrac{(x+3)(x-1)}{(x+1)(x-1)}=\lim\limits_{x\to 1}\dfrac{x+3}{x+1}=2.$

例 4 求 $\lim\limits_{x\to\infty}\dfrac{x^2+2x-3}{x^2-1}$.

思路 当 $x\to\infty$ 时,分子、分母的极限都是无穷大(注意 ∞ 不是数),这种类型的极限称之为 $\dfrac{\infty}{\infty}$ 型,不能直接运用极限运算法则,但如果把无穷大化为无穷小,就可以求出它的极限. 为此,把上式分子、分母同除以 x^2(这是分子、分母多项式中最高次的幂函数).

解 $\lim\limits_{x\to\infty}\dfrac{x^2+2x-3}{x^2-1}=\lim\limits_{x\to\infty}\dfrac{1+\dfrac{2}{x}-\dfrac{3}{x^2}}{1-\dfrac{1}{x^2}}=\dfrac{1+0-0}{1-0}=1.$

例 4 采用分子、分母同除以最高次幂的办法,适用于求当 $x\to\infty$ 时任何有理分式函数的极限,如,

$$\lim_{x\to\infty}\dfrac{x^2+2x-1}{3x^2-4x+5}=\lim_{x\to\infty}\dfrac{1+\dfrac{2}{x}-\dfrac{1}{x^2}}{3-\dfrac{4}{x}+\dfrac{5}{x^2}}=\dfrac{1+0-0}{3-0+0}=\dfrac{1}{3};$$

$$\lim_{x\to\infty}\dfrac{x^2+2x-1}{3x^3-4x^2+5}=\lim_{x\to\infty}\dfrac{\dfrac{1}{x}+\dfrac{2}{x^2}-\dfrac{1}{x^3}}{3-\dfrac{4}{x}+\dfrac{5}{x^3}}=\dfrac{0+0-0}{3-0+0}=0,$$

当然,由最末一式可得 $\lim\limits_{x\to\infty}\dfrac{3x^3-4x^2+5}{x^2+2x-1}=\infty$.

注 一般地,对有理分式函数,当 $x\to\infty$ 时的极限有(其中 $a_m\neq 0,b_n\neq 0$;m 和 n 为非负整数)结论(俗称**抓大头**):

$$\lim_{x\to\infty}\dfrac{a_m x^m+a_{m-1}x^{m-1}+\cdots+a_0}{b_n x^n+b_{n-1}x^{n-1}+\cdots+b_0}=\lim_{x\to\infty}\dfrac{a_m x^m}{b_n x^n}=\begin{cases}a_m/b_m, & m=n,\\ 0, & m<n,\\ \infty, & m>n.\end{cases}$$

对数列极限,有类似结论.

求 $\dfrac{0}{0}$ 和 $\dfrac{\infty}{\infty}$ 型的极限,共同点是消除不定性;通过变形化成分子、分母至少有一个极限不为 0 和不为 ∞ 的商式的极限,而后再进行计算. 在还没有变式之前,它们的极限是不能确定的,因此,$\dfrac{0}{0}$ 和 $\dfrac{\infty}{\infty}$ 型的极限均被称为**未定式极限**.

例 5 求 $\lim\limits_{x\to+\infty}\dfrac{2^x-1}{3^x+4}$.

思路 这是 $\dfrac{\infty}{\infty}$ 型未定式,注意到 $\lim\limits_{x\to+\infty}q^x=0$(其中 $|q|<1$),分子分母同除以 3^x.

解 $\lim\limits_{x\to+\infty}\dfrac{2^x-1}{3^x+4}=\lim\limits_{x\to+\infty}\dfrac{(2/3)^x-(1/3)^x}{1+4(1/3)^x}=0.$

若把例 5 的极限写成 $\lim\limits_{x\to+\infty}\left[\dfrac{1}{3^x+4}\cdot(2^x-1)\right]$,它就是 **$0\cdot\infty$ 型**未定式极限.

例 6 求 $\lim\limits_{x\to 1}\left(\dfrac{1}{x-1}-\dfrac{2}{x^2-1}\right)$.

当 $x\to 1$ 时,函数中两项均为无穷大,属 **$\infty-\infty$ 型**未定式极限,不可用代入法,也不能直接用差的极限运算法则进行分项. 我们可以先通分(合项)后再求极限. 求解过程由读者自己完成,答案是 $1/2$.

例 7 求 $\lim\limits_{x\to\infty}\dfrac{\sin x}{x}$.

当 $x\to\infty$ 时,分子及分母的极限都不存在(极限也不是 $\dfrac{\infty}{\infty}$ 型的),故商的极限运算法则不能应用,可以把函数化成积式(但极限不是 $A\cdot B$ 型的),然后用"无穷小的有界乘"这性质,可得极限为 0. 可以用"无穷小的有界乘"这性质来计算的极限记为 **$0\cdot$ 有界型**.

例 8 求 $\lim\limits_{n\to\infty}\left(\dfrac{1}{n^2}+\dfrac{2}{n^2}+\cdots+\dfrac{n}{n^2}\right)$.

这里当 $n\to\infty$ 时,数列是无限个无穷小之和构成的,它不能直接用和的极限运算法则求解,要先作恒等变形化为有限项的运算后再求极限. 求解过程从略,答案是 $1/2$.

总之,利用四则运算法则求极限时,一定要注意区分极限的类型,并检查极限运算法则的条件(有限项,极限存在,分母极限不为零等),切不可滥用极限运算. 特别要小心,无穷大不可随意参与运算,因为无穷大不是一个数,是极限不存在的类型.

二、复合函数的极限运算法则

定理 2 若 $\lim\limits_{x\to a}g(x)=b, \lim\limits_{u\to b}f(u)=A$,且在点 a 的某去心邻域内 $g(x)\neq b$,则复合函数 $f[g(x)]$ 当 $x\to a$ 时的极限存在,且

$$\lim\limits_{x\to a}f[g(x)]=A.$$

定理证明从略. 定理中的 a 或 b 换成 ∞,有类似的结论.

注 若 g 和 f 满足定理条件,那么求复合函数极限 $\lim\limits_{x\to b}f[g(x)]$ 时,可用**变量替换** $u=g(x)$ 的方法. 换元时,极限条件要同步换掉.

特别地,若 $\lim\limits_{x\to a}g(x)=b\geqslant 0$,则 $\lim\limits_{x\to a}\sqrt{g(x)}=\sqrt{b}$.

例 9 求 $\lim\limits_{x\to 0}\dfrac{\sqrt{x+1}-1}{x}$.

思路 $\dfrac{0}{0}$ 型的未定式极限,可用分子有理化方法或换元法,让分子分母出现相同的零因

子,以便约零因子.

解 令 $\sqrt{x+1}=u$,则当 $x\to 0$ 时 $u\to 1$,且 $x=u^2-1$,于是

$$\lim_{x\to 0}\frac{\sqrt{x+1}-1}{x}=\lim_{u\to 1}\frac{u-1}{u^2-1}=\lim_{u\to 1}\frac{1}{u+1}=\frac{1}{2}.$$

例 10 求 $\lim\limits_{h\to 0}\dfrac{\sqrt{x+h}-\sqrt{x}}{h}$.

思路 这是 $\dfrac{0}{0}$ 型极限,极限中,h 是变量,x 是常量. 由于函数中含两个不同根式,不能用换元法,可以用有理化的方法.

解
$$\lim_{h\to 0}\frac{\sqrt{x+h}-\sqrt{x}}{h}=\lim_{h\to 0}\frac{(\sqrt{x+h}-\sqrt{x})(\sqrt{x+h}+\sqrt{x})}{h(\sqrt{x+h}+\sqrt{x})}$$
$$=\lim_{h\to 0}\frac{h}{h(\sqrt{x+h}+\sqrt{x})}=\frac{1}{2\sqrt{x}}.$$

注 量 x 在极限过程中是不变的常量,但是在极限结果中它又是可变的($x>0$),这样的量 x 称为**参变量**.

若定义函数 $f(x)=\lim\limits_{h\to 0}\dfrac{\sqrt{x+h}-\sqrt{x}}{h}$,则其定义域 $D=(0,+\infty)$. 这个函数是用极限运算来确定的,称为**极限函数**. 以后,大家还会碰到所谓的"导函数"、"积分函数"等等,这些函数都不是直接用基本运算来刻画的,比较抽象.

例 11 设函数 $f(x)=\lim\limits_{n\to\infty}\dfrac{1-x^{2n}}{1+x^{2n}}x$,求 $\lim\limits_{x\to 1}f(x)$,$\lim\limits_{x\to -1}f(x)$.

思路 这里函数 $f(x)$ 是通过数列极限(x 为参变量)来定义的,为了研究 $f(x)$,必须先用数列极限的求法去掉极限符号. 因为 $\lim\limits_{n\to\infty}x^{2n}$ 存在性与参变量 x 有关,所以要对 x 进行讨论.

解 (1)当 $|x|=1$,即 $x^2=1$ 时,$\lim\limits_{n\to\infty}x^{2n}=\lim\limits_{n\to\infty}1^n=1$,所以

$$f(x)=\frac{1-1}{1+1}x=0;$$

(2)当 $|x|<1$,即 $x^2<1$ 时,$\lim\limits_{n\to\infty}x^{2n}=0$,所以

$$f(x)=\frac{1-0}{1+0}x=x;$$

(3)当 $|x|>1$,即 $x^2>1$ 时,$\lim\limits_{n\to\infty}x^{2n}=+\infty$,所以

$$f(x)=\lim_{n\to\infty}\frac{1-x^{2n}}{1+x^{2n}}x=x\lim_{n\to\infty}\frac{(1/x^2)^n-1}{(1/x^2)^n+1}=x\frac{0-1}{0+1}=-x,$$

总之,$f(x)=\begin{cases}x, & |x|<1,\\ 0, & |x|=1,\\ -x, & |x|>1.\end{cases}$ 余略.

三、两个极限存在的准则

下面我们以定理形式给出判别数列和函数极限存在的两个特殊准则.

定理 3(单调有界准则)

(1)若数列 y_n 单调增加且有上界(或单调减少且有下界),则 $\lim\limits_{n\to\infty}y_n$ 存在.

(2)若函数 $f(x)$ 在区间 $(a,+\infty)$（a 为常数）上单调增加且有上界，则 $\lim\limits_{x\to+\infty}f(x)$ 存在．

定理 3 证明从略．

注 对数列 y_n，单调有界 $\Rightarrow$ 极限存在 $\Rightarrow$ 有界；其逆都不真．

例 12 设 $y_1=\sqrt{2}$，$y_{n+1}=\sqrt{2+y_n}$，求 $\lim\limits_{n\to\infty}y_n$．

思路 先证明数列单调有界，即得数列极限存在；然后借助极限的运算法则求出极限，这是一种**先证后求**的思路．

解 先证 $\lim\limits_{n\to\infty}y_n$ 存在．因为

$$y_{n+1}-y_n=\sqrt{2+y_n}-\sqrt{2+y_{n-1}}=\frac{y_n-y_{n-1}}{\sqrt{2+y_n}+\sqrt{2+y_{n-1}}}$$

与 y_n-y_{n-1} 同号，类推得 $y_{n+1}-y_n$ 与 $y_2-y_1>0$ 同号，所以 $y_{n+1}-y_n>0$，即 y_n 单调增加．

显然 $y_1<2$．若设 $y_{n-1}<2$，则 $y_n=\sqrt{2+y_{n-1}}<\sqrt{2+2}=2$，由数学归纳法得 $y_n<2$，即 y_n 有上界，因此 $\lim\limits_{n\to\infty}y_n$ 存在．

再求 $\lim\limits_{n\to\infty}y_n$．设 $\lim\limits_{n\to\infty}y_n=A$，由 $y_{n+1}=\sqrt{2+y_n}$，两边取极限，得

$$A=\sqrt{2+A}.$$

解得 $A=2$（$A=-1$ 不合题意舍去），故 $\lim\limits_{n\to\infty}y_n=2$．

注 在未知 $\lim\limits_{n\to\infty}y_n$ 存在的情况下，不可对已知的递推式取极限，否则可能导致错误．如，设 $y_1=1$，$y_{n+1}=2y_n$，直接由递推式取极限会得到错误结论 $\lim\limits_{n\to\infty}y_n=0$．实际上，由 $y_1=1$，$y_{n+1}=2y_n$ 得 $y_n=2^{n-1}$，即 $\lim\limits_{n\to\infty}y_n=+\infty$．

下面的解法是一种先求（其实是猜想）后证的方法，即先假设极限存在，利用运算法则求出极限，然后利用放大法加以验证．

另解 猜想 $\lim\limits_{n\to\infty}y_n=2$．

因为当 $n>1$ 时，$y_n=\sqrt{2+y_{n-1}}$，

$$|y_n-2|=|\sqrt{2+y_{n-1}}-2|=\frac{|y_{n-1}-2|}{\sqrt{2+y_{n-1}}+2}<\frac{|y_{n-1}-2|}{2}.$$

依此类推可得，$n>1$ 时

$$|y_n-2|<\frac{|y_1-2|}{2^{n-1}}<\frac{1}{2^{n-1}},$$

即有 $\beta_n=\left(\frac{1}{2}\right)^{n-1}$，使得 $|y_n-2|<\beta_n\to 0(n\to\infty)$，故有 $\lim\limits_{n\to\infty}y_n=2$．

定理 4（夹值同限准则）

(1)若数列 x_n,y_n,z_n 满足：$x_n\leqslant y_n\leqslant z_n$，且 $\lim x_n=\lim z_n=A$，则 $\lim y_n=A$．

(2)若函数 $f(x),g(x),h(x)$ 满足：在点 a 的某去心邻域内 $g(x)\leqslant f(x)\leqslant h(x)$，且 $\lim\limits_{x\to a}g(x)=\lim\limits_{x\to a}h(x)=A$，则 $\lim\limits_{x\to a}f(x)=A$．其中 $x\to a$ 可换为其他条件．

证 只证(1)，(2)同理可证得．

由 $x_n\leqslant y_n\leqslant z_n$，得 $|y_n-x_n|\leqslant|z_n-x_n|\stackrel{\Delta}{=}\beta_n$．

由 $\lim\limits_{n\to\infty}x_n = \lim\limits_{n\to\infty}z_n = A$，得 $\lim\limits_{n\to\infty}(z_n - x_n) = 0$，即

$$\lim\limits_{n\to\infty}\beta_n = \lim\limits_{n\to\infty}|z_n - x_n| = 0.$$

于是 $\lim\limits_{n\to\infty}(y_n - x_n) = 0$，故

$$\lim\limits_{n\to\infty}y_n = \lim\limits_{n\to\infty}[(y_n - x_n) + x_n] = 0 + A = A. \text{ 证毕.}$$

注 利用定理 4 不但可以证明一些函数(或数列)的极限存在并且可以求出极限，关键是要通过对函数(或数列)的放缩找到两个比较简单的、极限相同的函数(或数列).

例 13 求 $\lim\limits_{n\to\infty}\dfrac{n!}{n^n}$.

解 对数列 $y_n = \dfrac{n!}{n^n}$，由于 $y_n = \dfrac{1}{n}\left(\dfrac{2\cdot 3\cdots\cdot n}{n\cdot n\cdots\cdot n}\right) \leqslant \dfrac{1}{n}$，即有

$$0 < y_n \leqslant \dfrac{1}{n} \ (n = 1, 2, 3, \cdots);$$

又 $\lim\limits_{n\to\infty}0 = \lim\limits_{n\to\infty}\dfrac{1}{n} = 0$，故 $\lim\limits_{n\to\infty}\dfrac{n!}{n^n} = 0$.

下面我们利用两个极限存在准则来讨论两个常用的重要极限公式.

例 14 验证 $\lim\limits_{x\to 0}\dfrac{\sin x}{x} = 1$.

证 作一个单位圆，设圆心角 $\angle AOB = x$(弧度)，且 $0 < x < \dfrac{\pi}{2}$.

如图 1-5-1，连结 AB，过点 A 作圆 O 的切线 AC 交半径 OB 的延长线于 C. 因为

$$\triangle AOB \text{ 面积} < \text{扇形 } AOB \text{ 面积} < \triangle AOC \text{ 面积},$$

于是有

$$\dfrac{1}{2}\sin x < \dfrac{1}{2}x < \dfrac{1}{2}\tan x,$$

变形得

$$\cos x < \dfrac{\sin x}{x} < 1.$$

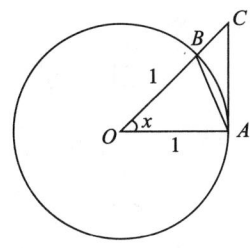

图 1-5-1

由于 $\dfrac{\sin x}{x}$ 和 $\cos x$ 都是偶函数，所以上述不等式对 $-\dfrac{\pi}{2} < x < 0$ 也是成立的.

又因 $\lim\limits_{x\to 0}\cos x = 1$，$\lim\limits_{x\to 0}1 = 1$，根据定理 4，得 $\lim\limits_{x\to 0}\dfrac{\sin x}{x} = 1$.

例 15 证明数列极限 $\lim\limits_{n\to\infty}\left(1 + \dfrac{1}{n}\right)^n$ 存在.

思路 利用放缩法证明单调性，只要证

$$\left(1 + \dfrac{1}{n}\right)^n < \left(1 + \dfrac{1}{n+1}\right)^{n+1} = \left(\dfrac{n+2}{n+1}\right)^{n+1}.$$

设法把右端写成 $n+1$ 个正数的算术平均值的 $n+1$ 次方，同时左端写成这 $n+1$ 个数的乘积，然后利用均值不等式. 有界性证明思路类似.

证法一 由几何—算术均值不等式可知

$$y_n = \overbrace{1\cdot\left(1+\dfrac{1}{n}\right)\cdot\left(1+\dfrac{1}{n}\right)\cdots\left(1+\dfrac{1}{n}\right)}^{n+1} < \left[\dfrac{1+n\left(1+\dfrac{1}{n}\right)}{n+1}\right]^{n+1} = \left(1+\dfrac{1}{n+1}\right)^{n+1} = y_{n+1},$$

所以 y_n 单调增加.

又由于
$$y_n = 4 \times \overbrace{\frac{1}{2} \cdot \frac{1}{2} \cdot \left(1+\frac{1}{n}\right) \cdot \left(1+\frac{1}{n}\right) \cdots \left(1+\frac{1}{n}\right)}^{n+2}$$
$$< 4\left[\frac{\frac{1}{2}+\frac{1}{2}+n\left(1+\frac{1}{n}\right)}{n+2}\right]^{n+2} = 4\left(\frac{n+2}{n+2}\right)^{n+2} = 4,$$

即 $2 \leqslant y_n < 4$，所以 y_n 有界.

故极限 $\lim\limits_{n \to \infty}\left(1+\frac{1}{n}\right)^n$ 存在.

证法二 下面利用二项展开式来证明数列 $y_n = \left(1+\frac{1}{n}\right)^n$ 单调增加且有界.

先证数列 $y_n = \left(1+\frac{1}{n}\right)^n$ 单调增加.

由 $y_n = \left(1+\frac{1}{n}\right)^n = 1 + \frac{n}{1!} \cdot \frac{1}{n} + \frac{n(n-1)}{2!} \cdot \frac{1}{n^2} + \cdots + \frac{n(n-1)\cdots(n-n+1)}{n!} \cdot \frac{1}{n^n}$

$$= 1 + 1 + \frac{1}{2!}\left(1-\frac{1}{n}\right) + \frac{1}{3!}\left(1-\frac{1}{n}\right)\left(1-\frac{2}{n}\right) + \cdots$$
$$+ \frac{1}{n!}\left(1-\frac{1}{n}\right)\cdots\left(1-\frac{n-1}{n}\right),$$

及 $y_{n+1} = \left(1+\frac{1}{n+1}\right)^{n+1}$

$$= 1 + 1 + \frac{1}{2!}\left(1-\frac{1}{n+1}\right) + \frac{1}{3!}\left(1-\frac{1}{n+1}\right)\left(1-\frac{2}{n+1}\right) + \cdots$$
$$+ \frac{1}{n!}\left(1-\frac{1}{n+1}\right)\cdots\left(1-\frac{n-1}{n+1}\right) + \frac{1}{(n+1)!}\left(1-\frac{1}{n+1}\right)\cdots\left(1-\frac{n}{n+1}\right),$$

比较 y_n 与 y_{n+1} 右端知，y_n 有 $n+1$ 项，而 y_{n+1} 有 $n+2$ 项，其中前 $n+1$ 项分别比 y_n 中对应项要大或相等，第 $n+2$ 项大于零，所以 $y_n \leqslant y_{n+1}$，即 y_n 单调增加.

再证 y_n 有界. 当 $n \geqslant 3$ 时，由

$$y_n = 1 + 1 + \frac{1}{2!}\left(1-\frac{1}{n}\right) + \frac{1}{3!}\left(1-\frac{1}{n}\right)\left(1-\frac{2}{n}\right) + \cdots + \frac{1}{n!}\left(1-\frac{1}{n}\right)\cdots\left(1-\frac{n-1}{n}\right)$$
$$< 1 + \frac{1}{1!} + \frac{1}{2!} + \cdots + \frac{1}{n!} < 1 + 1 + \frac{1}{1\times 2} + \cdots + \frac{1}{(n-1)\times n}$$
$$= 2 + \left(\frac{1}{1}-\frac{1}{2}\right) + \cdots + \left(\frac{1}{n-1}-\frac{1}{n}\right) = 3 - \frac{1}{n} < 3,$$

又 y_n 单调增加，$y_1 = 2$，于是 $\forall$ 正整数 n，有 $2 \leqslant y_n < 3$，即 y_n 有界.

故极限 $\lim\limits_{n \to \infty}\left(1+\frac{1}{n}\right)^n$ 存在.

注 利用不同方法证出的数列的上界（或下界）可能不同. 不要以为单调增加且有上界的数列的极限一定等于上界.

例 15 我们只证明了极限存在，但没求出极限值. 由于 $2 \leqslant y_n < 3$，因此该极限值一定是落在区间 $[2,3]$ 中的某个数.

数学中，规定把该极限值记为 e，即

$$\lim_{n\to\infty}\left(1+\frac{1}{n}\right)^n = \mathrm{e}.$$

常数 e 的记号是引用了大数学家欧拉(Euler)的名字的字头,故称之为**欧拉数**. 前面见到的指数函数 $y=\mathrm{e}^x$ 以及自然对数 $\ln x$ 中的底 e 就是这个常数,这个常数 e 是无理数(其值是 $2.7182\cdots$),它是高等数学中最重要的常数之一.

例 16 利用数列极限 $\lim\limits_{n\to\infty}\left(1+\frac{1}{n}\right)^n = \mathrm{e}$ 推导函数极限 $\lim\limits_{x\to\infty}\left(1+\frac{1}{x}\right)^x = \mathrm{e}$.

证 先考虑 $x\to+\infty$ 的情形:设 $n\leqslant x<n+1$(n 为正整数),则有

$$1+\frac{1}{n+1} < 1+\frac{1}{x} \leqslant 1+\frac{1}{n},$$

即

$$\left(1+\frac{1}{n+1}\right)^n < \left(1+\frac{1}{x}\right)^x < \left(1+\frac{1}{n}\right)^{n+1}.$$

又

$$\lim_{n\to\infty}\left(1+\frac{1}{n+1}\right)^n = \lim_{n\to\infty}\left(1+\frac{1}{n+1}\right)^{n+1}\left(1+\frac{1}{n+1}\right)^{-1} = \mathrm{e}\cdot 1 = \mathrm{e},$$

$$\lim_{n\to\infty}\left(1+\frac{1}{n}\right)^{n+1} = \lim_{n\to\infty}\left(1+\frac{1}{n}\right)^n\left(1+\frac{1}{n}\right) = \mathrm{e}\cdot 1 = \mathrm{e},$$

根据定理 4,得 $\lim\limits_{x\to+\infty}\left(1+\frac{1}{x}\right)^x = \mathrm{e}$.

再考虑 $x\to-\infty$ 的情形,为此作变量替换 $x=-t$,则

$$\lim_{x\to-\infty}\left(1+\frac{1}{x}\right)^x = \lim_{t\to+\infty}\left(1+\frac{1}{-t}\right)^{-t} = \lim_{t\to+\infty}\left(1+\frac{1}{t-1}\right)^t$$

$$= \lim_{t\to+\infty}\left(1+\frac{1}{t-1}\right)^{t-1}\left(1+\frac{1}{t-1}\right) = \mathrm{e}\cdot 1 = \mathrm{e}.$$

综合上述结果,利用单双侧极限关系即得 $\lim\limits_{x\to\infty}\left(1+\frac{1}{x}\right)^x = \mathrm{e}$.

利用极限 $\lim\limits_{x\to 0}\frac{\sin x}{x}=1$ 与 $\lim\limits_{x\to\infty}\left(1+\frac{1}{x}\right)^x=\mathrm{e}$ 可以求出许多函数的极限(见§1.6),并且是以后微分学、积分学中推导多个基本公式的根基,故称这两个极限为**重要极限**.

习 题 1.5

1. 判别下列说法是否正确,并说明理由或举出反例:

(1) 若 $\lim\limits_{x\to a}f(x)$ 存在,$\lim\limits_{x\to a}g(x)$ 不存在,则 $\lim\limits_{x\to a}[f(x)\pm g(x)]$ 不存在;

(2) 若 $\lim\limits_{x\to a}f(x)$ 存在,$\lim\limits_{x\to a}g(x)$ 不存在,则 $\lim\limits_{x\to a}f(x)g(x)$ 不存在;

(3) 若 $\lim\limits_{x\to a}\frac{f(x)}{x-a}$ 存在,则 $\lim\limits_{x\to a}f(x)=0$;

(4) 若 $g(x)\leqslant f(x)\leqslant h(x)$,且 $\lim\limits_{x\to a}[g(x)-h(x)]=0$,则 $\lim\limits_{x\to a}f(x)$ 存在;

(5) 若 y_n 单调增加且有上界 M,则 $\lim\limits_{n\to\infty}y_n=M$;

(6) 若 $y_n=P(n)$ 是 n 的多项式函数,则 $\lim\limits_{n\to\infty}\frac{y_{n+1}}{y_n}=1$.

2. 指出下列各极限的类型,并写出或计算结果:

(1) $\lim\limits_{x\to\sqrt{2}}\frac{x^2-2}{x^2+1}$; (2) $\lim\limits_{x\to 1}\frac{x^2-1}{2x^2-x-1}$; (3) $\lim\limits_{x\to 2}\frac{\sqrt{x+1}}{x-2}$;

(4) $\lim\limits_{x\to\infty}\dfrac{-x^2}{2x^2-1}$;

(5) $\lim\limits_{x\to\infty}\dfrac{x^3-2x}{4x^2+x-1}$;

(6) $\lim\limits_{x\to\infty}\dfrac{x^3-x-1}{3x^5-2x^4+1}$;

(7) $\lim\limits_{x\to 1}\left(\dfrac{1}{1-x}-\dfrac{3}{1-x^3}\right)$;

(8) $\lim\limits_{x\to 0}\dfrac{x^2}{1-\sqrt{1+x^2}}$;

(9) $\lim\limits_{x\to 4}\dfrac{\sqrt{2x+1}-3}{\sqrt{x-2}-\sqrt{2}}$;

(10) $\lim\limits_{x\to\infty}\dfrac{(x+1)^{10}(2x-1)^{20}}{(3x+2)^{30}}$;

(11) $\lim\limits_{x\to\infty}\dfrac{2x\sin 3x}{x^2-1}$;

(12) $\lim\limits_{x\to\infty}\dfrac{2^x-3^x}{2^x+3^x}$.

3. 设 $f(x)=\begin{cases} x+a, & x\leqslant 1,\\ \dfrac{x^3+3x-4}{x^3-1}, & x>1\end{cases}$，其中 a 为常数．求：

(1) $\lim\limits_{x\to 1}f(x)$；

(2) $\lim\limits_{x\to\infty}f(x)$.

4. 求下列极限：

(1) $\lim\limits_{x\to -\infty}x(\sqrt{x^2+2}+x)$；

(2) $\lim\limits_{n\to\infty}\arcsin(\sqrt{n^2+n}-n)$；

(3) $\lim\limits_{x\to\infty}\dfrac{2^{-n}-x^n}{x^{-n}+3x^n}(n\in\mathbf{N}^*)$；

(4) $\lim\limits_{n\to\infty}\dfrac{2^{-n}-x^n}{x^{-n}+3x^n}(x\in\mathbf{R})$.

5. 计算下列极限：

(1) $\lim\limits_{n\to\infty}\left(1+\dfrac{1}{2}+\dfrac{1}{4}+\cdots+\dfrac{1}{2^n}\right)$；

(2) $\lim\limits_{n\to\infty}\left(\dfrac{1}{n^2}+\dfrac{2}{n^2}+\dfrac{3}{n^2}+\cdots+\dfrac{n-1}{n^2}\right)$；

(3) $\lim\limits_{n\to\infty}\dfrac{1}{n^3}\sum\limits_{i=1}^n i(i+1)$；

(4) $\lim\limits_{n\to\infty}\prod\limits_{i=2}^n\left(1-\dfrac{1}{i^2}\right)$；

(5) $\lim\limits_{n\to\infty}n\sum\limits_{i=1}^n\dfrac{1}{n^2+i\pi}$；

(6) $\lim\limits_{n\to\infty}\sqrt[n]{1+2^n+3^n}$.

6. 根据下列各题的已知条件求极限 $\lim\limits_{n\to\infty}y_n$：

(1) 已知数列 y_n 满足：$y_1=10$，$y_{n+1}=\sqrt{6+y_n}$ $(n=1,2,\cdots)$；

(2) 已知 y_n 满足：$0<y_n<1$，$y_{n+1}^2=2y_n-y_n^2$ $(n=1,2,\cdots)$；

(3) 已知 y_n 满足：$y_1=2$，$y_{n+1}=2+\dfrac{1}{y_n}$ $(n=1,2,\cdots)$.

7. 已知狄利克莱函数 $D(x)=\begin{cases}1, x\in\mathbf{Q}\\ 0, x\notin\mathbf{Q}\end{cases}$，设函数 $f(x)=xD(x)$，求证：$\lim\limits_{x\to 0}f(x)=0$.

§1.6 极限的运算与求法(二)

一、两个重要极限的应用

$\lim\limits_{x\to 0}\dfrac{\sin x}{x}=1$，这是最重要的极限，通过它可以求出许多无法直接约去零因子的、尤其是分子或分母中含有三角函数的 $\dfrac{0}{0}$ 型的未定式极限．

注 只有 $\dfrac{0}{0}$ 型的极限，且函数化为 $\dfrac{\sin g(x)}{g(x)}$ 的形式后才能用此重要极限，即：当 $\lim\limits_{x\to *}g(x)=0$ 时，$\lim\limits_{x\to *}\dfrac{\sin g(x)}{g(x)}=1$．利用商的极限法则，该极限的一个等价形式是：当 $\lim\limits_{x\to *}g(x)=0$ 时，$\lim\limits_{x\to *}\dfrac{g(x)}{\sin g(x)}=1$．

例1 求 $\lim\limits_{x\to 0}\dfrac{\sin 2x}{x}$.

思路 $\dfrac{0}{0}$型极限,可利用倍角公式或恒等变形化为 $\dfrac{\sin g(x)}{g(x)}$ 形式.

解法一 $\lim\limits_{x\to 0}\dfrac{\sin 2x}{x}=2\lim\limits_{x\to 0}\dfrac{\sin x}{x}\cdot\cos x=2\times 1\times 1=2$.

解法二 $\lim\limits_{x\to 0}\dfrac{\sin 2x}{x}=2\lim\limits_{x\to 0}\dfrac{\sin 2x}{2x}=2\times 1=2$.

例2 求 $\lim\limits_{x\to 0}\dfrac{1-\cos x}{x^2}$.

思路 $\dfrac{0}{0}$型极限,利用三角公式变形.

解法一 $\lim\limits_{x\to 0}\dfrac{1-\cos x}{x^2}=\lim\limits_{x\to 0}\dfrac{2\sin^2\dfrac{x}{2}}{x^2}=\lim\limits_{x\to 0}\dfrac{1}{2}\left(\dfrac{\sin x/2}{x/2}\right)^2$

$=\dfrac{1}{2}\times 1^2=\dfrac{1}{2}$.

解法二 $\lim\limits_{x\to 0}\dfrac{1-\cos x}{x^2}=\lim\limits_{x\to 0}\dfrac{(1-\cos x)(1+\cos x)}{x^2(1+\cos x)}$

$=\lim\limits_{x\to 0}\left(\dfrac{\sin x}{x}\right)^2\cdot\dfrac{1}{1+\cos x}$

$=1^2\times\dfrac{1}{2}=\dfrac{1}{2}$.

例3 $\lim\limits_{x\to 0}\dfrac{\arctan x}{x}$.

思路 $\dfrac{0}{0}$型极限,含反三角函数,可利用反三角替换.

解 设 $t=\arctan x$,则当 $x\to 0$ 时 $t\to 0$,所以

$$\lim\limits_{x\to 0}\dfrac{\arctan x}{x}=\lim\limits_{t\to 0}\dfrac{t}{\tan t}=\lim\limits_{t\to 0}\dfrac{t}{\sin t}\cdot\cos t=1\times 1=1.$$

类似地可以证明:$\lim\limits_{x\to 0}\dfrac{\arcsin x}{x}=1$.

$\lim\limits_{x\to\infty}\left(1+\dfrac{1}{x}\right)^x=\mathrm{e}$,也是重要的一个极限,其底数的极限 $\lim\limits_{x\to\infty}\left(1+\dfrac{1}{x}\right)=1$,指数的极限 $\lim\limits_{x\to\infty}x=\infty$,类似这样的幂指函数的极限称为 1^∞ 型的未定式极限.

注 只有 1^∞ 型极限,且化为 $\left(1+\dfrac{1}{g(x)}\right)^{g(x)}$ 形式后才能套用它,即当 $\lim\limits_{x\to *}g(x)=\infty$ 时,$\lim\limits_{x\to *}\left[1+\dfrac{1}{g(x)}\right]^{g(x)}=\mathrm{e}$. 利用无穷大和无穷小关系,该重要极限可写成另一种常见的形式:当 $\lim\limits_{x\to *}h(x)=0$ 时,$\lim\limits_{x\to *}[1+h(x)]^{\frac{1}{h(x)}}=\mathrm{e}$.

下面看这个重要极限及其等价形式在极限计算中的应用.

例4 求 $\lim\limits_{x\to\infty}\left(1+\dfrac{k}{x}\right)^x$ (k 为非零整数).

思路 1^∞ 型极限,可变形使之成为重要极限的形式,然后再求解.

解 $\lim\limits_{x\to\infty}\left(1+\dfrac{k}{x}\right)^x = \lim\limits_{x\to\infty}\left(1+\dfrac{k}{x}\right)^{\frac{x}{k}\cdot k} = \left[\lim\limits_{x\to\infty}\left(1+\dfrac{k}{x}\right)^{\frac{x}{k}}\right]^k = e^k.$

例 5 求 $\lim\limits_{x\to 0}\sqrt[x]{1-3x}.$

解 $\lim\limits_{x\to 0}\sqrt[x]{1-3x} = \lim\limits_{x\to 0}(1-3x)^{\frac{1}{x}} = \lim\limits_{x\to 0}\left[(1-3x)^{-\frac{1}{3x}}\right]^{-3} = e^{-3}.$

例 6 求 $\lim\limits_{x\to\infty}\left(\dfrac{x}{x-1}\right)^{x+1}.$

解 $\lim\limits_{x\to\infty}\left(\dfrac{x}{x-1}\right)^{x+1} = \lim\limits_{x\to\infty}\left(1+\dfrac{1}{x-1}\right)^{x+1} = \lim\limits_{x\to\infty}\left(1+\dfrac{1}{x-1}\right)^{x-1}\cdot\left(1+\dfrac{1}{x-1}\right)^2$

$= \lim\limits_{x\to\infty}\left(1+\dfrac{1}{x-1}\right)^{x-1}\cdot\lim\limits_{x\to\infty}\left(1+\dfrac{1}{x-1}\right)^2$

$= e\times 1 = e.$

下面举一个利用第二个重要极限求 $\dfrac{0}{0}$ 型极限的例子.

例 7 求 $\lim\limits_{x\to 0}\dfrac{e^x-1}{x}.$

解 令 $e^x-1=u$,则当 $x\to 0$ 时 $u\to 0$,且 $x=\ln(u+1)$,因此

$$\lim\limits_{x\to 0}\dfrac{e^x-1}{x} = \lim\limits_{u\to 0}\dfrac{u}{\ln(1+u)} = \lim\limits_{u\to 0}\dfrac{1}{\frac{1}{u}\ln(1+u)} = \lim\limits_{u\to 0}\dfrac{1}{\ln(1+u)^{1/u}},$$

再令 $v=(1+u)^{1/u}$,则当 $u\to 0$ 时 $v\to e$,由复合函数的极限的运算法则得:

$$\lim\limits_{u\to 0}\ln(1+u)^{1/u} = \lim\limits_{v\to e}\ln v = 1 \neq 0,$$

故原式 $=\dfrac{1}{\lim\limits_{u\to 0}\ln(1+u)^{1/u}} = \dfrac{1}{1} = 1.$

例 7 的计算过程隐藏着另一个结果: $\lim\limits_{x\to 0}\dfrac{\ln(1+x)}{x}=1.$

二、无穷小等价替换的应用

以上极限中,有多个是 $\dfrac{0}{0}$ 型极限且结果等于 1,这都是很特别的极限.

定义 设 $\lim\limits_{x\to *}f = \lim\limits_{x\to *}g = 0$,若

$$\lim\limits_{x\to *}\dfrac{f}{g} = 1,$$

则称当 $x\to *$ 时 f 与 g 是**等价无穷小**,或说 f **等价**于 g,记为:当 $x\to *$ 时 $f\sim g$ 或 $f\sim g(x\to *)$.

利用定义,可得常用的等价无穷小有:当 $x\to 0$ 时,

$$\sin x \sim x, \tan x \sim x, \arcsin x \sim x, \arctan x \sim x,$$

$$e^x-1 \sim x, a^x-1 \sim x\ln a, \ln(1+x) \sim x$$

$$\sqrt[n]{1+x}-1 \sim \dfrac{1}{n}x, (1+x)^n-1 \sim nx, 1-\cos x \sim \dfrac{1}{2}x^2$$

等等. 其中 x 换成 $h(x)$ 也行,只要 $h(x)\to 0.$

注 符号 $f\sim g$ 只有当 f 与 g 都是无穷小,且 $\lim\limits_{x\to *}\dfrac{f}{g}=1$ 时才能用. 下列的写法都是错误的:当 $x\to 0$ 时,$(x+1)\sim(x^2+1)$;$x^2\sim x^3$.

在极限计算中,有时利用无穷小的等价替换定理可以起到快速化简的作用,该定理可利用极限运算法则去证明.

定理 1 若当 $x\to *$ 时,$f\sim f_1,g\sim g_1$,则

$$\lim_{x\to *}\frac{f}{g}=\lim_{x\to *}\frac{f_1}{g_1}.$$

注 定理表明,在求积式或商式的极限时,对其中的无穷小因子,可用与其等价的无穷小进行替换,替换后的极限与原来的极限是保值的.

例 8 求 $\lim\limits_{x\to 0}\dfrac{1-\cos x}{x\sin x}$.

思路 当 $x\to 0$ 时,$\sin x$ 与 $1-\cos x$ 都是无穷小因子,且 $\sin x\sim x$,$1-\cos x\sim\dfrac{1}{2}x^2$,可用等价替换法. 应用等价替换求极限时,可在等号上方标注"$\sim$法".

解 $\lim\limits_{x\to 0}\dfrac{1-\cos x}{x\sin x}\xlongequal{\sim\text{法}}\lim\limits_{x\to 0}\dfrac{\dfrac{1}{2}x^2}{x^2}=\dfrac{1}{2}.$

例 9 求 $\lim\limits_{x\to 0}\dfrac{\arctan x\cdot(1-\mathrm{e}^x)^2}{\tan 3x\cdot\ln(1-x^2)}$.

思路 当 $x\to 0$ 时,$\arctan x\sim x$,$1-\mathrm{e}^x\sim(-x)$,$\tan 3x\sim 3x$,$\ln(1-x^2)\sim(-x^2)$. 多个无穷小因子可同步替换,但要注意变量一致性.

解 $\lim\limits_{x\to 0}\dfrac{\arctan x\cdot(1-\mathrm{e}^x)^2}{\tan 3x\cdot\ln(1-x^2)}\xlongequal{\sim\text{法}}\lim\limits_{x\to 0}\dfrac{x\cdot(-x)^2}{3x\cdot(-x^2)}=-\dfrac{1}{3}.$

注 等价替换是极限的保值变形,而不是函数的恒等变形,被替换的部分必须是无穷小,且只能是处于整个函数的乘、除因子的部分. 在和、差项的无穷小,以及其他不是整个函数的乘除因子部分的无穷小不能随意等价替换.

例如,$\lim\limits_{x\to 0}\dfrac{x-\sin x}{x^3}$ 和 $\lim\limits_{x\to 0}\left(\dfrac{\sin x}{x}\right)^{1/x^2}$ 这两个极限中的 $\sin x$ 就不能用 x 替换.

再比如,求下式极限时,如果分子中的 $\sin x$ 和 $\tan x$ 用 x 等价替换,将导致错误结果:

$$\lim_{x\to 0}\frac{\tan x-\sin x}{\sin^3 x}=\lim_{x\to 0}\frac{x-x}{x^3}=0.$$

事实上,此题正确的一种解法如下:

$$\lim_{x\to 0}\frac{\tan x-\sin x}{\sin^3 x}=\lim_{x\to 0}\frac{\dfrac{\sin x}{\cos x}-\sin x}{\sin^3 x}=\lim_{x\to 0}\frac{1-\cos x}{\cos x\sin^2 x}$$

$$=\lim_{x\to 0}\frac{\dfrac{1}{2}x^2}{\cos x\cdot x^2}=\frac{1}{2}\lim_{x\to 0}\frac{1}{\cos x}=\frac{1}{2}.$$

另一种正确解法如下:

$$\lim_{x\to 0}\frac{\tan x-\sin x}{\sin^3 x}=\lim_{x\to 0}\frac{\tan x(1-\cos x)}{\sin^3 x}=\lim_{x\to 0}\frac{x\cdot\dfrac{1}{2}x^2}{x^3}=\frac{1}{2}.$$

凡是能用两个重要极限计算的极限,都能用等价替换的方法来计算,且更简捷. 如果 $\lim\limits_{x \to *} f^g$ 是 1^∞ 型的,由幂指函数恒等变形可知 $\lim f^g = \lim e^{g\ln f}$,其中指数部分的极限 $\lim g\ln f$ 是 $\infty \cdot 0$ 型的未定式,且 $\ln f = \ln[1+(f-1)] \sim (f-1)$. 于是计算 1^∞ 型极限有如下独特且快捷的方法:

若 $\lim\limits_{x \to *} f^g$ 是 1^∞ 型极限,且 $\lim g(f-1) = A$,则 $\lim\limits_{x \to *} f^g = e^A$. 写成定理是:

定理 2   若 $\lim\limits_{x \to *} f^g$ 是 1^∞ 型极限,则

$$\lim_{x \to *} f^g = e^{\lim\limits_{x \to *} g(f-1)}.$$

引用符号 $\exp(\square)$ 表示 $e^\square$,那么定理结论可写成

$$\lim_{x \to *} f^g = \exp[\lim_{x \to *} g(f-1)].$$

比如,例 6 可以这样求解:

$$\lim_{x \to \infty} \left(\frac{x}{x-1}\right)^{x+1} \xlongequal{1^\infty \text{型}} e^{\lim\limits_{x \to \infty}(x+1)(\frac{x}{x-1}-1)} = e^{\lim\limits_{x \to \infty} \frac{x+1}{x-1}} = e,$$

或写成

$$\lim_{x \to \infty} \left(\frac{x}{x-1}\right)^{x+1} \xlongequal{1^\infty \text{型}} \exp\left[\lim_{x \to \infty}(x+1)\left(\frac{x}{x-1}-1\right)\right]$$

$$= \exp\left(\lim_{x \to \infty} \frac{x+1}{x-1}\right) = \exp(1) = e.$$

至此,我们已介绍了多种求极限的方法,如直观分析法、直接代入法、分项法、换元法、利用重要极限以及无穷小等价替换等,另外,求分段函数在分段点处的极限,或含有形式 $\lim\limits_{x \to 0} e^x$,$\lim\limits_{x \to \infty} \arctan x$ 的极限时要用分段法,即必须先求出单侧极限后再来确定双侧极限.

习 题 1.6

1. 计算下列极限:

(1) $\lim\limits_{x \to 0} \dfrac{\tan 3x}{\sin 2x}$;

(2) $\lim\limits_{x \to 0} \dfrac{e^x - e^{3x}}{\ln(1-3x)}$;

(3) $\lim\limits_{x \to 0} \dfrac{\sqrt{1+x\sin x} - 1}{\arctan(x^2)}$;

(4) $\lim\limits_{x \to \infty} x \sin \dfrac{\pi}{x}$;

(5) $\lim\limits_{x \to 1} \dfrac{x^2 - 1}{\ln x}$;

(6) $\lim\limits_{x \to 1} \dfrac{\sin \pi x}{1 - x^2}$;

(7) $\lim\limits_{x \to 0} \dfrac{x^2 \sin \dfrac{1}{x}}{\sin x}$;

(8) $\lim\limits_{x \to 0} \dfrac{3x - \sin x}{x + \sin x}$;

(9) $\lim\limits_{x \to \infty} \dfrac{3x - \sin x}{x + \sin x}$.

2. 计算下列极限:

(1) $\lim\limits_{x \to \infty} \left(1 + \dfrac{2}{x}\right)^{2x}$;

(2) $\lim\limits_{x \to \infty} \left(1 - \dfrac{2}{x}\right)^{\frac{x}{3}+1}$;

(3) $\lim\limits_{x \to \infty} \left(\dfrac{x-4}{x+3}\right)^x$;

(4) $\lim\limits_{x \to 0}(1-2x)^{1/x}$;

(5) $\lim\limits_{x \to 0} \sqrt[3x]{1+2x}$;

(6) $\lim\limits_{x \to 0}(1-\sin x)^{1/x}$;

(7) $\lim\limits_{x \to 1}(1-\ln x)^{1/\ln x}$;

(8) $\lim\limits_{x \to 0^+} \sqrt[x]{\cos \sqrt{x}}$;

(9) $\lim\limits_{n \to \infty} \left(\dfrac{2n+3}{2n+1}\right)^{n+1}$;

(10) $\lim\limits_{n \to \infty} \dfrac{(n-1)^{n+1}}{n^n} \sin \dfrac{1}{n}$.

3. 计算下列各题:

(1) 设 $f(x) = x \sin \dfrac{2}{x} + \dfrac{\sin 3x}{x}$,求 $\lim\limits_{x \to 0} f(x), \lim\limits_{x \to \infty} f(x)$;

(2) 设 $f(x) = \lim\limits_{n \to \infty}\left(1 + \dfrac{x}{n} + \dfrac{x^2}{2n^2}\right)^{-n}$,求 $\lim\limits_{x \to +\infty} f(x)$;

(3)设 $f(x)=\lim\limits_{t\to x}\left(\dfrac{x-1}{t-1}\right)^{\frac{t}{x-t}}$,求 $\lim\limits_{x\to+\infty}f(x)$.

4. 解答以下问题:

(1)(**割圆术**)我国魏晋间杰出的数学家刘徽用圆的内接正多边形的面积来确定圆的面积.现记 A_n 是半径为 R 的圆的内接正 $3\cdot 2^{n-1}$ 边形的面积 $(n=1,2,\cdots,)$试写出数列 A_n,并验证 $\lim\limits_{n\to\infty}A_n=\pi R^2$.

(2)(**连续复利问题**)设初始本金为 A_0,年利率为 r.如果一年分 n 期计息,每期利率为 $\dfrac{r}{n}$,且前一期的本金与利息和作为后一期的本金,那么 k 年末的本利和为:$A_{nk}=A_0\left(1+\dfrac{r}{n}\right)^{nk}$.如果计息的时间无限缩短,即每时每刻都计利息(也就是说,当 $n\to\infty$ 时),那么 k 年末的本利和为 A_k 多少?

5.(1)若 $x\to *$ 时,$f_1\sim g_1$,$f_2\sim g_2$,$\lim\limits_{x\to *}\dfrac{g_1}{g_2}\neq 1$,求证:$f_1-f_2\sim g_1-g_2$;

(2)计算 $\lim\limits_{x\to 0}\dfrac{\sin 2x-\tan x}{\arcsin 3x-\arctan 2x}$.

§1.7 极限的初步应用

利用极限的运算可以定义函数,除此之外,这一节里我们还要给出极限在比较无穷小的阶、求极限式中的参数和求曲线的渐进线中的应用.后续的函数连续性与间断点等内容,可以看成是极限的深入应用.

一、比较无穷小的阶

两个无穷小之商未必是无穷小的例子比比皆是.这主要是因为,在自变量的同一变化过程中,两个不同的无穷小趋于零的"快慢"程度不同,如下表所示:

x	0.1	0.01	0.001	$\cdots$	$\to 0$
$2x$	0.2	0.02	0.002	$\cdots$	$\to 0$
x^2	0.01	0.0001	0.000001	$\cdots$	$\to 0$
$\sin x$	0.0998	0.01	0.001	$\cdots$	$\to 0$

可以看出,在 $x\to 0$ 的过程中,$x^2\to 0$ 比 $2x\to 0$ 要"快些",或者说 $2x\to 0$ 比 $x^2\to 0$ 要"慢些";而 $\sin x\to 0$ 与 $x\to 0$ "快慢相当";$\sin x\to 0$ 与 $2x\to 0$ "快慢接近".

为了比较两个无穷小趋于零的快慢程度,数学上用"阶"来对此进行定义.

定义 设 $\lim\limits_{x\to *}f=\lim\limits_{x\to *}g=0$,$g\neq 0$,

(1)若 $\lim\limits_{x\to *}\dfrac{f}{g}=0$,则称当 $x\to *$ 时 f 是比 g **高阶的无穷小**,记为 $f=o(g)(x\to *)$,此时也称 g 是比 f **低阶的无穷小**;

(2)若 $\lim\limits_{x\to *}\dfrac{f}{g}=A\neq 0(A$ 为常数$)$,则称当 $x\to *$ 时 f 与 g 是**同阶无穷小**.特别当 $A=1$ 时,则 f 与 g 就是等价的无穷小,即 $f\sim g(x\to *)$.

注 称一个变量为高阶或低阶无穷小,是没有意义的,只有在同一变化过程中的两个无穷小比较时,才能说它们阶的高低或是否同阶、等价. 另外,不是任何两个无穷小都可以比阶的.

例如,因为 $\lim\limits_{x\to 0}\dfrac{x^2}{x}=0$,所以当 $x\to 0$ 时 x^2 是比 x 高阶的无穷小,即 $x^2=o(x)(x\to 0)$;因为 $\lim\limits_{x\to 0}\dfrac{2x}{x}=2$,所以当 $x\to 0$ 时 $2x$ 与 x 是同阶(但不等价)无穷小;因为 $\lim\limits_{x\to 0}\dfrac{x(x+1)}{x}=1$,所以当 $x\to 0$ 时 $x(x+1)$ 与 x 是等价(也是同阶)无穷小;因为 $\lim\limits_{x\to 0}\dfrac{\sin x\sin\frac{1}{x}}{\sin x}=\lim\limits_{x\to 0}\sin\dfrac{1}{x}$ 不存在且不是无穷大,所以当 $x\to 0$ 时,$\sin x\sin\dfrac{1}{x}$ 与 $\sin x$ 是不可比阶的无穷小.

注 符号 $f=o(g)$ 只是拿来比阶的,不能理解成通常意义下的相等关系. 如,当 $x\to 0$ 时,既有 $x^2=o(x)$,又有 $x^3=o(x)$,但不能推出 $x^3=x^2$. 若把 $f=o(g)$ 中的等号"="理解为属于"$\in$"的意思(表示函数 f 属于所有比 g 更高阶的无穷小的全体)才最贴切.

若 $\dfrac{0}{0}$ 型的极限 $\lim\limits_{x\to *}\dfrac{f}{g}=c\neq 0$($c$ 为常数),则 f 与 g 是同阶无穷小. 当自变量的变化过程是 $x\to a$ 时,为了把无穷小的"阶"进行"量化",首先要取一个无穷小作为标准,很自然地是取 $(x-a)$ 当作"一阶无穷小",$(x-a)^2$ 当作"二阶无穷小,当然,$(x-a)^k$(k 为正整数)要当作 k 阶无穷小.

若当 $x\to a$ 时,$f(x)$ 与 $(x-a)^k$ 是同阶无穷小,即若

$$\lim_{x\to a}\dfrac{f(x)}{(x-a)^k}=c\neq 0(c\text{ 为常数}),$$

则称当 $x\to a$ 时 $f(x)$ 为 **k 阶无穷小**,k 称为无穷小 $f(x)$ 的**阶数**.

明显地,当 $x\to a$ 时,$f(x)$ 为 k 阶无穷小的充分必要条件是

$$f(x)\sim c(x-a)^k(c\text{ 为非零常数}).$$

例如,由于当 $x\to 0$ 时,$\sin x\sim x$,$1-\cos x\sim\dfrac{1}{2}x^2$,所以当 $x\to 0$ 时,$\sin x$ 与 $1-\cos x$ 分别是 1 阶与 2 阶无穷小.

二、求极限式中的参数

已知极限等式,要反求其中参数. 一般是利用极限存在条件下的运算,挖掘题设条件的"隐喻条件",即把极限存在的条件分解出来,或者说把该问题的条件内涵分解为"极限存在"与"极限等于多少"两个层次,这样就可以确定一个或多个参数值了. 最常用的原理(可用极限四则运算证之)如下:

若 $\lim\limits_{x\to a}\dfrac{f(x)}{x-a}$ 存在,则 $\lim\limits_{x\to a}f(x)=0$.

若 $\lim\limits_{x\to\infty}f(x)(x-a)$ 存在,则 $\lim\limits_{x\to\infty}f(x)=0$.

例 1 若 $\lim\limits_{x\to 1}\dfrac{x^2+ax+b}{x-1}=3$,求 a 和 b 的值.

思路 挖掘隐喻条件,以便求出两个未知数.

解法一　由 $\lim\limits_{x\to 1}\dfrac{x^2+ax+b}{x-1}=3$，得

$$\lim_{x\to 1}(x^2+ax+b)=0, \text{即}\ a+b=-1\ \text{或}\ b=-a-1.$$

于是 $\lim\limits_{x\to 1}\dfrac{x^2+ax+b}{x-1}=\lim\limits_{x\to 1}\dfrac{x^2+ax-a-1}{x-1}=\lim\limits_{x\to 1}(x+1+a)=a+2=3$，得 $a=1$.

故 $a=1, b=-2$.

解法二　由 $\lim\limits_{x\to 1}\dfrac{x^2+ax+b}{x-1}=\lim\limits_{x\to 1}\left(x+a+1+\dfrac{a+1+b}{x-1}\right)=3$，得

$$\lim_{x\to 1}\dfrac{a+1+b}{x-1}=\lim_{x\to 1}[3-(x+a+1)]=1-a,$$

于是 $\begin{cases}a+1+b=0\\ 1-a=0\end{cases}$，故 $a=1, b=-2$.

例 2　设 $\lim\limits_{x\to 0}\dfrac{\sqrt{1+\dfrac{1}{x}f(x)}-1}{x^2}=2$，求常数 a,b 使得 $f(x)\sim ax^b\ (x\to 0)$.

思路　题设条件含未知函数的极限运算，称为**极限方程**. 为求 a,b，要设法把 f 分离出来，这可利用等价替换法，也可利用极限与无穷小关系.

解法一　由 $\lim\limits_{x\to 0}\dfrac{\sqrt{1+\dfrac{1}{x}f(x)}-1}{x^2}=2$，得 $\lim\limits_{x\to 0}\left(\sqrt{1+\dfrac{1}{x}f(x)}-1\right)=0$，即

$$\lim_{x\to 0}\dfrac{1}{x}f(x)=0.$$

于是当 $x\to 0$ 时，$\sqrt{1+\dfrac{1}{x}f(x)}-1\sim\dfrac{1}{2x}f(x)$，题设条件化为

$$\lim_{x\to 0}\dfrac{\dfrac{1}{2x}f(x)}{x^2}=2,\text{即}\lim_{x\to 0}\dfrac{f(x)}{4x^3}=1,$$

得 $f(x)\sim 4x^3$，故 $a=4, b=3$.

解法二　由 $\lim\limits_{x\to 0}\dfrac{\sqrt{1+\dfrac{1}{x}f(x)}-1}{x^2}=2$，得 $\dfrac{\sqrt{1+\dfrac{1}{x}f(x)}-1}{x^2}=2+\alpha(x)$，即

$$\sqrt{1+\dfrac{1}{x}f(x)}-1=2x^2+o(x^2), 1+\dfrac{1}{x}f(x)=1+4x^2+o(x^2),$$

得 $f(x)=4x^3+o(x^3)$，即 $f(x)\sim 4x^3$，故 $a=4, b=3$.

注　利用等价替换和极限与无穷小关系，分离出函数，然后可以利用无穷小运算性质研究函数，这是一种常用的好方法，尤其适合于研究已知条件中含有抽象函数的极限方程.

三、求曲线的渐近线

在初等数学中，大家已经知道了渐近线大致的意思. 如曲线 $y=\dfrac{1}{x}$ 有两条渐近线 $x=0$ 和 $y=0$，其中一条与 x 轴垂直，另一条与 x 轴平行（重合）；曲线 $\dfrac{x^2}{a^2}-\dfrac{y^2}{b^2}=1$ 有两条渐近线

$y = \pm \dfrac{b}{a} x$,都与 x 轴斜交.

为了研究定义域或值域为无限区间的函数的图像,就要研究曲线无穷远处的变化趋势,这就引入曲线渐近线的概念.

若曲线 $y = f(x)$ 上的动点沿着曲线趋于无穷远时,动点与某直线 L 的距离无限接近于零,则称直线 L 是曲线 $y = f(x)$ 的一条**渐近线**. 特别地,

(1) 若 $\lim\limits_{x \to a} f(x) = \infty$,则 $x = a$ 是 $y = f(x)$ 的一条**垂直渐近线**;

(2) 若 $\lim\limits_{x \to \infty} f(x) = b$,则 $y = b$ 是 $y = f(x)$ 的一条**水平渐近线**;

(3) 若 $\lim\limits_{x \to \infty} \dfrac{f(x)}{x} = k \neq 0$,且 $\lim\limits_{x \to \infty} [f(x) - kx] = b$,则 $y = kx + b$ 为 $y = f(x)$ 的一条**斜渐近线**.

其中 (3) 的推导如下(实质就是反求极限式中的参数):

设直线 $y = kx + b$ 为曲线 $y = f(x)$ 的斜渐近线,则曲线 $y = f(x)$ 上的动点 $(x, f(x))$ 到直线 $y = kx + b$ 的距离为 $d = \dfrac{|kx - f(x) + b|}{\sqrt{k^2 + 1}}$.

因 $\lim\limits_{x \to \infty} d = 0 \Leftrightarrow \lim\limits_{x \to \infty} [f(x) - kx - b] = 0$,得

$$b = \lim_{x \to \infty} [f(x) - kx] = \lim_{x \to \infty} x \left[\dfrac{f(x)}{x} - k \right]$$

存在,即 $\lim\limits_{x \to \infty} \left[\dfrac{f(x)}{x} - k \right] = 0$,故 $k = \lim\limits_{x \to \infty} \dfrac{f(x)}{x}$,且 $b = \lim\limits_{x \to \infty} [f(x) - kx]$.

注 上述确定各种渐近线的极限条件可改为单侧极限.

例如(请读者画出示意图),由 $\lim\limits_{x \to -\infty} e^x = 0$ 知曲线 $y = e^x$ 有一条水平渐近线 $y = 0$;由 $\lim\limits_{x \to 0^+} \ln x = -\infty$ 知曲线 $y = \ln x$ 有一条垂直渐近线 $x = 0$;由 $\lim\limits_{x \to -\infty} \arctan x = -\dfrac{\pi}{2}$,$\lim\limits_{x \to +\infty} \arctan x = \dfrac{\pi}{2}$,知曲线 $y = \arctan x$ 有两条水平的渐近线 $y = -\dfrac{\pi}{2}$ 和 $y = \dfrac{\pi}{2}$;由 $\lim\limits_{x \to 1} \dfrac{2x+1}{x-1} = \infty$ 及 $\lim\limits_{x \to \infty} \dfrac{2x+1}{x-1} = 2$ 知,曲线 $y = \dfrac{2x+1}{x-1}$ 有一条垂直渐近线 $x = 1$ 和一条水平渐近线 $y = 2$.

可见,曲线渐近线实质上就是相应极限的几何意义.

例 3 求曲线 $y = \dfrac{(x-3)^2}{4(x-1)}$ 的全部渐近线.

思路 求曲线渐近线实质上是求函数的极限. 步骤:写出函数定义域;找出无定义的点,确定其是否有对应的垂直渐近线;考虑是否有水平渐近线以及斜渐近线.

解 函数定义域为 $x \neq 1$.

因 $\lim\limits_{x \to 1} y(x) = \lim\limits_{x \to 1} \dfrac{(x-3)^2}{4(x-1)} = \infty$,故曲线有垂直渐近线 $x = 1$;而对任何常数 $a \neq 1$,因 $\lim\limits_{x \to a} y(x) = \lim\limits_{x \to a} \dfrac{(x-3)^2}{4(x-1)} = \dfrac{(a-3)^2}{4(a-1)}$,故曲线无其他垂直渐近线.

因 $\lim\limits_{x \to \infty} y(x) = \lim\limits_{x \to \infty} \dfrac{(x-3)^2}{4(x-1)} = \infty$,故曲线无水平渐近线.

因 $k = \lim\limits_{x \to \infty} \dfrac{y(x)}{x} = \lim\limits_{x \to \infty} \dfrac{(x-3)^2}{4(x-1)x} = \dfrac{1}{4}$,且

$$b = \lim_{x\to\infty}[y(x)-kx] = \lim_{x\to\infty}\left[\frac{(x-3)^2}{4(x-1)} - \frac{1}{4}x\right] = \lim_{x\to\infty}\frac{-5x+9}{4(x-1)} = -\frac{5}{4},$$

故曲线有斜渐近线 $y = \frac{1}{4}x - \frac{5}{4}$.

注 若 $\lim\limits_{x\to\infty}f(x)=b$，则 $\lim\limits_{x\to\infty}\frac{f(x)}{x}=0$，这就是说，如果曲线有水平渐近线，一般来说就没有斜渐近线（除非它们位于 y 轴的不同侧）. 若 $\lim\limits_{x\to\pm\infty}\frac{f(x)}{x}=0$，或 $\lim\limits_{x\to\pm\infty}\frac{f(x)}{x}$ 不存在，则曲线必无斜渐近线.

习 题 1.7

1. 当 $x \to 0$ 时，下列各对无穷小中，哪个是高阶无穷小？

(1) $f(x) = x + x^2$ 与 $g(x) = 2x^2 - 3x^3$;

(2) $f(x) = \sqrt{1+x^2} - 1$ 与 $g(x) = \sqrt{x\sin x}$;

(3) $f(x) = \sqrt{1+\tan x} - \sqrt{1+\sin x}$ 与 $g(x) = \ln(1-x^2)$.

2. 求下列常数 a 或常数 a 和 b：

(1) 设 $\lim\limits_{x\to\infty}\left(\frac{x-a}{x}\right)^{-2x} = \lim\limits_{x\to\infty}x\sin\frac{2}{x}$;

(2) 设 $x \to 0$ 时，$(1-\cos x)^2$ 与 $x^a\sin^2 3x$ 是同价无穷小;

(3) 设 $\lim\limits_{x\to -1}\frac{x^2+3x+a}{x+1} = b$;

(4) 设 $\lim\limits_{x\to\infty}(\sqrt[3]{1-x^3} - ax - b) = 0$.

3. 设 $P(x)$ 是多项式，且 $\lim\limits_{x\to\infty}\frac{P(x)-x^3}{x^2}=2$，$\lim\limits_{x\to 0}\frac{P(x)}{x}=1$，求 $\lim\limits_{x\to -1}\frac{P(x)}{\sin^2(x+1)}$.

4. 求下列曲线的垂直渐近线和水平渐近线（如果存在的话）：

(1) $y = \frac{4(x+1)}{x^2}$;　　　　(2) $y = \sqrt{x^2+1} - x + 1$;

(3) $y = \frac{\sin x}{x}$;　　　　(4) $y = \frac{e^x + e^{-x}}{e^x - e^{-x}}$.

*5. 求下列曲线的渐近线：

(1) $y = \frac{x^2}{1+x}$;　　　　(2) $y^3 = 6x^2 + x^3$.

6. 设圆心角 $\angle AOB = \theta$，它所对应的圆弧为 $\overset{\frown}{AB}$，弦为 AB，半径 $OD \perp AB$，并与 AB 交于 C，验证：当 $\theta \to 0$ 时，(1) AB 与 $\overset{\frown}{AB}$ 是等价无穷小；(2) CD 是比 $\overset{\frown}{AB}$ 高阶的无穷小.

7. (1) 设 α 与 β 都是在同一变化过程中的两个无穷小，求证：$\beta \sim \alpha$ 的充分必要条件是 $\beta = \alpha + o(\alpha)$;

(2) 求 $\lim\limits_{x\to 0}\frac{\sqrt{1+2x+x^2}-1}{x^3+\sin 2x}$.

8. 设 m, n 为正整数，求证：$x \to 0$ 时下列关系成立：

(1) $o(kx^n) = o(x^n)\;(k \neq 0)$;　　　　(2) $[o(x)]^n = o(x^n)$;

(3) 当 $m > n$ 时，$o(x^m) \pm o(x^n) = o(x^n)$;

(4) $o(x^m) \cdot o(x^n) = o(x^{m+n})$.

§1.8 函数的连续性与间断点

一、函数连续的概念

我们已经知道,极限 $\lim\limits_{x\to a}f(x)$ 与函数值 $f(a)$ 是两个不同的概念,一般情况下,两者无关. 具体说两者可能有下列四种关系:(1)两个都不存在;(2)只有一个存在;(3)两个都存在但不相等;(4)两个都存在且相等.

第(4)种情形就是函数 $f(x)$ 在点 $x=a$ 连续的情形,而其他情形是函数 $f(x)$ 在点 $x=a$ 不连续的情形.

定义 1 设函数 $f(x)$ 在点 a 的某邻域内有定义. 若
$$\lim_{x\to a}f(x) = f(a), \tag{1.8.1}$$
则称函数 $f(x)$ 在点 $x=a$ **连续**,并称 $x=a$ 是 $f(x)$ 的**连续点**.

注 $\lim\limits_{x\to a}f(x)$ 存在只是 $f(x)$ 在点 $x=a$ 连续的必要条件.

例如,函数 $f(x)=\sin x$ 在任意点 $x=a$ 连续,因为(见 §1.3 例 6)
$$\lim_{x\to a}\sin x = \sin a = f(a);$$

函数 $f(x)=\begin{cases} x\sin\dfrac{1}{x}, & x\neq 0 \\ 0, & x=0 \end{cases}$,在点 $x=0$ 连续,因为
$$\lim_{x\to 0}f(x) = \lim_{x\to 0}x\sin\frac{1}{x} = 0 = f(0).$$

若令(1.8.1)式中 $x-a=h$,因为 $x\to a$ 时 $h\to 0$,又 $x=a+h$,所以(1.8.1)式等价于
$$\lim_{h\to 0}f(a+h) = f(a) \quad 或 \quad \lim_{h\to 0}[f(a+h)-f(a)] = 0.$$

这两式是以自变量的改变量 $x-a=h$ 作为极限变量的,数学中常用符号 $x-a=\Delta x$ 来表示这个改变量,并称 $x-a=\Delta x$ 为**自变量在点 a 的增量**. 当自变量从 a 变到 $x=a+\Delta x$ 时,对应的函数值由 $f(a)$ 变到 $f(a+\Delta x)$,称 $f(a+\Delta x)-f(a)$ 为**函数 $y=f(x)$ 在点 a 的增量**,记为
$$\Delta y = f(a+\Delta x) - f(a).$$

显然,自变量增量 Δx 可正可负,函数增量 Δy 也可正可负并且还可以为零. 记号 Δx(或 Δy)是一个整体记号,不表示某个量 Δ 与变量 x(或 y)的乘积. 至于函数增量的几何意义,可见图 1-8-1 所示.

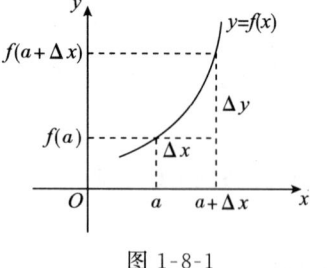

图 1-8-1

利用增量的概念,可得函数 $f(x)$ 在点 $x=a$ 连续的一种等价定义.

定义 1′ 设函数 $f(x)$ 在点 a 的某邻域内有定义,$\Delta y=f(a+\Delta x)-f(a)$. 若
$$\lim_{\Delta x\to 0}\Delta y = 0, \tag{1.8.2}$$
则称函数 $f(x)$ 在点 $x=a$ 连续.

注 (1.8.2)式表明,函数在一点连续的特征是:当自变量变化很小时,对应的函数值的变化也很小.

相应于单侧极限的概念,函数的连续性也有如下的**单侧连续**的概念.

若 $\lim\limits_{x \to a^-} f(x) = f(a)$ 或 $\lim\limits_{\Delta x \to 0^-} \Delta y = 0$,则称函数 $f(x)$ 在点 $x = a$ **左连续**;

若 $\lim\limits_{x \to a^+} f(x) = f(a)$ 或 $\lim\limits_{\Delta x \to 0^+} \Delta y = 0$,则称函数 $f(x)$ 在点 $x = a$ **右连续**.

明显地,$f(x)$ 在点 $x = a$ 连续 $\Leftrightarrow f(x)$ 在点 $x = a$ 左连续,且右连续.

下面,我们考虑函数在某个区间内(或上)的连续性.

若函数 $f(x)$ 在开区间 (a,b) 内每一点都连续,则称 $f(x)$ **在 (a,b) 内连续**;若函数 $f(x)$ 在开区间 (a,b) 内连续,且在区间的左端点 $x = a$ 右连续,在区间的右端点 $x = b$ 左连续,则称 $f(x)$ **在 $[a,b]$ 上连续**. 同样有函数在 $[a,b)$ 或在 $(a,b]$ 上连续的概念. 若函数 $f(x)$ 在某个区间 I 连续,则称 $f(x)$ 为 I 上的**连续函数**,并称 I 为 $f(x)$ 的**连续区间**.

连续函数具有"自变量的微小变化只使对应的函数值发生微小变化"的本质特征. 从几何方面讲,连续函数的图像(无法作出图像的例外)是一条连绵不断的,即可以"一笔画"的曲线. 由连续函数所刻画的实际现象是很多的,如气温的变化、植物的生长、物体的位移等等. 同时,高等数学中许多问题都是在函数的连续性的基础上进行研究的,因此,函数的连续性具有很重要的实际意义和理论价值.

二、函数连续的运算与初等函数的连续性

首先,根据 §1.3 定理 2,利用连续函数的定义,可得:

定理 1(基本函数的连续性) 基本函数在其定义域内连续.

其次,根据函数在一点连续的定义与极限的四则运算法则,可得:

定理 2(四则运算函数的连续性) 若函数 $f(x)$ 与 $g(x)$ 在点 $x = a$ 连续,则函数 $kf(x)$(k 为常数),$f(x) \pm g(x)$,$f(x) \cdot g(x)$,$\dfrac{f(x)}{g(x)}$(当 $g(a) \neq 0$ 时)都在点 $x = a$ 连续.

定理 2 表明,有限个连续函数的和、差、积、商(分母不为零)都是连续函数.

根据函数在一点连续的定义与复合函数的极限运算法则,可得:

定理 3(复合函数的连续性) 设函数 $y = f[g(x)]$ 是由 $y = f(u)$ 和 $u = g(x)$ 复合而成. 若 $u = g(x)$ 在点 $x = a$ 连续,且 $g(a) = b$,而 $y = f(u)$ 在点 $u = b$ 连续,则复合函数 $y = f[g(x)]$ 在点 $x = a$ 也连续.

定理 3 表明,由连续函数复合而成的复合函数也是连续函数.

关于反函数的连续性,我们有(证明从略):

定理 4(反函数的连续性) 设函数 $y = f(x)$ 在单调区间 I_x 上的反函数为 $x = f^{-1}(y)$,$y \in I_y = \{y | y = f(x), x \in I_x\}$. 若 $y = f(x)$ 在点 $x = a$ 连续,且 $a \in I_x$,而 $f(a) = b$,则反函数 $x = f^{-1}(y)$ 在点 $y = b$ 连续.

定理 4 表明,单调连续函数的反函数在其对应的区间上也连续.

由于初等函数是由基本函数经有限次四则运算或复合运算构成的,所以由上述定理易得:

定理 5(初等函数的连续性) 初等函数在定义区间内连续.

注 所谓定义区间,就是包含在定义域内的某个区间.

定理中的"定义区间"不能说成"定义域". 这是因为初等函数的定义域有可能是离散的点集,在离散点处的极限是不存在的,从而是不连续的. 如初等函数 $y=\sqrt{\sin x-1}$ 的定义域为 $D=\left\{x\mid x=2k\pi+\dfrac{\pi}{2},k\in\mathbf{Z}\right\}$,它在所有定义的点的极限都不存在,当然不连续.

由定理 5 可知:(1)若 a 是初等函数 $f(x)$ 定义区间内一点,则
$$\lim_{x\to a}f(x)=f(a),$$
这正是以前所介绍的求初等函数极限的直接代入法;

(2)对初等函数而言,求连续区间就是求定义区间(不必再用连续定义判别了);

(3)若一个函数定义区间内包含不连续点,可以断定该函数不是初等函数.

三、分段函数连续性的讨论

初等函数在没定义的点必定不连续,而对分段函数(各段都是初等函数)在分段点处是否连续,没有现成的结论,只能用连续的定义加以讨论判别. 讨论分段函数 $f(x)$ 在分段点 $x=a$ 的连续性的**步骤**如下:

(1)求函数值 $f(a)$,若 $f(a)$ 不存在,则 $f(x)$ 在 $x=a$ 不连续;若 $f(a)$ 存在,进行(2);

(2)求极限值 $\lim\limits_{x\to a}f(x)$,若 $\lim\limits_{x\to a}f(x)$ 不存在,则 $f(x)$ 在 $x=a$ 不连续;若 $\lim\limits_{x\to a}f(x)$ 存在,再进行(3).

(3)判别 $\lim\limits_{x\to a}f(x)=f(a)$ 是否成立,若不成立,则 $f(x)$ 在 $x=a$ 不连续;若成立,则 $f(x)$ 在 $x=a$ 连续.

例 1 讨论 $f(x)=\begin{cases}\dfrac{\sin 3x}{x}, & x\neq 0 \\ 0, & x=0\end{cases}$ 在点 $x=\dfrac{\pi}{2}$ 及 $x=0$ 的连续性.

思路 讨论初等函数在某点的连续性按初等函数连续性定理;讨论分段函数在分段点的连续性按连续的定义即"三步骤"进行.

解 当 $x\in(0,+\infty)$ 时,$f(x)=\sin 3x/x$ 是初等函数,点 $x=\pi/2$ 是其定义区间内的点,由初等函数的连续性可知,$f(x)$ 在点 $x=\pi/2$ 连续.

当 $x=0$ 时,因为 $f(0)=0$,$\lim\limits_{x\to 0}f(x)=\lim\limits_{x\to 0}\dfrac{\sin 3x}{x}=3$,即
$$\lim_{x\to 0}f(x)\neq f(0),$$
所以 $f(x)$ 在 $x=0$ 不连续.

例 2 常数 a 为何值时,$f(x)=\begin{cases}ax+1, & x<3 \\ ax^2-1, & x\geqslant 3\end{cases}$ 在 $(-\infty,+\infty)$ 连续?

思路 已知连续反求参数,一般是化为极限式求参数.

解 要使函数在 $(-\infty,+\infty)$ 连续,只要在点 $x=3$ 连续,即
$$\lim_{x\to 3}f(x)=f(3).$$
现因 $f(3)=9a-1$,且
$$\lim_{x\to 3^-}f(x)=\lim_{x\to 3^-}(ax+1)=3a+1,\ \lim_{x\to 3^+}f(x)=\lim_{x\to 3^+}(ax^2-1)=9a-1,$$

只要
$$\lim_{x\to 3^-}f(x)=\lim_{x\to 3^+}f(x)=f(3),$$
即 $3a+1=9a-1$,故所求 $a=1/3$.

四、函数的间断点

初等函数、分段函数或其他函数,都可能在某些点不连续,由此我们引入间断点的概念.
设函数 $f(x)$ 在点 a 的某去心邻域内有定义. 在此前提下,若点 a 满足:
$$f(a)\text{不存在} \quad \text{或} \quad \lim_{x\to a}f(x)\text{不存在} \quad \text{或} \quad \lim_{x\to a}f(x)\neq f(a),$$
即 $f(x)$ 在点 $x=a$ 不连续,则称点 $x=a$ 是函数 $f(x)$ 的**不连续点**或**间断点**.

根据极限不存在或存在的不同情形,函数的间断点可细分为下列四种不同名称,归属两种不同类型.

(1)若左、右极限都存在且相等(即极限存在),但不等于 $f(a)$ 或 $f(a)$ 没意义,则称 $x=a$ 为 $f(x)$ 的**可去间断点**.

例 3 $f(x)=\dfrac{x^2-4}{x-2}$ 在 $x=2$ 没定义,所以 $x=2$ 为 $f(x)$ 的间断点. 由于
$$\lim_{x\to 2^-}f(x)=\lim_{x\to 2^+}f(x)=4,$$
所以 $x=2$ 是 $f(x)$ 的可去间断点.

在可去间断点 $x=a$ 处,$f(x)$ 不连续的原因,或者是 $\lim_{x\to a}f(x)\neq f(a)$,或者是 $f(a)$ 没意义. 因此,只要改变或者补充定义以使 $f(a)=\lim_{x\to a}f(x)$,则 $x=a$ 可成为函数的连续点. 如例 3 中,只要补充定义令 $f(2)=4$,则函数
$$f(x)=\begin{cases}\dfrac{x^2-4}{x-2}, & x\neq 2,\\ 4, & x=2\end{cases}=x+2$$
在 $x=2$ 连续.

修改前后的函数图像如图 1-8-2 所示.

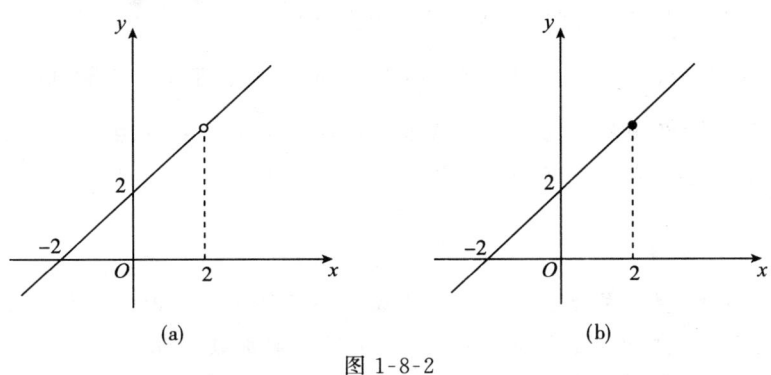

图 1-8-2

从这两个图像来看,原来函数的图像是直线 $y=x+2$ 去掉一点 $(2,4)$,补充定义后相当于在图像中把去掉的点 $(2,4)$ 再补上. 这也是为什么把这种间断点称为可去间断点的理由.

(2)若左、右极限都存在但不相等,即 $\lim_{x\to a^-}f(x)\neq \lim_{x\to a^+}f(x)$,则称 $x=a$ 为 $f(x)$ 的**跳跃间断点**.

例 4 $f(x)=\begin{cases}-x, & x\leqslant 0,\\ 1+x, & x>0\end{cases}$ 在点 $x=0$ 处，因为 $\lim\limits_{x\to 0^-}f(x)=\lim\limits_{x\to 0^-}(-x)=0$，$\lim\limits_{x\to 0^+}f(x)=\lim\limits_{x\to 0^+}(1+x)=1$，即 $\lim\limits_{x\to 0^-}f(x)\neq\lim\limits_{x\to 0^+}f(x)$，所以 $x=0$ 是 $f(x)$ 的跳跃间断点.

读者可以从 $f(x)$ 的图像中看到 $f(x)$ 在点 $x=0$ 产生跳跃的现象. 其"跳跃度"为

$$|\lim_{x\to 0^-}f(x)-\lim_{x\to 0^+}f(x)|=1.$$

(3) 若左极限 $\lim\limits_{x\to a^-}f(x)=\infty$ 或右极限 $\lim\limits_{x\to a^+}f(x)=\infty$，则称 $x=a$ 为 $f(x)$ 的**无穷间断点**.

例如，$x=1$ 是 $f(x)=\dfrac{1}{x-1}$ 的无穷间断点.

显然，点 $x=a$ 是函数 $f(x)$ 的无穷间断点 $\Leftrightarrow$ 直线 $x=a$ 是曲线 $y=f(x)$ 的垂直渐近线.

(4) 若左极限 $\lim\limits_{x\to a^-}f(x)$ 与右极限 $\lim\limits_{x\to a^+}f(x)$ 都是振荡型不存在，则称 $x=a$ 为 $f(x)$ 的**振荡间断点**.

例如，$x=0$ 是 $f(x)=\sin\dfrac{1}{x}$ 的振荡间断点.

函数的跳跃间断点与可去间断点（它们的共同之处是左、右极限都存在）统称为**第一类间断点**. 函数的无穷间断点与振荡间断点（它们的共同之处是左、右极限至少有一个不存在）统称为**第二类间断点**.

例 5 求 $f(x)=\dfrac{1}{1-e^{\frac{x}{1-x}}}$ 的间断点，并指出间断点的名称与类型.

思路 初等函数没定义的点（但该点左右邻近有定义）一定是间断点；对每个间断点，求出双边或单边极限，就可以指出其名称（共四种）与类型（共两类）.

解 因为初等函数 $f(x)$ 在 $x=0,x=1$ 处都没有定义，所以 $x=0,x=1$ 都是 $f(x)$ 的间断点.

因为 $\lim\limits_{x\to 0}f(x)=\lim\limits_{x\to 0}\dfrac{1}{1-e^{\frac{x}{1-x}}}=\infty$，所以 $x=0$ 是 $f(x)$ 的无穷间断点，属于第二类间断点.

因为 $\lim\limits_{x\to 1^-}f(x)=\lim\limits_{x\to 1^-}\dfrac{1}{1-e^{\frac{x}{1-x}}}=0$，但 $\lim\limits_{x\to 1^+}f(x)=\lim\limits_{x\to 1^+}\dfrac{1}{1-e^{\frac{x}{1-x}}}=1$，

即 $\lim\limits_{x\to 1^-}f(x)\neq\lim\limits_{x\to 1^+}f(x)$，所以 $x=1$ 是 $f(x)$ 的跳跃间断点，属于第二类间断点.

在结束本节之前，必须说明的是谈到函数连续时一定要指明是在哪一点还是在哪一个区间连续. 这里要注意几点：(1) 有些函数的不连续点有无穷多个，如狄利克雷函数

$$D(x)=\begin{cases}1, & x\in\mathbf{Q},\\ 0, & x\notin\mathbf{Q}\end{cases}$$

在任意点处都是不连续的，因为它在任意点的极限都不存在. (2) 由函数在一点连续，不能推出函数在该点的某邻域内连续. 比如，函数 x 与狄利克雷函数的积函数 $f(x)=xD(x)$ 只在 $x=0$ 连续，而在 $x=a\neq 0$ 都不连续（请读者予以推理）. (3) 由函数在区间 I_1 和 I_2 都连续，不能推出函数在区间 $I=I_1\bigcup I_2$ 连续. 如以电机工程师 Olive Heaviside(1850—1925) 的名字命名的函数

$$H(x)=\begin{cases}0, & x<0,\\ 1, & x\geqslant 0\end{cases}$$

在$(-\infty,0)$和$[0,+\infty)$都连续,但在$(-\infty,+\infty)$却不连续(点$x=0$是跳跃间断点).(4)函数连续性与间断点是对自然界变化过程的渐变与突变现象的描述,是函数的主要性态,是高等数学中最重要的概念之一,理解它们的有效方法便是正确地理解它们的概念,并充分利用函数的图像,亦即在初等数学中用到的"数形结合——以数论形,以形论数"的思想方法.

习 题 1.8

1. 求 $f(x)=\dfrac{x^3+3x^2-x-3}{x^2+x-6}$ 的连续区间,并求极限 $\lim\limits_{x\to 0}f(x)$, $\lim\limits_{x\to -3}f(x)$ 及 $\lim\limits_{x\to 2}f(x)$.

2. 求下列极限:

(1) $\lim\limits_{x\to \pi/9}\ln(2\sin 3x)$; (2) $\lim\limits_{x\to 1}\dfrac{1-x}{\sqrt{x^2-x+1}-x}$; (3) $\lim\limits_{x\to 2}\left(1+\dfrac{1}{x}\right)^x$; (4) $\lim\limits_{x\to +\infty}\left(1-\dfrac{1}{x}\right)^{\sqrt{x}}$.

3. 判别下列函数在分段点的连续性:

(1) $f(x)=\begin{cases}\dfrac{\sin 2x}{x},& x\neq 0,\\ 1,& x=0\end{cases}$; (2) $f(x)=\begin{cases}x^2,& x\leqslant 1,\\ 2-x,& x>1\end{cases}$.

4. 求下列各题中的常数:

(1) 设 $f(x)=\begin{cases}\dfrac{\sin(x^2-4)}{x-2},& x\neq 2,\\ a,& x=2\end{cases}$, 在点 $x=2$ 连续,求 a;

(2) 设 $f(x)=\begin{cases}3x+a,& x\leqslant 0,\\ x^2+1,& 0<x<1,\\ b/x,& x\geqslant 1\end{cases}$, 在 $(-\infty,+\infty)$ 连续,求 a,b.

5. 指出下列函数的间断点,并说明间断点的名称与类型.如果是可去间断点,则补充或改变函数的定义使其连续.

(1) $f(x)=\dfrac{x^2-x}{|x|(x^2-1)}$; (2) $f(x)=\dfrac{x}{\sin x}$; (3) $f(x)=\arctan\dfrac{1}{x}$; (4) $f(x)=\dfrac{2^{1/x}-1}{2^{1/x}+1}$.

6. 解答下列问题:

(1) $f(x)=\dfrac{1}{(e^{1/x}+1)\ln|x-2|}$ 有几个第一类间断点?为什么?

(2) 求 $f(x)=\lim\limits_{t\to +\infty}\dfrac{e^{tx}-1}{e^{tx}+1}$ 的间断点,并指明间断点的名称与类型.

7. 证明下列各题:

(1) 设 $f(x)$ 在点 $x=a$ 连续,求证 $|f(x)|$ 在点 $x=a$ 也连续;

(2) 设 $f(x)$ 满足 $f(x+y)=f(x)+f(y)$,且 $f(x)$ 在点 $x=0$ 连续,求证 $f(x)$ 在所有的点处连续.

§1.9 闭区间上连续函数的性质

本节介绍闭区间上连续函数的几个重要性质,我们以定理的形式予以叙述,但不作证明.

为叙述方便,我们引入属性符号,用符号 $C[a,b]$ 表示 $[a,b]$ 上全体连续函数的集合,于是,

$$f(x)\text{在闭区间}[a,b]\text{上连续}\stackrel{\triangle}{\Longleftrightarrow} f(x)\in C[a,b].$$

类似的记号还有 $f(x)\in C(a,b)$, $f(x)\in C(a,+\infty)$, $f(x)\in C(-\infty,+\infty)$ 等.

用符号 $B[a,b]$ 表示区间 $[a,b]$ 上全体有界函数的集合,于是,
$$f(x)在闭区间[a,b]上有界 \stackrel{\triangle}{\Leftrightarrow} f(x) \in B[a,b].$$

一、最值定理与有界定理

定理 1(最值定理) 闭区间上连续的函数在该区间上必有最大值和最小值.

这就是说:若 $f(x) \in C[a,b]$,则 $\exists \xi_1, \xi_2 \in [a,b]$,使得 $\forall x \in [a,b]$,恒有 $f(\xi_1) \leqslant f(x) \leqslant f(\xi_2)$,即 $f(\xi_1)$ 和 $f(\xi_2)$ 是 $f(x)$ 在 $[a,b]$ 上的最小值和最大值(注意,最小值和最大值可能相等).

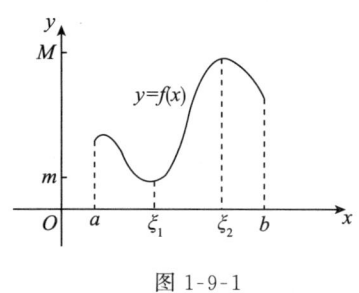

图 1-9-1

从图 1-9-1 上看,这个定理是非常明显的,在一段连续不断的曲线上,必有一点最高,也有一点最低.也就是说,$f(x)$ 在 $[a,b]$ 上连续,在 ξ_1 处取得最小值 $f(\xi_1)$,在 ξ_2 处取得最大值为 $f(\xi_2)$.

注 定理 1 中"闭区间"和"连续"是两个条件,缺一不可.函数在开区间内连续或函数在闭区间上有间断点,那么函数在该区间上就不一定有最大值或最小值.

例如函数 $f(x)=x$ 在 $(0,1)$ 上连续,但无最大值,也无最小值.又如函数 $f(x)=\begin{cases} x, & 0 \leqslant x<1, \\ 0, & x=1 \end{cases}$,在 $[0,1)$ 连续,有最小值 $f(0)=f(1)=0$ 但无最大值.

由定理 1 可得(图 1-9-1):

定理 2(有界定理) 闭区间上连续的函数在该区间上必有界.

与函数的局部有界性相比,定理 2 体现的是函数的整体有界性.

定理 2 可说成:$f(x) \in C[a,b] \Rightarrow f(x) \in B[a,b]$.

注 一般来说,若函数在非闭区间上连续,不能保证函数在该区间上一定有界.

思考:若 $f(x) \in C(a,b)$,再添加什么条件,可使 $f(x) \in B[a,b]$?

二、零点定理与介值定理

若有点 $x=\xi$ 使得 $f(\xi)=0$,则称 $x=\xi$ 为函数 $f(x)$ 的一个**零点**.

显然函数 $f(x)$ 的零点,也就是方程 $f(x)=0$ 的实根.

定理 3(零点定理) 若 $f(x) \in C[a,b]$,且 $f(a) \cdot f(b)<0$,则 $\exists \xi \in (a,b)$,使得
$$f(\xi)=0.$$

定理 3 的几何意义是:若一段连续曲线的两个端点位于 x 轴不同侧,则此曲线弧与 x 轴至少有一个交点 $(\xi,0)$(图 1-9-2).$x=\xi$ 也是曲线的横截距.

注 定理 3 常被用来证明函数的零点或方程根的存在性,所以被称为**零点定理**或**根值定理**.

例 1 证明方程 $x^3=1-x$ 至少有一个小于 1 的正根.

思路 只要证方程 $x^3-(1-x)=0$ 在 $(0,1)$ 内至少有一个实根.

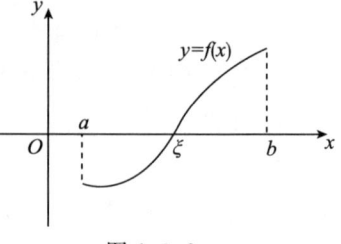

图 1-9-2

证 设函数 $f(x)=x^3+x-1, x\in[0,1]$.

因为 $f(x)$ 是初等函数且在 $[0,1]$ 上有定义,所以 $f(x)\in C[0,1]$;

又因为 $f(0)=-1<0, f(1)=1>0$,所以 $f(0)f(1)<0$.

由零点定理,$\exists\xi\in(0,1)$ 使得 $f(\xi)=0$,即 $\xi^3=1-\xi$,因此方程 $x^3=1-x$ 至少有一个小于 1 的正根.

请读者证明:方程 $x^3=1-x$ 有且仅有一个实根.

例 2 设 $f(x)\in C[0,2a]$,且 $f(0)=f(2a)$,证明:$\exists\xi\in[0,a]$,使得
$$f(\xi)=f(\xi+a).$$

思路 只要证方程 $f(x)-f(x+a)=0$ 在 $[0,a]$ 上至少有一个实根.

证 设函数 $F(x)=f(x)-f(x+a), x\in[0,a]$.

因为 $f(x)\in C[0,2a]$,所以 $F(x)\in C[0,a]$;

因为 $F(0)=f(0)-f(a), F(a)=f(a)-f(2a)=f(a)-f(0)$,所以 $F(0)F(a)=-[f(0)-f(a)]^2\leq 0$.

若 $f(0)-f(a)=0$,则 $F(0)=0$,取 $\xi=0$,可使得 $f(\xi)=f(\xi+a)$;

若 $f(0)-f(a)\neq 0, F(0)F(a)<0$,由零点定理,$\exists\xi\in(0,a)$,使得 $F(\xi)=0$,即 $f(\xi)-f(\xi+a)=0$ 或 $f(\xi)=f(\xi+a)$.

综上所述就有,$\exists\xi\in[0,a]$,使得 $f(\xi)=f(\xi+a)$.

注 例 1 和例 2 证明中所设的函数称为**辅助函数**,通过构造一个辅助函数来证明问题的办法是高等数学中非常具有代表性的思想方法,这种方法的关键是用逆推分析——执果索因的思路,寻找到辅助函数(含辅助区间).

要用零点定理证明方程根存在性(或至少存在一点 ξ 使某等式成立)的命题,通常可采用如下的方法来构造辅助函数:先通过移项使等式的右边为零(或把要证的结论中的 ξ 换成 x 后再移项),那么,左边的函数就是辅助函数. 设定辅助函数后,必须先验证函数满足"连续"和"异号"两个条件后,才能套用零点定理的结论.

利用辅助函数 $F(x)=f(x)-C$,由定理 3 即可推得下列较一般性的定理.

定理 4(介值定理) 若 $f(x)\in C[a,b], f(a)\neq f(b)$,$C$ 是介于 $f(a)$ 与 $f(b)$ 之间的任意一个常数,则 $\exists\xi\in(a,b)$,使得
$$f(\xi)=C.$$

这个定理的几何意义是:连续曲线 $y=f(x)$ 与水平直线 $y=C$ 至少有一个交点(图 1-9-3,有两个交点,横坐标分别为 ξ_1, ξ_2).

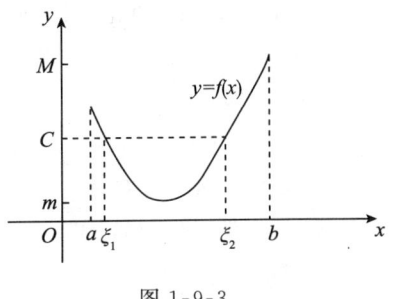

图 1-9-3

推论 闭区间上连续的函数在该区间上必能取得介于最小值与最大值之间的任何值.

介值定理表明:连续函数从一个值变到另一个值的过程中,必定要经过一切中间值而决不会漏掉任何一个. 这个道理其实就是"连续"一词的来由.

如,气温从 $10°$ 变到 $20°$,必定经过 $10°$ 与 $20°$ 之间的一切温度;车速从 0km/s 变到

80km/h,必定经过 0km/s 与 80km/h 之间的一切速度. 这也可当作介值定理的实际意义或物理意义.

以上性质中,闭区间上连续的条件只是充分条件,而不是必要条件. 如函数 sinx 在任何一个区间上都有界. 下列性质,是闭区间上连续函数性质的推广,它们可进一步再推广到无穷区间的情形.

定理 5 若 $f(x) \in C(a,b)$,且 $\lim_{x \to a^+} f(x)$ 与 $\lim_{x \to b^-} f(x)$ 都存在,则
$$f(x) \in B(a,b).$$

证 设 $\lim_{x \to a^+} f(x) = A, \lim_{x \to b^-} f(x) = B,$ 且令
$$F(x) = \begin{cases} A, & x = a, \\ f(x), & a < x < b, \\ B, & x = b \end{cases}.$$

由已知条件可得 $F(x) \in C[a,b]$,利用定理 2 便得 $F(x) \in B[a,b]$,于是在 (a,b) 内,$f(x) = F(x) \in B(a,b)$.

本定理给出了有界性定理的推广形式. 要注意,给出的条件是充分非必要的. 如 sinx 在 $(-\infty, +\infty)$ 有界,但 $\lim_{x \to \infty} \sin x$ 不存在. 一般地,若 f 是连续的周期函数,那么 f 在 $(-\infty, +\infty)$ 内有界.

定理 6 若 $f(x) \in C(a,b)$,$\lim_{x \to a^+} f(x)$ 与 $\lim_{x \to b^-} f(x)$ 都存在且异号,则 $\exists \xi \in (a,b)$,使得
$$f(\xi) = 0.$$

请读者自行证之.

习 题 1.9

1. 证明下列各题(注意差别):

(1) 方程 $e^x + 1 = 4x^2$ 至少有一个小于 1 的正根;

(2) 方程 $x = a\sin x + b$(其中 $a > 0, b > 0$)有个不超过 $a+b$ 的正根;

(3) 方程 $\dfrac{1}{x-1} + \dfrac{1}{x-2} + \dfrac{1}{x-3} = 0$ 有且仅有两个实根;

(4) 方程 $x^3 + ax^2 + bx + c = 0$ 至少有一个实根.

2. 方程 $x \cdot 3^x = 1$ 有几个实根? 为什么? 如何按指定的精确度求出实根的近似值?

3. 设 $f(x) \in C(a, +\infty)$,问添加什么条件,可使得方程 $f(x) = 0$ 在 $(a, +\infty)$ 内至少有一个实根.

4. 证明下列各题:

(1) 设 $f(x) \in C[0,1]$,且 $0 \leqslant f(x) \leqslant 1$,求证:$\exists \xi \in [0,1]$,使得 $f(\xi) = \xi$;

(2) 设 $f(x), g(x) \in C[a,b]$,且 $f(a) < g(a), f(b) > g(b)$. 证明:曲线 $y = f(x)$ 与 $y = g(x)$ 至少有一个交点且交点横坐标落在 (a,b) 内.

(3) 设 $f(x) \in C[a,b]$,且 $a < c < d < b$,又 p, q 为正数. 证明:$\exists \xi \in (a,b)$,使得
$$f(\xi) = \frac{pf(c) + qf(d)}{p+q};$$

(4) 设 $f(x)$ 在区间 $[a,b]$ 上有定义,除第一类间断点 $c(a < c < b)$ 外都连续,求证:$f(x) \in B[a,b]$.

综合测试题一

一、单项选择题（每小题 3 分，共 15 分）

1. $f(x)=e^{-x}\sin x$ 在 $(0,+\infty)$ 内是（　　）
   A. 偶函数　　　　B. 奇函数　　　　C. 单调函数　　　　D. 有界函数

2. 设 x_n, y_n, z_n 为数列，则下列说法正确的是（　　）
   A. 若 $\lim\limits_{x\to\infty}x_n=0, \lim\limits_{x\to\infty}y_n=\infty$，则 $\lim\limits_{x\to\infty}x_ny_n$ 不存在
   B. 若 $\lim\limits_{x\to\infty}x_n=1, \lim\limits_{x\to\infty}y_n=\infty$，则 $\lim\limits_{x\to\infty}x_ny_n$ 不存在
   C. 若 $\lim\limits_{x\to\infty}x_n=0, \lim\limits_{x\to\infty}y_n=1$，则 $x_n<y_n$ 对任意 n 成立
   D. 若 $x_n\leqslant y_n\leqslant z_n$，且 $\lim\limits_{n\to\infty}(z_n-x_n)=0$，则 $\lim\limits_{n\to\infty}y_n$ 存在

3. 设 $f(x)=1-x^2, g(x)=1-\sqrt[3]{x}$，则当 $x\to 1$ 时（　　）
   A. $f(x)$ 与 $g(x)$ 是等价无穷小
   B. $f(x)$ 是比 $g(x)$ 高阶的无穷小
   C. $f(x)$ 是比 $g(x)$ 低阶的无穷小
   D. $f(x)$ 与 $g(x)$ 是同阶但不等价的无穷小

4. 曲线 $y=\dfrac{x+1}{x-1}$（　　）
   A. 只有水平的渐近线
   B. 只有垂直的渐近线
   C. 既有水平的又有垂直的渐近线
   D. 既无水平的又无垂直的渐近线

5. $f(x)=\dfrac{|x|\sin(x-2)}{x(x-1)(x-2)^2}$ 在下列哪个区间内有界（　　）
   A. $(-1,0)$　　　B. $(0,1)$　　　C. $(1,2)$　　　D. $(2,3)$

二、填空题（每小题 3 分，共 15 分）

6. 设 $f(x)=\dfrac{1}{2}(x+|x|), g(x)=\begin{cases}x, & x<0 \\ x^2, & x\geqslant 0\end{cases}$，则 $f[g(x)]=$ _____．

7. 设 $f(x)=\dfrac{x+1}{x-1}$，则 $\lim\limits_{x\to\infty}f\{f[f(x)]\}=$ _____．

8. $\lim\limits_{x\to-1}\dfrac{x^3-ax^2-x+4}{x+1}=b$，则 $a=$ _____，$b=$ _____．

9. 当 $x\to 0$ 时，$(1+kx^2)^{1/3}-1$ 与 $\cos x-1$ 是等价无穷小，则 $k=$ _____．

10. $\lim\limits_{n\to\infty}\left[\sum\limits_{k=1}^{n}\dfrac{1}{k(k+1)}\right]^n=$ _____．

三、解答题（每小题 8 分，共 64 分）

11. 已知 $f(e^x)=\dfrac{e^x}{\sqrt{1+e^{2x}}}$，求 $f[f(x)]$．

12. 求极限：(1) $\lim\limits_{x\to 1}\left(\dfrac{2x}{x+1}\right)^{\frac{x}{x-1}}$；(2) $\lim\limits_{x\to 0}(1-3x)^{\frac{2}{\sin x}}$．

13. 求极限 $\lim\limits_{x\to 0}\dfrac{\ln(1+x+x^2)+\ln(1-x+x^2)}{x\sin x}$．

14. 求极限 $\lim\limits_{x\to 0^+}\dfrac{1-\sqrt{\cos x}}{x(1-\cos\sqrt{x})}$．

15. 求极限 $\lim\limits_{x\to 0}\left(\dfrac{2+e^{1/x}}{1+e^{4/x}}+\dfrac{\sin x}{|x|}\right)$．

16. 求极限 $\lim\limits_{n\to\infty}\left(\dfrac{1}{n^2+n+1}+\dfrac{2}{n^2+n+2}+\cdots+\dfrac{n}{n^2+n+n}\right)$．

17. 已知 $f(x)=\begin{cases}(\cos x)^{1/x^2}, & x\neq 0 \\ a, & x=0\end{cases}$，在 $x=0$ 点连续，求常数 a.

18. 求 $f(x)=(1+x)\arctan\dfrac{1}{1-x^2}$ 的间断点，指出名称与类型．若是可去间断点，补充函数定义使函数在该点连续．

四、证明题（共 6 分）

19. 设 $f(x)\in C[0,1]$，且 $f(0)=f(1)$，n 为正整数，求证：方程 $f(x)=f\left(x+\dfrac{1}{n}\right)$ 总有实根．

五、附加题（共 10 分）

20. 设 $f_n(x)=x+x^2+\cdots+x^n$，其中正整数 $n>1$．求证：(1)方程 $f_n(x)=1$ 在 $(0,1)$ 内有且仅有一个实根 x_n；(2) $\lim\limits_{n\to\infty}x_n=\dfrac{1}{2}$.

第 2 章 微分与导数

前一章里,我们研究了极限与连续,它们都是函数随着自变量变化而变化的趋势.本章的主要任务是利用无穷小的观点,研究因自变量的变化而引起函数变化的大小程度与快慢程度.函数变化的大小程度的线性近似,就是微分;函数变化的快慢程度就是导数.微分和导数是**微分学**的最基本的概念.在这一章里,我们从实际问题出发,引入微分与导数的概念,讨论它们的计算方法,并介绍导数的简单应用.

§2.1 微分的概念与基本性质

一、微分的概念

函数 $y=f(x)$ 在点 $x=a$ 的增量 $\Delta y=f(a+\Delta x)-f(a)$ 表示函数随自变量变化的大小程度.自变量增量 Δx 又称为**自变量差分**,函数增量 Δy 又称为**函数差分**.

当 $y=f(x)$ 在点 $x=a$ 连续时,我们已经知道函数差分 Δy 的一个性质是 $\lim\limits_{\Delta x \to 0}\Delta y=0$. 但是,这个性质并没有给出差分的大小量化,同时也体现不出不同函数的变化的异样性.为了研究函数差分,必须获得比连续更强的条件才行.先看两个特例.

(1) **正方形面积的差分**: 边长为 x 的正方形的面积 $A=x^2$,当边长由 a 变化到 $a+\Delta x$ 时,面积差分

$$\Delta A = (a+\Delta x)^2 - a^2 = 2a\Delta x + (\Delta x)^2.$$

由于 $(\Delta x)^2 = o(\Delta x)(\Delta x \to 0)$,于是 ΔA 可表为:

$$\Delta A = 2a\Delta x + o(\Delta x).$$

(2) **球体体积的差分**: 半径 R 的球体的体积 $V=\dfrac{4}{3}\pi R^3$. 若球体受温度变化的影响半径由 R_0 变到 $R_0+\Delta R$ 时,体积差分

$$\Delta V = \frac{4}{3}\pi(R_0+\Delta R)^3 - \frac{4}{3}\pi R_0^3 = 4\pi R_0^2 \Delta R + \frac{4\pi}{3}[3R_0(\Delta R)^2 + (\Delta R)^3].$$

同样,ΔV 可以表示为

$$\Delta V = 4\pi R_0^2 \Delta R + o(\Delta R).$$

从抽象的数学形式来看,以上两例的实质是一样的:函数 $y=f(x)$ 的差分 Δy 可表示为两个部分之和,其中一部分是与自变量差分成正比形式的齐次线性函数 $k\Delta x$,另一部分不是 Δx 的线性函数,而是自变量差分的高阶无穷小 $o(\Delta x)$. 其中函数 $k\Delta x$ 在计算 Δy 中起主要作用,是 Δy 的主要部分,称为 Δy 的**线性主部**;高阶无穷小 $o(\Delta x)$ 在计算 Δy 中起次要作用,是用线性主部来近似代替 Δy 时所带来的误差.在数学上,函数差分的线性主部就称作函数的微分.

定义 设函数 $y=f(x)$ 在点 a 的某邻域内有定义.若函数在点 a 的对应于任意 $\Delta x \neq 0$

的差分 $\Delta y = f(a+\Delta x) - f(a)$ 可表为

$$\Delta y = k\Delta x + o(\Delta x), \tag{2.1.1}$$

其中 k 是一个与 Δx 无关的常数,而 $o(\Delta x)$ 是比 Δx 高阶的无穷小,则称 $y=f(x)$ 在点 $x=a$ **可微**,并称 $k\Delta x$ 为 $y=f(x)$ 在点 $x=a$ 的**微分**,记作 $dy|_{x=a}$ 或 $df(x)|_{x=a}$,即

$$dy|_{x=a} = k\Delta x,$$

其中符号 d 称为**微分符号**,系数 k 称为**微分系数**.

如,对前例中的 $A=x^2, V=\dfrac{4}{3}\pi R^3$ 分别可得

$$dA|_{x=a} = 2a\Delta x, dV|_{R=R_0} = 4\pi R_0^2 \Delta R.$$

例1 设函数 $y=x^n$($n\geq 2$ 为正整数),求 $dy|_{x=a}$.

解 因为函数差分

$$\Delta y = (a+\Delta x)^n - a^n = na^{n-1}\Delta x + \left[\dfrac{n(n-1)}{2!}a^{n-2}(\Delta x)^2 + \cdots + (\Delta x)^n\right]$$

可以表示成

$$\Delta y = na^{n-1}\Delta x + o(\Delta x),$$

所以 $dy|_{x=a} = na^{n-1}\Delta x$.

若函数 $y=f(x)$ 在开区间 I 内每一点都可微,则称 $y=f(x)$ **在 I 内可微**,又称 $y=f(x)$ 是 I 内的**可微函数**.函数 $y=f(x)$ 在任意点 x 的微分,简称为**函数的微分**,记为

$$dy = k(x)\Delta x \quad \text{或} \quad df(x) = k(x)\Delta x.$$

通常把自变量差分 Δx 称为**自变量的微分**,记为 dx,即 $\Delta x = dx$. 于是函数 $y=f(x)$ 的微分可以写成

$$dy = k(x)dx \quad \text{或} \quad df(x) = k(x)dx.$$

如 $y=x^n$,则 $dy = nx^{n-1}dx$.

注 函数的微分 dy 依赖于 x 和 dx 这两个独立的量.在一个函数前面加一个微分符号"d",相当于对函数进行一种运算,得到的结果是以一个新的函数 $k(x)$ 作为系数,而以 dx 作为变量的齐次线性函数.

在已经知道函数的微分 $dy=k(x)dx$ 的情况下,要求函数在某点 $x=a$ 的微分可以用**代入法**,即

$$dy|_{x=a} = k(x)|_{x=a} dx.$$

当然不能把 $x=a$ 代到 dx 里面错误地写成 da. 若要求函数在点 $x=a$ 的自变量为 $\Delta x=h$ 的微分仍可以用代入法

$$dy\big|_{\substack{x=a \\ \Delta x=h}} = k(x)|_{x=a} \cdot dx|_{dx=h}.$$

例2 (1)求函数 $y=x^3$ 的微分;(2)求 $y=x^3$ 在 $x=2$ 的微分;(3)求 $y=x^3$ 在 $x=2$,$\Delta x=0.02$ 的微分;(4)求 $y=x^3$ 在 $x=2, \Delta x=0.02$ 的差分.

解 (1) $dy = 3x^2 dx$;

(2) $dy|_{x=2} = 3x^2|_{x=2} dx = 12 dx$;

(3) $dy\big|_{\substack{x=2 \\ \Delta x=0.02}} = 3x^2|_{x=2} \cdot dx|_{dx=0.02} = 3\times 2^2 \times 0.02 = 0.24$;

(4) $\Delta y = (2+0.02)^3 - 2^3 = 0.242408$.

二、微分的基本性质

前面我们利用微分的定义来求出几个简单函数的微分. 但是微分定义本身并未提供将函数差分 Δy 表示成(2.1.1)式的方法, 所以对复杂函数还很难根据定义来判断它在某点是否可微, 并求出微分, 因而需要找到判断函数是否可微的条件并找出计算微分的简便方法.

首先, 设函数 $y=f(x)$ 在点 $x=a$ 可微, 则由定义中的(2.1.1)式, 令 $\Delta x \to 0$, 则得

$$\lim_{\Delta x \to 0} \Delta y = \lim_{\Delta x \to 0} [k \Delta x + o(\Delta x)] = 0.$$

因此有如下定理.

定理 1 若函数 $y=f(x)$ 在点 $x=a$ 可微, 则 $y=f(x)$ 在该点连续.

定理 1 可记忆成"可微 $\Rightarrow$ 连续", 但要注意"连续 $\not\Rightarrow$ 可微". 这是因为由 $\lim\limits_{\Delta x \to 0} \Delta y = 0$ 未必能推出 $\Delta y = k \Delta x + o(\Delta x)$. 具体例子见下面例 4.

下面考虑可微与 $\dfrac{0}{0}$ 型的极限 $\lim\limits_{\Delta x \to 0} \dfrac{\Delta y}{\Delta x}$ 的关系.

先设函数 $y=f(x)$ 在点 $x=a$ 可微, 则由定义中的(2.1.1)式, 两边同除以 $\Delta x \neq 0$ 后, 令 $\Delta x \to 0$, 则得

$$\lim_{\Delta x \to 0} \frac{\Delta y}{\Delta x} = \lim_{\Delta x \to 0} \left[k + \frac{o(\Delta x)}{\Delta x} \right] = k.$$

反之, 若 $\lim\limits_{\Delta x \to 0} \dfrac{\Delta y}{\Delta x} = k$, 利用有极限的函数与无穷小关系得

$$\frac{\Delta y}{\Delta x} = k + \alpha(\Delta x),$$

其中 $\alpha(\Delta x) \to 0 (\Delta x \to 0)$. 上式两边同乘以 $\Delta x \neq 0$, 则得

$$\Delta y = k \Delta x + \alpha(\Delta x) \Delta x.$$

又 $\lim\limits_{\Delta x \to \infty} \dfrac{\alpha(\Delta x) \Delta x}{\Delta x} = \lim\limits_{\Delta x \to \infty} \alpha(\Delta x) = 0$, 于是

$$\Delta y = k \Delta x + o(\Delta x),$$

即函数 $y=f(x)$ 在点 $x=a$ 可微, 且微分 $\mathrm{d}y = k \mathrm{d}x$.

把上述结果写成如下定理.

定理 2 函数 $y=f(x)$ 在点 $x=a$ 可微的充要条件是: 极限

$$\lim_{\Delta x \to 0} \frac{\Delta y}{\Delta x} = k. \tag{2.1.2}$$

存在, 且 $y=f(x)$ 在点 $x=a$ 的微分 $\mathrm{d}y|_{x=a} = k \mathrm{d}x$.

函数 $y=f(x)$ 在点 $x=a$ 的差分 Δy 与自变量差分 Δx 之比 $\dfrac{\Delta y}{\Delta x}$, 称为函数 $y=f(x)$ 在点 $x=a$ 的**差商**. 定理 2 表明: 函数 $y=f(x)$ 可微的充要条件是其差商当自变量差分趋于零时的极限存在, 且 $y=f(x)$ 在点 $x=a$ 的微分 $\mathrm{d}y|_{x=a}$ 等于此极限值 k 与 $\mathrm{d}x$ 的乘积 (极限值 k 恰是微分系数).

利用(2.1.2)式, 不仅可以判别函数在某点是否可微, 而且可以求出微分.

例3 证明函数 $y=\sin x$ 在任一点 x 可微,并求微分.

证 对 $\forall x, \Delta y=\sin(x+\Delta x)-\sin x=2\sin\dfrac{\Delta x}{2}\cos\left(x+\dfrac{\Delta x}{2}\right)$.

因为 $\lim\limits_{\Delta x\to 0}\dfrac{\Delta y}{\Delta x}=\lim\limits_{\Delta x\to 0}\dfrac{2\sin\dfrac{\Delta x}{2}\cos\left(x+\dfrac{\Delta x}{2}\right)}{\Delta x}=\lim\limits_{\Delta x\to 0}\cos\left(x+\dfrac{\Delta x}{2}\right)=\cos x$,所以 $f(x)=\sin x$ 在任一点 x 可微,且微分 $\mathrm{d}y=\cos x\mathrm{d}x$.

例4 判别函数 $f(x)=\begin{cases} x\sin\dfrac{1}{x}, & x\neq 0 \\ 0, & x=0 \end{cases}$ 在点 $x=0$ 是否连续,是否可微.

解 $\Delta y=f(0+\Delta x)-f(0)=\Delta x\sin\dfrac{1}{\Delta x}$.

因为 $\lim\limits_{\Delta x\to 0}\Delta y=0$,所以 $f(x)$ 在 $x=0$ 连续.

又因为 $\lim\limits_{\Delta x\to 0}\dfrac{\Delta y}{\Delta x}=\lim\limits_{\Delta x\to 0}\sin\dfrac{1}{\Delta x}$ 不存在,所以 $f(x)$ 在 $x=0$ 不可微.

由定理2可证(从略)得如下结论.

定理3 若函数 $y=f(x)$ 在点 $x=a$ 可微,则

(1) $\Delta y-\mathrm{d}y|_{x=a}=o(\Delta x)$;(2) 当 $\mathrm{d}y|_{x=a}\neq 0$ 时,$\Delta y-\mathrm{d}y|_{x=a}=o(\Delta y)$.

定理3表明,当 Δx 接近于 $0(|\Delta x|$ 很小)时,利用函数的微分作为函数差分 Δy 的近似值,所产生的误差不仅是比 Δx 高阶的无穷小,而且也是比 Δy 高阶的无穷小,因此从理论上保证了微分是差分的主要部分(即线性主部). 把这些观点写成公式是:

设 $\mathrm{d}y|_{x=a}\neq 0$,则当 $|\Delta x|$ 很小时,$\Delta y\approx \mathrm{d}y|_{x=a}$. (2.1.3)

利用公式(2.1.3)可以计算函数增量的近似值.

例如,半径为 R 的圆的面积是 $S=\pi R^2$,当半径从 R 变到 $R+\Delta R$ 时,面积的增量(准确值)为

$$\Delta S = \pi(R+\Delta R)^2 - \pi R^2 = 2\pi R\Delta R + \pi(\Delta R)^2.$$

当 $|\Delta R|$ 很小时,$\Delta S\approx \mathrm{d}S=2\pi R\Delta R$.

这个近似计算的几何意义是:半径为 R 与半径为 $R+\Delta R$ 的两个同心圆所围成的圆环的面积,可以用长为 $2\pi R$(即内圆周长)宽为 ΔR(设 $\Delta R>0$)的矩形的面积来近似代替(所产生的误差为 $\Delta S-\mathrm{d}S=\pi(\Delta R)^2$).

近似公式(2.1.3)可以改写成:

设 $\mathrm{d}f(x)|_{x=a}\neq 0$,则当 $|\Delta x|$ 很小时,$f(a+\Delta x)\approx f(a)+\mathrm{d}f(x)|_{x=a}$.

上式子可以用来计算函数值 $f(a+\Delta x)$ 的近似值,只要右边的 $f(a)$ 和 $\mathrm{d}f(x)|_{x=a}\neq 0$ 都容易求出.

如欲求 $\sin 30°30'$ 的近似值,先把角化为弧度制,即

$$\sin 30°30' = \sin\left(\dfrac{\pi}{6}+\dfrac{\pi}{360}\right).$$

设 $f(x)=\sin x, a=\dfrac{\pi}{6}, \Delta x=\dfrac{\pi}{360}$. 因 $|\Delta x|$ 很小,故

$$\sin 30°30' = \sin\left(\frac{\pi}{6} + \frac{\pi}{360}\right) = f(a + \Delta x)$$

$$\approx f(a) + \mathrm{d}f(x)|_{x=a} = \sin\frac{\pi}{6} + \cos\frac{\pi}{6} \cdot \frac{\pi}{360}$$

$$= \frac{1}{2} + \frac{\sqrt{3}\pi}{720} \approx 0.5076.$$

习　题　2.1

1. 求微分：
 (1) 设 $y = \sqrt{x}, a > 0$, 求 $\mathrm{d}y|_{x=a}$;
 (2) 设 $y = \mathrm{e}^x$, 求 $\mathrm{d}y|_{x=0}$;
 (3) 设 $y = \cos x$, 求 $\mathrm{d}y$.
2. 求出正方形面积 $A = x^2$ 在 $x = 1, \Delta x = 0.01$ 时的差分 ΔA 和微分 $\mathrm{d}A$, 并求 $\Delta A - \mathrm{d}A$.
3. 半径为 10 厘米的金属球, 遇热后半径伸长 0.01 厘米, 问球的体积大约增大多少？
4. 若函数 $y = f(x)$ 在点 $x = a$ 可微, 且 $\mathrm{d}y|_{x=a} \neq 0$, 求证: $\Delta x \to 0$ 时,
 (1) $\Delta y \sim \mathrm{d}y|_{x=a}$;
 (2) $\Delta y - \mathrm{d}y|_{x=a} = o(\Delta y)$.

§2.2　导数的概念与基本性质

一、导数的概念

差商极限 $\lim\limits_{\Delta x \to 0} \dfrac{\Delta y}{\Delta x}$ 对研究函数微分起着十分重要的作用, 这种特殊的比值的极限具有自己独立的实际意义, 必须作深入探讨. 先看两个例子.

(1) 平面曲线的切线斜率：以前, 在平面几何中, 圆的切线被定义为"与圆只相交于一点的直线", 但此定义不适合其他曲线. 例如抛物线 $y = x^2$ 与直线 $x = 0$ 只交于点 $(0,0)$, 但直线 $x = 0$ 不是曲线 $y = x^2$ 在点 $(0,0)$ 处的切线. 有些曲线的切线与曲线还可以有不止一个的交点. 例如曲线 $y = \cos x$ 与它在点 $(0,1)$ 处的切线 $y = 1$ 就有无穷多个交点 $(2k\pi, 1)$. 因此, 对一般曲线而言, 用交点唯一来定义切线是不合理的, 必须给曲线在一点的切线下一个普遍的定义.

所谓曲线 C 在其上点 M 处的切线是指：在点 M 处附近取曲线上另一点 N, 作割线 MN, 当点 N 沿曲线 C 趋近于点 M 时, 割线 MN 绕点 M 转动而趋向于一极限位置 MT（若存在的话）, 那么直线 MT 就是曲线 C 在点 M 处的**切线**, 点 M 为**切点**.

根据切线的定义, 现在我们讨论曲线的切线斜率问题. 设平面曲线 C 的方程为 $y = f(x), M(a, f(a))$ 为其上一点（图 2-2-1）, 在 M 点附近取曲线上另一点 $N(a + \Delta x, f(a + \Delta x))$, 则割线 MN 的斜率为

$$k_{MN} = \frac{\Delta y}{\Delta x} = \frac{f(a + \Delta x) - f(a)}{\Delta x}.$$

当点 N 沿曲线移动并无限趋近于点 M 时, $\Delta x \to 0$, 按照切线的定义, 得**切线斜率**为

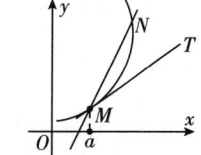

图 2-2-1

$$k = \lim_{\Delta x \to 0} \frac{\Delta y}{\Delta x} = \lim_{\Delta x \to 0} \frac{f(a+\Delta x) - f(a)}{\Delta x}.$$

(2) 变速直线运动的瞬时速度：在研究物体的运动时，常常要考虑物体运动的速度，一般地，物体在运动过程中，速度时刻在变化着，为了精确刻画物体运动某时刻的速度，就需要建立瞬时速度的概念．

设 s 表示某物体从某一时刻开始到时刻 t 作直线运动所经过的路程，则 s 是 t 的函数：$s = s(t)$．现在我们要研究物体在 t_0 时刻的瞬时速度 $v(t_0)$．

当时刻由 t_0 变到 $t_0 + \Delta t$ 时，物体在时间段 $[t_0, t_0 + \Delta t]$ 内所经过的路程为 $\Delta s = s(t_0 + \Delta t) - s(t_0)$，平均速度为 $\bar{v} = \frac{\Delta s}{\Delta t} = \frac{s(t_0 + \Delta t) - s(t_0)}{\Delta t}$．

若物体是匀速运动的，则 $\bar{v}$ 是个常量，这个常数也是瞬时速度 $v(t_0)$．若物体的运动是变速的，则 $\bar{v}$ 是个变量，不是瞬时速度 $v(t_0)$．不过，一般说来（如 $s = s(t)$ 是连续的），当 $|\Delta t|$ 很小时，在时间段 $[t_0, t_0 + \Delta t]$ 内，物体的运动速度变化不大，因而可以把运动近似看作是匀速的，也即把平均速度 $\bar{v}$ 作为瞬时速度 $v(t_0)$ 的近似值．显然，$|\Delta t|$ 越小，$\bar{v}$ 就越接近 $v(t_0)$．因此当 $\Delta t \to 0$ 时，如果极限 $\lim\limits_{\Delta t \to 0} \frac{\Delta s}{\Delta t}$ 存在，那么就可定义此极限值为物体在 t_0 时刻的**瞬时速度**，即

$$v(t_0) = \lim_{\Delta t \to 0} \frac{\Delta s}{\Delta t} = \lim_{\Delta t \to 0} \frac{s(t_0 + \Delta t) - s(t_0)}{\Delta t}.$$

以上两例的实际意义虽然完全不同，但从抽象的数学形式来看，它们的实质都是一样的：都采用了分割→取增量→求比→取极限的步骤；都归结为比值的极限，即差商的极限．差商的极限就是函数的导数．

定义 设函数 $y = f(x)$ 在点 a 的某邻域内有定义．若差商极限 $\lim\limits_{\Delta x \to 0} \frac{\Delta y}{\Delta x}$ 存在，则称此极限值为 $y = f(x)$ 在点 $x = a$ 的（对 x 的）**导数**，记作 $y'|_{x=a}$ 或 $f'(a)$，即

$$f'(a) = \lim_{\Delta x \to 0} \frac{f(a + \Delta x) - f(a)}{\Delta x}. \tag{2.2.1}$$

此时，亦称 $y = f(x)$ 在点 $x = a$ **可导**或**导数存在**．

若(2.2.1)式右端的极限不存在，则称 $y = f(x)$ 在点 $x = a$ **不可导**（或导数不存在），其中，若极限为无穷大，导数是不存在的，为叙述方便起见，也称 $y = f(x)$ 在点 $x = a$ 的**导数为无穷大**．

注 记 $a + \Delta x = x$，则(2.2.1)式可改成

$$f'(a) = \lim_{x \to a} \frac{f(x) - f(a)}{x - a}; \tag{2.2.2}$$

记 $\Delta x = h$，则(2.2.1)式又可写成

$$f'(a) = \lim_{h \to 0} \frac{f(a + h) - f(a)}{h}. \tag{2.2.3}$$

导数定义的三种表示法，都是差商的极限．将三种表达式右边的极限换成相应的左、右极限，则称之为 $f(x)$ 在点 $x = a$ 的**左、右导数**（统称为**单侧导数**），分别记为 $f'_-(a)$ 和 $f'_+(a)$，以(2.2.2)式相应的左、右导数为例，即

$$f'_-(a) = \lim_{x \to a^-} \frac{f(x) - f(a)}{x - a}, f'_+(a) = \lim_{x \to a^+} \frac{f(x) - f(a)}{x - a}. \tag{2.2.4}$$

由于极限存在的充要条件是其左、右极限存在且相等,因此我们有:

$f(x)$在点 $x=a$ 可导$\Leftrightarrow$左导数 $f'_-(a)$ 和右导数 $f'_+(a)$ 都存在且相等.

下面看几个例子,这里都用(2.2.2)式来求导数或讨论可导性,读者可自行用其余形式来完成.

例 1 设 $f(x)=x^2$,求 $f'(a)$.

解 $f'(a) = \lim_{x \to a} \frac{f(x) - f(a)}{x - a} = \lim_{x \to a} \frac{x^2 - a^2}{x - a}$
$= \lim_{x \to a}(x + a) = 2a.$

例 2 设 $f(x) = \sqrt[3]{x}$,求 $f'(0)$.

解 $f'(0) = \lim_{x \to 0} \frac{f(x) - f(0)}{x - 0} = \lim_{x \to 0} \frac{\sqrt[3]{x}}{x}$
$= \lim_{x \to 0} \frac{1}{\sqrt[3]{x^2}} = +\infty$(这是导数不存在的一种类型).

例 3 设 $f(x)=|x|$,求 $f'(0)$.

解 由于左,右导数

$$f'_-(0) = \lim_{x \to 0^-} \frac{f(x) - f(0)}{x - 0} = \lim_{x \to 0^-} \frac{|x|}{x} = \lim_{x \to 0^-} \frac{-x}{x} = -1,$$

$$f'_+(0) = \lim_{x \to 0^+} \frac{f(x) - f(0)}{x - 0} = \lim_{x \to 0^+} \frac{|x|}{x} = \lim_{x \to 0^+} \frac{x}{x} = 1$$

不相等,所以 $f'(0)$ 不存在(这也是导数不存在的一种类型).

由上面的例子可以看出,并非所有的函数在定义区间内的每一点处都可导.若可导,则函数 $f(x)$ 在任一点 $x=a$ 的导数 $f'(a)$ 是关于点 $x=a$(视为自变量)的新的函数.如 $f(x)=x^2$,有 $f'(a)=2a$,当然也有 $f'(t)=2t, f'(u)=2u$ 等等.如果把自变量记为 x,则由 $f(x)=x^2$ 通过导数的定义可以推导出 $f'(x)=2x$ 这个新函数.

若函数 $y=f(x)$ 在某开区间 I 内每一点 x 都可导,则称函数 $y=f(x)$**在开区间 I 内可导**.此时,$\forall x \in I$,都有一个确定的导数值 $f'(x)$ 与之对应,这样就定义了一个新的函数,称之为函数 $y=f(x)$ 的**导函数**(或简称为**导数**),记为 $f'(x)$ 或 y',即

$$f'(x) = \lim_{\Delta x \to 0} \frac{f(x + \Delta x) - f(x)}{\Delta x} \text{ 或 } f'(x) = \lim_{h \to 0} \frac{f(x + h) - f(x)}{h}.$$

注 函数在任意点 x 处的导数定义不可以用形如(2.2.2)的形式,以免把点 x 与极限条件中的变量 x 混同.

例 4 求常数函数 $f(x)=C$(C 为常数)的导数.

解 $f'(x) = \lim_{\Delta x \to 0} \frac{f(x + \Delta x) - f(x)}{\Delta x} = \lim_{\Delta x \to 0} \frac{C - C}{\Delta x} = \lim_{\Delta x \to 0} 0 = 0.$

即常数函数在 $(-\infty, +\infty)$ 内可导,且导数恒等于零,记成 $(C)'=0$.

例 5 求幂函数 $f(x)=x^n$(n 是正整数)的导数.

请读者完成求解过程,可得 $f(x)=x^n$ 在 $(-\infty, +\infty)$ 内可导,且 $(x^n)'=nx^{n-1}$.

例 5 的求导公式可以推广到任意的幂函数的情形（但可导的区间可能有变化）：对任何实数 a，函数 x^a 在可导的开区间内有

$$(x^a)' = ax^{a-1}.$$

利用这个公式可以得到常用的几个特例：

$$(x)' = 1, \left(\frac{1}{x}\right)' = -\frac{1}{x^2}, (\sqrt{x})' = \frac{1}{2\sqrt{x}}, \left(\frac{1}{\sqrt{x}}\right)' = -\frac{1}{2x\sqrt{x}}, (x^3)' = 3x^2.$$

显然，导函数 $f'(x)$ 在某开区间 I 内存在的前提下，函数 $y=f(x)$ 在点 $a\in I$ 的导数 $f'(a)$ 就是导函数 $f'(x)$ 在点 $x=a$ 的函数值，即

$$f'(a) = f'(x)|_{x=a}. \tag{2.2.5}$$

直接利用(2.2.5)式求导数 $f'(a)$ 的方法称为**代入法**.

例如，对 $f(x)=\sqrt{x}$，因为 $f'(x) = \dfrac{1}{2\sqrt{x}}$，所以 $f'(1) = \dfrac{1}{2\sqrt{x}}\bigg|_{x=1} = \dfrac{1}{2}.$

由导数定义可知，曲线 $y=f(x)$ 在点 $(a,f(a))$ 处的切线的斜率 k 就是函数 $f(x)$ 在点 $x=a$ 的导数 $f'(a)$，即 $k=f'(a)$. 这就是导数的几何意义.

特殊地，若 $f'(a)=0$，则曲线 $y=f(x)$ 在点 $(a,f(a))$ 处的切线平行于 x 轴.

若 $f'(a)=\infty$，则曲线 $y=f(x)$ 在点 $(a,f(a))$ 处的切线垂直于 x 轴. 例 2 就是这种形情，如图 2-2-2 所示.

若左导数 $f'_-(a)$，右导数 $f'_+(a)$ 都存在但不相等（左右导数可以理解为曲线在一点处的左半切线斜率与右半切线斜率），这时曲线在点 $(a,f(a))$ 处不存在切线，例 3 就是这种情形，如图 2-2-3 所示. 注意，直线 $y=0$ 虽然与曲线 $y=|x|$ 只有一个交点（"角点"处），但不是曲线的切线.

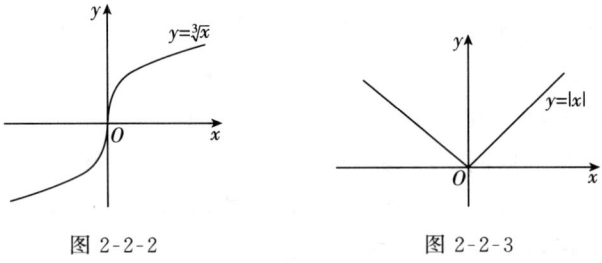

图 2-2-2　　　　　　　　图 2-2-3

作变速直线运动的物体在 t_0 时刻的瞬时速度 $v(t_0)$ 就是位置函数 $s(t)$ 在 t_0 处的导数，即 $v(t_0) = s'(t_0)$. 这是导数的物理意义.

一般情况下，差商 $\dfrac{\Delta y}{\Delta x} = \dfrac{f(a+\Delta x)-f(a)}{\Delta x}$ 是函数 $y=f(x)$ 在以 a 和 $a+\Delta x$ 为端点的区间上的平均变化率，导数 $f'(a) = \lim\limits_{\Delta x \to 0} \dfrac{\Delta y}{\Delta x}$ 是因变量 y 在点 a 的瞬时变化率，它反映了因变量随自变量的变化而变化的快慢程度. 因此，导数的一般意义是：导数是瞬时变化率.

导数概念是个应用十分广泛的概念，在各个科学领域中都有具体的体现，例如瞬时电流强度、瞬时功率、线密度、比热、化学反应速率、生物群体的繁殖率、经济量的边际，等等.

二、导数的基本性质

由导数定义和 §2.1 定理 2 立即得如下定理,该定理从定性和定量的角度,把导数与微分这两个微分学中最基本的概念联系在一起,常被称为**微分学基本关系定理**.

定理 (1)函数 $y=f(x)$ 在点 $x=a$ 可微 $\Leftrightarrow y=f(x)$ 在点 $x=a$ 可导.

(2)当 $y=f(x)$ 在点 $x=a$ 可导(或可微)时,微分与导数满足关系:

$$\mathrm{d}y|_{x=a} = y'|_{x=a}\mathrm{d}x \quad \text{或} \quad \mathrm{d}f(x)|_{x=a} = f'(a)\mathrm{d}x. \tag{2.2.6}$$

以下对该定理的内涵及外延作必要的说明:

(1)从定性角度看,这个定理加上 §2.1 定理 1 所体现的关系可以记忆为

$$\text{可微} \Leftrightarrow \text{可导} \Rightarrow \text{连续},$$

当然有:不连续 $\Rightarrow$ 不可导 $\Leftrightarrow$ 不可微. 但要特别注意的是:

$$\text{连续} \not\Rightarrow \text{可导},$$

即函数在一点连续,但在该点不一定可导.

在一点连续但不可导的函数的例子比比皆是,如,本节例 2、例 3 和上节例 4,出现的以下函数:

$$f(x) = \sqrt[3]{x},\ f(x) = |x|,\ f(x) = \begin{cases} x\sin\dfrac{1}{x}, & x \neq 0, \\ 0, & x = 0 \end{cases},$$

这些都是在点 $x=0$ 连续而不可导的函数.

如果在区间 $[-1,1]$ 上考虑函数 $f(x)=|x|$,接着将它以周期 2 向左、右两边反复地拓展,得出一个定义在 R 上的连续函数,那么这个拓展后的函数在整数的点处均不可导. 这个例子表明,连续函数可以在一点上乃至无数多个点上没有导数. 1872 年德国数学家魏尔斯特拉斯就构造出了一个"处处连续但处处不可导的函数". 但由于知识的局限,我们还不能在这里作出这样的函数.

(2)从定量的角度看,(2.2.6)式把微分和导数这两个不同的量用简单的等式连接了起来. 在任意点 x 处就是

$$\mathrm{d}y = y'\mathrm{d}x \quad \text{或} \quad \mathrm{d}f(x) = f'(x)\mathrm{d}x,$$

即函数的微分等于导数与自变量微分的积. 这就把求微分问题转化成求导数的问题——先求导后求微分(而不必再按微分定义了),这是我们今后计算微分的基本思路.

(3)既然函数的微分等于导数与自变量微分的积,当然也就有:函数的导数等于微分与自变量微分的商,即

$$y' = \frac{\mathrm{d}y}{\mathrm{d}x} \quad \text{或} \quad f'(x) = \frac{\mathrm{d}f(x)}{\mathrm{d}x}.$$

也就是说,今后导数符号 y',$f'(x)$ 可直接用 $\dfrac{\mathrm{d}y}{\mathrm{d}x}$,$\dfrac{\mathrm{d}f(x)}{\mathrm{d}x}$ 或 $\dfrac{\mathrm{d}}{\mathrm{d}x}f(x)$ 来表示,无须另加说明,这里 $\dfrac{\mathrm{d}}{\mathrm{d}x}$ 是不可分割的运算符号.

(4)由于导数表示切线的斜率,即 $y' = \tan\alpha$(α 是切线倾角),因此微分 $\mathrm{d}y = \tan\alpha \cdot \mathrm{d}x$ 表

示"切线函数"的差分,这就是微分的几何意义.这也可以从曲线 $y=f(x)$ 在点 $(a,f(a))$ 处的切线方程 $y-f(a)=f'(a)(x-a)$ 中看出:因为方程右端恰好是函数 $f(x)$ 在点 $x=a$ 的微分,而左端是切线上点 (x,y) 的纵坐标的增量,因此,函数 $f(x)$ 在点 $x=a$ 的微分 $dy|_{x=a}$,几何上表示曲线 $y=f(x)$ 在点 $(a,f(a))$ 处的切线上点的纵坐标的增量.

例 6 设 $y=\sqrt{x}$,求微分 $dy, dy|_{x=4}$.

思路 先求导数,后求微分.

解 因为 $y'=\dfrac{1}{2\sqrt{x}}$,所以

$$dy = y'dx = \frac{1}{2\sqrt{x}}dx, dy|_{x=4} = \frac{1}{2\sqrt{x}}\bigg|_{x=4}dx = \frac{1}{4}dx.$$

对例 6 的曲线,取 x 从 4 增加到 $4+\Delta x$,请读者画出相应的差分 Δy 与微分 dy 的图形,以理解它们的几何意义.

例 7 讨论 $f(x)=\begin{cases}e^{3x-3}, & x\leqslant 1,\\ 1-x, & x>1\end{cases}$ 在点 $x=0$ 的连续性与可导性.

思路 讨论函数连续性与可导性是重点和难点题类.讨论分段函数在分段点处的连续性,必须按连续性定义;讨论分段点的可导性,可利用"不连续$\Rightarrow$不可导"结论,或利用导数定义,或利用左右导数关系.讨论时,都可以先把函数值求出.

解 $f(1)=e^0=1$. 因为左、右极限

$$\lim_{x\to 1^-}f(x) = \lim_{x\to 1^-}e^{3x-3} = 1, \lim_{x\to 1^+}f(x) = \lim_{x\to 1^+}(1-x) = 0$$

不相等,得极限 $\lim_{x\to 0}f(x)$ 不存在,因此 $f(x)$ 在点 $x=0$ 不连续,从而也不可导.

例 8 讨论 $f(x)=\begin{cases}e^{3x-3}, & x\leqslant 1,\\ 2-x, & x>1\end{cases}$ 在 $x=1$ 处的连续性与可导性.

解 $f(1)=e^0=1$. 又由左、右极限

$$\lim_{x\to 1^-}f(x) = \lim_{x\to 1^-}e^{3x-3} = 1, \lim_{x\to 1^+}f(x) = \lim_{x\to 1^+}(2-x) = 1$$

相等,得极限 $\lim_{x\to 1}f(x)=1$,于是 $\lim_{x\to 1}f(x)=f(1)$,即 $f(x)$ 在点 $x=1$ 连续.

因左、右导数

$$f'_-(1) = \lim_{x\to 1^-}\frac{f(x)-f(1)}{x-1} = \lim_{x\to 1^-}\frac{e^{3x-3}-1}{x-1} = \lim_{x\to 1^-}\frac{3x-3}{x-1} = 3,$$

$$f'_+(1) = \lim_{x\to 1^+}\frac{f(x)-f(1)}{x-1} = \lim_{x\to 1^+}\frac{(2-x)-1}{x-1} = \lim_{x\to 1^+}\frac{1-x}{x-1} = -1$$

不相等,故 $f(x)$ 在 $x=1$ 不可导.

总之,$f(x)$ 在点 $x=1$ 连续,但不可导.

思考:可否把函数稍作修改,使得 $f(x)$ 在 $x=1$ 连续,且可导?

三、微分学基本概念小结

为了帮助读者掌握连续、可导、可微的概念,特意列出下表.

		$f(x)$在$x=a$连续 $\Leftarrow$ $f(x)$在$x=a$可导 $\Leftrightarrow$ $f(x)$在$x=a$可微		
$x \to a$ 形式	$f(a) = \lim\limits_{x \to a} f(x)$		$f'(a) = \lim\limits_{x \to a} \dfrac{f(x)-f(a)}{x-a}$	$f(x)-f(a)$ $=k(x-a)+o(x-a)$
$\Delta x \to 0$ 形式	$f(a) = \lim\limits_{\Delta x \to 0} f(a+\Delta x)$		$f'(a) = \lim\limits_{\Delta x \to 0} \dfrac{f(a+\Delta x)-f(a)}{\Delta x}$	$f(a+\Delta x)-f(a)$ $=k\Delta x+o(\Delta x)$
$h \to 0$ 形式	$f(a) = \lim\limits_{h \to 0} f(a+h)$		$f'(a) = \lim\limits_{h \to 0} \dfrac{f(a+h)-f(a)}{h}$	$f(a+h)-f(a)$ $=kh+o(h)$
注意	(1)导数 $y'|_{x=a} = f'(a)$ 是个与 Δx 和 h 无关的常数,微分 $\mathrm{d}y|_{x=a} = f'(a)\mathrm{d}x$ 是个系数为 $f'(a)$ 的以 $\mathrm{d}x$ 为自变量的正比例函数. 在任意点 x 处,导数 $y'=f'(x)$ 是 x 的函数,微分 $\mathrm{d}y=y'\mathrm{d}x$ 是 x 和 $\mathrm{d}x$ 的二元函数.(2)几何上,导数是曲线上一点的切线的斜率,微分是切线上纵坐标的增量(曲线上纵坐标增量的近似值).(3)实际中,导数是函数的瞬时变化率,微分是(当自变量微小变化时)函数增量的线性近似.(4)提到微分不必说明是关于哪个变量的微分,但求导时务必要分清是对哪个变量求导.(5)导数 $y' = \dfrac{\mathrm{d}y}{\mathrm{d}x}$,又称微商,微分 $\mathrm{d}y = y'\mathrm{d}x$,可称微乘			

习 题 2.2

1. 下列说法是否正确:

(1) 若 $f(a)=0$, 则 $f'(a)=0$;

(2) 若 $\lim\limits_{x \to a} f(x)$ 存在, 则 $f'(a)$ 存在;

(3) 若 $f(0)=0$, 且 $\lim\limits_{x \to 0} \dfrac{f(x^2)}{x^2} = 1$, 则 $f'(0)=1$;

(4) 若 $f(x)$ 在点 $x=a$ 可导, 则 $|f(x)|$ 在点 $x=a$ 可导;

(5) 若 $f(x)$ 在点 $x=a$ 可导, 则 $[f(x)]^2$ 在点 $x=a$ 可导.

2. 验证:

(1) 若 $f(x)=\mathrm{e}^x$, 则 $f'(0)=1, f'(x)=\mathrm{e}^x$;

(2) 若 $f(x)=\ln x$, 则 $f'(1)=1, f'(x)=\dfrac{1}{x}$.

3. 求下列函数在点 $x=0$ 的导数:

(1) $f(x) = \begin{cases} x^2, & x \leqslant 0, \\ x^3, & x > 0 \end{cases}$;   (2) $f(x) = \begin{cases} x^2, & x \leqslant 0, \\ \mathrm{e}^x, & x > 0 \end{cases}$;

(3) $f(x) = \begin{cases} x\sin\dfrac{1}{x}, & x \neq 0, \\ 0, & x = 0 \end{cases}$;   (4) $f(x) = \begin{cases} x^2 \arctan\dfrac{1}{x}, & x \neq 0, \\ 0, & x = 0 \end{cases}$.

4. 讨论下列函数在点 $x=0$ 的连续性与可导性:

(1) $y = \sqrt[3]{x^2}$;   (2) $y = |\sin x|$;

(3) $f(x) = \begin{cases} 1, & x \neq 0, \\ 0, & x = 0 \end{cases}$;   (4) $f(x) = \begin{cases} x^2 \sin\dfrac{1}{x}, & x < 0, \\ \ln(1+x^2), & x \geqslant 0 \end{cases}$.

5. 求下列导数:

(1) 设 $\lim\limits_{x \to a} \dfrac{f(x)}{x-a} = A$ 存在, 且 $f(x)$ 在点 $x=a$ 连续, 求 $f'(a)$;

(2) 设 $\lim\limits_{x \to 0} \dfrac{\sin 2x}{f(1)-f(1-x)} = -1$, 求 $f'(1)$;

(3) 设 $f(x)$ 在点 $x=0$ 连续,且 $\lim\limits_{x \to 0} \dfrac{e^{f(x)}-1}{1-\cos x}=1$,求 $f'(0)$;

(4) 设 $f(x)$ 是非负连续函数,且 $\lim\limits_{x \to 2} \dfrac{f^2(x)-2}{x^2-4}=2\sqrt{2}$,求 $f'(2)$;

(5) 若 $\forall x>0, y>0$,都有 $f(xy)=f(x)+f(y)$,且 $f'(1)=1$,求导数 $f'(x)$(其中 $x>0$).

6. 设 $f'(a)$ 存在,求下列极限:

(1) $\lim\limits_{\Delta x \to 0} \dfrac{f(a-\Delta x)-f(a)}{\sin \Delta x}$;   (2) $\lim\limits_{h \to 0} \dfrac{f(a+\alpha h)-f(a-\beta h)}{h}$.

7. 对函数 $f(x)$,若 $\lim\limits_{h \to 0} \dfrac{f(a+h)-f(a-h)}{h}$ 存在,则 $f'(a)$ 一定存在吗?

8. 已知函数 $f(x)=\begin{cases} e^x, & x \leqslant 1 \\ ax^2+b, & x>1 \end{cases}$,在 $x=1$ 点可导,求常数 a, b.

§2.3 导数与微分的运算与求法(一)

根据定义求函数的导数和微分的方法,是很基本的方法. 但是,当函数比较复杂时,按定义求解,往往相当繁杂和困难. 因此有必要寻求一套简便的求导数和微分的方法. 求导数和微分的方法可以统称为**微分法**. 本节我们首先将基本初等函数的导数公式罗列出来,以便查用,然后将介绍一些新的方法,借助它们可以比较容易求出一般初等函数和分段函数的导数和微分. 叙述中,我们主要体现求导数的各种方法,而对求微分的相应方法只作必要的说明.

一、基本导数公式与基本微分公式

为有利于今后熟练掌握初等函数的微分法,现将所有基本初等函数的导数公式归纳如下:

(1) $(C)'=0$ (C 为常数),   (2) $(x^a)'=ax^{a-1}$ (a 为任意实数),

(3) $(a^x)'=a^x \ln a$,   (4) $(e^x)'=e^x$,

(5) $(\log_a x)'=\dfrac{1}{x \ln a}$,   (6) $(\ln x)'=\dfrac{1}{x}$,

(7) $(\sin x)'=\cos x$,   (8) $(\cos x)'=-\sin x$,

(9) $(\tan x)'=\sec^2 x$,   (10) $(\cot x)'=-\csc^2 x$,

(11) $(\sec x)'=\sec x \tan x$,   (12) $(\csc x)'=-\csc x \cot x$,

(13) $(\arcsin x)'=\dfrac{1}{\sqrt{1-x^2}}$, (14) $(\arccos x)'=-\dfrac{1}{\sqrt{1-x^2}}$,

(15) $(\arctan x)'=\dfrac{1}{1+x^2}$,   (16) $(\text{arccot}\, x)'=-\dfrac{1}{1+x^2}$.

注 基本导数公式是微积分运算的基础,它相当于数运算的"九九表",要熟记并倒背如流. 各个公式均是基本函数对自变量 x 的导数,并且省略了公式成立的可导开区间. 例如公式 $(\arcsin x)'=\dfrac{1}{\sqrt{1-x^2}}$,应理解为: 函数 $\arcsin x$ 在 $(-1, 1)$ 内可导,且导数

$$(\arcsin x)' = \frac{1}{\sqrt{1-x^2}} \ (-1 < x < 1).$$

如果为了强调对自变量的导数,这个公式还可写成

$$(\arcsin x)'_x = \frac{1}{\sqrt{1-x^2}} \ \text{或} \ \frac{\mathrm{d}}{\mathrm{d}x}(\arcsin x) = \frac{1}{\sqrt{1-x^2}} (-1 < x < 1).$$

今后在不致引起错误的情况下,可以把可导的开区间省略,可以不指明对哪个变量求导. 但要特别小心的是,如果不是基本函数,如 e^{-x}, $\ln(1-x)$, $\sin 2x$, $\tan \frac{x}{2}$ 等,求导时均不能直接套用所列的基本导数公式.

每个基本导数公式都对应着一个基本微分公式,如

$$(\ln x)' = \frac{1}{x} \Leftrightarrow \mathrm{d}(\ln x) = \frac{1}{x}\mathrm{d}x,$$

其余的就不一一列举了.

二、导数与微分的四则运算法则

定理 若函数 $f=f(x), g=g(x)$ 在同一点 x 可导,则它们的和、差、积、商(分母非零)在该点也可导,且有

(1) $(kf)' = kf'$ (k 为常数);
(2) $(f \pm g)' = f' \pm g'$;
(3) $(f \cdot g)' = f' \cdot g + f \cdot g'$;
(4) $\left(\dfrac{f}{g}\right)' = \dfrac{f' \cdot g - f \cdot g'}{g^2}$ ($g \neq 0$).

下面只证明积的情形,其他的留给读者自己完成.

证 利用导数的定义,得

$$(f \cdot g)' = \lim_{h \to 0} \frac{f(x+h)g(x+h) - f(x)g(x)}{h}$$

$$= \lim_{h \to 0} \frac{f(x+h)g(x+h) - f(x)g(x+h) + f(x)g(x+h) - f(x)g(x)}{h}$$

$$= \lim_{h \to 0} \left[\frac{f(x+h) - f(x)}{h} \cdot g(x+h)\right] + \lim_{h \to 0} \left[f(x) \cdot \frac{g(x+hx) - g(x)}{h}\right]$$

$$= f'(x) \cdot g(x) + f(x) \cdot g'(x),$$

其中 $\lim\limits_{h \to 0} g(x+h) = g(x)$ 是由于 $g'(x)$ 存在,从而 $g(x)$ 在 x 点处连续. 证毕.

必须注意,利用乘法运算法则时,要分清是用 $(kf)' = kf'$ 还是 $(f \cdot g)' = f' \cdot g + f \cdot g'$. 当 k 为常数时,才能用公式 $(kf)' = kf'$,即常数因子可以提到导数符号外面.

函数积(或商)的导数,不等于函数导数的积(或商),即

$$(fg)' \neq f'g', \ \left(\frac{f}{g}\right)' \neq \frac{f'}{g'}.$$

这一点和极限的运算不同.

该定理中的(2)和(3)可以推广到有限个可导函数的情形,例如

$$(f+g-h)' = f' + g' - h', \ (fgh)' = f'gh + fg'h + fgh'.$$

例1 设 $y = x^4 \ln x + 2\sin x - \cos\dfrac{\pi}{4}$，求 y' 与 $\mathrm{d}y$.

解 $y' = (x^4 \ln x)' + (2\sin x)' - \left(\cos\dfrac{\pi}{4}\right)'$

$= (x^4)' \ln x + x^4 (\ln x)' + 2(\sin x)' - 0$

$= 4x^3 \ln x + x^4 \cdot \dfrac{1}{x} + 2\cos x$

$= x^3 (4\ln x + 1) + 2\cos x$,

$\mathrm{d}y = y' \mathrm{d}x = [x^3(4\ln x + 1) + 2\cos x]\mathrm{d}x$.

例2 设 $f(x) = \sqrt{x}\cos x \ln x$，求 $f'(1)$.

思路 先求导，后代入.

解 因为 $f'(x) = (\sqrt{x})'\cos x \ln x + \sqrt{x}(\cos x)'\ln x + \sqrt{x}\cos x(\ln x)'$

$= \dfrac{1}{2\sqrt{x}}\cos x \ln x - \sqrt{x}\sin x \ln x + \sqrt{x}\cos x \cdot \dfrac{1}{x}$,

所以 $f'(1) = f'(x)|_{x=1} = \cos 1$.

例3 已知 $(\sin x)' = \cos x$，$(\cos x)' = -\sin x$，验证 $(\tan x)' = \sec^2 x$.

解 $(\tan x)' = \left(\dfrac{\sin x}{\cos x}\right)' = \dfrac{(\sin x)'\cos x - \sin x (\cos x)'}{\cos^2 x}$

$= \dfrac{\cos^2 x + \sin^2 x}{\cos^2 x} = \dfrac{1}{\cos^2 x} = \sec^2 x$.

用同样的方法，可得

$(\cot x)' = -\csc^2 x$，$(\sec x)' = \sec x \tan x$，$(\csc x)' = -\csc x \cot x$.

注 利用定理1计算某个函数的导数，实质上是把该函数分解成若干个可以逐个求导的简单函数的四则运算，这样的求导法称为**分项求导法**. 在应用中，要注意：(1) 同一个函数的分解方法可不唯一，也就是说可以用不同的分项求导法来求同一个函数的导数；(2) 若函数同时含有加、减、乘、除的混合运算，那么求导的次序应该与函数的运算次序相反.

例4 设 $y = x^2(3-x)$，求 y'.

思路 把函数当成 x^2 与 $3-x$ 的积；也可先把积化成差.

解法一 $y' = (x^2)'(3-x) + x^2(3-x)'$

$= 2x(3-x) + x^2(0-1) = 6x - 3x^2$.

解法二 因为 $y = x^2(3-x) = 3x^2 - x^3$，所以

$y' = (3x^2)' - (x^3)' = 6x - 3x^2$.

请读者用不同方法求 $y = \dfrac{x^2 - 3}{\sqrt{x}}$ 的导数.

例5 设 $y = \dfrac{x\sin x}{1 + \cos x}$，求 y'.

思路 对混合运算的求导，要注意求导的次序，不可套错求导公式.

解 $y' = \left(\dfrac{x\sin x}{1 + \cos x}\right)' = \dfrac{(x\sin x)'(1+\cos x) - x\sin x (1+\cos x)'}{(1+\cos x)^2}$

$$= \frac{(\sin x + x\cos x)(1+\cos x) - x\sin x \cdot (0-\sin x)}{(1+\cos x)^2} = \frac{x+\sin x}{1+\cos x}.$$

对三角公式比较熟悉的读者可能会用以下方法求 y'：

因为 $y = \dfrac{x 2\sin\dfrac{x}{2}\cos\dfrac{x}{2}}{2\cos^2\dfrac{x}{2}} = x\tan\dfrac{x}{2}$，所以

$$y' = \left(x\tan\frac{x}{2}\right)' = (x)'\tan\frac{x}{2} + x\left(\tan\frac{x}{2}\right)' = \tan\frac{x}{2} + x\cdot\sec^2\frac{x}{2}.$$

这种解法是错误的，错在 $\left(\tan\dfrac{x}{2}\right)' = \sec^2\dfrac{x}{2}$ 这个等式。具体的原因请看后面关于复合函数的求导问题。

利用微分与导数的关系和定理 1 可得微分的四则运算法则：

(1) $d(kf) = k df$ (k 为常数)；
(2) $d(f \pm g) = df \pm dg$；
(3) $d(fg) = df \cdot g + f \cdot dg$；
(4) $d\left(\dfrac{f}{g}\right) = \dfrac{df \cdot g - f \cdot dg}{g^2}$.

求四则运算函数的微分有两种方法：(1) 先求导，然后利用微分与导数的关系；(2) 直接利用微分的四则运算法则。一般情况下用第一种方法。

如例 5，已经有 $y' = \dfrac{x+\sin x}{1+\cos x}$，所以 $dy = y'dx = \dfrac{x+\sin x}{1+\cos x}dx$. 若直接求其微分，则有

$$dy = d\left(\frac{x\sin x}{1+\cos x}\right) = \frac{d(x\sin x)\cdot(1+\cos x) - x\sin x\cdot d(1+\cos x)}{(1+\cos x)^2}$$

$$= \frac{(dx\cdot\sin x + x d\sin x)\cdot(1+\cos x) - x\sin x\cdot(d1 + d\cos x)}{(1+\cos x)^2}$$

$$= \frac{(dx\cdot\sin x + x\cos x dx)(1+\cos x) - x\sin x(0 - \sin x dx)}{(1+\cos x)^2}$$

$$= \frac{x+\sin x}{1+\cos x}dx.$$

习 题 2.3

1. 对下列函数，求奇数号题的导数，求偶数号题的微分：

(1) $y = x - \dfrac{1}{2}x^4 + \dfrac{2}{x^2} + e$；　　(2) $y = 4\ln x - \dfrac{2}{\sqrt{x}} + \pi$；　　(3) $y = x^3 + 3^x - \log_3 x$；

(4) $y = (x-1)e^x + x^e$；　　(5) $y = \dfrac{1+x^2}{1-x^2}$；　　(6) $y = \dfrac{1-x}{\ln x}$；

(7) $y = x\ln x\cos x$；　　(8) $y = \dfrac{1+\sin x}{1+\cos x}$；　　(9) $y = \dfrac{x\cos x}{1-\sin x}$；

(10) $y = \sec x \tan x$.

2. 求下列函数在给定点处的导数或微分：

(1) $y = 3x^2 + x\cos x$，求 $y'|_{x=-\pi}, y'|_{x=\pi}$；

(2) $f(x)=\cos x \sin x$,求 $f'\left(\dfrac{\pi}{6}\right)$, $\mathrm{d}f(x)|_{x=\pi/4}$.

(3) $x=\dfrac{1-\sqrt{t}}{1+\sqrt{t}}$,求 $\mathrm{d}x|_{t=4}$.

(4) $f(x)=\dfrac{(x-1)(x-2)\cdots(x-n)}{(x+1)(x+2)\cdots(x+n)}$,求 $f'(1)$.

(5) $f(x)=\sqrt[3]{x}\sin x$,求 $f'(0)$.

(6) 设 $g(x)$ 在点 $x=a$ 连续,且 $f(x)=(x-a)g(x)$,求 $f'(a)$.

3. 求下列函数的导数 $f'(x)$:

(1) 设 $f(x)=\begin{cases}\sqrt{x}, & 0<x<1,\\ 2x-1, & x\geqslant 1\end{cases}$; (2) $f(x)=x|x(x-2)|$.

4. 设函数 $D(x)=\begin{cases}1, & x\in \mathbf{Q},\\ 0, & x\notin \mathbf{Q},\end{cases}$,且已知 $\forall a,\lim\limits_{x\to a}D(x)$ 不存在. 证明: $f(x)=x^2 D(x)$ 只在点 $x=0$ 可导.

§2.4 导数与微分的运算与求法(二)

一、复合函数的求导法则与微分法则

先看几个例子.

例1 设 $y=(3x-1)^2$,求 $\dfrac{\mathrm{d}y}{\mathrm{d}x}$ 或 y'.

解 因为 $y=(3x-1)^2=9x^2-6x+1$,所以 $y'=18x-6$.

本题用下列解法是错误的:

因为 $(x^2)'=2x$,所以 $y'=[(3x-1)^2]'=2(3x-1)$.

错误的原因是:函数 $y=(3x-1)^2$ 是复合函数,不是基本函数,要求它"对自变量 x"的导数,不能直接套用基本导数公式.而

$$y'=[(3x-1)^2]'=2(3x-1)$$

只求出了复合函数"对中间变量 $3x-1$"的导数,因此是错误的.

例2 设 $y=\ln 4x$,求 y'.

解 因为 $y=\ln 4x=\ln 4+\ln x$,所以 $y'=0+\dfrac{1}{x}=\dfrac{1}{x}$.

请读者指出下列解法错误之处:因为 $(\ln x)'=\dfrac{1}{x}$,所以 $y'=(\ln 4x)'=\dfrac{1}{4x}$.

同样地,$(\mathrm{e}^{-x})'=\mathrm{e}^{-x}$,$(\ln x^3)'=\dfrac{1}{x^3}$,$(\sin 2x)'=\cos 2x$,以及前面所谈到的 $\left(\tan\dfrac{x}{2}\right)'=\sec^2\dfrac{x}{2}$ 等全部都是错误的.这种"没有分清对谁求导"的错误是求导中最常见的.

为了避免错误,我们对例1进行分析:考虑到 $y=(3x-1)^2$ 是由 $y=u^2$ 与 $u=3x-1$ 复合而成的函数,而且它们对各自的自变量的导数分别为 $\dfrac{\mathrm{d}y}{\mathrm{d}u}=u$,$\dfrac{\mathrm{d}u}{\mathrm{d}x}=3$.可以看出 $\dfrac{\mathrm{d}y}{\mathrm{d}u}\cdot\dfrac{\mathrm{d}u}{\mathrm{d}x}=$

$u \cdot 3 = 3(3x-1)$,正好和上面求得的正确结果一样,即 $\dfrac{dy}{dx} = \dfrac{dy}{du} \cdot \dfrac{du}{dx}$. 这种巧合本来是很自然的,因为导数就是微分之商,对任何一个变量的微分可以进行和代数一样的运算. 只不过在导数符号 y' 中没有体现出对哪一个变量求导而容易犯错就是了. 下面给出复合函数的求导法则.

定理 1 若函数 $u=g(x)$ 在点 x 可导,且函数 $y=f(u)$ 在对应点 u 可导,则复合函数 $y=f[g(x)]$ 在点 x 可导,且导数为

$$\{f[g(x)]\}' = f'(u) \cdot g'(x) \quad \text{或} \quad \dfrac{dy}{dx} = \dfrac{dy}{du} \cdot \dfrac{du}{dx}.$$

证 设复合函数的自变量取得增量 $\Delta x \neq 0$,于是 $u=g(x)$ 取得相应增量 Δu,进而 $y=f(u)$ 取得相应增量 Δy. 因为 $y=f(u)$ 在点 u 可导(即可微),所以当 $\Delta u \neq 0$ 时,必有

$$\Delta y = f'(u)\Delta u + o(\Delta u).$$

记 $\alpha(\Delta u) = \dfrac{o(\Delta u)}{\Delta u}$,则存在满足 $\lim\limits_{\Delta u \to 0} \alpha(\Delta u) = 0$ 的 $\alpha(\Delta u)$ 使得

$$\Delta y = f'(u)\Delta u + \alpha(\Delta u)(\Delta u).$$

若 $\Delta u = 0$,此时 $\Delta y = f(u+\Delta u) - f(u) = 0$,取 $\alpha(\Delta u) = 0$,上式仍成立. 并且因为 $u=g(x)$ 在点 x 可导,必连续,得 $\lim\limits_{\Delta x \to 0} \alpha(\Delta u) = 0$,于是无论 $\Delta u \neq 0$ 还是 $\Delta u = 0$,都有满足 $\lim\limits_{\Delta u \to 0} \alpha(\Delta u) = 0$ 的 $\alpha(\Delta u)$ 使得

$$\Delta y = f'(u)\Delta u + \alpha(\Delta u)(\Delta u).$$

以 $\Delta x \neq 0$ 除上式,并令 $\Delta x \to 0$,得

$$\lim_{\Delta x \to 0} \dfrac{\Delta y}{\Delta x} = f'(u) \lim_{\Delta x \to 0} \dfrac{\Delta u}{\Delta x} + \lim_{\Delta x \to 0} \alpha(\Delta u) \lim_{\Delta x \to 0} \dfrac{\Delta u}{\Delta x} = f'(u)\varphi'(x),$$

故 $\{f[g(x)]\}' = f'(u) \cdot g'(x)$.

这里要提醒读者的是:上述证明中,当 $\Delta x \to 0$ 时 $\Delta u \to 0$,但即使 $\Delta x \neq 0$ 也有可能 $\Delta u = 0$ 成立. 因此直接利用极限等式

$$\lim_{\Delta x \to 0} \dfrac{\Delta y}{\Delta x} = \lim_{\Delta x \to 0} \dfrac{\Delta y}{\Delta u} \cdot \dfrac{\Delta u}{\Delta x} = \lim_{\Delta u \to 0} \dfrac{\Delta y}{\Delta u} \cdot \lim_{\Delta x \to 0} \dfrac{\Delta u}{\Delta x}$$

来推导是不严谨的,因为当 $\Delta u = 0$ 时,$\dfrac{\Delta y}{\Delta u}$ 没有意义. 但这种有漏洞的推理并非一无是处,至少暗示了当 $\Delta u \neq 0$ 时定理 1 的结论确实是成立的.

注 复合函数的求导法则可叙述成:复合函数对自变量 x 的导数,等于外层函数对中间变量的导数乘以内层函数对自变量的导数.

求复合函数 $y=f[g(x)]$ 对 x 的导数时,可先分别求出 $y=f(u)$ 对 u 的导数 $f'(u)$ 和 $u=g(x)$ 对 x 的导数 $g'(x)$,然后相乘即得.

该法则可以推广到多个中间变量的情形. 例如,设 $y=f(u), u=g(v), v=h(x)$,则复合函数 $y=f\{g[h(x)]\}$ 对 x 的导数为

$$y'(x) = f'(u) \cdot g'(v) \cdot h'(x) \quad \text{或} \quad \dfrac{dy}{dx} = \dfrac{dy}{du} \cdot \dfrac{du}{dv} \cdot \dfrac{dv}{dx}.$$

当然,这里假定上式右端出现的导数在相应处都存在. 由于这些法则像链条一样环环相接(相乘),漏掉任一个导数都会导致错误,所以关于复合函数的这种求导法则称为**链式法则**.

例3 设 $y=(3x-1)^2$，求 $\dfrac{dy}{dx}$（见例1）.

解 函数 $y=(3x-1)^2$ 可看作由 $y=u^2$ 与 $u=3x-1$ 复合而成，因此
$$\frac{dy}{dx}=\frac{dy}{du}\cdot\frac{du}{dx}=(u^2)'\cdot(3x-1)'=2u\cdot 3=6(3x-1).$$

例4 设 $y=\ln 4x$，求 y'（见例2）.

解 函数 $y=\ln 4x$ 是由 $y=\ln u$ 与 $u=4x$ 复合而成，因此，
$$y'=(\ln u)'\cdot(4x)'=\frac{1}{u}\cdot 4=\frac{1}{4x}\cdot 4=\frac{1}{x}.$$

注 对于复合函数的分解比较熟练后，中间变量就可以不必写出，而直接把各层的求导结果乘起来. 求复合函数的导数时，关键是先用**分层法**（又称"**剥皮法**"），将复合函数分解为几个比较简单的函数的复合，由外层到内层，逐个求导，然后相乘即可. 不可跃层，亦不可漏乘.

例5 设 $y=\sin x^3$，求 y'.

解 $y'=(\sin x^3)'=\cos x^3\cdot(x^3)'=\cos x^3\cdot 3x^2=3x^2\cos x^3.$

或更快速地写成 $y'=\cos x^3\cdot 3x^2=3x^2\cos x^3.$

请读者，用类似写法求出前面的例题，并指出每次求导所用的公式.

例6 设 $y=\tan[\ln(1+x^2)]$，求 y'.

思路 复合函数是三个函数复合而成的，求导用了三套求导公式.

解 $y'=\sec^2[\ln(1+x^2)]\cdot\dfrac{1}{1+x^2}\cdot 2x$

$=\dfrac{2x}{1+x^2}\sec^2[\ln(1+x^2)].$

例7 设 $y=2^{\sec^2\frac{1}{x}}$，求 y'.

思路 复合函数是四个函数复合而成，求导用了四套求导公式.

解 $y'=(2^{\sec^2\frac{1}{x}}\ln 2)\cdot 2\sec\dfrac{1}{x}\cdot\sec\dfrac{1}{x}\tan\dfrac{1}{x}\cdot\left(-\dfrac{1}{x^2}\right)$

$=-\dfrac{2\ln 2}{x^2}2^{\sec^2\frac{1}{x}}\sec^2\dfrac{1}{x}\tan\dfrac{1}{x}.$

例8 设 $y=x\ln(x+\sqrt{x^2+a^2})$，求 y'.

思路 对既有四则运算又有复合运算的复杂函数，求导时要综合运用分项法和分层法，注意其中的求导顺序以及括号的正确应用.

解 $y'=\ln(x+\sqrt{x^2+a^2})+x[\ln(x+\sqrt{x^2+a^2})]'$

$=\ln(x+\sqrt{x^2+a^2})+x\left[\dfrac{1}{x+\sqrt{x^2+a^2}}\cdot(x+\sqrt{x^2+a^2})'\right]$

$=\ln(x+\sqrt{x^2+a^2})+x\left\{\dfrac{1}{x+\sqrt{x^2+a^2}}\cdot\left[1+\dfrac{1}{2\sqrt{x^2+a^2}}\cdot(x^2+a^2)'\right]\right\}$

$=\ln(x+\sqrt{x^2+a^2})+\dfrac{x}{x+\sqrt{x^2+a^2}}\left[1+\dfrac{1}{2\sqrt{x^2+a^2}}\cdot 2x\right]$

$$= \ln(x+\sqrt{x^2+a^2}) + \frac{x}{\sqrt{x^2+a^2}}.$$

求解步骤可直接写成:

$$y' = \ln(x+\sqrt{x^2+a^2}) + x\left[\frac{1}{x+\sqrt{x^2+a^2}}\left(1+\frac{1}{2\sqrt{x^2+a^2}} \cdot 2x\right)\right]$$

$$= \ln(x+\sqrt{x^2+a^2}) + \frac{x}{\sqrt{x^2+a^2}}.$$

注 求导时,既要注意求导公式,又要注意求导顺序.特别是分项法与剥皮法交替使用时,更要分清前后顺序.如果从整体上看函数是通过几个函数四则运算得到,则应首先运用分项法;如果从整体上看函数是复合函数,则应首先运用剥皮法.

在基本导数公式中只有幂函数和指数函数的求导公式,对幂指函数 f^g ($f>0$)求导时,必须先把它化为指数型的复合函数,然后再求导,即

$$(f^g)' = (e^{g\ln f})' = e^{g\ln f} \cdot (g\ln f)' = f^g\left(g'\ln f + g\frac{1}{f} \cdot f'\right).$$

可见,幂指函数的导数中会有一个与原来函数一样的因子.

若把上式改写成 $(f^g)' = gf^{g-1} \cdot f' + (f^g\ln f) \cdot g'$ 这样的和式,那么第一项恰好是把 f^g 中的 g 当常数而把 f 当函数时利用幂函数求导公式对 x 求导的结果;第二项恰好是把 f^g 中的 f 当常数而把 g 当函数时利用指数函数求导公式对 x 求导的结果.

例 9 设 $y = x^{\sin x}$ ($x>0$),求 y'.

解 $y' = (x^{\sin x})' = (e^{\sin x \ln x})' = e^{\sin x \ln x} \cdot (\sin x \ln x)'$

$$= x^{\sin x}\left(\cos x \ln x + \sin x \cdot \frac{1}{x}\right).$$

另解 $y' = \sin x \cdot x^{\sin x - 1} + x^{\sin x}\ln x \cdot \cos x = x^{\sin x}\left(\frac{\sin x}{x} + \cos x \ln x\right).$

与复合函数的求导法则相应的复合函数的微分法则可以推导如下:

设 $y=f(u), u=g(x)$ 均可微,则复合函数 $y=f[g(x)]$ 的微分

$$dy = y'dx = f'(u)g'(x)dx.$$

由于 $g'(x)dx = du$,所以复合函数的微分可表示为

$$dy = f'(u)du.$$

上式表明:不论 u 是自变量或是中间变量,函数 $y=f(u)$ 的微分形式都是一样的,这个性质称为**微分形式的不变性**. 不过,这里仅仅是形式不变,而实质内容是不同的. 当 u 是自变量时,$du = \Delta u$. 当 u 是中间变量时,一般说来,$du \neq \Delta u$,故 $dy \neq f'(u)\Delta u$,这时就只能写成 $dy = f'(u)du$.

注 微分形式的不变性,可以简记成

$$df(\Box) = f'(\Box)d\Box,$$

其中 $\Box$ 可以是自变量或可微的函数. 在求复合函数的微分以及今后的积分计算时,微分形式的不变性是非常有用的.

例 10 $y = e^{\cot 3x}$,求 dy.

解 $dy = e^{\cot 3x}d(\cot 3x) = e^{\cot 3x}(-\csc^2 3x)d(3x)$

$$= -3\csc^2 3x \mathrm{e}^{\cot 3x}\,\mathrm{d}x.$$

例 11 设 $y = \mathrm{e}^{1-3x}\cos(x^2+2)$,求 $\mathrm{d}y$.

可以先用积的微分法则,再用复合函数微分形式不变性,过程略.

要注意的是,讲到微分时,无需说明是关于哪个变量的微分,而讲到导数,务必要分清是对哪个变量的导数,这也是微分和导数的一个差别.

二、反函数的求导法则

现在,我们给出反函数的求导法则.

先看一个例子,设 $y = 2x$,其对自变量 x 的导数为 $y' = 2$ 或 $\dfrac{\mathrm{d}y}{\mathrm{d}x} = 2$;而它的反函数 $x = \dfrac{1}{2}y$,对自变量 y 的导数为 $x' = \dfrac{1}{2}$ 或 $\dfrac{\mathrm{d}x}{\mathrm{d}y} = \dfrac{1}{2}$,因此函数 $y = 2x$ 与其反函数的导数成倒数关系. 一般地有:

设 $y = f(x)$ 在某开区间内单调可导,对 x 的导数 $\dfrac{\mathrm{d}y}{\mathrm{d}x} = f'(x) \neq 0$,则它的反函数 $x = g(y)$(保留自变量为 y)在对应区间内也可导,且对 y 的导数

$$g'(y) = \frac{1}{f'(x)} \quad \text{或} \quad \frac{\mathrm{d}x}{\mathrm{d}y} = \frac{1}{\dfrac{\mathrm{d}y}{\mathrm{d}x}}.$$

从微分的角度看,这个公式是明显的.

从几何意义看,由于 $y = f(x)$ 及其函数 $x = g(y)$ 的图形是同一条曲线,而 $\dfrac{\mathrm{d}y}{\mathrm{d}x} = \tan\alpha$($\alpha$ 是切线关于 x 轴的倾角),$\dfrac{\mathrm{d}x}{\mathrm{d}y} = \tan\beta$($\beta$ 是同一条切线关于 y 轴的倾角),即 $\alpha + \beta = \dfrac{\pi}{2}$(或 $\dfrac{3\pi}{2}$),所以

$$\frac{\mathrm{d}x}{\mathrm{d}y} = \tan\beta = \tan\left(\frac{\pi}{2} - \alpha\right) = \cot\alpha = \frac{1}{\tan\alpha} = \frac{1}{\dfrac{\mathrm{d}y}{\mathrm{d}x}}.$$

反函数的求导法则,主要用于由一个函数的导数去推导其反函数的导数. 如由 $y = \sin x$ 的导数可以推出 $x = \arcsin y$ 对 y 的导数,从而可得到 $y = \arcsin x$ 对 x 的导数等(结果看基本导数公式).

例 12 设 $y = \arctan\dfrac{x+1}{x-1}$,求 y'.

解 $y' = \dfrac{1}{1 + \left(\dfrac{x+1}{x-1}\right)^2} \cdot \dfrac{(x-1)-(x+1)}{(x-1)^2} = -\dfrac{1}{x^2+1}.$

从本章开始到这里为止,我们已经给出了全部基本函数的导数公式(直接求导法);导出了函数和、差、积、商的求导公式(分项求导法);复合函数的求导法则(分层求导法,即"剥皮法")以及对幂指函数先恒等变形后求导的方法,至此,初等函数的求导已基本解决.

注 初等函数在定义区间内未必可导. 在可导的开区间内,初等函数的导数一定是初等

函数.

三、分段函数求导方法

由于分段函数一般不是初等函数,因此求分段函数的导数,首先必须区分是分段点,还是非分段点.若是非分段点,则可按前面归纳的初等函数的求导方法进行;对于分段点,一般应从定义出发进行求导,也可分两步进行,首先判定函数在分段点是否连续,若不连续,则不可导,若连续,再讨论是否可导.

例 13 设 $y=\ln|x|$,求 y'.

思路 本题分段函数不含分段点,分段按初等函数求导法,然后整合结果.

解 因为 $y=\ln|x|=\begin{cases}\ln x, & x>0,\\ \ln(-x), & x<0,\end{cases}$ 所以

当 $x>0$ 时,$y'=(\ln x)'=\dfrac{1}{x}$;

当 $x<0$ 时,$y'=[\ln(-x)]'=\dfrac{1}{-x}\cdot(-x)'=\dfrac{1}{x}$.

故 $y'=\dfrac{1}{x}$ 或 $(\ln|x|)'=\dfrac{1}{x}$.

另解 因为 $y=\ln|x|=\ln\sqrt{x^2}$,所以

$$y'=(\ln\sqrt{x^2})'=\dfrac{1}{\sqrt{x^2}}\cdot\dfrac{1}{2\sqrt{x^2}}\cdot 2x=\dfrac{x}{x^2}=\dfrac{1}{x}.$$

注 以上求导过程不含分段点 $x=0$. $(\ln|x|)'=\dfrac{1}{x}$ 也是个基本的导数公式.

例 14 设函数 $f(x)=\begin{cases}x^2+1, & x<0,\\ x-1, & 0\leq x<1,\\ \ln x, & x\geq 1,\end{cases}$ 求 $f'(x)$.

思路 分段点处求导,只能按"不连续则必不可导"的结论或按导数定义或左右导数定义与关系来讨论.注意先分后合即"分段整合"的解题格式.

解 当 $x<0$ 时,$f'(x)=(x^2+1)'=2x$;

当 $0<x<1$ 时,$f'(x)=(x-1)'=1$;

当 $x>1$ 时,$f'(x)=(\ln x)'=\dfrac{1}{x}$.

在分段点 $x=0$ 处,由于左右极限

$$f(0^-)=\lim_{x\to 0^-}f(x)=\lim_{x\to 0^-}(x^2+1)=1,$$
$$f(0^+)=\lim_{x\to 0^+}f(x)=\lim_{x\to 0^+}(x-1)=-1$$

不相等,所以 $\lim_{x\to 0}f(x)$ 不存在,即 $f(x)$ 在点 $x=0$ 处不连续,故 $f(x)$ 在点 $x=0$ 处不可导.

在分段点 $x=1$ 处,由于左右导数

$$f'_-(1)=\lim_{x\to 1^-}\dfrac{f(x)-f(1)}{x-1}=\lim_{x\to 1^-}\dfrac{x-1-\ln 1}{x-1}=1,$$

$$f'_+(1) = \lim_{x \to 1^+} \frac{f(x)-f(1)}{x-1} = \lim_{x \to 1^+} \frac{\ln x - \ln 1}{x-1} = \lim_{x \to 1^+} \frac{x-1}{x-1} = 1$$

相等,所以 $f'(1)$ 存在且 $f'(1)=1$.

综上可得 $f'(x) = \begin{cases} 2x, & x<0, \\ 不存在, & x=0, \\ 1, & 0<x\leqslant 1, \\ 1/x, & x>1. \end{cases}$

*四、分段点导数的一种特殊求法

求分段函数在分段点处的导数是导数计算的一个难点. 下面的定理给出了分段点处导数存在的一个充分条件,提供了一种不用导数定义来计算分段点导数的方法. 该定理可以利用 §3.1 中的拉格朗日定理或 §3.5 中的洛必达法则加以证明(从略).

定理 2 设 $f(x)$ 在点 $x=a$ 连续, 在点 $x=a$ 的左,右邻近(注意: $x \neq a$)内可导. 若 $\lim\limits_{x \to a^-} f'(x), \lim\limits_{x \to a^+} f'(x)$ 存在, 则

$$f'_-(a) = \lim_{x \to a^-} f'(x), \quad f'_+(a) = \lim_{x \to a^+} f'(x).$$

注 (1) $f'_-(a) = \lim\limits_{x \to a^-} \frac{f(x)-f(a)}{x-a}$, $f'_+(a) = \lim\limits_{x \to a^+} \frac{f(x)-f(a)}{x-a}$ 是函数 $f(x)$ 在点 $x=a$ 的左,右导数; $\lim\limits_{x \to a^-} f'(x), \lim\limits_{x \to a^+} f'(x)$ 是导函数 $f'(x)$ 在点 $x=a$ 的左,右极限.

如, 对 $f(x) = \begin{cases} x^2 \sin\dfrac{1}{x}, & x<0, \\ 0, & x\geqslant 0, \end{cases}$ 可求得 $f'_-(0)=0$, 但 $\lim\limits_{x \to 0^-} f'(x)$ 不存在, 即 $f'_-(0) \neq \lim\limits_{x \to 0^-} f'(x)$.

(2) 已知 $f(x)$ 在点 $x=a$ 连续, $\lim\limits_{x \to a^-} f'(x)$ 与 $\lim\limits_{x \to a^+} f'(x)$ 都存在, 在此前提条件下, 则

$$\lim_{x \to a^-} f'(x) = \lim_{x \to a^+} f'(x) \Leftrightarrow f(x) \text{ 在点 } x=a \text{ 可导};$$

$$\lim_{x \to a^-} f'(x) \neq \lim_{x \to a^+} f'(x) \Leftrightarrow f(x) \text{ 在点 } x=a \text{ 不可导}.$$

例 15 设 $f(x) = \begin{cases} x, & x<0, \\ \ln(1+x), & x\geqslant 0, \end{cases}$ 求 $f'(0)$.

解 易知 $f(x)$ 在点 $x=0$ 连续, 在点 $x=0$ 左,右邻近可导, 且导数为

$$f'(x) = \begin{cases} 1, & x<0, \\ \dfrac{1}{1+x}, & x>0. \end{cases}$$

因为 $f'_-(0) = \lim\limits_{x \to 0^-} f'(x) = \lim\limits_{x \to 0^-} 1 = 1$, $f'_+(0) = \lim\limits_{x \to 0^+} f'(x) = \lim\limits_{x \to 0^+} \dfrac{1}{1+x} = 1$, 两者相等, 所以 $f(x)$ 在 $x=0$ 可导且 $f'(0)=1$.

同理, 若设 $f(x) = \begin{cases} x^2, & x<0, \\ \ln(1+x), & x\geqslant 0, \end{cases}$ 则 $f'(0)$ 不存在.

习 题 2.4

1. 求下列函数（其中 a, b, n 是常数）的导数：

(1) $y = (1-x)^2$；
(2) $y = (x^3 - x)^4$；
(3) $y = \left(ax + \dfrac{b}{x}\right)^n$；

(4) $y = e^{2x}$；
(5) $y = e^{\sqrt{x}}$；
(6) $y = \ln|2x|$；

(7) $y = \sqrt{a^2 - x^2}$；
(8) $y = \sin\dfrac{1}{x}$；
(9) $y = \cos^2 x$；

(10) $y = \tan(x^2)$；
(11) $y = \sec^2 x$；
(12) $y = \arctan\sqrt{x}$.

2. 求下列函数（其中 a, ω, φ 是常数）的导数：

(1) $y = \ln[\ln(\ln x)]$；
(2) $y = \ln(x\sin^2 x)$；
(3) $S = a\cos^2(2\omega t + \varphi)$；

(4) $y = \ln\dfrac{x^4}{\sqrt{x^2+1}}$；
(5) $y = (\arccos x)^2$；
(6) $y = \arcsin\sqrt{2x}$；

(7) $y = \arctan\dfrac{1-x}{1+x}$；
(8) $y = \arcsin\sqrt{\dfrac{1-x}{1+x}}$.

3. 求下列函数的微分：

(1) $y = 2^{\frac{x}{\ln x}}$；
(2) $y = \ln\left|\tan\dfrac{x}{2}\right|$；
(3) $y = \arcsin\dfrac{2t}{1+t^2}$；

(4) $y = \sin^n x \cos nx$；
(5) $y = x\arcsin\dfrac{x}{2} + \sqrt{4-x^2}$；
(6) $y = \ln\dfrac{x + \sqrt{1-x^2}}{x}$；

(7) $y = \dfrac{\arcsin x}{\sqrt{1-x^2}} + \dfrac{1}{2}\ln\dfrac{1-x}{1+x}$；
(8) $y = \dfrac{1}{2}\arctan\sqrt{1+x^2} + \dfrac{1}{4}\ln\dfrac{\sqrt{1+x^2}+1}{\sqrt{1+x^2}-1}$.

4. 设 $f(x) = 2^x, g(x) = x^2$，求：

(1) $f'[g(x)]$；　(2) $f[g'(x)]$；　(3) $f'[g'(x)]$；　(4) $\{f[g(x)]\}'$.

5. 求导数或微分：

(1) 设 $f(x)$ 在 $(-\infty, +\infty)$ 可导，且 $F(x) = f(x^2-1) + f(1-x^2)$，求 $F'(1), F'(-1)$；

(2) 设 $y = (1+\sin x)^x$，求 $\mathrm{d}y|_{x=\pi}$；

(3) 设 $f(\mathrm{e}^{-x}) = \sin x$，求 $\mathrm{d}f(x)|_{x=1}$.

6. 设 $f(x) = \mathrm{e}^{x|x|}$，求 $f'(x)$，并讨论 $f'(x)$ 在 $x = 0$ 是否连续？

7. 设 $f(x) = \begin{cases} x^2 \cos\dfrac{1}{x}, & x \neq 0, \\ a, & x = 0 \end{cases}$ 在 $x = 0$ 点连续，(1) 求常数 a；(2) 求 $f'(x)$；(3) 讨论 $f'(x)$ 在 $x = 0$ 是点否可导.

8. (1) 若函数 $f(x)$ 是奇函数且可导，求证：导函数 $f'(x)$ 是偶函数；

(2) 若函数 $f(x)$ 是周期为 T 函数且可导，求证：导函数 $f'(x)$ 是周期为 T 的函数.

§2.5 高 阶 导 数

一、高阶导数的概念

由于 $y = f(x)$ 的导数 $f'(x)$ 也是自变量 x 的函数，可以再考虑 $f'(x)$ 在点 $x = a$ 的导数. 若函数 $y = f(x)$ 的导数 $y' = f'(x)$ 在点 $x = a$ 可导，则称函数 $y = f(x)$ 在点 $x = a$ **二阶**

可导,并称 $y' = f'(x)$ 在点 $x = a$ 的导数为函数 $y = f(x)$ 在点 $x = a$ 的**二阶导数**,记为 $f''(a)$,或 $y''|_{x=a}, y^{(2)}|_{x=a}, f^{(2)}(a)$,或 $\dfrac{\mathrm{d}^2 y}{\mathrm{d} x^2}\bigg|_{x=a}$,即

$$f''(a) = \lim_{x \to a} \frac{f'(x) - f'(a)}{x - a} \quad \text{或} \quad f''(a) = \lim_{\Delta x \to 0} \frac{f'(a + \Delta x) - f'(a)}{\Delta x}.$$

若导数 $y' = f'(x)$ 在开区间 I 内可导,则称函数 $y = f(x)$ 在 I 内**二阶可导**. 此时, $y' = f'(x)$ 在 I 内任意一点 x 的导数称为 $y = f(x)$ 的**二阶导函数**(简称为**二阶导数**),记为 $f''(x)$, y'', $y^{(2)}$, $f^{(2)}(x)$,或 $\dfrac{\mathrm{d}^2 y}{\mathrm{d} x^2}$,即

$$f''(x) = \lim_{\Delta x \to 0} \frac{f'(x + \Delta x) - f'(x)}{\Delta x}.$$

因为导数表示函数的变化率,所以二阶导数表示导函数的变化率,即函数变化率的变化率. 若 $s = s(t)$ 为质点沿直线运动的位置函数,则 $s''(t) = a(t)$ 表示速度的变化率即加速度. 这是二阶导数的物理意义.

类似地,可以定义三阶或更高阶的导数. $y = f(x)$ 的 n **阶导数**,记为 $f^{(n)}(x)$, $y^{(n)}$,或 $\dfrac{\mathrm{d}^n y}{\mathrm{d} x^n}$.

函数 $y = f(x)$ 也称为**零阶导数**,记为 $y^{(0)} = f^{(0)}(x)$;导数也称为**一阶导数**,记为 $y^{(1)} = f^{(1)}(x)$. 二阶或更高阶的导数统称为**高阶导数**.

顺便指出,当函数 $f(x)$ 在某区间 I 上有 n 阶导数 $f^{(n)}(x)$,且导数 $f^{(n)}(x)$ 在区间 I 上连续,习惯上说成:函数 $f(x)$ 在 I 上具有 n 阶连续导数或函数 $f(x)$ 在 I 上 n 阶连续可导.

二、高阶导数的求法

在可导的前提下,导数的阶数实质是函数接连求导的次数,因此对简单函数求高阶导函数,可以用递推法(一般不必要用数学归纳法严格论证). 在求出 n 阶导函数后,要求某点的 n 阶导数,仍然可用代入法:

$$f^{(n)}(a) = f^{(n)}(x)\big|_{x=a}.$$

例 1 设 $f(x) = x^3$,求 $f''(2)$ 和 $f'''(x)$.

解 $f'(x) = 3x^2$, $f''(x) = 6x$, $f''(2) = 6x|_{x=2} = 12$, $f'''(x) = 6$.

一般地,对任意的正整数 n,则 $(x^n)^{(n)} = n!$;当 $n > m$ 为正整数时,则 $(x^m)^{(n)} = 0$. 对实数 a,则有

$$(x^a)^{(n)} = a(a-1)\cdots(a-n+1)x^{a-n}.$$

特别地,若 $a = -1$,则有

$$\left(\frac{1}{x}\right)^{(n)} = (-1)^n \frac{n!}{x^{n+1}}.$$

进一步地,由于 $(\ln x)^{(n)} = \left(\dfrac{1}{x}\right)^{(n-1)}$,于是有

$$(\ln x)^{(n)} = (-1)^{n-1} \frac{(n-1)!}{x^n}.$$

例 2 设 $y=a^x$,求 $y^{(n)}$.

解 $y'=a^x\ln a$,$y''=(a^x\ln a)'=\ln a(a^x)'=\ln a\cdot a^x\ln a=a^x\ln^2 a$,类推,可得 $y^{(n)}=a^x\ln^n a$,即

$$(a^x)^{(n)}=a^x\ln^n a.$$

特别地,$(e^x)^{(n)}=e^x$.

例 3 设 $y=\sin x$,求 $y^{(n)}$.

解 $y'=\cos x$,$y''=-\sin x$,$y'''=-\cos x$,$y^{(4)}=\sin x$,…,如此类推,n 阶导数 $y^{(n)}$ 可以写成分段的形式:

$$y^{(n)}=\begin{cases}\sin x, & n=4m,\\ \cos x, & n=4m+1,\\ -\sin x, & n=4m+2,\\ -\cos x, & n=4m+3\end{cases}\text{(其中 }m=0,1,2,\cdots\text{)}.$$

利用诱导公式,可合并成 $y^{(n)}=\sin\left(x+n\cdot\dfrac{\pi}{2}\right)$,即

$$(\sin x)^{(n)}=\sin\left(x+n\cdot\dfrac{\pi}{2}\right).$$

同理有

$$(\cos x)^{(n)}=\cos\left(x+n\cdot\dfrac{\pi}{2}\right).$$

总之,§2.3 基本导数公式中,公式(1)~(8)均有相应的 n 阶导数公式.

例 4 设 $y=xe^x$,求 $y^{(n)}|_{x=0}$.

解 因 $y'=(xe^x)'=e^x+xe^x$,
$y''=e^x+(xe^x)'=e^x+(e^x+xe^x)=2e^x+xe^x$,
$y'''=(2e^x)'+(xe^x)'=2e^x+(e^x+xe^x)=3e^x+xe^x$,
……

类推,得 $y^{(n)}=ne^x+xe^x=(x+n)e^x$. 故 $y^{(n)}|_{x=0}=n$.

对 n 阶导数的一般规律不容易用一个式子表达出来,但函数是由四则运算构成时,可以用下列的运算法则(这些法则可用数学归纳法证明,从略):若函数 $f=f(x)$,$g=g(x)$ 都存在 n 阶导数,则

$$(kf)^{(n)}=kf^{(n)},\quad(f\pm g)^{(n)}=f^{(n)}\pm g^{(n)},$$

$$(fg)^{(n)}=\sum_{i=0}^n C_n^i f^{(i)}g^{(n-i)}\quad\text{或}\quad(fg)^{(n)}=\sum_{i=0}^n C_n^i f^{(n-i)}g^{(i)}.$$

其中,最后两个公式,称为**莱布尼茨(Leibniz)公式**,它在求乘积的高阶导数时很有用.

例 5 设 $y=x^3 e^x$,求 $y^{(20)}$.

思路 用递推法难以找出规律,这时可利用莱布尼茨公式来求积的高阶导数. 注意其中,$(x^3)^{(i)}=0(i\geq 4)$,$(e^x)^{(i)}=e^x$.

解 $y^{(20)}=\sum_{i=0}^{20}C_{20}^i(x^3)^{(i)}(e^x)^{(20-i)}$
$=C_{20}^0 x^3 e^x+C_{20}^1(3x^2)e^x+C_{20}^2(6x)e^x+C_{20}^3(6)e^x$

$$= (x^3 + 60x^2 + 1140x + 6840)e^x.$$

下面我们来求复合函数的高阶导数.

例 6 设 $y = f(e^x)$,其中 $f(u)$ 为二阶可导,求 y''.

思路 $f(e^x), f'(e^x)$ 都是复合函数,对其求导都要用复合函数求导法则.

解 $y' = [f(e^x)]' = f'(e^x) \cdot e^x,$

$$y'' = [f'(e^x)]' \cdot e^x + f'(e^x) \cdot (e^x)'$$
$$= f''(e^x) \cdot e^x \cdot e^x + f'(e^x) \cdot e^x = f''(e^x)e^{2x} + f'(e^x)e^x.$$

一般地,在二阶可导的情况下,复合函数 $y = f[g(x)]$ 的导数为

$$y' = f'[g(x)] \cdot g'(x).$$

上式右端是积函数形式,其中第一个因式 $f'[g(x)]$ 仍然当成复合函数,该函数对自变量 x 的导数还要再用链式法则,即

$$\{f'[g(x)]\}' = f''[g(x)] \cdot g'(x),$$

所以,复合函数 $y = f[g(x)]$ 的二阶导数为

$$y'' = f''[g(x)] \cdot g'(x) \cdot g'(x) + f'[g(x)] \cdot g''(x)$$
$$= f''[g(x)] \cdot [g'(x)]^2 + f'[g(x)] \cdot g''(x).$$

上式是复合函数求二阶导数的运算法则,主要用于抽象复合函数的求导. 读者不必强记该法则,只要能分清复合次序、求导次序和对谁求导,就可以理解其推导的过程.

对特殊复合函数 $y = f(kx+b)$,由于 $g(x) = kx + b, g'(x) = k, g''(x) = 0$,因此 $y'' = k^2 f''(kx+b)$,一般有

$$[f(kx+b)]^{(n)} = k^n f^{(n)}(kx+b).$$

如,$(e^{ax+b})^{(n)} = a^n e^{ax+b}, \left(\dfrac{1}{ax+b}\right)^{(n)} = a^n \cdot (-1)^n \dfrac{n!}{(ax+b)^{n+1}}.$

例 7 设 $y = \dfrac{3}{2x^2+x-1}$,求 $y^{(n)}$.

思路 有理分式函数求高阶导数时,先把分式分解为部分分式之和.

解 因为 $y = \dfrac{3}{(2x-1)(x+1)} = \dfrac{2}{2x-1} - \dfrac{1}{x+1}$,所以

$$y^{(n)} = \left(\dfrac{2}{2x-1}\right)^{(n)} - \left(\dfrac{1}{x+1}\right)^{(n)} = 2\left(\dfrac{1}{2x-1}\right)^{(n)} - \left(\dfrac{1}{x+1}\right)^{(n)}$$
$$= 2\left[2^n \cdot (-1)^n \dfrac{n!}{(2x-1)^{n+1}}\right] - (-1)^n \dfrac{n!}{(x+1)^n}$$
$$= (-1)^n n! \left[\dfrac{2^{n+1}}{(2x-1)^{n+1}} - \dfrac{1}{(x+1)^{n+1}}\right].$$

最后,我们以例子说明分段函数在分段点的高阶导数的求法.

例 8 设 $f(x) = \begin{cases} x, & x < 0, \\ \ln(1+x), & x \geq 0 \end{cases}$,求 $f''(0)$.

思路 先求出分段函数 $f(x)$ 的导函数 $f'(x)$,再求分段函数 $f'(x)$ 在点 $x = 0$ 的导数. 注意分段点导数的求法.

解 当 $x<0$ 时，$f'(x)=(x)'=1$；当 $x>0$ 时，$f'(x)=[\ln(1+x)]'=\dfrac{1}{1+x}$.

在 $x=0$ 点，由于左右导数

$$f'_-(0)=\lim_{x\to 0^-}\frac{f(x)-f(0)}{x-0}=\lim_{x\to 0^-}\frac{x}{x}=1,$$

$$f'_+(0)=\lim_{x\to 0^+}\frac{f(x)-f(0)}{x-0}=\lim_{x\to 1^+}\frac{\ln(1+x)}{x}=1$$

相等，得 $f'(0)=1$. 故 $f'(x)=\begin{cases}1,&x<0,\\\dfrac{1}{1+x},&x\geqslant 0\end{cases}$.

因为导函数 $f'(x)$ 在 $x=0$ 点的左右导数

$$\lim_{x\to 0^-}\frac{f'(x)-f'(0)}{x-0}=\lim_{x\to 0^-}\frac{1-1}{x}=0,$$

$$\lim_{x\to 0^+}\frac{f'(x)-f'(0)}{x-0}=\lim_{x\to 0^+}\frac{\dfrac{1}{1+x}-1}{x}=-1$$

不相等，故 $f''(0)$ 不存在.

另解 按上节例 15 求出 $f'(x)=\begin{cases}1,&x<0,\\\dfrac{1}{1+x},&x\geqslant 0\end{cases}$.

由 $\lim\limits_{x\to 0^-}f'(x)=\lim\limits_{x\to 0^+}f'(x)=f'(0)=1$，知 $f'(x)$ 在点 $x=0$ 连续，且在点 $x=0$ 左，右邻近，

$$f''(x)=\begin{cases}0,&x<0,\\-\dfrac{1}{(1+x)^2},&x>0\end{cases}.$$

因为 $f''(0^-)=\lim\limits_{x\to 0^-}f''(x)=0$，$f''(0^+)=\lim\limits_{x\to 0^+}f''(x)=\lim\limits_{x\to 0^+}-\dfrac{1}{(1+x)^2}=-1$，所以 $f'(x)$ 在 $x=0$ 不可导，即 $f''(0)$ 不存在.

习 题 2.5

1. 求下列函数的二阶导数（其中 f 二阶可导）：

(1) $y=xe^{x^2}$； (2) $y=(1+x^2)\arctan x$；

(3) $y=\ln(x+\sqrt{1+x^2})$； (4) $y=x|x|$；

(5) $y=f(x^2)$； (6) $y=\ln[f(x)]$.

2. 设 $g'(x)$ 连续，$f(x)=(x-a)^2 g(x)$，求 $f''(a)$.

3. 设 $y=f(x)$ 在某开区间内二阶可导，导数 $f'(x)\neq 0$. 若 $y=f(x)$ 的反函数为 $x=g(y)$，请用 $f(x)$ 来表示 $g''(y)$.

4. 求下列高阶导数：

(1) $y=\cos(\ln x)$，求 $y'''|_{x=e}$； (2) $y=x\arctan\dfrac{x+1}{x-1}$，求 $y'''|_{x=-1}$；

(3) $f(x)=x^2 e^x$,求 $f^{(10)}(0)$; (4) $f(x)=\dfrac{x^4}{1-x^2}$,求 $f^{(10)}(0)$;

(5) $y=x\ln x$,求 $y^{(n)}(n\geqslant 2)$; (6) $y=xe^{-x}$,求 $y^{(n)}(n\geqslant 2)$.

5. 证明下列各题:

(1) 设 $f(x)=\dfrac{1+x}{1-x}$,求证:$\lim\limits_{n\to\infty}\dfrac{1}{f^{(n)}(-1)}=0$;

(2) 设 $y=x^{n-1}\ln x, n\geqslant 1$,求证:$y^{(n)}=\dfrac{(n-1)!}{x}$.

§2.6 隐式函数与参数函数的求导

初等函数与分段函数都是形如 $y=y(x)$ 的直接函数,我们已经探讨了它们的微分法,这一节要研究间接函数的微分法问题.

一、隐式函数的求导

假设 x,y 为两个变量,且变量 y 为变量 x 的函数,若 x,y 之间的对应关系由 x,y 的方程 $F(x,y)=0$ 或 $G(x,y)=H(x,y)$ 所确定,则称这种函数是由该方程所确定的**隐式函数**或**隐函数**,而方程称为**隐函数的方程**. 若能从方程中解出 $y=f(x)$,则隐函数变为显函数,我们称这一步骤为隐函数的**显化**. 例如,方程 $y-2x=3$ 确定了 x 的一个隐函数 y,显化得显函数 $y=2x+3$. 但是,隐函数的显化有时是很困难的,甚至是不可能的. 例如开普勒在研究行星运行的方位时,遇到了隐函数方程:$y-x-\varepsilon\sin y=0$(ε 为常数,$0<\varepsilon<1$),这个方程所确定的隐函数就无法显化. 因此,欲求方程 $g(x,y)=h(x,y)$ 所确定的隐函数 y 对 x 的导数,不能期望把 y 解出化为显函数之后再求导,而是希望能从隐函数方程中直接求出隐函数 y 对 x 的导数. 下面通过具体例子说明求隐函数导数的方法(称为**方程法**).

例 1 设函数 $y=y(x)$ 由方程 $y-xe^y=1$ 所确定,求 $y',y'|_{x=0}$.

思路 隐函数求导法就是方程法,也就是利用原方程求导. 求导时 y 看作是 x 的函数,e^y 看作是以 y 为中间变量以 x 为自变量的复合函数.

解 方程两边对 x 求导得
$$y' - (e^y + xe^y \cdot y') = 0,$$
即
$$y' = \frac{e^y}{1-xe^y}.$$

又把 $x=0$ 代入原方程,得 $y|_{x=0}=1$,于是
$$y'|_{x=0} = y'\Big|_{\substack{x=0\\y=1}} = e.$$

注 若函数 $y=y(x)$ 由形如 $G(x,y)=H(x,y)$ 的方程确定,求导前无需先移项成 $F(x,y)=0$ 的形式,可直接由原方程 $G(x,y)=H(x,y)$ 两边对 x 求导.

方程两边对 x 求导时,务必将含 y 的表达式,如 $e^y, y^2, \ln y, \sin y$ 等,都看作是以 y 为中间变量,以 x 为自变量的复合函数,即有
$$(e^y)'_x = e^y \cdot y',\ (y^2)'_x = 2y \cdot y',\ (\ln y)'_x = \frac{1}{y} \cdot y',\ (\sin y)'_x = \cos y \cdot y' \text{ 等}.$$

求导后的方程整理出 y' 的结果中容许含有因变量 y.

由于任何可微的变量都有微分,并且复合函数的微分还具有形式不变性,因此我们还可以用微分运算来求出隐函数的一阶导数.

针对例 1,方程两边微分得 $d(y-xe^y)=d(1)$,即
$$dy - e^y dx - xe^y dy = 0 \text{ 或 } dy = \frac{e^y}{1-xe^y}dx,$$
所以 $y' = \dfrac{dy}{dx} = \dfrac{e^y}{1-xe^y}$.

例 2 设方程 $y = \tan(x+y)$,求 y', y''.

思路 先求 y' 并尽量化简之,以便再求 y''.

解 将方程两边同时对 x 求导,得到
$$y' = \sec^2(x+y)(1+y'),$$
整理得
$$y' = \frac{\sec^2(x+y)}{1-\sec^2(x+y)} = \frac{\sec^2(x+y)}{-\tan^2(x+y)} = -\csc^2(x+y).$$

因此 $y'' = -2\csc(x+y)[-\csc(x+y)\cot(x+y)](1+y')$
$$= 2\csc^2(x+y)\cot(x+y)[1-\csc^2(x+y)]$$
$$= -2\csc^2(x+y)\cot^3(x+y).$$

注 本题在求 y'' 前,可先利用原方程 $y=\tan(x+y)$ 把 y' 化成
$$y' = \frac{1+y^2}{-y^2} = -\frac{1}{y^2} - 1,$$
然后再求 y'',这样会更简单些. 可见,隐函数求导后,导数结果表达形式可不唯一.

在某些场合,利用所谓的"**对数求导法**"求导比用通常的方法会更简便些. 这种方法是首先在 $y=f(x)$ 的两边取对数,然后利用隐函数求导法求出 $\dfrac{dy}{dx}$.

例 3 设 $y = \left(\cos\dfrac{x}{2}\right)^{\tan 3x}$,求 y'.

思路 幂指函数的求导通常采用恒等变形法,这里用对数求导法.

解 将等式两边分别取对数,得
$$\ln y = \tan 3x \ln\left|\cos\frac{x}{2}\right|,$$
上式两端对 x 求导,应用隐函数的求导法得
$$\frac{1}{y}y' = 3\sec^2 3x \ln\cos\frac{x}{2} + \tan 3x \frac{-\sin\dfrac{x}{2}}{\cos\dfrac{x}{2}} \cdot \frac{1}{2},$$
于是 $y' = y\left(3\sec^2 3x \ln\cos\dfrac{x}{2} - \dfrac{1}{2}\tan 3x \tan\dfrac{x}{2}\right)$
$$= \left(\cos\frac{x}{2}\right)^{\tan 3x}\left(3\sec^2 3x \ln\cos\frac{x}{2} - \frac{1}{2}\tan 3x \tan\frac{x}{2}\right).$$

例 4 设 $y = \sqrt{\dfrac{(x-1)(x-2)}{(x-3)(x-4)}}$,求 y'.

思路 若直接利用复合函数求导法则求这个函数的导数,将很复杂,可用对数求导法.

解 将原式两边取对数,得

$$\ln y = \frac{1}{2}[\ln|x-1| + \ln|x-2| - \ln|x-3| - \ln|x-4|],$$

上式两边对 x 求导,得

$$\frac{1}{y}y' = \frac{1}{2}\left(\frac{1}{x-1} + \frac{1}{x-2} - \frac{1}{x-3} - \frac{1}{x-4}\right),$$

于是

$$y' = \frac{y}{2}\left(\frac{1}{x-1} + \frac{1}{x-2} - \frac{1}{x-3} - \frac{1}{x-4}\right)$$

$$= \frac{1}{2}\sqrt{\frac{(x-1)(x-2)}{(x-3)(x-4)}}\left(\frac{1}{x-1} + \frac{1}{x-2} - \frac{1}{x-3} - \frac{1}{x-4}\right).$$

注 对数求导法可应用于幂指函数,和经过多次乘、除运算及乘方、开方所得的函数的求导.需要注意的是:在 y' 的表达式中不允许保留 y,式中的 y 要用相应的 x 的函数式代替之.

二、参数函数的求导

在某些情况中,自变量和因变量之间的关系不仅难于直接表示出,即使要得到隐函数方程也不容易.但是,如果适当引入一个与自变量和因变量都有函数关系的辅助变量,通过它作为媒介,而易于得到自变量和应变量之间的间接关系,这就促使人们对于由参数方程所确定的函数的研究.

设方程组

$$\begin{cases} x = x(t) \\ y = y(t) \end{cases} \quad (\alpha \leqslant t \leqslant \beta)$$

(其中 t 为参数,在很多场合下,t 有明确的几何或物理意义)确定了变量 y 与 x 之间的函数关系,这种函数称为**由参数方程所确定的函数**,简称**参数函数**.

由参数方程所确定的函数的求导,当然可以考虑先消去参数,变为有直接关系的函数关系式,再用以前的办法求导.但是,这样做常常很困难,甚至可能行不通.下面利用导数与微分的关系,讨论一种直接利用参数方程来求导的方法(**参数法**).

若 $x = x(t)$ 与 $y = y(t)$ 都可导,且 $x'(t) \neq 0$,则由方程两边微分得

$$\begin{cases} dx = x'(t)dt \\ dy = y'(t)dt \end{cases},$$

两式相除得 y 对 x 的导数,即

$$\frac{dy}{dx} = \frac{y'(t)}{x'(t)},$$

这就是参数函数的求导公式.

若 $x'(t)$ 与 $y'(t)$ 还可导,则只要令 $z = \dfrac{dy}{dx} = \dfrac{y'(t)}{x'(t)} = z(t)$,又有参数方程

$$\begin{cases} x = x(t) \\ z = z(t) \end{cases},$$

于是，y 对 x 的二阶导数

$$\frac{d^2y}{dx^2} = \frac{dz}{dx} = \frac{z'(t)}{x'(t)},$$

这就是由参数方程所确定的函数的二阶导数公式.

把上面推理简写成求导模型即：若 $\begin{cases} x=x(t) \\ y=y(t) \end{cases}$，则

$$\frac{dy}{dx} = \frac{y'(t)}{x'(t)} = z(t),$$

$$\frac{d^2y}{dx^2} = \frac{z'(t)}{x'(t)} = w(t).$$

注 这里 y 对 x 的导数不要写成 y'，以免分不清是对 x，还是对 t 求导. $\frac{dy}{dx} \neq y'(t)$，因为左边是 y 对 x 求导，而右边却是 y 对 t 求导；$\frac{d^2y}{dx^2} \neq z'(t)$，因为左边是 $\frac{dy}{dx}$ 对 x 求导，而右边是 $z(t)$ 对 t 求导.

例5 求由参数方程 $\begin{cases} x=\ln^2 t \\ y=t\ln t - t \end{cases}$ 确定的函数的一、二阶导数.

思路 参数方程求导，就是化为对参数 t 的求导. 可直接套用求导公式.

解 $\dfrac{dy}{dx} = \dfrac{y'(t)}{x'(t)} = \dfrac{\left(\ln t + t \cdot \dfrac{1}{t}\right) - 1}{2\ln t \cdot \dfrac{1}{t}} = \dfrac{t}{2} \stackrel{\Delta}{=} z,$

$$\frac{d^2y}{dx^2} = \frac{z'(t)}{x'(t)} = \frac{\dfrac{1}{2}}{2\ln t \cdot \dfrac{1}{t}} = \frac{t}{4\ln t}.$$

例6 已知参数方程 $\begin{cases} x=a(\theta-\sin\theta) \\ y=a(1-\cos\theta) \end{cases}$，求 $\left.\dfrac{dy}{dx}\right|_{\theta=\pi/2}, \left.\dfrac{d^2y}{dx^2}\right|_{\theta=\pi/2}.$

思路 化为对参数 θ 求导.

解 $\dfrac{dy}{dx} = \dfrac{y'(\theta)}{x'(\theta)} = \dfrac{a\sin\theta}{a(1-\cos\theta)} = \dfrac{\sin\theta}{1-\cos\theta} \stackrel{\Delta}{=} z,$

$$\left.\frac{dy}{dx}\right|_{\theta=\pi/2} = \left.\frac{\sin\theta}{1-\cos\theta}\right|_{\theta=\pi/2} = 1.$$

$$\frac{d^2y}{dx^2} = \frac{z'(\theta)}{x'(\theta)} = \frac{\dfrac{\cos\theta(1-\cos\theta)-\sin^2\theta}{(1-\cos\theta)^2}}{a(1-\cos\theta)} = \frac{-1}{a(1-\cos\theta)^2},$$

$$\left.\frac{d^2y}{dx^2}\right|_{\theta=\pi/2} = \left.\frac{-1}{a(1-\cos\theta)^2}\right|_{\theta=\pi/2} = -\frac{1}{a}.$$

例7 设函数 $y=y(x)$ 由 $\begin{cases} x=\arctan t \\ 2y-ty^2+e^t=5 \end{cases}$ 确定，求 $\left.\dfrac{dy}{dx}\right|_{t=0}.$

思路 本题系综合性题目，变量 y 与 x 的关系由含参数 t 的参数方程确定，而变量 y 与

参数 t 的关系又以隐函数形式出现,这样确定的函数 $y=y(x)$ 是**混合型函数**. 因此计算 $\dfrac{\mathrm{d}y}{\mathrm{d}x}$ 要分三步进行,首先利用显函数求导法求 $x'(t)$,其次利用隐函数求导法计算 $y'(t)$,最后再利用参数方程求导法计算 $\dfrac{\mathrm{d}y}{\mathrm{d}x}$.

解 由 $x=\arctan t$,求导得 $x'(t)=\dfrac{1}{1+t^2}$.

由方程 $2y-ty^2+\mathrm{e}^t=5$ 两边同时对 t 求导,得

$$2y'(t)-y^2-2ty\cdot y'(t)+\mathrm{e}^t=0,\text{即 } y'(t)=\dfrac{y^2-\mathrm{e}^t}{2-2ty},$$

于是

$$\dfrac{\mathrm{d}y}{\mathrm{d}x}=\dfrac{y'(t)}{x'(t)}=\dfrac{\dfrac{y^2-\mathrm{e}^t}{2-2ty}}{\dfrac{1}{1+t^2}}=\dfrac{y^2-\mathrm{e}^t}{(2-2ty)(1+t^2)}.$$

又 $x\big|_{t=0}=0$,$y\big|_{t=0}=2$,所以 $\dfrac{\mathrm{d}y}{\mathrm{d}x}\bigg|_{t=0}=\dfrac{3}{2}$.

至此,我们系统介绍了初等函数(含幂指函数)、分段函数、隐式函数、参数函数以及混合型等各类函数的求导数(或求微分)的多种方法了,提议读者把这些求法作一下梳理小结,以明确不同函数类型所对应的不同求法中的计算原理以及注意事项.

习　题　2.6

1. 求下列方程所确定的隐函数的导数:

(1) $x^2-y^2=4xy$,求 y'';
(2) $y+x\mathrm{e}^y=1$,求 $y'\big|_{x=0}$,$y''\big|_{x=0}$;
(3) $y=\sin(x+y)$,求 y'';
(4) $\arctan\dfrac{y}{x}=\ln\sqrt{x^2+y^2}$,求 y''.

2. 用对数求导法求下列函数的导数 y':

(1) $y=\left(\dfrac{x}{1+x}\right)^x$;
(2) $y=\dfrac{x^2}{1-x}\sqrt[3]{\dfrac{3-x}{(3+x)^2}}$.

3. 求下列参数方程所确定的函数的二阶导数:

(1) $\begin{cases} x=2t-t^2 \\ y=3t-t^3 \end{cases}$,求 $\dfrac{\mathrm{d}^2y}{\mathrm{d}x^2}$;
(2) $\begin{cases} x=a\cos^3\theta \\ y=a\sin^3\theta \end{cases}$,求 $\dfrac{\mathrm{d}^2y}{\mathrm{d}x^2}$;
(3) $\begin{cases} x=\ln(1+t^2) \\ y=t-\arctan t \end{cases}$,求 $\dfrac{\mathrm{d}^2y}{\mathrm{d}x^2}$;
(4) $\begin{cases} x=\ln(1+t^2)+1 \\ y=2\arctan t-2(t+1) \end{cases}$,求 $\dfrac{\mathrm{d}^2y}{\mathrm{d}x^2}\bigg|_{t=1}$.

4. 求下列方程确定的函数的导数:

(1) 设 $y=y(x)$ 由 $x^y-y^x=0$ 确定,求 y'.
(2) 设 $y=y(x)$ 由 $y=f(x+y)$ 确定,其中 f 二阶可导,求 y''.
(3) 设 $f''(t)\neq 0$,$\begin{cases} x=f'(t) \\ y=tf'(t)-f(t) \end{cases}$,求 $\dfrac{\mathrm{d}^2y}{\mathrm{d}x^2}\bigg|_{x=0}$.
(4) 设 $\begin{cases} x=2t+|t| \\ y=5t^2+4t|t| \end{cases}$,求导数 $\dfrac{\mathrm{d}y}{\mathrm{d}x}\bigg|_{t=0}$.
(5) 设 $\begin{cases} x=t\mathrm{e}^t \\ \mathrm{e}^t+\mathrm{e}^y=2 \end{cases}$,求 $\dfrac{\mathrm{d}^2y}{\mathrm{d}x^2}\bigg|_{t=0}$.

5. 设函数 $y=y(x)$ 由参数方程 $\begin{cases}x=x(t)\\y=y(t)\end{cases}$ 所确定，$x=x(t)$ 与 $y=y(t)$ 都二阶可导，且 $x'(t)\neq 0$，求证：
$$\frac{d^2 y}{d x^2}=\frac{y''(t)x'(t)-y'(t)x''(t)}{[x'(t)]^3}.$$

§2.7　导数的初步应用

导数具有广泛的应用，本节给出几个简单应用．导数的更深入、更重要的应用，我们将在下一章探讨．

一、求平面曲线的切线与法线

根据导数几何意义，曲线 $y=f(x)$ 或 $F(x,y)=0$ 在其上一点 (a,b) 的切线斜率 $k=y'|_{x=a}$；曲线 $\begin{cases}x=x(t)\\y=y(t)\end{cases}$ 在 $t=t_0$ 对应点处的切线斜率 $k=\dfrac{dy}{dx}\Big|_{t=t_0}$．相应的法线（与切线垂直相交于切点的直线）的斜率为 $-1/k$．

求出切点与斜率后，利用直线的点斜式方程就可以获得曲线的切线及法线方程．

注　解曲线的切线问题有两种题型，对已知切点的可以先写出切点（例 2）；对未知切点的要先设立切点（例 1）．解题的基本线索都是：点—斜—式，也就是按定（设）切点；求斜率；求方程式的三步骤展开．

例 1　求曲线 $y=x^{3/2}$ 上与直线 $y=3x$ 平行的切线方程．

思路　本题未知切点，要先设出．

解　设切点为 $(a,a^{\frac{3}{2}})$，由 $y'=\dfrac{3}{2}\sqrt{x}$，得切线的斜率
$$k=y'|_{x=a}=\frac{3}{2}\sqrt{a}.$$

因切线与已知直线平行，得 $k=\dfrac{3}{2}\sqrt{a}=3$，解得 $a=4$，即切点为 $(4,8)$，斜率为 $k=3$，故所求切线方程为 $y-8=3(x-4)$，即 $y=3x-4$．

例 2　求曲线 $x^3+y^3-3xy=1$ 在 $x=0$ 对应点处的切线方程．

思路　先定出切点，再用隐函数求导法求导．

解　把 $x=0$ 代入曲线方程得 $y=1$，于是切点为 $(0,1)$．

由曲线方程两边对 x 求导，得
$$3x^2+3y^2\cdot y'-3(y+xy')=0,$$

从而
$$y'=\frac{x^2-y}{x-y^2}.$$

切线斜率为 $k=y'|_{\substack{x=0\\y=1}}=1$，故所求切线方程为 $y-1=x$，即 $y=x+1$．

若两条曲线在它们的交点处有公共的切线，则称**这两条曲线是相切的**．

若两条曲线在它们的交点处的切线互相垂直,则称**这两条曲线是正交的**.若一个曲线族中的每条曲线与另一个曲线族的每条曲线是正交的,则称**这两个曲线族是正交的**.正交曲线族出现在物理学的几个领域.例如,在静电学中,压力线与恒电压线是正交的;在热力学中,等温线和热线是正交的;在空气动力学中,气流线与等速曲线是正交的.

可以推出:曲线 $x=y^2$ 与 $2x^2+y^2=3$ 是正交的;曲线族 $xy=a(a\neq 0)$ 与 $x^2-y^2=b(b\neq 0)$ 是正交的;曲线族 $x^2+y^2=ax$ 与 $x^2+y^2=by(ab\neq 0)$ 是正交的.

二、求瞬时变化率

若变量 $y=f(t)$ 是时间 t 的函数,那么 $f'(t_0)$ 就是变量 $y=f(t)$ 在 t_0 时刻的瞬时变化速率.

特别地,若物体作变速直线运动,位置函数为 $s=s(t)$,则物体在 t_0 时刻的瞬时速度为 $v(t_0)=s'(t_0)$,加速度为 $a(t_0)=v'(t_0)=s''(t_0)$.

若物体作变速旋转运动,角度函数为 $\theta=\theta(t)$,则物体在 t_0 时刻的瞬时角速度为 $\omega(t_0)=\theta'(t_0)$,角加速度为 $\varepsilon(t_0)=\omega'(t_0)=\theta''(t_0)$.

例 3 一个球沿斜面向上滚,其运动的距离与时间关系为 $s=3t-t^2$,问何时球开始向下滚?

思路 球开始下滚时速度为零.

解 球作变速直线运动.由位置函数 $s=3t-t^2$,求导得速度为
$$v(t)=s'(t)=3-2t.$$
令 $v(t)=0$,得 $t=3/2$.故当 $t=3/2$ 时,球开始下落.

例 4 飞轮转动的旋转角与时间的平方成正比,已知飞轮转动的第一圈经过 8 秒钟,求运动开始 32 秒后飞轮的角速度和角加速度的大小.

思路 先求出旋转角与时间的关系函数.

解 设 t 秒时飞轮的旋转角为 θ,则 $\theta=kt^2$.

由题设得 $\theta|_{t=8}=2\pi$,于是 $k=\dfrac{\pi}{32}$,即 $\theta=\dfrac{\pi}{32}t^2$.

因 $\theta'(t)=\dfrac{\pi}{16}t$,故所求角速度为 $\omega(32)=\theta'(32)=2\pi(\text{rad}/\min)$.

因 $\theta''(t)=\dfrac{\pi}{16}$,故所求角加速度为 $\varepsilon(32)=\theta''(32)(\text{rad}/\min^2)$.

*三、求相关变化率

若在一个问题中有三个变量 x,y,t(其中 t 是时间),$x=x(t)$ 与 $y=y(t)$ 都是 t 的可导函数,而 x 与 y 之间存在某种关系,那么变化率 $\dfrac{\mathrm{d}x}{\mathrm{d}t}$ 与 $\dfrac{\mathrm{d}y}{\mathrm{d}t}$ 之间也存在一定关系.这种相互依赖的两个变化率称为**相关变化率**.相关变化率问题就是研究两个变化率之间的关系,以便从其中

一个变化率求出另一个变化率.

因为 $\dfrac{dy}{dt} = \dfrac{dy}{dx} \cdot \dfrac{dx}{dt}$,所以,只要能求出 $\dfrac{dy}{dx}$,那么 $\dfrac{dy}{dt}$ 与 $\dfrac{dx}{dt}$ 就可以互推了.为了求出导数 $\dfrac{dy}{dx}$,可以先建立联系 x 和 y 的方程

$$F(x,y) = 0,$$

该方程称为**相关方程**(若相关方程可以显化成 $y=y(x)$ 或 $x=x(y)$,则称之为**相关函数**),然后利用求导方法在方程两端对时间 t 求导,即可获得两个相关变化率之间的联系.

注 求相关变化率的三步骤是:(1)分析题意,建立相关变量之间的等量关系(即相关方程或相关函数);(2)关系式两边对时间 t 求导;(3)代入指定时刻的已知量及变化率,求出未知变化率.

例 5 在储存器内,理想气体的体积为 1000 立方厘米时,压强为每平方厘米 5 公斤.如果温度不变,压强以每小时 0.05 公斤的速率减少,试求体积的增加率.

思路 各问题中有三个变量:压强 P,体积 V,时间 t,并且要由 $\dfrac{dP}{dt}$ 求 $\dfrac{dV}{dt}$,所以这是相关变化率问题,求解的关键是建立 P 与 V 的相关方程或相关函数.

解 由物理学知识知道,在温度不变的条件下,理想气体的压强 P 与体积 V 有以下关系:

$$PV = C \,(C\ 是常数).$$

因为 $V=1000$ 时,$P=5$,所以 $C=5000$.即

$$V = \dfrac{5000}{P}.$$

两端对 t 求导得

$$\dfrac{dV}{dt} = -\dfrac{5000}{P^2} \cdot \dfrac{dP}{dt}.$$

将 $P=5, \dfrac{dP}{dt} = -0.05$ 代入得到所求的体积的增加率为

$$\dfrac{dV}{dt} = -\dfrac{5000}{5^2} \cdot (-0.05) = 10\,(\text{cm}^3/\text{h}).$$

习 题 2.7

1. 求下列切线方程:

(1)曲线 $y=x^2$ 在 $x=2$ 对应点处的切线;

(2)曲线 $y=x^2$ 上过点 $(1,0)$ 的切线;

(3)曲线 $y=\ln x$ 上与直线 $y=-x+1$ 垂直的切线;

(4)椭圆 $\dfrac{x^2}{a^2} + \dfrac{y^2}{b^2} = 1$,在点 $M_0(x_0, y_0)\,(y_0 \neq 0)$ 处的切线;

(5)曲线 $xy + \ln y = 1$,在 $x=1$ 对应点处的切线;

(6)曲线 $\begin{cases} x = \sin t \\ y = \cos 2t \end{cases}$,在 $t = \dfrac{\pi}{6}$ 对应点处的切线.

2. 解答下列有关切线或法线的问题：

(1) 设曲线 $y=\ln x$ 与曲线 $y=ax^2$ 相切（即有公切线），求 a；

(2) 已知曲线 $f(x)=x^n$（n 为正整数）在点 $(1,1)$ 处的切线在 x 轴上的截距为 a_n，求 $\lim\limits_{n\to\infty} f(a_n)$；

(3) 验证：曲线 $x^3+y^3=3xy$ 在点 $\left(\dfrac{3}{2},\dfrac{3}{2}\right)$ 处的法线通过原点；

(4) 验证：证明曲线 $\begin{cases} x=a(\cos t+t\sin t), \\ y=a(\sin t-t\cos t), \end{cases}$（其中常数 $a>0$）上所有的法线与原点等距.

3. 解答下列直线运动问题：

(1) 以初速度 v_0 竖直上抛的物体，其上升高度为 $s=v_0 t-\dfrac{1}{2}gt^2$. 求该物体的速度以及该物体达到最高点的时刻.

(2) 物体沿直线运动的距离为 $s=\dfrac{1}{3}t^3-4t^2+16$，问何时加速度为零？

(3) 一个质点按规律 $x=t^3+at^2+bt$ 在直线上运动，问开始时的速度和加速度应各为多少，才能使质点在 1 秒末和 2 秒末回到出发点？

(4) 假设质点沿 x 轴运动的速度为 $v(t)=f(x)$，求加速度.

(5) 密度大的陨星进入大气层时，当它离地心为 s 千米时的速度与 $\sqrt{s}$ 成反比. 验证：陨星的加速度与 s^2 成反比.

4. 不计空气的阻力，普通炮弹的运动轨迹（称为弹道曲线）的参数方程为
$$\begin{cases} x=v_0 t\cos\theta \\ y=v_0 t\sin\theta-\dfrac{1}{2}gt^2 \end{cases},$$
其中 v_0 为炮弹的初速度，θ 为发射角，g 是重力加速度，参数 t 是飞行时间. 求：炮弹在时刻 $t=t_0$ 时刻的速度大小与方向.

*5. 求解下列相关变化率问题：

(1) 一梯子长 10m，上端靠墙，下端着地，梯子顺墙下滑. 当梯子下端离墙 6m 时，假设梯子下端沿地面离开墙的速率为 2m/s，问此时梯子上端下降的速率是多少？

(2) 二只轮船甲和乙在同一码头同时出发，甲船往北，乙船往东. 若甲船的速度为 30km/h，乙船的速度为 40km/h，求二船间的距离增加的速度.

(3) 一气球从离开观察员 500m 处垂直上升，速率为 140m/min. 当此球高度为 500m 时，求观察员视线的斜角的增加率.

(4) 注水入深 8m、上顶直径 8m 的正圆锥形容器中，速率为 4m³/min. 当水深为 5m 时，求其表面上升的速率.

6. 在某一人群中推广新技术是通过其中已掌握新技术的人进行的. 若在任意时刻 t 已掌握新技术的人数 $x(t)$（连续可微变量）满足 $x=\dfrac{Nx_0 e^{kNt}}{N-x_0+x_0 e^{kNt}}$（其中，$N$ 为该人群的总人数，x_0 与 k 为正常数）. 求证：已掌握新技术的人数的变化率与已掌握新技术的人数和未掌握新技术的人数之积成正比.

综合测试题二

一、单项选择题（每小题3分，共15分）

1. 若 $\lim\limits_{x\to 0^+}\dfrac{f(x)-f(0)}{x}$ 及 $\lim\limits_{x\to 0^-}\dfrac{f(x)-f(0)}{x}$ 都存在，则（　　）

   A. $\lim\limits_{x\to 0}\dfrac{f(x)-f(0)}{x}$ 存在　　B. $f(x)$ 在 $x=0$ 连续

   C. $f(x)$ 在 $x=0$ 可导　　D. $f(x)$ 在 $x=0$ 可微

2. 设 $f(x)=\mathrm{e}^{-1/x}$，则 $\lim\limits_{\Delta x\to 0}\dfrac{f'(2-\Delta x)-f'(2)}{\Delta x}=$（　　）

   A. $\dfrac{1}{\sqrt{\mathrm{e}}}$　　B. $\dfrac{1}{4\sqrt{\mathrm{e}}}$

   C. $\dfrac{3}{16\sqrt{\mathrm{e}}}$　　D. $-\dfrac{3}{16\sqrt{\mathrm{e}}}$

3. 已知 $f(x)$ 为可导的偶函数，且 $\lim\limits_{x\to 0}\dfrac{f(1+x)-f(1)}{2x}=-2$，则曲线 $y=f(x)$ 在点 $(-1,2)$ 处的切线方程是（　　）

   A. $y=4x+6$　　B. $y=-4x-2$

   C. $y=x+3$　　D. $y=-x+1$

4. 设 $y=f(x)$，$x=\mathrm{e}^t$，则 $\dfrac{\mathrm{d}^2 y}{\mathrm{d}t^2}=$（　　）

   A. $\mathrm{e}^{2t}f''(t)$　　B. $x^2 f''(x)+xf'(x)$

   C. $\mathrm{e}^t f''(x)$　　D. $x^2 f''(x)+xf(x)$

5. 设 $f(x)=3x^3+x^2|x|$，则使 $f^{(n)}(0)$ 存在的最高阶数 n 为（　　）

   A. 0　　B. 1　　C. 2　　D. 4

二、填空题（每小题3分，共15分）

6. 若函数 $y=f(x)$ 在点 a 处与增量 $\Delta x=0.2$ 对应的函数增量 Δy 的线性主部等于 0.8，则函数 $y=f(x)$ 在点 a 处的导数为_____.

7. 设 $f(x)=x(x-1)(x-2)\cdots(x-10)$，则 $f'(0)=$_____.

8. 设函数 $f(x)$ 对任何 x,y，恒有 $f(x+y)=f(x)+f(y)$，且 $f'(0)=2$，则 $f'(x)=$_____.

9. 设函数 $f(x)$ 在 $(-\infty,+\infty)$ 内一阶导数连续，且 $f(0)=0$. 若函数 $g(x)=\begin{cases}f(x)/x,& x\ne 0,\\ a,& x=0\end{cases}$ 在 $(-\infty,+\infty)$ 内连续，则 $a=$_____.

10. 设 $y=x^{\tan x}$，则 $\mathrm{d}y=$_____.

三、解答题（每小题8分，共64分）

11. 设函数 $y=\cos^2 \mathrm{e}^{-x}+\ln\pi$，求微分 $\mathrm{d}y$.

12. 设函数 $f(x)=\arcsin\dfrac{1-x^2}{1+x^2}$，求 $f'(1)+f'(-2)$.

13. 设函数 $y=\arctan \mathrm{e}^x-\ln\sqrt{\dfrac{\mathrm{e}^{2x}}{\mathrm{e}^{2x}+1}}$，求 $\mathrm{d}y|_{x=1}$.

14. 设函数 $y=y(x)$ 由方程 $y=1+x\mathrm{e}^{xy}$ 确定，求 $y''|_{x=0}$.

15. 设 $\begin{cases} x = \ln t + 1 \\ y = t\ln t - t \end{cases}$,求 $\left.\dfrac{d^2 y}{dx^2}\right|_{t=e}$.

16. 求曲线 $\begin{cases} x = t^2 - t \\ te^y + e^y = 1 \end{cases}$ 上对应于 $t=0$ 点处的切线方程和法线方程.

17. 设 $f(x) = \begin{cases} x\arctan\dfrac{1}{x^2}, & x \neq 0, \\ 0, & x = 0 \end{cases}$,讨论导函数 $f'(x)$ 在点 $x=0$ 的连续性.

18. 确定常数 a,b,使 $f(x) = \begin{cases} \dfrac{1-\sqrt{1-x}}{x}, & x < 0, \\ ax+b, & x \geq 0 \end{cases}$ 在点 $x=0$ 可导.

四、证明题(共 6 分)

19. 设函数 $f(x) = 1 + xg(x)$,其中 $\lim\limits_{x \to 0} g(x) = 1$,又对任意的 x_1, x_2 均有 $f(x_1 + x_2) = f(x_1)f(x_2)$,试证:$f'(x) = f(x)$.

五、附加题(共 10 分)

20. 设函数 $f(x)$ 可导,现在定义:$D^* f(x) = \lim\limits_{h \to 0} \dfrac{f^2(x-h) - f^2(x)}{\sin h}$. 试用 $f(x), f'(x)$ 表示 $D^* f(x)$,并选取一个函数 $f(x)$,使得 $D^* f(x) = f'(x)$.

第 3 章 微分中值定理和导数的应用

微分与导数分别是描述函数变化大小和变化快慢的概念.本章中,我们先介绍导数应用的理论基础——微分学基本定理——**微分中值定理**,通过它们可以建立起函数的导数与函数的变化特性之间的关系.借助于这些关系,就可利用导数研究函数及其曲线的变化性态,计算未定式极限,以及解决一些实际应用问题.

§3.1 微分中值定理

我们先讲罗尔(Rolle)定理,然后根据它推出拉格朗日(Lagrange)定理和柯西(Cauchy)定理.

为了方便,引入属性符号 $D(a,b)$ 表示区间 (a,b) 上全体可导函数的集合,于是,
$$f(x)在区间(a,b)内可导 \overset{\triangle}{\Leftrightarrow} f(x) \in D(a,b).$$
类似的记号还有 $f(x) \in D(a,+\infty)$,$f(x) \in D(-\infty,+\infty)$ 等.

一、罗尔定理

罗尔定理 若函数 $f(x)$ 同时满足下列条件:
(1) $f(x) \in C[a,b]$;(2) $f(x) \in D(a,b)$;(3) $f(a) = f(b)$,
则 $\exists \xi \in (a,b)$,使得
$$f'(\xi) = 0.$$

在证明这个定理之前,先考虑一下定理的几何意义.在图 3-1-1 中,设曲线弧 $\overset{\frown}{AB}$ 的方程为 $y = f(x)(a \leqslant x \leqslant b)$.罗尔定理的条件在几何上表示:(1) $\overset{\frown}{AB}$ 是一条可一笔画的曲线弧;(2)除端点外处处有不垂直于 x 轴的切线;(3)在两个端点的纵坐标相等.定理的结论表达了这样一个几何事实:在曲线弧 $\overset{\frown}{AB}$ 上至少有一点 $C(\xi,f(\xi))$,使得该点处的切线是水平的(或平行于弦 AB).从图中看到,在曲线的最高(或最低)点处,切线是水平的,这就启发我们证明这个定理的思路.

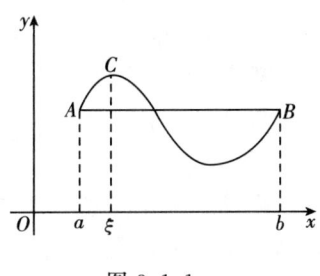

图 3-1-1

证 由条件(1)根据闭区间上连续函数的最值定理可知,$f(x)$ 在 $[a,b]$ 上必定能取得它的最大值和最小值.

(1)若最大值与最小值都在区间端点 a,b 处取得,那么由条件(3)便得 $f(x)$ 在 $[a,b]$ 上恒为常数,因此,在 (a,b) 内恒有 $f'(x) = 0$,即可以取任一点 $\xi \in (a,b)$,使得 $f'(\xi) = 0$.

(2)若最大值与最小值中至少有一个在 (a,b) 内取得,不妨设在一点 $\xi \in (a,b)$ 取得最大值,下面证明 $f'(\xi) = 0$:因为 $\xi \in (a,b)$,由条件(2)可得 $f'(\xi)$ 存在,即

$$f'(\xi) = \lim_{x \to \xi^-} \frac{f(x) - f(\xi)}{x - \xi} \text{ 且 } f'(\xi) = \lim_{x \to \xi^+} \frac{f(x) - f(\xi)}{x - \xi}.$$

由于 $f(\xi)$ 是最大值,因此 $\forall x \in (a,b)$ 恒有 $f(x) \leqslant f(\xi)$,即

$$\text{当 } x < \xi \text{ 时}, \frac{f(x) - f(\xi)}{x - \xi} \geqslant 0; \text{当 } x > \xi \text{ 时}, \frac{f(x) - f(\xi)}{x - \xi} \leqslant 0.$$

从而由极限的保号性知,

$$f'(\xi) = \lim_{x \to \xi^-} \frac{f(x) - f(\xi)}{x - \xi} \geqslant 0 \text{ 且 } f'(\xi) = \lim_{x \to \xi^+} \frac{f(x) - f(\xi)}{x - \xi} \leqslant 0,$$

故必然有 $f'(\xi) = 0$.

注 罗尔定理的条件是充分的. 但是, 三个条件——可以简单记忆为"闭连"、"开导"、"端平", 缺一个, 都可能使结论不成立. 如 $f(x) = x$ 在 $[0,1]$ 上除 $f(0) \neq f(1)$ 外, 满足"闭连"、"开导"两个条件, 而明显地在 $(0,1)$ 内处处有 $f'(x) = 1 \neq 0$ (读者可以尝试举出其他例子).

若有点 $x = \xi$ 使得 $f'(\xi) = 0$,则称 $x = \xi$ 为函数 $f(x)$ 的一个**驻点**. 显然函数 $f(x)$ 的驻点, 也就是方程 $f'(x) = 0$ 的实根.

利用罗尔定理可以证明"$\exists \xi \in (a,b)$ 使得 $f'(\xi) = 0$"的中值命题, 也可以证明"方程 $f'(x) = 0$ 至少有一个实根"的方程根存在性命题.

例 1 设 $f(x) = x(x-1)(x-2)(x-3)$,判别方程 $f'(x) = 0$ 有几个实根.

解 因为 $f(x)$ 是多项式,所以 $f(x) \in C[0,1], f(x) \in D(0,1)$; 又因为 $f(0) = 0, f(1) = 0$, 所以 $f(0) = f(1)$.

由罗尔定理知, $\exists \xi \in (0,1)$ 使得 $f'(\xi) = 0$, 即方程 $f'(x) = 0$ 在 $(0,1)$ 内至少有一个实根.

同理,方程 $f'(x) = 0$ 在 $(1,2), (2,3)$ 内各至少有一个实根(都不相同), 即方程 $f'(x) = 0$ 至少有 3 个实根.

因为 $f(x)$ 是 4 次多项式, 所以方程 $f'(x) = 0$ 是 3 次方程, 最多只有 3 个实根.

综上,即得方程 $f'(x) = 0$ 有且仅有 3 个实根.

思考: 若 $f(x) = x^2(x-1)(x-2)(x-3)$, 则方程 $f'(x) = 0$ 有几个实根?

例 2 设 $f(x) \in C[0,1], f(x) \in D(0,1), f(1) - 1 = f(0)$, 求证: $\exists \xi \in (0,1)$, 使得

$$f'(\xi) = 1.$$

思路 无论从条件还是从结论看, 本题都不能直接利用罗尔定理去证明, 因此必须重新构造一个辅助函数. 由于所证结论等价于: 方程 $f'(x) = 1$ 即 $f'(x) - 1 = 0$ 至少有根, 所构造的辅助函数要满足: 它的导数恰好是 $f'(x) - 1$. 由两个函数差的求导法则, 不难看出 $F(x) = f(x) - x$ 就是一个辅助函数.

证 令 $F(x) = f(x) - x, x \in [a,b]$.

由 $f(x) \in C[0,1]$, 而 $x \in C[0,1]$, 得 $F(x) \in C[0,1]$;

由 $f(x) \in D(0,1)$, 而 $x \in D(0,1)$, 得 $F(x) \in D(0,1)$;

由 $f(1) - 1 = f(0)$, 而 $F(0) = f(0), F(1) = f(1) - 1$, 得 $F(0) = F(1)$.

对 $F(x)$ 利用罗尔定理得, $\exists \xi \in (0,1)$, 使得 $F'(\xi) = 0$, 即 $f'(\xi) = 1$.

注 例 2 证明的关键是利用导数的逆运算去寻找一个导数为已知的函数作为辅助函

数,用这种思路,读者自己可以构造一些类题,如证明
$$f'(\xi)=\xi, f'(\xi)=\cos\xi, f(\xi)+\xi f'(\xi)=0$$
等中值命题.

一般来说,绝大部分函数都满足罗尔定理的前两个条件,而第三个条件比较苛刻.如果一个函数只满足"闭连"、"开导"这两个条件,即想象把图 3-1-1 做刚体移动(坐标轴不变),使得 $f(a)\neq f(b)$,那么弦 AB、点 C 及其切线都做相应移动,此时的切线未必平行于 x 轴,但仍然应该平行于弦 AB. 拉格朗日定理正是刻画"切线平行于弦"(图 3-1-2)这个事实的重要定理.

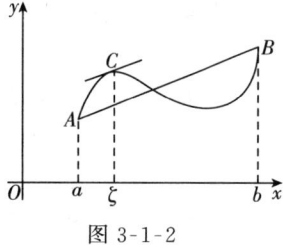

图 3-1-2

二、拉格朗日定理

拉格朗日定理 若 $f(x)\in C[a,b], f(x)\in D(a,b)$,则 $\exists \xi\in(a,b)$ 使得
$$\frac{f(b)-f(a)}{b-a}=f'(\xi) \quad 或 \quad f(b)-f(a)=f'(\xi)(b-a). \tag{3.1.1}$$

思路 欲证 $\frac{f(b)-f(a)}{b-a}=f'(\xi)$,只要证方程 $f'(x)-\frac{f(b)-f(a)}{b-a}=0$ 在 (a,b) 内有实根. 利用导数的逆运算,只要证下列方程在 (a,b) 内有实根:
$$\left[f(x)-\frac{f(b)-f(a)}{b-a}x\right]'=0.$$

证 令辅助函数 $F(x)=f(x)-\frac{f(b)-f(a)}{b-a}x, x\in[a,b]$.

容易验证函数 $F(x)$ 在 $[a,b]$ 上满足罗尔定理的条件,根据罗尔定理,$\exists \xi\in(a,b)$,使得 $F'(\xi)=0$,即 $f'(\xi)-\frac{f(b)-f(a)}{b-a}=0$,所以
$$\frac{f(b)-f(a)}{b-a}=f'(\xi) \quad 或 \quad f(b)-f(a)=f'(\xi)(b-a).$$

公式(3.1.1)称为**拉格朗日公式**,它也经常用另一种形式表示. 由于 ξ 是 (a,b) 中的一个点,故可表成 $a+\theta(b-a)(0<\theta<1)$ 的形式,于是可写为:$\exists \theta\in(0,1)$,使得
$$f'(a+\theta(b-a))=\frac{f(b)-f(a)}{b-a} \quad 或 \quad f(b)-f(a)=f'(a+\theta(b-a))(b-a).$$

如果把 a 与 b 分别换成 x 与 $x+\Delta x$,那么,拉格朗日公式又可写成
$$\Delta y=f'(x+\theta\Delta x)\Delta x.$$

把上式与近似公式:$\Delta y\approx f'(x)\Delta x$ 相比可知,只须在 $f(x)$ 中以介于 x 与 $x+\Delta x$ 之间的某个值 $x+\theta\Delta x$ 替代 x,近似等式就变成准确的等式了. 因此这个定理也叫做**有限增量定理**.

例 3 求二次函数 $f(x)=ax^2+bx+c$ 在区间 $[p,q]$ 上利用拉格朗日定理时的中值点 ξ.

解 因为二次函数 $f(x)=ax^2+bx+c$ 在 $[p,q]$ 上连续,在 (p,q) 内可导且导数 $f'(x)=2ax+b$,利用拉氏定理得,$\exists \xi\in(p,q)$,使得
$$f'(\xi)=\frac{f(b)-f(a)}{b-a}, 即 2a\xi+b=\frac{(aq^2+bq+c)-(ap^2+bp+c)}{q-p},$$

解得 $\xi=\frac{p+q}{2}$,恰好是区间 $[p,q]$ 的中点.

对于比较复杂的函数,要求出中值点 ξ 是很难的,但是利用拉格朗日定理去证明一些问题时,往往无需求出具体的 ξ.

例 4 对任何 a,b,求证:$|\arctan b - \arctan a| \leqslant |b-a|$.

思路 证明蕴含 $f(b)-f(a)$ 的不等式或等式命题时,可考虑用拉氏定理.

证 假定 $a<b$,设 $f(x)=\arctan x, x\in[a,b]$.

因为 $f(x)$ 是在区间 $[a,b]$ 上有定义的初等函数,所以 $f(x)\in C[a,b]$;

又因 $f'(x)=\dfrac{1}{1+x^2}$,所以 $f(x)\in D(a,b)$,利用拉氏定理得,$\exists \xi\in(a,b)$,使得 $f(b)-f(a)=f'(\xi)(b-a)$,即

$$\arctan b - \arctan a = \frac{1}{1+\xi^2}(b-a),$$

取绝对值并由于 $\left|\dfrac{1}{1+\xi^2}\right|\leqslant 1$,便得 $|\arctan b - \arctan a|\leqslant |b-a|$.

若 $a>b$ 同理可证;若 $a=b$ 不等式显然成立,因此总有

$$|\arctan b - \arctan a| \leqslant |b-a|.$$

注 类似可证得:$|\sin b - \sin a|\leqslant |b-a|$,$|\cos b - \cos a|\leqslant |b-a|$.

由拉氏定理可以得到下面一个推论(请读者自证),这个推论在证明函数恒等式中十分有用,不妨称为**恒等定理**.

定理 若函数 $f(x)$ 在区间 I 内可导,且在 I 内恒有 $f'(x)=0$,则在 I 内恒有 $f(x)=C$(C 是某个常数).

若定理中的区间 I 含有端点,只要函数在 I 上连续,在 I 的内部可导,那么定理仍然成立.

例 5 证明:当 $x\in(-\infty,1)$ 时,$\arctan\dfrac{1+x}{1-x}=\arctan x+\dfrac{\pi}{4}$.

思路 只要证当 $x\in(-\infty,1)$ 时,$\arctan\dfrac{1+x}{1-x}-\arctan x\equiv\dfrac{\pi}{4}$,所以可用恒等定理.

证 令 $f(x)=\arctan\dfrac{1+x}{1-x}-\arctan x, x\in(-\infty,1)$.

因为 $\forall x\in(-\infty,1)$,恒有

$$f'(x)=\frac{1}{1+\left(\dfrac{1+x}{1-x}\right)^2}\cdot\frac{(1-x)-(1+x)\cdot(-1)}{(1-x)^2}-\frac{1}{1+x^2}$$

$$=\frac{1}{1+x^2}-\frac{1}{1+x^2}=0,$$

因此 $f(x)=C$(C 是常数).

取 $x=0$,得 $C=f(0)=\arctan 1-\arctan 0=\dfrac{\pi}{4}$,即 $f(x)=\dfrac{\pi}{4}$,故当 $x\in(-\infty,1)$ 时,恒有 $\arctan\dfrac{1+x}{1-x}=\arctan x+\dfrac{\pi}{4}$.

注 类似可证得:$\arcsin x+\arccos x=\dfrac{\pi}{2}(-1\leqslant x\leqslant 1)$;

$$\arctan x+\mathrm{arccot}\, x=\frac{\pi}{2}(-\infty<x<\infty);$$

$$\arctan x + \arctan \frac{1}{x} = \frac{\pi}{2} (x>0).$$

*三、柯西定理

如果曲线用参数方程 $\begin{cases} x=g(t) \\ y=f(t) \end{cases}$ $(a \leqslant t \leqslant b)$ 表示，其中 $t=a$ 和 $t=b$ 对应于曲线的端点 $A(g(a),f(a))$ 和 $B(g(b),f(b))$，那么曲线在 $t=\xi$ 对应点处的切线的斜率为 $\dfrac{\mathrm{d}y}{\mathrm{d}x}\bigg|_{t=\xi}=\dfrac{f'(\xi)}{g'(\xi)}$，而弦 AB 的斜率为 $\dfrac{f(b)-f(a)}{g(b)-g(a)}$，于是就有刻画"切线平行于弦"的另一个定理——柯西定理.

柯西定理 若 $f(x), g(x) \in C[a,b]$，$f(x), g(x) \in D(a,b)$，且 $g'(x) \neq 0$，则 $\exists \xi \in (a,b)$，使得

$$\frac{f(b)-f(a)}{g(b)-g(a)}=\frac{f'(\xi)}{g'(\xi)} \text{ 或 } \frac{f'(\xi)}{g'(\xi)}=\frac{f(b)-f(a)}{g(b)-g(a)}.$$

简证 令 $F(x)=[g(b)-g(a)]f(x)-[f(b)-f(a)]g(x)$，$x \in [a,b]$.
然后利用罗尔定理可证之.

柯西定理主要用于证明蕴含 $\dfrac{f(b)-f(a)}{g(b)-g(a)}$ 的命题.

上述的三个定理，前一个都是后一个的特例. 它们的共同点是：(1)条件中都要求函数满足"闭连"、"开导"；(2)结论中都断言"至少存在一点 $\xi \in (a,b)$"，使得某等式成立；(3)结论都刻画"切线平行于弦"的几何意义. 这三个定理统称**微分中值定理**(笔者认为，称它们为导数中值定理似乎更合理)，点 ξ 称为**中值点**. 中值定理只是言明 ξ 的"存在性"，这种 ξ 可能不止一个.

注 同一个函数在不同的闭区间、不同的函数在同一个闭区间采用同一个中值定理或不同的中值定理时，其中值点一般来说是不同的，必须要用不同的记号.

例6 设 $f(x) \in C[a,b]$，$f(x) \in D(a,b)$，且 $f'(x) \neq 0$，求证：$\exists \xi, \eta \in (a,b)$，使得 $\dfrac{f'(\xi)}{f'(\eta)}=\dfrac{\mathrm{e}^b-\mathrm{e}^a}{b-a} \cdot \mathrm{e}^{-\eta}$.

思路 欲证的结论中含有两个中值 ξ, η，可以想到要用两次中值定理. 为了搞清楚如何使用中值定理，把 ξ, η 分离在等号两边，只要证

$$f'(\xi)=\frac{\mathrm{e}^b-\mathrm{e}^a}{b-a} \cdot \frac{f'(\eta)}{\mathrm{e}^\eta}.$$

从 $f'(\xi)$ 可以想到对 $f(x)$ 利用拉氏定理，从 $\dfrac{f'(\eta)}{\mathrm{e}^\eta}$ 可以想到对 $f(x)$ 和 $g(x)=\mathrm{e}^x$ 利用柯西定理.

证 由题设知，$f(x)$ 在 $[a,b]$ 上满足拉氏定理的条件，于是 $\exists \xi \in (a,b)$，使得

$$f'(\xi)=\frac{f(b)-f(a)}{b-a}.$$

$f(x)$ 和 $g(x)=\mathrm{e}^x$ 在 $[a,b]$ 上满足柯西定理的条件，于是 $\exists \eta \in (a,b)$，使得

$$\frac{f'(\eta)}{e^{\eta}} = \frac{f(b)-f(a)}{e^b - e^a}.$$

注意到 $f'(x) \neq 0$，可由上面两式消去 $f(a) - f(b)$，稍整理即得：$\exists \xi, \eta \in (a,b)$，使得
$$\frac{f'(\xi)}{f'(\eta)} = \frac{e^b - e^a}{b-a} \cdot e^{-\eta}.$$

三个微分中值中，最基础的是罗尔定理. 罗尔定理成立的条件有三条，但这些条件都只是必要而非充分的. 下面仅给出罗尔定理的两个推广形式，证明从略，读者可以再把区间推广成无穷区间.

推广 1 若 $f(x) \in C[a,b), f(x) \in D(a,b)$，且 $\lim\limits_{x \to b^-} f(x) = f(a)$，则 $\exists \xi \in (a,b)$，使得
$$f'(\xi) = 0.$$

推广 2 若 $f(x) \in D(a,b)$，且 $\lim\limits_{x \to a^+} f(x) = \lim\limits_{x \to b^-} f(x)$ 存在，则 $\exists \xi \in (a,b)$，使得 $f'(\xi) = 0$.

三个微分中值定理中，最重要的还是拉格朗日定理. 这是因为它体现了函数在两点处的函数值之差与导数间的联系，因此可以推导导数与函数的在某些性质上的相关性. 正因拉格朗日定理在微分学中占有重要地位，有时也单独称为微分中值定理.

例 7 设 $f(x) \in D(0, +\infty)$，$\lim\limits_{x \to +\infty} f'(x) = A > 0$，求证：$\lim\limits_{x \to +\infty} f(x) = +\infty$.

证 因 $\lim\limits_{x \to +\infty} f'(x) = A > 0$，取 $\varepsilon = \dfrac{A}{2}$，则 $\exists X > 0$，使得当 $x > X$ 时，恒有 $|f'(x) - A| < \dfrac{A}{2}$，即 $f'(x) > \dfrac{A}{2}$.

对 $f(x)$ 在 $[X, x]$ 上利用拉氏定理得 $f(x) - f(X) = f'(\xi)(x - X)$，即
$$f(x) = f(X) + f'(\xi)(x - X) > f(X) + \frac{A}{2}(x - X),$$

故 $\lim\limits_{x \to +\infty} f(x) = +\infty$.

例 7 的直观理解是：从几何看，$f'(x)$ 是切线斜率，从物理看 $f'(x)$ 是速度，如果 $f'(x)$ 大于某个正数，应该就有 $\lim\limits_{x \to +\infty} f(x) = +\infty$.

习 题 3.1

1. 验证下列各题：
   (1) 验证罗尔定理对于 $f(x) = x(x-2)$ 在 $[0,2]$ 上的正确性；
   (2) 验证拉格朗日定理对于 $f(x) = x^3$ 在 $[0,2]$ 上的正确性；
   (3) 验证拉格朗日定理对于 $f(x) = \begin{cases} \dfrac{3-x^2}{2}, & x \leq 1, \\ \dfrac{1}{x}, & x > 1 \end{cases}$ 在 $[0,2]$ 上的正确性.

2. 设直线运动的质点的位置函数 $s = f(t)$ 在时间段 $[t_1, t_2]$ 连续，在 (t_1, t_2) 可导. 请解释罗尔定理和拉格朗日定理的物理意义.

3. 证明下列方程根命题：
   (1) 设方程 $a_4 x^4 + a_3 x^3 + a_2 x^2 + a_1 x = 0$ 有一个正实根 $x = b$，求证：方程
   $$4a_4 x^3 + 3a_3 x^2 + 2a_2 x + a_1 = 0$$
   必有一个小于 b 的正根.

(2) 设 $f(x)=(x-1)(x-2)(x-3)(x-4)$,求证:方程 $f''(x)=0$ 恰有两个实根.

(3) 设 $P(x)=1+x+\dfrac{x^2}{2!}+\cdots+\dfrac{x^n}{n!}$,求证:方程 $P(x)=0$ 没有重根.

4. 证明下列不等式或恒等式命题:

(1) 当 $0<a\leqslant b$ 时,$\dfrac{b-a}{b}\leqslant \ln\dfrac{b}{a}\leqslant \dfrac{b-a}{a}$;

(2) 设 $f(x)\in C[a,b]$,$f(x)\in D(a,b)$,$f(x)$ 在 (a,b) 内至少有一个零点,且 $|f'(x)|\leqslant M$(M 为正常数),求证:$|f(a)|+|f(b)|\leqslant M(b-a)$;

(3) $\arctan x-\dfrac{1}{2}\arccos\dfrac{2x}{1+x^2}=\dfrac{\pi}{4}$($x\geqslant 1$);

(4) 设 $f(x)$ 在 $(-\infty,+\infty)$ 内可导,且满足 $f'(x)=f(x)$,$f(0)=1$,求证:$f(x)=e^x$.

5. 设 $f(x)\in C[0,1]$,$f(x)\in D(0,1)$,且 $f(1)=0$. 证明:

(1) $\exists \xi\in(0,1)$,使得 $f(\xi)+\xi f'(\xi)=0$;

(2) $\exists \eta\in(0,1)$,使得 $2f(\eta)+\eta f'(\eta)=0$.

6. 设 $f(x)\in C[0,1]$,$f(x)\in D(0,1)$,$f(0)=0$,$f(1)=1$,求证:

(1) $\exists \xi\in(0,1)$,使得 $f(\xi)=1-\xi$;

(2) $\exists \eta\in(0,1)$,使得 $f'(\eta)=1$;

(3) 存在不同两点 $\xi_1,\xi_2\in(0,1)$,使得 $f'(\xi_1)+f'(\xi_2)=2$;

(4) 存在不同两点 $\eta_1,\eta_2\in(0,1)$,使得 $f'(\eta_1)f'(\eta_2)=1$.

7. 证明下列关于二阶导数的中值命题:

(1) 设 $f(x)$ 在 $[a,b]$ 上连续,在 (a,b) 内二阶可导,连接两点 $A(a,f(a))$ 和 $B(b,f(b))$ 的直线段 AB 与曲线 $y=f(x)$ 交于点 $C(c,f(c))$($a<c<b$),求证:$\exists \xi\in(a,b)$,使得 $f''(\xi)=0$;

(2) 设 $f(x)$ 在 $[a,b]$ 上连续,在 (a,b) 内二阶可导,$f(a)=f(b)=0$,又有 $c\in(a,b)$ 使 $f(c)>0$,求证:$\exists \xi\in(a,b)$,使得 $f''(\xi)<0$.

*8. 证明下列关于两个中值点的中值命题:

(1) 设 $f(x)\in C[a,b]$,$f(x)\in D(a,b)$,且 $0<a$,求证:$\exists \xi,\eta\in(a,b)$,使得 $2\eta f'(\xi)=(a+b)f'(\eta)$;

(2) 设 $f(x)\in C[a,b]$,$f(x)\in D(a,b)$,且 $f(a)=f(b)=1$,求证:$\exists \xi,\eta\in(a,b)$,使得 $e^{\xi-\eta}[f(\xi)+f'(\xi)]=1$.

§3.2 函数的增减性与极值、最大值与最小值

一、函数的增减性

函数的增减性就是指单调性,其定义及等价描述见§1.1,不再赘述.

直接利用定义(**不等式判别法**)判别函数的增减性,只适合少量的简单函数,而对稍微复杂的函数往往无可奈何. 判别函数增减性有没有简单而有效的方法呢?

我们知道,导数表示曲线的斜率与函数的变化率,因此从几何意义看,$f'(x)>0$ 就表示曲线 $y=f(x)$ 上每一点处的切线的斜率大于零,即曲线是上升的,因此函数 $f(x)$ 是增加的. 从实际意义看,$f'(x)>0$ 表示 $f(x)$ 的变化率大于零,因此 $f(x)$ 是增加的. 于是,很自然地就有下面的定理,该定理刻画了关于函数增减性的**导数判别法**.

为了方便,把函数 $f(x)$ 在区间 I 内单调增加(减少),记成"$f(x)$ 在 I 内 $\nearrow(\searrow)$"或"在 I 内 $f(x)\nearrow(\searrow)$".

定理 1 设函数 $f(x)$ 在区间 I 内可导，若在 I 内恒有 $f'(x)>0(<0)$，则 $f(x)$ 在 I 内 ↗ (↘)．

证 任取 $x_1,x_2\in I$，且 $x_1<x_2$．因为 $f(x)$ 在 I 内可导，得 $f(x)$ 在 $[x_1,x_2]$ 上连续，在 (x_1,x_2) 内可导，利用拉格朗日定理得
$$f(x_2)-f(x_1)=f'(\xi)(x_2-x_1),\xi\in(x_1,x_2).$$
若在 I 内恒有 $f'(x)>0$，即有 $f'(\xi)>0$，于是 $f(x_2)-f(x_1)>0$，即
$$f(x_2)>f(x_1),$$
故 $f(x)$ 在 I 内 ↗．

$f'(x)<0$ 时，同理可证 $f(x)$ 在 I 内 ↘．证毕．

注 (1)若把定理中条件"$f'(x)>0(<0)$"改为"$f'(x)\geqslant(\leqslant)0$，(且等号仅当 x 取有限个或可列无穷多个值时成立，即在区间 I 的任何开子区间内导数 $f'(x)$ 不恒等于零)"，那么，相应的结论照样成立．

例如 $f(x)=x^3$，因为对任何的 $x\in(-\infty,+\infty)$，恒有 $f'(x)=3x^2\geqslant0$（且等号仅当 $x=0$ 时成立），所以 $f(x)=x^3$ 在 $(-\infty,+\infty)$ 内 ↗．

再如，$f(x)=x+\cos x$，因为对任何的 $x\in(-\infty,+\infty)$，恒有 $f'(x)=1-\sin x\geqslant0$（且等号仅当 $x=2k\pi+\dfrac{\pi}{2}$ 时成立，k 为整数），所以 $f(x)=x+\cos x$ 在 $(-\infty,+\infty)$ 内 ↗．

(2)若定理中的区间 I 含有端点，只要函数在 I 上连续，在 I 的内部可导，那么定理仍然成立．

如，$f(x)=\sqrt{x}$，因为它在 $[0,+\infty)$ 上连续，在 $(0,+\infty)$ 内 $f'(x)=\dfrac{1}{2\sqrt{x}}>0$，所以该函数在 $[0,+\infty)$ 上 ↗．

(3)上述定理只是拿来判别函数是增加的还是减少的，不能直接判别函数值的大小，因此"$f'(x)>0\Rightarrow f(x)>0$"的推理是错误的．

如 $f(x)=-e^{-x}$，虽然 $f'(x)=e^{-x}>0$，但 $f(x)<0$．

有些函数在其定义域上不具有全局的增减性，但若把定义域分为几个部分区间，函数在各部分区间却具有增减性，这些区间就是增减区间．显然，增减区间的分界点是使得函数的导数为零的点以及函数的导数不存在的点，但反过来，导数为零的点和导数不存在的点不一定是增减区间的分界点．如 $f(x)=x^3$，虽有 $f'(0)=0$，但 $x=0$ 不是增减性的分界点．也就是说，导数为零的点和导数不存在的点只是可疑的分界点，称为**疑似分界点**．

据此，要讨论函数 $f(x)$ 的增减性或求其增减区间，可按下列**步骤**进行：

(1)确定函数的定义域 D；

(2)求 $f'(x)$（最好化为乘除的形式），并找出 D 内使得 $f'(x)=0$ 和 $f'(x)$ 不存在的点，即疑似分界点；

(3)判别各疑似分界点两侧 $f'(x)$ 的符号，根据增减性的判别法写出所求的结果．

这里，核心的步骤是(3)．当疑似分界点只有一个点时，可以把导数表示成分段形式来讨论 $f'(x)$ 的符号；当疑似分界点有多个时，最好采用列表的形式讨论 $f'(x)$ 的符号．

例1 求 $f(x)=x-\ln(x+1)$ 的增减区间.

思路 按求增减区间的三步骤进行.

解 $f(x)$ 的定义域 $D=(-1,+\infty)$.
$$f'(x)=1-\frac{1}{x+1}=\frac{x}{x+1},$$
令 $f'(x)=0$,得 $x=0$;D 内无 $f'(x)$ 不存在的点,所以疑似分界点为 $x=0$.

因为
$$f'(x)=\frac{x}{x+1}\begin{cases}<0, & -1<x<0\\ =0, & x=0\\ >0, & 0<x\end{cases},$$

所以 $f(x)$ 的增区间为 $(0,+\infty)$,减区间为 $(-1,0)$.

可以把结果说成:$f(x)$ 的增区间为 $[0,+\infty)$,减区间为 $(-1,0]$.

判别函数在某区间上的增减性后,利用增减性定义,可以证明蕴含 $f(x_1)<$(或 $>$) $f(x_2)$ 的二元严格不等式,也可以证明在某区间内恒成立的函数的严格不等式(需要把区间内的函数值与区间端点处的函数值或单侧极限值作比较而得).

例2 证明:当 $x>0$ 时,$(x+1)\ln(x+1)>x$.

思路 若令 $f(x)=(x+1)\ln(x+1)-x$,因为 $f(0)=0$,因此只要证:当 $x>0$ 时,$f(x)>f(0)$,即只要证 $f(x)$ 在 $[0,+\infty)$ 上↗.

证 令 $f(x)=(x+1)\ln(x+1)-x,x\in[0,+\infty)$.

因为 $f(x)$ 在 $[0,+\infty)$ 上连续,且在 $(0,+\infty)$ 内
$$f'(x)=\ln(x+1)+1-1=\ln(x+1)>\ln 1>0,$$
所以 $f(x)$ 在 $[0,+\infty)$ 上↗.

故当 $x>0$ 时,$f(x)>f(0)=0$,即当 $x>0$ 时,$(x+1)\ln(x+1)>x$.

注 若令 $f(x)=(x+1)\ln(x+1)-x,x\in(0,+\infty)$,只能证明 $f(x)$ 在 $(0,+\infty)$ 内↗,此时不能用 $f(x)>f(0)$ 去推不等式,但可以用
$$f(x)>\lim_{x\to 0^+}f(x)=0$$
去推.所以,构造辅助函数时一定要注意辅助区间的严格性,特别不能出现前述的"因为 $f'(x)>0$,所以 $f(x)>0$"的错误推理.

另外为了避免判别导数符号的困难,本题可以令
$$f(x)=\ln(x+1)-\frac{x}{x+1},x\in[0,+\infty),$$
或令
$$f(x)=\ln(x+1)-\frac{x}{x+1},x\in(0,+\infty).$$
然后证明之.

若函数有几个不同增减区间,该函数最多就有几个的零点,这一结论可应用于判别方程根最多有几个实根.如 $f(x)=x^3+x-1$,因为 $f'(x)=3x^2+1>0$,即 $f(x)$ 在 $(-\infty,+\infty)$ 内↗,所以方程 $f(x)=0$ 最多有一个实根.

二、函数的极值

从前面的知识可知,若点 $x=a$ 是函数 $f(x)$ 增减区间的分界点,那么函数在该点的函数

值 $f(a)$ 都大于或者都小于邻近点的函数值 $f(x)$. 用几何的观点, 即点 $(a,f(a))$ 是曲线 $y=f(x)$ 的"峰点"或"谷点". 具有这种性质的函数值就是极值.

定义 1 设函数 $f(x)$ 在点 a 的某邻域内 $U(a)$ 内有定义. 若对此邻域内的任意点 $x(x \neq a)$, 恒有
$$f(x) < (\text{或} >) f(a),$$
则称点 $x=a$ 为函数 $f(x)$ 的**极大点**(或**极小点**), 数值 $f(a)$ 称为 $f(x)$ 的**极大值**(或**极小值**). 函数的极大点与极小点统称为**极值点**, 极大值与极小值统称为**极值**.

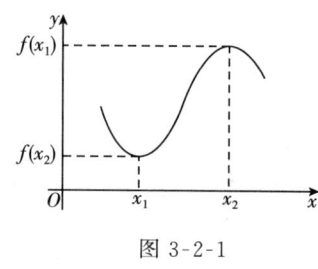

图 3-2-1

如图 3-2-1 所示, $x=x_1, x=x_2$ 分别是 $f(x)$ 的极小点, 极大点; $f(x_1), f(x_2)$ 分别是 $f(x)$ 的极小值, 极大值.

注 (1)函数的极值点一定是函数定义区间内部的点, 也就是说, 没有定义的点和定义区间的端点肯定不是极值点; (2)函数的极值是函数的局部性概念, 它只是与极值点所在的某邻域(找一个即可)内的其他点的函数值相互比较时, 才显现出来, 与函数在区间上的最值不同, 后者是对指定的整个区间而言的. 所以极大值不一定是最大值, 极小值也不一定是最小值, 甚至极小值可能比极大值还要大(请读者画出一个极小值大于极大值的图形).

利用极值定义(**不等式判别法**), 可以判别一些简单函数的极值.

如 $f(x)=x^2$ 有极小值 $f(0)=0$; $f(x)=|x-1|$ 有极小值 $f(1)=0$; $f(x)=(x-2)^3$ 在 $x=2$ 没有(或不取)极值.

为了给出一般的判别极值的方法, 我们先给出极值的必要条件, 也称为**费尔马(Fermat)定理**. 定理的证明类似于罗尔定理的证明, 从略.

定理 2(极值的必要条件) 若函数 $f(x)$ 在点 $x=a$ 可导, 且取极值, 则
$$f'(a)=0.$$

极值必要条件的几何意义是: 若曲线 $y=f(x)$ 在与极值点 $x=a$ 对应的点 $(a,f(a))$ 处有不垂直于 x 轴的切线, 则切线方程为 $y=f(a)$. 这是高为极值 $f(a)$ 的水平线.

定理 2 表明, 在可导时, 极值点必是驻点.

注意: 驻点不一定是极值点. 如 $f(x)=(x-2)^3$, $x=2$ 是驻点, 但不是极值点.

极值点也可能是不可导的点. 如 $f(x)=|x-1|$, $x=1$ 是极值点, 但不可导.

因此, 我们可以把定理 2 扩充成:

若函数 $f(x)$ 在点 $x=a$ 取得极值, 则 $f'(a)=0$ 或 $f'(a)$ 不存在.

这些结果告诉我们, 如果能把函数所有驻点和导数不存在的点(即前面的疑似分界点, 下面称为**疑似极值点**)全部求出, 那么极值点只能在这些点中寻找. 至于疑似极值点是否为真的极值点, 可以用下面的方法给予"确诊".

定理 3(一阶导数判别法) 设函数 $f(x)$ 在点 a 的某邻域 $U(a)$ 内连续, 在去心领域 $\overset{\circ}{U}(a)$ 内可导(在点 $x=a$ 导数 $f'(a)=0$ 或不存在, 即 $x=a$ 为疑似极值点), 对于任意的 $x \in \overset{\circ}{U}(a)$,

(1)若当 x 在点 a 左侧变到右侧时, $f'(x)$ 由正(或负)变负(或正)时, 则 $x=a$ 为函数

$f(x)$ 的极大(或极小)点,$f(a)$ 为 $f(x)$ 的极大(或极小)值;

(2)若当 $f'(x)$ 在点 a 的两侧同号时,则 $x=a$ 不是极值点.

定理的证明留给读者.

注 定理说明,函数增减区间的分界点必是极值点,因而,求函数(满足定理条件时)极值与求增减区间的步骤一致,只是最后要写出函数的极值.

例 3 求 $f(x)=x-\dfrac{3}{2}\sqrt[3]{x^2}$ 的极值.

思路 按求增减区间或极值的三步骤求解. 导数不存在的点也是疑似极值点,不可遗漏. 答题时要分出是极大值还是极小值.

解 $D_f=(-\infty,+\infty)$.

$$f'(x)=1-\dfrac{1}{\sqrt[3]{x}}=\dfrac{\sqrt[3]{x}-1}{\sqrt[3]{x}}, x\neq 0.$$

令 $f'(x)=0$,得 $x=1$;又 $f'(0)$ 不存在,所以疑似极值点是 $x=0, x=1$.

因为

x	$(-\infty,0)$	0	$(0,1)$	1	$(1,+\infty)$
$f'(x)$	$+$	$\not\exists$	$-$	0	$+$

所以,$f(x)$ 的极大值为 $f(0)=0$,极小值为 $f(1)=-1/2$.

下面的定理可更简洁明了地判别函数的疑似极值点,但需要加强条件,即要求函数在疑似极值点有二阶导数.

定理 4(二阶导数判别法) 设函数 $f(x)$ 在点 $x=a$ 二阶可导,且一阶导数 $f'(a)=0$,若二阶导数 $f''(a)<0$(或 >0),则 $x=a$ 为函数 $f(x)$ 的极大点(或极小点),$f(a)$ 为极大值(或极小值).

证 设 $f'(a)=0, f''(a)<0$,由二阶导数定义得

$$f''(a)=\lim_{x\to a}\dfrac{f'(x)-f'(a)}{x-a}=\lim_{x\to a}\dfrac{f'(x)}{x-a}<0.$$

根据函数的局部保号性,可知在点 $x=a$ 的某去心邻域内有 $\dfrac{f'(x)}{x-a}<0$. 故在此去心邻域内,当 $x<a$ 时 $f'(x)>0$,当 $x>a$ 时 $f'(x)<0$,于是由定理 3 知 $f(a)$ 为 $f(x)$ 的极大值.

类似可证另外的情形.

注 若 $f''(a)=0$(此时 $f(a)$ 可能是极大值,可能是极小值,也可能不是极值),此定理就不能用了,仍需用一阶导数判别法.

例 4 求 $f(x)=e^x-x-1$ 的极值.

解 $D_f=(-\infty,+\infty)$.

$f'(x)=e^x-1$,令 $f'(x)=0$,得 $x=0$.

又 $f''(x)=e^x$,于是 $f''(0)=1>0$.

故 $f(x)$ 有极小值 $f(0)=0$.

例 5　求 $f(x)=(x^2-1)^3+1$ 在 $(-1,+\infty)$ 内的极值.

解　在 $(-1,+\infty)$ 内，$f'(x)=6x(x^2-1)^2$，$f''(x)=6(x^2-1)(5x^2-1)$.

令 $f'(x)=0$，得 $x=0,x=1$；无导数不存在的点，疑似极值点为 $x=0,x=1$.

因为 $f''(x)=6(x^2-1)(5x^2-1)$，$f''(0)=6>0$，所以 $f(x)$ 有极小值 $f(0)=0$.

在点 $x=1$，$f''(1)=0$，二阶导数判别法失效. 因为

$$f'(x)=6x(x^2-1)^2\begin{cases}>0,\ 0<x<1\\=0,\ x=0\\>0,\ x>1\end{cases},$$

所以 $f(1)=1$ 不是极值.

三、最大值与最小值

在日常生活、生产实践、经营活动及工业、工程等科学技术中，常常会遇到这样一类问题：在一定条件下，如何"多、快、好、省"地达到目标. 这类问题反映在数学上就是求一个函数（称为**目标函数**）在某个区间（称为**限制区间**）的最大值或最小值（统称**最值**）.

定义 2　设函数 $f(x)$ 在区间 I 上有定义，若 $\exists a\in I$，使得 $\forall x\in I$，恒有 $f(x)\leqslant$（或 $\geqslant$）$f(a)$，则称 $f(a)$ 是 $f(x)$ 在 I 上的**最大值**（或**最小值**），可记为 M（或 m）.

注　(1)函数在一个区间上的最值可能在区间的内部或区间的端点处取得，最值是函数在一个区间上的整体性质；(2)同一个函数式在不同区间上的最值可能不同，最值与考虑的区间有关.

如果函数 $f(x)$ 在闭区间 $[a,b]$ 上连续，则 $f(x)$ 在 $[a,b]$ 上必有最大值和最小值，最大值和最小值要么在开区间 (a,b) 内部取得，要么在区间 $[a,b]$ 的端点 $x=a$、$x=b$ 处取得，要是在开区间 (a,b) 的内部取得，则最值点一定也是疑似极值点，也就是导数为零或导数不存在的点.

若函数 $f(x)$ 在闭区间 $[a,b]$ 上连续，在开区间 (a,b) 内部只有有限个的点使得 $f'(x)=0$ 或 $f'(x)=0$ 不存在（即疑似极值点有限个），那么函数 $f(x)$ 在闭区间 $[a,b]$ 上的最值可以用如下的**比较法**求得：

(1)在 (a,b) 内，求出导数 $f'(x)$，找出 (a,b) 内使得 $f'(x)=0$ 和 $f'(x)$ 不存在的点，得 $f(x)$ 的所有疑似极值点 $x_1,\cdots,x_k$；

(2)比较 $f(x_1),\cdots,f(x_k),f(a),f(b)$ 大小，其中最大、最小者即为 $f(x)$ 在 $[a,b]$ 上的最大值、最小值.

特殊地，若 $f(x)$ 在 $[a,b]$ 上单调增加（或减少），那么最值分别在 $[a,b]$ 两端点处取得.

例 6　求 $f(x)=x^3-3x$ 在 $[0,2]$ 上的最值.

思路　求闭区间上连续函数的最值，按比较法的两步骤进行.

解　在 $(0,2)$ 内，$f'(x)=3x^2-3=3(x+1)(x-1)$.

令 $f'(x)=0$，得 $x=1$；无 $f'(x)$ 不存在的点，所以疑似极值点是 $x=1$.

比较以下各值：

x	0	1	2
$f(x)$	0	-2	2

故所求最大值为 $f(2)=2$,最小值为 $f(1)=-2$.

注 (1)不必判别 $f(1)$ 是否为极值;(2)实质证明了当 $0 \leqslant x \leqslant 2$ 时,$-2 \leqslant x^3-3x \leqslant 2$.

若函数 $f(x)$ 在任意的区间 I 上连续,则 $f(x)$ 在 I 上未必有最大值或最小值. 但是,若 $f(x)$ 在 I 内有唯一的疑似极值,且(经判别)该疑似极值是极大值(或极小值),则此极大值(或极小值)即为 $f(x)$ 在 I 上的最大值(或最小值). 这种求得最值的方法称为**转化法**,把极值转化为最值的前提条件是,疑似极值必须是唯一的. 几何上,疑似极值唯一的曲线一般是单峰(或单谷)曲线,曲线上的峰点(或谷点)也是曲线的最高点(或最低点),见图 3-2-2.

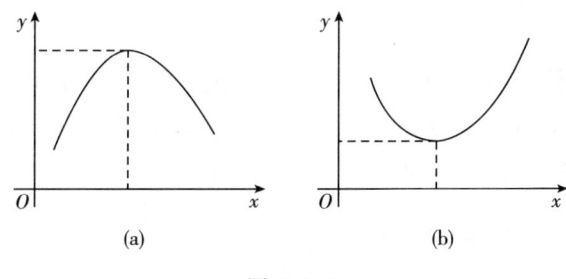

图 3-2-2

其他情况下,要求函数 $f(x)$ 在连续区间 I 上的最值,可用**综合法**,即综合运用最值定义、比较法、转化法、函数的图像、几何特性(如奇偶性、周期性)等知识,进行相关分析和计算.

例 7 求证:$x>0$ 时,$x-1 \geqslant \ln x$.

思路 只要证 $x-1-\ln x$ 在 $(0,+\infty)$ 内最小值为 0,从而把证明问题转化成计算函数在开区间内的最小值问题.

证 令 $f(x)=x-1-\ln x, x>0$.

因为 $f'(x)=1-\dfrac{1}{x}=\dfrac{x-1}{x} \begin{cases} <0, & 0<x<1 \\ =0, & x=1 \\ >0, & x>1 \end{cases}$,所以 $f(x)$ 在 $(0,+\infty)$ 内有唯一的疑似极值,且为极小值 $f(1)=0$,得 $f(x)$ 在 $(0,+\infty)$ 内的最小值为 $f(1)=0$.

故当 $x>0$ 时,$f(x) \geqslant f(1)=0$ 即 $x-1 \geqslant \ln x$.

注 例 7 表明,利用最值可以证明在某个区间上成立的含有等号的函数不等式,证明的要点是把所令的函数与最值进行比较.

另外,证明过程可以看出,方程 $x-1=\ln x$ 有唯一的实根 $x=1$. 请读者思考:若 b 为常数,如何讨论方程 $\ln x=x-b$ 实根的个数?

例 8 若 $\forall x>0$,均有 $2x^3-ax+4>0$,求常数 a 的取值范围.

思路 讨论含参数 a 的不等式 $F(x,a)>0$ 或 $F(x,a)<0$ 时,常用"**参数分离法**"将不等式写成等价形式 $f(x)>a$ 或 $f(x)<a$,然后考虑辅助函数 $f(x)$ 的最大值或最小值与 a 的大小关系.

题设条件等价于对任意的 $x>0$,有 $2x^2+\dfrac{4}{x}>a$,即 $x>0$ 时函数 $2x^2+\dfrac{4}{x}$ 最小值大于 a.

解 令 $f(x) = 2x^2 + \dfrac{4}{x}, x > 0$.

因为 $f'(x) = 4x - \dfrac{4}{x^2} = \dfrac{4(x^3-1)}{x^2} \begin{cases} <0, & 0<x<1, \\ =0, & x=1, \\ >0, & x>1 \end{cases}$，所以 $f(x)$ 在 $(0, +\infty)$ 内有唯一的疑似极值，且为极小值 $f(1)=6$，故 $f(x)$ 在 $(0, +\infty)$ 内的最小值为 $f(1)=6$.

要使得 $\forall x > 0$，均有 $2x^3 - ax + 4 > 0$，只要 $f(1) = 6 > a$，故 a 的取值范围为 $a < 6$.

注 若直接考虑辅助函数 $f(x) = 2x^3 - ax + 4$（视 a 为参数）的最值，必须分 $a < 0$ 和 $a > 0$ 进行讨论，请读者完成.

由于题设条件还等价于：$x > 0$ 时，$2x^3 + 4 > ax$，因此可以利用曲线 $y = 2x^3 + 4 (x > 0)$ 上过原点的切线 $y = kx$ 与直线 $y = ax$ 的位置关系来确定 a 的取值范围，也请读者完成.

若题设改为：若对任意的 $x > 0$，均有 $2x^3 - ax + 4 \geq 0$，则 $a \leq 6$，即 a 的最大值为 6.

四、解几何与实际问题中的最值问题

求解几何或实际中的最值问题时，关键是把几何或实际问题转化为去求一个函数（即目标函数）在某个区间（即限制区间）的最值. 这里面涉及到理解问题（可以画示意图），设立变量（分清哪些量是常数，哪些量是变量），建立函数（核心部分），求解最值，检查修正等基本过程.

例 9 求曲线 $y = \dfrac{1}{3}x^6 (x > 0)$ 上一点，使曲线在该点处的法线在 y 轴上的截距最小.

思路 按分析问题建立函数，求解作答这三步骤求解.

解 设 $\left(a, \dfrac{1}{3}a^6\right)(a > 0)$ 为曲线上任意一点. 由 $y' = 2x^5$，得曲线在点 $\left(a, \dfrac{1}{3}a^6\right)$ 处的切线的斜率 $k_1 = y'|_{x=a} = 2a^5$，法线的斜率 $k_2 = -1/k_1 = -1/2a^5$，于是法线方程为 $y - \dfrac{1}{3}a^6 = -\dfrac{1}{2a^5}(x-a)$.

令 $x = 0$，得该法线在 y 轴上的截距（即目标函数）为

$$g(a) = \dfrac{1}{3}a^6 + \dfrac{1}{2a^4}, a > 0.$$

因为

$$g'(a) = 2a^5 - \dfrac{2}{a^5} = \dfrac{2(a^{10}-1)}{a^5} \begin{cases} <0, & 0<a<1 \\ =0, & a=1 \\ >0, & a>1 \end{cases},$$

所以 $g(a)$ 在 $a = 1$ 取唯一的疑似极值，且为极小值，也即是最小值.

故所求的点为 $\left(1, \dfrac{1}{3}\right)$.

思考：若去掉曲线 $y = \dfrac{1}{3}x^6 (x > 0)$ 中的限制条件 "$x > 0$"，结果如何？

习 题 3.2

1. 下列说法是否正确，若不正确请给出反例：
(1) 单调函数的导数一定为单调函数；
(2) 单调增加函数的导数一定大于零；
(3) 导数大于零的函数一定大于零；
(4) 函数在极值点的导数必等于零；
(5) 若函数在某区间内部取最大值，则此最大值必是极大值；
(6) 若函数在某区间内有唯一极大值，则此极大值必是最大值．

2. 求解下列有关单调性或极值的问题（注意要求）：
(1) 求 $f(x)=2x^2-\ln x$ 的单调减区间；
(2) 求 $f(x)=\dfrac{x}{(x+3)^2}$ 的单调区间；
(3) 求 $f(x)=\sqrt[3]{(2x-x^2)^2}$ 的极小值；
(4) 求 $y=x^2 e^{-x^2}$ 的极值；
(5) 求 $f(x)=e^x+e^{-x}+2\cos x, x\in(-\pi,\pi)$ 的极值；
(6) 求函数 $f(x)=\dfrac{x^3}{3-x^2}$ 的驻点，极值和曲线的渐进线；
(7) 试问 a,b 为何值时，$f(x)=ax e^{bx^2}$ 有极值 $f(2)=1$？它是极大还是极小值？

3. 求解下列最值问题（注意要求）：
(1) 求 $f(x)=x+\sqrt{1-x}$ 在 $[-5,1]$ 上的最大与最小值；
(2) 求 $f(x)=|x|e^x$ 在 $[-2,1]$ 上的最大值与最小值；
(3) 求 $f(x)=\arctan x-\dfrac{1}{2}\ln(1+x^2)$ 的最大值；
(4) 求数列 $\{\sqrt[n]{n}\}$ 的最大项；
(5) 若 $x>0$ 时，$4x^2+Ax^{-1}\geqslant 24$，求常数 A 的最小值；
(6) 若 $f(x)=8x-x^2-\dfrac{1}{3}ax^3$ 在 $[1,2]$ 上为增，求参数 a 的取值范围．

4. 求解下列几何最值问题：
(1) 问曲线 $y=\dfrac{1}{x^2}$ 在哪一点处的切线被两坐标轴所截线段最短？
(2) 函数 $d(x)=|f(x)-g(x)|$ 的最小值称为曲线 $y=f(x)$ 和 $y=g(x)$ 的距离．试求曲线 $y=\dfrac{1}{2}x^2$ 和 $y=\ln x$ 的距离．
(3) 将一段长为 l 的铁丝切成两段，并将其中一段围成正方形，另一段围成圆形，为使正方形与圆形的面积之和最小，问两段铁丝的长的比例为多少？
(4) 欲造一个体积为 V 的圆柱形有盖铁罐，要使所用材料，求高 h 与直径 $2r$ 的比．若顶部、底部圆片都是从边长为 $2r$ 的正方形铁皮上切下，要使所用材料，求高 h 与直径 $2r$ 之比．

5. 求解下列实际问题：
(1) 轮船 A 位于轮船 B 以东 75 海里处，以每小时 12 海里的速度向西行驶，而轮船 B 则以每小时 6 海里的速度向北行驶，问经过多少时间两船相距最近？
(2) 铁路线上 AB 段的距离为 100km，工厂 C 距 A 处为 20km，AC 垂直于 AB．为了运输需要，要在 AB 上选定一点 D 向工厂修筑一条公路，已知铁路每公里货运的运费与公路上每公里货运的运费之比为 $3:5$．

为了使货物从供应站 B 运到工厂 C 的运费最省,问 D 点应选在何处?

(3)某农机厂生产某种农具,固定成本为 20000 元,每生产一件农具,成本增加 100 元,已知总收入 R 是年产量 Q 的函数

$$R = \begin{cases} 400Q - \frac{1}{2}Q^2, & 0 \leqslant Q \leqslant 400 \\ 80000, & Q > 400 \end{cases}.$$

问每年生产多少件农具总利润最大?此时总利润是多少?

(4)射击一子弹(不计空气阻力,取子弹发射之点为原点),其弹道方程为 $y = mx - \frac{m^2+1}{800}x^2$(其中 m 为正数).若要子弹击中同一水平面上最远距离的目标,求 m 的值;若要子弹击中 300 米远处一直立墙壁上的最大高度,求 m 的值.

6. 解答下列关于方程根的命题(其中 a, b 为常数):

(1)方程 $x + a + b\cos x = 0$(其中 $0 < b < 1$)有几个实根?

(2)讨论方程 $x^4 - 4x + a = 0$ 实根的个数.

(3)a 为何值时,方程 $\ln x = ax$ 恰好有一个实根.

7. 证明下列一元不等式(注意差异性):

(1)$(x+1)\ln x > 2(x-1), (x > 1)$;

(2)$(x+1)\ln x \geqslant 2(x-1), (x > 0)$;

(3)$2x \arctan x > \ln(1 + x^2), (x > 0)$;

(4)$2x \arctan x \geqslant \ln(1 + x^2), (x \in \mathbf{R})$;

(5)$\frac{2}{\pi}x < \sin x < x, (0 < x < \frac{\pi}{2})$;

(6)当 n 为正整数时,$\left(1 + \frac{1}{n}\right)^n < e < \left(1 + \frac{1}{n}\right)^{n+1}$;

(7)设 $a > \ln 2 - 1$,求证:$x > 0$ 时,$e^x > x^2 - 2ax + 1$.

8. 证明下列二元不等式:

(1)当 $0 < a < b < \pi$ 时,$\frac{\sin a}{\sin b} > \frac{a}{b}$;

(2)当 $e < a < b$ 时,$\ln^2 b - \ln^2 a < \frac{2}{e}(b - a)$;

(3)当 $b > a > 0$ 时,$\frac{b-a}{a} > \ln \frac{b}{a} > \frac{2(b-a)}{a+b}$;

(4)当 $x > 0$ 时,$xy \leqslant x \ln x + e^{y-1}$.

9. 证明下列各题:

(1)设 $f(x) \in C[a,b], f(x) \in D(a,b), f'(x)$ 在 (a,b) 内单调增加,求证:$F(x) = \frac{f(x) - f(a)}{x - a}$ 在 (a,b) 内也单调增加.

*(2)(达布定理)若 $f(x) \in D(a,b)$,且 $f'_+(a) \cdot f'_-(b) < 0$,求证:$\exists \xi \in (a,b)$,使得 $f'(\xi) = 0$.

*(3)(罗尔定理逆定理)设 $f(x)$ 在 $[a,b]$ 上连续,在 (a,b) 内二阶可导,求证:对任意的点 $\xi \in (a,b)$,当 $f'(\xi) = 0, f''(\xi) \neq 0$ 时,必存在不同两点 $c, d \in (a,b)$,使得 $f(c) = f(d)$.

§3.3 曲线的凹凸性与拐点、曲率

一、曲线的凹凸性与拐点

函数的增减性体现了曲线升降情况,但仅此还不能准确地反映函数图像的其他特征.例

如,曲线 $y=x^2$ 与 $y=\sqrt{x}$ 在$[0,1]$上都是上升的,但两者的弯曲方向不同,前者是向上弯曲,后者是向下弯曲. 为了研究曲线的弯曲方向(简称凹凸),我们先给出曲线凹凸性与拐点的定义,然后讨论如何利用导数来判别曲线的凹凸性与拐点,其中的一些说明可以和前述的关于函数的增减性与极值的说明进行类比.

定义 设函数 $f(x)$ 在区间 I 内连续,若 $\forall$ 不同两点 $x_1,x_2\in I$,恒有
$$f\left(\frac{x_1+x_2}{2}\right)<(或>)\frac{f(x_1)+f(x_2)}{2},$$
则称函数 $f(x)$ 在 I 内为**凹(或凸)的**,并称 I 是 $f(x)$ 的**凹(或凸)区间**. 函数的凹凸区间的分界点称为**函数的拐点**. 函数 $f(x)$ 在 I 内为凹(或凸),也称作曲线 $y=f(x)$ 在 I 内为凹(或凸),而函数 $f(x)$ 的拐点 $x=a$ 对应曲线上的点 $(a,f(a))$ 就称为**曲线 $y=f(x)$ 的拐点**. 函数 $f(x)$ 或曲线 $y=f(x)$ 在 I 内为凹(或凸),可以记成"$y=f(x)$ 在 I 内为 $\cup$(或 $\cap$)"或"在 I 内 $y=f(x)$ 为 $\cup(\cap)$".

观察定义所反映的几何性质:$\frac{x_1+x_2}{2}$ 是区间 $[x_1,x_2]$ 的中点,$f\left(\frac{x_1+x_2}{2}\right)$ 是曲线 $y=f(x)$ 在该点处的高度,而 $\frac{f(x_1)+f(x_2)}{2}$ 是弦 AB 上对应于中点的高度. 所以定义可以说成:若曲线上任意两点的弧总位于该两点的弦的下方(或上方),则称曲线是凹的(或凸的). 曲线从凹(或凸)拐到凸(或凹)要经过一个"不凸不凹"的那个点就是曲线的拐点(图 3-3-1).

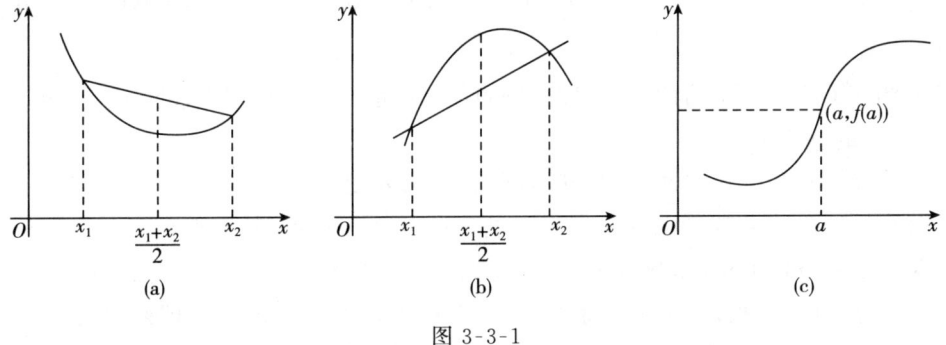

图 3-3-1

利用定义(**不等式判别法**)判别凹凸性只适合于简单的曲线,如 $y=x^2$ 在 $(-\infty,+\infty)$ 内为 $\cup$. 下面给出关于曲线凹凸性的**二阶导数判别法**,这是一般的判别法(用拉格朗日定理可证之,请读者完成).

定理 1 设函数 $f(x)$ 在区间 I 内二阶可导,若在 I 内恒有 $f''(x)>0$(或 <0),则在 I 内 $y=f(x)$ 为 $\cup$(或 $\cap$).

从导数的意义看,$f''(x)>0$ 表示曲线 $y=f(x)$ 在各点的切线斜率 $f'(x)$ 是随 x 的增加而增加的,这种曲线 $y=f(x)$ 是凹的;$f''(x)<0$ 表示曲线 $y=f(x)$ 在各点的切线斜率 $f'(x)$ 是随 x 的增加而减少的,这种曲线 $y=f(x)$ 是凸的.

若把定理条件"$f''(x)>0$(或 <0)"改为"$f''(x)\geqslant(\leqslant)0$,(且等号仅当 x 取有限个或可列无穷多个值时成立,即在区间 I 的任何开子区间内 $f''(x)$ 不恒等于零)",那么,相应的结论照样成立.

若定理中的区间 I 含有端点,只要函数在 I 上连续(在 I 的内部二阶可导),那么定理仍然成立.

如 $f(x)=x^4$,因为对任何的 $x\in(-\infty,+\infty)$,恒有
$$f''(x) = 12x^2 \geqslant 0(且等号仅当 x = 0 时成立),$$
所以曲线 $y=x^4$ 在 $(-\infty,+\infty)$ 内为 $\cup$.

又如 $y=x^3$,因为
$$y'' = 6x\begin{cases}<0, x<0 \\ =0, x=0, \\ >0, x>0\end{cases}$$
所以曲线 $y=x^3$ 的凹区间为 $(0,+\infty)$,凸区间为 $(-\infty,0)$,拐点为 $(0,0)$.

既然曲线的拐点是凹凸性的分界点,那么在拐点横坐标的左右邻近 $f''(x)$ 要变号,因此拐点横坐标只可能是 $f''(x)$ 为零或不存在的点(理论上的证明从略).

定理2(拐点的必要条件) 若函数 $f(x)$ 在点 $x=a$ 二阶可导,且点 $x=a$ 是函数的拐点,则
$$f''(a) = 0.$$
类似于极值的一阶导数判别法,判别连续函数(或曲线)的拐点,有下面的定理.

定理3(二阶导数判别法) 设函数 $f(x)$ 在点 a 的某邻域 $U(a)$ 内连续,在去心领域 $\mathring{U}(a)$ 内二阶可导(在点 a 的二阶导数 $f''(a)=0$ 或不存在,即 $x=a$ 为函数的疑似拐点),对于任意的 $x\in\mathring{U}(a)$,

(1)若当 $f''(x)$ 在点 a 的两侧异号时,则点 $x=a$ 是函数 $f(x)$ 的拐点(或点 $(a,f(a))$ 是曲线 $y=f(x)$ 的拐点);

(2)若当 $f''(x)$ 在点 a 的两侧同号时,则点 $x=a$ 不是拐点.

求连续函数 $f(x)$ 或连续曲线 $y=f(x)$ 的凹凸区间和拐点,其步骤是:

(1)确定函数 $f(x)$ 的定义域 D;

(2)求出 $f''(x)$,并找出 D 内使得 $f''(x)=0$ 和 $f''(x)$ 不存在的点,即函数的疑似拐点;

(3)判别函数各疑似拐点两侧 $f''(x)$ 的符号,根据判别法写出所求的结果.

这里,核心的步骤是(2)和(3),讨论 $f''(x)$ 的符号可以用分段法或列表法.

例1 求函数 $f(x)=x^3-6x^2+9x+5$ 的凹凸区间与拐点.

思路 本题是针对函数求凹凸区间与拐点,按三步骤进行.

解 函数 $f(x)$ 的定义域 $D=(-\infty,+\infty)$.
$$f'(x) = 3x^2 - 12x + 9, f''(x) = 6x - 12 = 6(x-2),$$
令 $f''(x)=0$,得 $x=2$;D 中无 $f''(x)$ 不存在的点,所以函数的疑似拐点为 $x=2$.

因为
$$f''(x) = 6(x-2)\begin{cases}<0, -\infty<x<2 \\ =0, x=2 \\ >0, 2<x<+\infty\end{cases},$$
所以函数 $f(x)$ 的凸区间为 $(-\infty,2)$,凹区间为 $(2,+\infty)$,拐点为 $x=2$.

例2 讨论曲线 $y=(x-1)\sqrt[3]{x}$ 的凹凸性并求出拐点.

思路 本题是针对曲线求凹凸区间与拐点,按三步骤进行.

解 $D_f=(-\infty,+\infty)$.

$$y'=\sqrt[3]{x}+(x-1)\cdot\frac{1}{3\sqrt[3]{x^2}}, y''=\frac{1}{3\sqrt[3]{x^2}}+\frac{1}{3\sqrt[3]{x^2}}-\frac{2(x-1)}{9\sqrt[3]{x^5}}=\frac{4\left(x+\frac{1}{2}\right)}{9\sqrt[3]{x^5}}.$$

令 $f''(x)=0$,得 $x=-\frac{1}{2}$ 时;又 $f''(0)$ 不存在,所以函数疑似拐点是 $x=-\frac{1}{2}, x=0$.

因为

x	$\left(-\infty,-\frac{1}{2}\right)$	$-\frac{1}{2}$	$\left(-\frac{1}{2},0\right)$	0	$(0,+\infty)$
$f''(x)$	+	0	−	∄	+

所以,曲线 $y=y(x)$ 在区间 $\left(-\infty,-\frac{1}{2}\right)$ 和 $(0,+\infty)$ 内分别为 ∪,在 $\left(-\frac{1}{2},0\right)$ 内为 ∩;曲线的拐点为 $\left(-\frac{1}{2},\frac{3}{4}\sqrt[3]{4}\right)$ 和 $(0,0)$.

判别了函数(曲线)凹凸性后,利用凹凸性定义可以证明蕴含 $f\left(\frac{x_1+x_2}{2}\right)$ 与 $\frac{f(x_1)+f(x_2)}{2}$ 的二元不等式.

比如,对 $y=\ln x$,因为 $y''=-\frac{1}{x^2}<0$,所以函数 $y=\ln x$ 在定义域 $(0,+\infty)$ 内为 ∩.在 $(0,+\infty)$ 内任取不同两点 $x_1=a, x_2=b$,根据凸函数定义知

$$\frac{\ln a+\ln b}{2}<\ln\frac{a+b}{2},$$

即

$$\sqrt{ab}<\frac{a+b}{2}.$$

又 $a=b$ 时等式成立.故有 $\sqrt{ab}\leqslant\frac{a+b}{2}(a>0,b>0)$. 这就是均值不等式.

*二、曲线的曲率

曲率就是曲线的弯曲程度,我们直接给出曲率的计算公式.

设函数 $f(x)$ 二阶可导,规定曲线 $y=f(x)$ 在点 x 处的**曲率**为

$$K=\frac{|y''|}{\sqrt{[1+(y')^2]^3}}.$$

若曲线用方程 $F(x,y)=0$ 或 $\begin{cases}x=x(t)\\y=y(t)\end{cases}$ 表示,利用以前的求导法,求出 y' 与 y'',或 $\frac{dy}{dx}$ 与 $\frac{d^2y}{dx^2}$,代入曲率计算公式也能求出曲线在某点的曲率.

由曲率定义知,在使 $y''=0$ 的点处,曲率等于零.所以直线上每一点处的曲率为零,这与我们的直觉"直线不弯曲"相一致;曲线上的拐点处的曲率也为零,这也与"拐点处不凹不凸"的感觉一致.

例 3 抛物线 $y=ax^2+bx+c$ 上哪一点处的曲率最大?

解 由 $y=ax^2+bx+c, y'=2ax+b, y''=2a$,得抛物线上任意点处的曲率为

$$K=\frac{|y''|}{\sqrt{[1+(y')^2]^3}}=\frac{|2a|}{\sqrt{[1+(2ax+b)^2]^3}}.$$

容易看出,当 $x=-\dfrac{b}{2a}$ 时,K 有最大值 $|2a|$.而当 $x=-\dfrac{b}{2a}$ 时对应的点恰是抛物线的顶点,因此,抛物线在顶点处的曲率最大.

例 4 求椭圆 $\begin{cases} x=a\cos t \\ y=b\sin t \end{cases}$ $(0\leq t<2\pi, a>b>0)$ 上曲率最大和最小的点.

思路 先按参数方程求导法求出一、二阶导数,然后代入曲率公式.

解 因为 $\dfrac{\mathrm{d}y}{\mathrm{d}x}=\dfrac{y'(t)}{x'(t)}=\dfrac{b\cos t}{-a\sin t}=-\dfrac{b}{a}\cot t\stackrel{\Delta}{=}z(t)$,

$$\frac{\mathrm{d}^2 y}{\mathrm{d}x^2}=\frac{z'(t)}{x'(t)}=\frac{\dfrac{b}{a}\csc^2 t}{-a\sin t}=-\frac{b}{a^2\sin^3 t},$$

所以曲率

$$K=\frac{|y''|}{\sqrt{[1+(y')^2]^3}}=\frac{ab}{\sqrt{[(a^2-b^2)\sin^2 t+b^2]^3}}.$$

因此,当 $t=0$ 或 $t=\pi$ 时,K 有最大值 a/b^2,此时椭圆上相应的点为 $(\pm a, 0)$,即椭圆在长轴的两顶点处曲率最大;当 $t=\pi/2$ 或 $t=3\pi/2$ 时,K 有最小值 b/a^2,此时椭圆上相应的点为 $(0, \pm b)$,即椭圆在短轴的两顶点处曲率最小.

显然,当 $a=b=R$ 时,曲率 $K=1/R$,即圆上任意点处的曲率相同,都等于该圆的半径的倒数,半径越小,曲率越大,圆弯曲得越厉害.

因为圆的曲率是常数,所以在研究曲线的曲率时,我们常常用与曲线在一点处曲率相同的圆弧来近似代替与这点邻近的曲线,这就引出曲率圆的概念.

设曲线 C 在点 P 处的曲率为 $K\neq 0$.作点 P 处曲线 C 的法线,并且在曲线凹向的一侧的法线上取一点 O',使得 $|O'P|=\dfrac{1}{K}=\rho$.以 O' 为圆心,ρ 为半径作圆,称这个圆为曲线 C 在点 P 处的**曲率圆**,称曲率圆的圆心 O' 为曲线 C 在点 P 处的**曲率中心**,称曲率圆的半径 $\rho=\dfrac{1}{K}$ 为曲线 C 在点 P 处的**曲率半径**,见图 3-3-2.

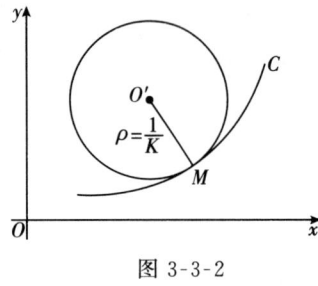

图 3-3-2

明显地,若曲线 C 就是圆周,则它各处的曲率圆就是该圆本身,各处的曲率中心就是该圆圆心.但在一般情况下,随着点 P 在曲线上变动,则相应的曲率圆、曲率半径、曲率中心也将发生变动.

按照上述规定可知,曲率圆具有下述性质:(1)它与曲线在点 P 相切,即有相同的切线;

(2)它与曲线在点 P 处的曲率相等,即有相同的弯曲程度;(3)它与曲线在点 M 邻近有相同的凹向.

由于曲率圆与曲线有这些密切关系,因此当讨论曲线在某点处的性态时,往往用该点的曲率圆弧来近似代替曲线弧,以使问题简化.例如,在研究物体的曲线运动时,用曲线上某一点的曲率圆弧来代替该点附近的曲线弧,就可以用圆周运动的知识来分析该点处的曲线运动.又如,在用砂轮磨削一般工件的内表面时,选用砂轮的半径也不应超过该工件内表面的截线上各点处曲率半径中的最小值.这样才不会产生过量磨损,或有的地方磨不到的问题.

例 5 设工件内表面的截线为抛物线 $y=0.4x^2$,现在要用砂轮磨削其内表面,问直径多大的砂轮才比较合适?

解 为了在磨削时不使砂轮与工件接触处附近的那部分磨去太多,砂轮的半径应小于或等于抛物线上各点处的曲率半径中的最小值.由例 3 可知,抛物线在其顶点处的曲率最大,从而抛物线在其顶点处的曲率半径最小,因此我们先求出抛物线 $y=0.4x^2$ 在顶点$(0,0)$处的曲率半径.

由题设得 $y'=0.8x, y''=0.8$,即 $y'|_{x=0}=0, y''|_{x=0}=0.8$,得曲率 $K=0.8$,因而抛物线在顶点处的曲率半径 $\rho=\dfrac{1}{K}=1.25$,所以选用砂轮的半径不得超过 1.25 单位长,即直径不得超过 2.50 单位长.

习 题 3.3

1. 求解下列各题:
(1)判别曲线 $y=x\arctan x$ 凹凸性;
(2)求函数 $f(x)=\ln(1+x^2)$ 的拐点;
(3)求曲线 $y=xe^{-x}$ 的凹凸区间与拐点;
(4)求曲线 $y=(2x-5)\sqrt[3]{x^2}$ 的凹凸区间与拐点.

2. 设函数 $f(x)=\dfrac{a(x-1)}{x+1}-\ln(x+1)$ 在点 $x=3$ 处取得极值.
(1)求常数 a;(2)求曲线 $y=f(x)$ 的拐点.

3. 设 $f(x)=ax^3+bx^2+1$,若点$(1,3)$是曲线 $y=f(x)$ 的拐点,(1)求常数 a,b 的值;(2)求 $f(x)$ 的极值;(3)求 $f(x)$ 在$[0,3]$上的最大值与最小值.

4. 解答下列各题:
(1)求证:三次曲线 $y=ax^3+bx^2+cx+d(a\neq 0)$ 仅有一个拐点,且曲线关于该拐点对称;
(2)验证:曲线 $y=x\arctan\dfrac{y}{x}$ 没有拐点;
(3)求曲线 $x=t^2, y=3t+t^3$ 在拐点处的切线方程;
(4)若曲线 $y=e^x+ax^3$ 有拐点,求常数 a 的取值范围.

5. 求证: $\dfrac{e^x+e^y}{2}>e^{\frac{x+y}{2}}$ $(x\neq y)$.

*6. 求下列曲线在给定点处的曲率:
(1)$y^2=4x$,点$(1,2)$; (2)$\sqrt{x}+\sqrt{y}=1$,点(x,y);

(3) $x=\cos^3 t, y=\sin^3 t$, 在 $t=\pi/4$ 对应点.

*7. 解答下列各题：

(1) 求曲线 $y=\ln x$ 上曲率最大的点；

(2) 一飞机沿抛物线 $y=\dfrac{1}{40000}x^2$ (单位:米)在俯冲飞行,在原点 O 处的速度 $v=400$ 米/秒,飞行员体重 $G=70$ 千克,求飞机俯冲至原点时,飞行员对座椅的压力；

(3) 铁路线上有半径为 2 的圆心在 y 轴上的圆弧段 $\overset{\frown}{AO}$ 和直线段 BC,其中 O 为坐标原点,而 A,B,C 三点的坐标依次为 $A(-2,2),B(2,1),C(3,2)$. 为了使火车在铁路线 $AOBC$ 上行使时能避免剧烈震动,要用一条五次方的抛物线 $y=P(x)$ 把 O 与 B 连接起来,使得曲线 $AOBC$ 具有连续变化的切线斜率,而且要有连续变化的曲率（即曲线 $y=P(x)$ 与圆弧 $\overset{\frown}{AO}$ 在点 O,以及曲线 $y=P(x)$ 与直线 BC 在点 B 的函数值、导数值和二阶导数值分别全部相等）,试求出 $y=P(x)$；

(4) 设 $f(x)$ 二阶可导,曲线 $y=f(x)$ 在点 $P(x,y)$ 的切线的倾角为 α,求证:曲线 $y=f(x)$ 在点 $P(x,y)$ 的曲率可以表示为 $K=\left|\dfrac{\mathrm{d}\sin\alpha}{\mathrm{d}x}\right|$.

§3.4 函数图像的描绘

一、直角坐标系下曲线的描绘

之前,我们研究了函数与其图像的许多性质:基本性质有奇偶性、周期性和有界性；重要性质有连续性、间断点和渐近线；一般性质有增减性、凹凸性和曲率等. 借助于这些性质,就可以比较准确地描绘出函数的图像. 当然,由于一般图像上不同的点处的曲率不同,我们没有必要在绘图时求出各点处的曲率(要求所有点的曲率也是不可能的),只要把握图形无穷延伸的趋势,升降和凹凸情况就够了.

利用极限和导数描绘曲线 $y=f(x)$ 图像的**一般步骤**如下：

(1) 确定函数的定义域和连续区间；

(2) 确定曲线的渐近线(这里暂不考虑斜渐近线)；

(3) 确定函数的增减性与极值点,曲线的凹凸性与拐点；

(4) 确定曲线上其他必要的一些点,如曲线与坐标轴的交点等,最后绘出图像.

其中,第(3)部通常用列表法来讨论比较直观,可以把一阶导数和二阶导数符号的讨论放在一个表格中进行. 为了更加显现明了,把曲线既是下降(↘)又是凹($\cup$)的,用弧↙箭表示,同样有 ↘, ↗, ↙ 等情形,这四种符号可以连接成 ∞ 型的曲线.

例 1 作函数 $y=\dfrac{4(x+1)}{x^2}-2$ 的图形.

解 (1) 初等函数 $y(x)$ 的定义域为 $x\neq 0$,连续区间为 $(-\infty,0)$ 和 $(0,+\infty)$.

(2) 由 $\lim\limits_{x\to 0}y(x)=+\infty$,得图形的垂直渐近线为 $x=0$；由 $\lim\limits_{x\to\infty}y(x)=-2$,得图形的水平渐近线为 $y=-2$.

(3) 因为 $y'=4\cdot\dfrac{x^2-(x+1)\cdot 2x}{x^4}=-\dfrac{4(x+2)}{x^3}$,仅当 $x=-2$ 时 $y'=0$；定义域中无 y'

不存在的点,所以疑似极值点为 $x=-2$.

因为 $y''=-4\cdot\dfrac{x^3-(x+2)\cdot 3x^2}{x^6}=\dfrac{8(x+3)}{x^4}$,仅当 $x=-3$ 时 $y''=0$;定义域中无 y'' 不存在的点,所以疑似拐点为 $x=-3$. 列表讨论如下:

x	$(-\infty,-3)$	-3	$(-3,-2)$	-2	$(-2,0)$	$(0,+\infty)$
y'	$-$		$-$	0	$+$	$-$
y''	$-$	0	$+$		$+$	$+$
y	↘	$-2\dfrac{8}{9}$	↘	-3	↗	↘

函数极小值 $y(-2)=-3$,曲线的拐点为 $\left(-3,-2\dfrac{8}{9}\right)$.

(4) 令 $y=0$ 得曲线与 x 轴的交点为 $(1\pm\sqrt{3},0)$. 再补充两点:$(-1,-2)$,$(2,1)$. 最后描绘出图形 3-4-1 即为所求.

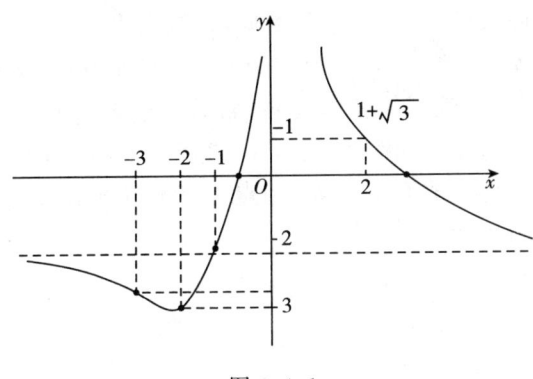

图 3-4-1

请读者用类似办法绘出概率曲线 $y=\dfrac{1}{\sqrt{2\pi}}e^{-\frac{x^2}{2}}$,它是一条钟型曲线.

注 对一些比较简单的曲线,如 $y=\sqrt{x}$,$y=e^{-x}$,$y=x^{-2}$ 等,读者也可以用上述方法(不必写出步骤,只要进行心算)很快画出. 画曲线时还可结合对称、平移、翻转、伸缩等图形变换方法.

快速而清晰的画图能力是学习高等数学不可或缺的要求,尤其是解决几何问题时,若无图形示意,很多问题的求解思路可能无法展开,求解无法入手.

二、极坐标系下曲线的描绘

笛卡儿最早引入的直角坐标系,是最简单和最常用的一种坐标系,但不是唯一的坐标系. 有时利用别的坐标系比较方便. 例如,炮兵射击时是以大炮为基点,利用目标的方位角及目标与大炮的距离来确定目标的位置的. 牛顿最早就是利用角和距离来引入所谓的极坐标系的.

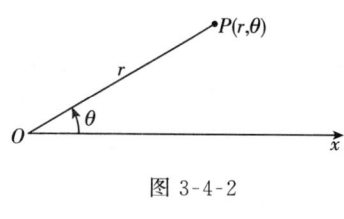

图 3-4-2

在平面内取一个定点 O,称为**极点**,引一条射线 Ox,称为**极轴**,再选定一个长度单位和角度的正方向(取逆时针方向)(图 3-4-2). 对于平面内任意一点 P,用 r 表示线段 OP 的长度,θ 表示从 Ox 到 OP 的转角,r 称为点 P 的**极径**,θ 称为点 P 的**极角**,有序数对 (r,θ) 称为点 P 的**极坐标**. 这样建立的坐标系称为**极坐标系**. 极坐标为 (r,θ) 的点 P,可记为 $P(r,\theta)$.

注 一般地,极径 $r \geqslant 0$;极角 θ 从极轴出发逆时针测量时取正值、顺时针则取负值. 极点的极径为 0,极角可以是任意角.

建立极坐标系后,给定 r 和 θ,就可以在平面内确定唯一一点 P;反过来,给定平面内一点,也可以找到它的极坐标 (r,θ),但与直角坐标不同的是,一个点的极坐标可以有无数种表示. 如点 (r,θ) 也可表示为 $(r,\theta+2k\pi)$(其中 k 为整数). 如果限定 $0 \leqslant \theta < 2\pi$ 或 $-\pi < \theta \leqslant \pi$,那么除极点外,平面内的点和极坐标就一一对应了.

在极坐标系中,平面曲线 C 可以用含有 r,θ 这两个变量的方程 $\varphi(r,\theta)=0$ 来表示,这种方程称为曲线的**极坐标方程**. 求曲线的极坐标方程的方法与步骤,和求直角坐标方程类似,就是把曲线看作适合某种条件的点的集合或轨迹,将已知条件用曲线上点的极坐标 r,θ 的关系式表示出来,就得到曲线的极坐标方程. 因此,从极点出发,与极轴成 α 角的射线的极坐标方程为 $\theta = \alpha$;以极点为圆心,半径为 a 的圆的极坐标方程为 $r = a$. 要注意的是,若圆心不在极点,那么,圆的极坐标方程就不能表示成 $r =$ 常数的形式.

如图 3-4-3,以极点 O 为原点,极轴 Ox 所在的直线为 x 轴,射线 Ox 的方向为 x 轴的正方向建立直角坐标系,则点 P 的直角坐标 (x,y) 与极坐标 (r,θ) 有如下的关系:

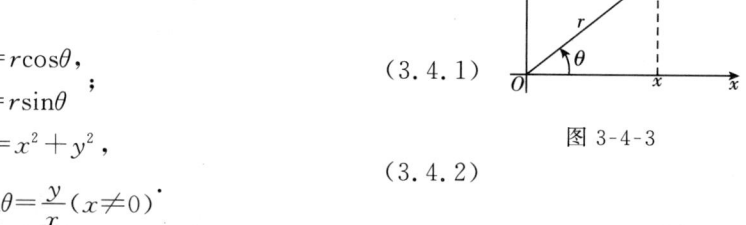

图 3-4-3

$$\begin{cases} x = r\cos\theta, \\ y = r\sin\theta \end{cases} \quad (3.4.1)$$

$$\begin{cases} r^2 = x^2 + y^2, \\ \tan\theta = \dfrac{y}{x} (x \neq 0) \end{cases} \quad (3.4.2)$$

利用坐标变换,可以把表示同一条曲线的直角坐标方程与极坐标方程互化.

例 2 化圆的直角坐标方程 $x^2 + y^2 = 2ax (a > 0)$ 为极坐标方程.

解 将 (3.4.1) 式代入原方程,得 $r^2 = 2ar\cos\theta$,就是 $r = 2a\cos\theta$.

例 3 化曲线的极坐标方程 $r = \dfrac{1}{1-\cos\theta}$ 为直角坐标方程.

解 原方程化为 $r = r\cos\theta + 1$,利用 (3.4.2) 式得 $\sqrt{x^2+y^2} = x+1$,整理得 $y^2 = 2x+1$.

在极坐标系下,要画出用极坐标表示的曲线时,先考虑化为直角坐标方程,然后再绘图. 如曲线 $r = \tan\theta\sec\theta (0 \leqslant \theta < \pi/2)$ 实际就是半抛物线 $y = x^2 (0 \leqslant x)$.

对不便转化的用下列方法:

(1) 若以 $\theta + 2\pi$ 代 θ,方程不变,则曲线以 2π 为周期,是闭曲线,只要考虑 $\theta \in [0, 2\pi]$.

(2) 若以 $-\theta$ 代 θ,方程不变,则曲线关于 x 轴对称;若以 $\pi - \theta$ 代 θ,方程不变,则曲线关于 y 轴对称.

(3) 由 $r \geqslant 0$ 解得 θ 的实际取值范围,然后考虑 r 随 θ 单调变化的情况.

(4) 求出曲线上一些点,如令 $\theta=0, \pi/2$ 可得曲线与 x 轴,y 轴正向的交点.

注 在极坐标表示的曲线作图中,若曲线方程 $\varphi(r,\theta)=0$ 中的 r 可以取负值,则按以下规则规定推广了的极坐标系:当 $r<0$ 时,点 (r,θ) 和点 $(-r,\theta)$ 是位于过极点 O 的同一条直线上,与 O 的距离都是 $|r|$,只是位于相反的方向上. 明显地,$(-r,\theta)$ 和 $(r,\theta+\pi)$ 表示同一个点. 当以 $-r$ 代 r,方程不变,则曲线关于极点 O 对称.

例 4 曲线 (1) $r=1+\sin\theta$ 是心脏线;(2) $r=\cos 2\theta$ 是四叶玫瑰线;(3) $r^2=a^2\cos 2\theta$ 是双纽线,图形 3-4-4 如下,其中 (2) 和 (3) 中的 r 可以取负值:

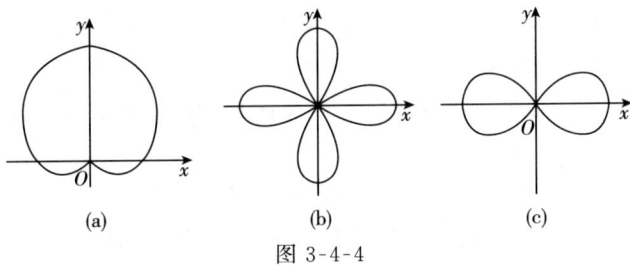

图 3-4-4

三、极坐标表示的曲线的切线斜率与曲率

对曲线 $r=\varphi(\theta)$,把 θ 当作参数,可得参数方程

$$\begin{cases} x=\varphi(\theta)\cos\theta \\ y=\varphi(\theta)\sin\theta \end{cases},$$

由参数方程的求导公式得,曲线在 θ 对应点处的切线的斜率为

$$k=\frac{\mathrm{d}y}{\mathrm{d}x}=\frac{[\varphi(\theta)\sin\theta]'}{[\varphi(\theta)\cos\theta]'}=\frac{\varphi'(\theta)\sin\theta+\varphi(\theta)\cos\theta}{\varphi'(\theta)\cos\theta-\varphi(\theta)\sin\theta}.$$

将曲线的极坐标方程转化为参数方程,借助参数方程处理问题的方法,在高等数学中会多次用到,要引起重视.

例 5 求曲线 $r=1+\sin\theta$ 当 $\theta=\dfrac{\pi}{3}$ 时的切线.

读者自行求解,结果是 $y-\dfrac{3+2\sqrt{3}}{4}=-(x-\dfrac{2+\sqrt{3}}{4})$.

设曲线 $r=\varphi(\theta)$,且 $\varphi(\theta)$ 二阶可导,利用参数方程求导法和曲率计算公式,可以证明该曲线在 θ 所对应的点处的曲率为

$$K=\frac{|r^2+2(r')^2-rr''|}{[r^2+(r')^2]^{3/2}}.$$

习 题 3.4

1. 描绘下列函数的图形:

(1) $y=2x^3-3x^2$;

(2) $y=\mathrm{e}^{-1/x}$;

(3) $y=x^2+\dfrac{1}{x}$;

(4) $y=\dfrac{x^2}{1+x}$.

2. 已知 $y=\dfrac{2x-1}{(x-1)^2}$. 求:(1) 曲线的渐近线;(2) 函数的极值;(3) 曲线的拐点(其中第 (2) 和 (3) 小题

分开讨论).

3. 已知 $f(x)=\dfrac{x^3}{(x-1)^2}$. 求函数的极值;曲线的拐点(其中函数极值与曲线拐点的列表讨论请合成一个表);曲线的渐近线;作出曲线草图.

4. 解答下列问题

(1) 设 $f(x)=e^x$,求 n 次多项式 $P(x)$,使得
$$P(0)=f(0), P'(0)=f'(0), \cdots, P^{(n)}(x)=f^{(n)}(x).$$
若把 $f(x), P(x)$(取 $n=1$ 和 $n=2$)画在同一坐标系中,你有什么发现?

(2) 若 $f'(x), (x\in \mathbf{R})$ 的图形是一条过 $(1,0)$ 和 $(0,1)$ 两点的下降的曲线,则 $f(x)$ 应有什么特征?

(3) 若函数(未知表达式)的图形是已知的,如何得到其导函数的图形特征;若导函数的图形是已知的,如何得到原来函数的图形特征. 请随意画出几种加予理解.

(4) 日常生活中,常说"越升越快","越升越慢","越降越快","越降越慢",这些说法有什么几何或数量意义?

5. 求曲线 $r=1-\cos\theta$ 在 $\theta=\pi/6$ 对应点处的切线的直角坐标方程.

6. 一物体沿曲线 $r=2\theta$ 的轨迹运动,如果角度 $\theta=t^2$,求 $\theta=\pi/2$ 时物体运动的速度大小.

§3.5 洛必达法则

关于函数极限的计算,常遇到下述七种未定式: $\dfrac{0}{0}, \dfrac{\infty}{\infty}, 0\cdot\infty, \infty-\infty, 1^\infty, \infty^0, 0^0$. 在第一章中我们已经学会计算未定式的一些方法,本节作为中值定理的重要应用之一,介绍计算未定式极限的一种有效的方法——洛必达(L'Hospital)法则.

一、关于 $\dfrac{0}{0}$ 和 $\dfrac{\infty}{\infty}$ 型未定式的洛必达法则

$\dfrac{0}{0}$ 和 $\dfrac{\infty}{\infty}$ 型未定式,是未定式的基本情形,在一定条件下,可以利用导数来计算这两种基本型,这就是下面的**洛必达法则**.

定理 设函数 $f(x), g(x)$ 满足:(1) $\lim\limits_{x\to a}\dfrac{f(x)}{g(x)}$ 是 $\dfrac{0}{0}$ 型的;(2) $f(x)$ 与 $g(x)$ 在点 $x=a$ 的某去心邻域内可导,$g'(x)\neq 0$;(3) $\lim\limits_{x\to a}\dfrac{f'(x)}{g'(x)}=A$(或 ∞),则
$$\lim_{x\to a}\dfrac{f(x)}{g(x)}=\lim_{x\to a}\dfrac{f'(x)}{g'(x)}.$$

洛必达法则是把"函数商的极限$\left(\dfrac{0}{0}\text{型}\right)$"化为"导数商的极限(容易求出)". 例如,取 $f(x)=\sin x, g(x)=x$,显然满足三组条件,即有
$$\lim_{x\to 0}\dfrac{\sin x}{x}=\lim_{x\to 0}\dfrac{(\sin x)'}{(x)'}=\lim_{x\to 0}\dfrac{\cos x}{1}=1,$$
这与已知的重要极限 $\lim\limits_{x\to 0}\dfrac{\sin x}{x}=1$ 相符.

下面给出定理的分析证明.

证 因为 $\lim\limits_{x\to a}\dfrac{f(x)}{g(x)}$ 与 $f(x),g(x)$ 在点 $x=a$ 的取值无关,所以可以假定 $f(a)=g(a)=0$. 由条件(1)、(2)知,$f(x)$ 和 $g(x)$ 在点 $x=a$ 的某邻域内连续,在去心邻域内可导,且 $g'(x)\neq 0$. 任取去心邻域内一点 x,那么在以 a 和 x 为端点的区间上,$f(x)$ 和 $g(x)$ 满足柯西定理条件,因此存在介于 a 和 x 之间的点 ξ,使得

$$\frac{f(x)}{g(x)}=\frac{f(x)-f(a)}{g(x)-g(a)}=\frac{f'(\xi)}{g'(\xi)}.$$

令 $x\to a$,此时 $\xi\to a$,再由条件(3)结论得证.

值得指出的是:极限 $\lim\limits_{x\to a}\dfrac{f(x)}{g(x)}$ 是 $\dfrac{\infty}{\infty}$ 型的,或极限条件 $x\to a$ 换成其他形式,定理仍成立.

洛必达法则(简称 **L 法则**或 **L 法**)可以简记成:

若 $\lim\limits_{x\to *}\dfrac{f}{g}$ 是 $\dfrac{0}{0}$ 或 $\dfrac{\infty}{\infty}$ 型(其中 f',g' 存在,$g'\neq 0$),则

$$\lim_{x\to *}\frac{f}{g}=\lim_{x\to *}\frac{f'}{g'}=A(\text{或}\infty).$$

若 $\lim\limits_{x\to *}\dfrac{f'}{g'}$ 还是 $\dfrac{0}{0}$ 或 $\dfrac{\infty}{\infty}$ 型(其中 f'',g'' 存在,$g''\neq 0$),则求 $\lim\limits_{x\to *}\dfrac{f'}{g'}$ 可继续用 L 法,即

$$\lim_{x\to *}\frac{f}{g}=\lim_{x\to *}\frac{f'}{g'}=\lim_{x\to *}\frac{f''}{g''}=A(\text{或}\infty),$$

且可依次类推,直到求出 $\lim\limits_{x\to *}\dfrac{f}{g}$ 为止.

例 1 求 $\lim\limits_{x\to 1}\dfrac{x^3-3x+2}{(x-1)^2}$.

思路 $\dfrac{0}{0}$ 型极限,可用分解因式约去零因子的方法. 这里我们取函数

$$f=x^3-3x+2, g=(x-1)^2,$$

易知它们满足 L 法的全部条件,故可用 L 法.

解 $\lim\limits_{x\to 1}\dfrac{x^3-3x+2}{(x-1)^2}=\lim\limits_{x\to 1}\dfrac{3x^2-3}{2(x-1)}=\lim\limits_{x\to 1}\dfrac{6x}{2}=3.$

上式中 $\lim\limits_{x\to 1}\dfrac{3x^2-3}{2(x-1)}$ 还是 $\dfrac{0}{0}$ 型,所以继续用 L 法. 但 $\lim\limits_{x\to 1}\dfrac{6x}{2}$ 已不是未定式,不能用 L 法. 所以,L 法可以连续多次使用,但每次都必须检验是否满足三个条件. 要每次检验满足三个条件,在写法上会很繁杂,一般约定是:在计算过程中的某个等号上方标注"L 法",就默认是检验了等号左端极限满足三个条件,并且应用了 L 法则. 如例 1 可这样来写:

$$\lim_{x\to 1}\frac{x^3-3x+2}{(x-1)^2}\xlongequal{\text{L法}}\lim_{x\to 1}\frac{3x^2-3}{2(x-1)}\xlongequal{\text{L法}}\lim_{x\to 1}\frac{6x}{2}=3.$$

例 2 求 $\lim\limits_{x\to 0}\dfrac{x-\sin x}{\tan^3 x}$.

思路 $\dfrac{0}{0}$ 型极限,虽可用 L 法,但分母求导麻烦,所以先对分母用等价替换(注意分子中的 $\sin x$ 不是因子,不可用等价替换).

解 $\lim\limits_{x\to 0}\dfrac{x-\sin x}{\tan^3 x} \xlongequal{\sim 法} \lim\limits_{x\to 0}\dfrac{x-\sin x}{x^3}$

$\xlongequal{L 法} \lim\limits_{x\to 0}\dfrac{1-\cos x}{3x^2} \xlongequal{L 法} \lim\limits_{x\to 0}\dfrac{\sin x}{6x} = \dfrac{1}{6}.$

例 3 求 $\lim\limits_{x\to 0}\dfrac{e^x+\ln(1-x)-1}{x-\arctan x}.$

思路 $\dfrac{0}{0}$ 型极限，用 L 法，得 $\lim\limits_{x\to 0}\dfrac{e^x+\ln(1-x)-1}{x-\arctan x} = \lim\limits_{x\to 0}\dfrac{e^x-\dfrac{1}{1-x}}{1-\dfrac{1}{1+x^2}}.$

上式还是 $\dfrac{0}{0}$ 型，若直接用 L 法将很繁，为此应该先化简：

$$\lim\limits_{x\to 0}\dfrac{e^x-\dfrac{1}{1-x}}{1-\dfrac{1}{1+x^2}} = \lim\limits_{x\to 0}\dfrac{(1+x^2)[(1-x)e^x-1]}{(1-x)x^2}.$$

此式还很复杂，优先分离出非零极限 $\lim\limits_{x\to 0}\dfrac{1+x^2}{1-x}=1\neq 0$，剩下部分用 L 法，即

$$\lim\limits_{x\to 0}\dfrac{(1+x^2)[(1-x)e^x-1]}{(1-x)x^2} = \lim\limits_{x\to 0}\dfrac{1+x^2}{1-x} \cdot \lim\limits_{x\to 0}\dfrac{(1-x)e^x-1}{x^2}$$

$$= 1 \cdot \lim\limits_{x\to 0}\dfrac{-e^x+(1-x)e^x}{2x} = \lim\limits_{x\to 0}\dfrac{-e^x}{2} = -\dfrac{1}{2}.$$

所以，原极限为 $-1/2.$

请读者把上述思路写成正式的求解步骤，要注意每个等号成立的算理.

例 4 求 $\lim\limits_{x\to+\infty}\dfrac{\ln(1+e^x)}{e^{2x}}.$

思路 这是 $\dfrac{\infty}{\infty}$ 型极限，可用 L 法，但考虑到分子、分母都是 e^x 的函数，优先令 $e^x=t$，以降低求导难度.

解 $\lim\limits_{x\to+\infty}\dfrac{\ln(1+e^x)}{e^{2x}} \xlongequal{e^x=t} \lim\limits_{t\to+\infty}\dfrac{\ln(1+t)}{t^2}$

$\xlongequal{L 法} \lim\limits_{t\to+\infty}\dfrac{1/(1+t)}{2t} = \lim\limits_{t\to+\infty}\dfrac{1}{2t(1+t)} 0.$

注 利用洛必达法则，是一种计算未定式极限的最重要的方法. 要注意几点：用 L 法则之前务必要先检验法则成立的三个条件，即可行性检验；用 L 法之前要优先利用等价替换法、变量替换法、非零极限分离法等化简方法，使运算简捷，这是简单性原则，读者往往忽略了这一点；用了 L 法后要及时整理结果，以便考察能否再用 L 法.

数学解题中这种"瞻前顾后"的习惯是必需的，不然难以同时兼顾到严谨与简明的求解作答需要.

二、其他类型未定式的极限

对 $\infty-\infty$ 型的极限，可利用"合项通分"、"变量替换"等，化为 $\dfrac{0}{0}$ 型来求.

例 5 求 $\lim\limits_{x\to 0}\left(\dfrac{1}{x}-\dfrac{1}{e^x-1}\right)$.

思路 这是 $\infty-\infty$ 型的,不可用分离法化成 $\lim\limits_{x\to 0}\dfrac{1}{x}-\lim\limits_{x\to 0}\dfrac{1}{e^x-1}$,只能"合项通分"化为商式极限,即 $\dfrac{0}{0}$ 型极限来计算.

解 $\lim\limits_{x\to 0}\left(\dfrac{1}{x}-\dfrac{1}{e^x-1}\right)=\lim\limits_{x\to 0}\dfrac{e^x-1-x}{x(e^x-1)}$,余略,答案是 $1/2$.

例 6 求 $\lim\limits_{x\to\infty}\left[x-x^2\ln\left(1+\dfrac{1}{x}\right)\right]$.

思路 这也是 $\infty-\infty$ 型极限,为了能"合项通分",可令 $x=1/t$,使得两项都有分母.

解 $\lim\limits_{x\to\infty}\left[x-x^2\ln\left(1+\dfrac{1}{x}\right)\right]\xlongequal{\frac{1}{x}=t}\lim\limits_{t\to 0}\left[\dfrac{1}{t}-\dfrac{\ln(1+t)}{t^2}\right]$,余略,答案是 $1/2$.

对 $0\cdot\infty$ 型极限,可利用 **"合理下放"**,将乘积化为除,即化为 $\dfrac{0}{0}$ 或 $\dfrac{\infty}{\infty}$ 基本型来求.

例 7 求 $\lim\limits_{x\to+\infty}x\left(\dfrac{\pi}{2}-\arctan x\right)$.

思路 这是 $\infty\cdot 0$ 型的,把相对简单的 x "下放"变成 $\dfrac{1}{1/x}$,化为 $\dfrac{0}{0}$ 型计算.

解 $\lim\limits_{x\to+\infty}x\left(\dfrac{\pi}{2}-\arctan x\right)=\lim\limits_{x\to+\infty}\dfrac{\dfrac{\pi}{2}-\arctan x}{1/x}$

$\xlongequal{\text{L法}}\lim\limits_{x\to+\infty}\dfrac{-1/(1+x^2)}{-1/x^2}=\lim\limits_{x\to+\infty}\dfrac{x^2}{1+x^2}=1$.

请读者把例 7 化为 $\dfrac{\infty}{\infty}$ 型未定式,看计算难度如何?

对 0^0、∞^0 和 1^∞ 型的未定式(**幂指型极限**),利用**恒等变形**化成指数部分为 $0\cdot\infty$ 的指数型极限,即

$$\lim\limits_{x\to *}f^g=\lim\limits_{x\to *}e^{\lim\limits_{x\to *}g\ln f}\quad\text{或}\quad\lim\limits_{x\to *}f^g=\exp(\lim g\ln f).$$

对 1^∞ 型未定式,也可直接利用 §1.6 定理 2 的特别方法来计算,即

$$\lim\limits_{x\to *}f^g\xlongequal{1^\infty\text{型}}\exp[\lim\limits_{x\to *}g(f-1)].$$

例 8 $\lim\limits_{x\to 0^+}x^{\sin x}$.

思路 0^0 型极限,先恒等变形.

解 原式 $=\exp(\lim\limits_{x\to 0^+}\sin x\ln x)$

$\xlongequal{\text{L法}}\exp(\lim\limits_{x\to 0^+}x\ln x)=\exp\left(\lim\limits_{x\to 0^+}\dfrac{\ln x}{1/x}\right)$

$\xlongequal{\text{L法}}\exp\left(\lim\limits_{x\to 0^+}\dfrac{1/x}{-1/x^2}\right)=\exp(-\lim\limits_{x\to 0^+}x)=1$.

注 0^0 型极限未必一定等于 1. 如 $\lim\limits_{x\to 0^+} x^{\frac{c}{\ln x}} = e^c$（其中 c 为常数）.

例 9 求 $\lim\limits_{x\to 0^+}\left(1+\dfrac{1}{x}\right)^x$.

思路 这是 ∞^0 型的（注意：不是重要极限），仍然先变形.

解 原式 $=\exp\left[\lim\limits_{x\to 0^+} x\ln\left(1+\dfrac{1}{x}\right)\right]$

$$=\exp\left[\lim_{x\to 0^+}\dfrac{\ln\left(1+\dfrac{1}{x}\right)}{1/x}\right]\xlongequal{t=\frac{1}{x}}\exp\left[\lim_{t\to+\infty}\dfrac{\ln(1+t)}{t}\right]$$

$$\xlongequal{\text{L法}}\exp\left[\lim_{t\to+\infty}\dfrac{1/(1+t)}{1}\right]=\exp\left[\lim_{t\to+\infty}\dfrac{1}{1+t}\right]=1.$$

例 10 求 $\lim\limits_{x\to 1} x^{\frac{1}{x^2-1}}$.

思路 这是 1^∞ 型的极限，可用 §1.6 定理 2 的方法. 这里用恒等变形方法.

解法一 $\lim\limits_{x\to 1} x^{\frac{1}{x^2-1}} = \exp\left(\lim\limits_{x\to 1}\dfrac{\ln x}{x^2-1}\right)$

$$\xlongequal{\sim\text{法}}\exp\left(\lim_{x\to 1}\dfrac{x-1}{x^2-1}\right)=e^{1/2}.$$

解法二 $\lim\limits_{x\to 1} x^{\frac{1}{x^2-1}}=\exp\left(\lim\limits_{x\to 1}\dfrac{\ln x}{x^2-1}\right)$

$$\xlongequal{\text{L法}}\exp\left(\lim_{x\to 1}\dfrac{1/x}{2x}\right)=e^{1/2}.$$

注 $\infty-\infty,\ 0\cdot\infty,\ 0^0,\ \infty^0$ 和 1^∞ 型的未定式，都要通过变形化为 $\dfrac{0}{0}$ 或 $\dfrac{\infty}{\infty}$ 这两类基本型，然后才能考虑用 L 法. 特别要再次强调的是：利用 L 法除了对条件的必要检验外，在利用法则之前，先应尽可能地用其他求极限的方法化简，以使运算简捷、高效. 最常用来化简的是无穷小的等价替换和非零极限的因子分离.

请读者尝试：如何较快地求出 $\lim\limits_{x\to 0}\left(\dfrac{\sin x}{x}\right)^{\frac{\cos x}{1-\cos x}}=e^{-\frac{1}{3}}$.

三、不能直接用洛必达法则计算的极限举例

如果一个极限不具备罗必达法则中的条件，其值的计算就不能使用 L 法.

例 11 求 $\lim\limits_{x\to-\infty}\dfrac{\sqrt{x^2+1}}{x}$.

思路 虽是 $\dfrac{\infty}{\infty}$ 型的，但不能用 L 法求出，因为

$$\lim_{x\to-\infty}\dfrac{\sqrt{x^2+1}}{x}=\lim_{x\to-\infty}\dfrac{x/\sqrt{x^2+1}}{1}=\lim_{x\to-\infty}\dfrac{\sqrt{x^2+1}}{x},$$

又回原极限了.

解 $\lim\limits_{x\to-\infty}\dfrac{\sqrt{x^2+1}}{x}=\lim\limits_{x\to-\infty}\left(-\sqrt{1+\dfrac{1}{x^2}}\right)=-1$（注意负号）.

例 12 求 $\lim\limits_{n\to\infty}\dfrac{\ln n}{n}$.

思路 虽是 $\dfrac{\infty}{\infty}$ 型的，但不能用 L 法，这是因为 n 是离散型变量，不能对其求导，要先考虑函数的极限，然后利用函数极限与数列极限的关系来求.

解 因为 $\lim\limits_{x\to+\infty}\dfrac{\ln x}{x}\xlongequal{\text{L法}}\lim\limits_{x\to+\infty}\dfrac{1/x}{1}=0$,

所以 $\lim\limits_{n\to\infty}\dfrac{\ln n}{n}=\lim\limits_{x\to+\infty}\dfrac{\ln x}{x}=0$.

注 (1) 一般有 $\lim\limits_{n\to\infty}\dfrac{\ln^m n}{n}=0$（$m$ 为常数）. (2) 设 $a>0, m, n\in\mathbf{N}^*$，则当 $x\to+\infty$ 时，无穷大量 $\mathrm{e}^{ax}, x^m, \ln^n x$ 增大的速度前者快，后者慢.

例 13 求 $\lim\limits_{x\to\infty}\dfrac{x+\sin x}{x}$.

思路 虽是 $\dfrac{\infty}{\infty}$ 型极限，但 $\lim\limits_{x\to\infty}\dfrac{f'}{g'}=\lim\cos x$ 是振荡型极限不存在，不满足法则条件(3)，所以不能用 L 法，否则会导致错误结果. 本题可化为和运算来计算.

解 $\lim\limits_{x\to\infty}\dfrac{x+\sin x}{x}=\lim\limits_{x\to\infty}\left(1+\dfrac{1}{x}\cdot\sin x\right)=1+0=1$.

例 14 求 $\lim\limits_{x\to+\infty}(\sin\sqrt{x+1}-\sin\sqrt{x})$.

思路 不是 $\infty-\infty$ 型，也不是 $A-B$ 型的，像这样的极限（可记 $\not\exists-\not\exists$ 型）也不能直接确定其结果，称为**亚未定式极限**，对亚未定式极限非得用特殊变形法不可. 本题除了用差化成积的方法外，还可用拉格朗日定理.

解 在 $[x, x+1]$ 上对 $f(x)=\sin\sqrt{x}$ 利用拉格朗日定理，得

$$\sin\sqrt{x+1}-\sin\sqrt{x}=\dfrac{\cos\sqrt{\xi}}{2\sqrt{\xi}}, \quad \xi\in(x, x+1).$$

令 $x\to+\infty$，则 $\xi\to+\infty$，所以

$$\lim\limits_{x\to+\infty}(\sin\sqrt{x+1}-\sin\sqrt{x})=\lim\limits_{\xi\to+\infty}\dfrac{1}{2\sqrt{\xi}}\cos\sqrt{\xi}\xlongequal{\text{0·有界型}}0.$$

一般地，若 $f(x)\in D(-\infty, +\infty)$，且 $\lim\limits_{x\to+\infty}f'(x)=A$，则利用拉格朗日定理可得：

$$\lim\limits_{x\to\infty}[f(x+m)-f(x-n)]=(m+n)A.$$

例 15 设 $f(x)$ 在点 $x=a$ 可导，记多项式 $P_1(x)=f(a)+f'(a)(x-a)$，求极限

$$\lim\limits_{x\to a}\dfrac{f(x)-P_1(x)}{x-a}.$$

思路 由"$f(x)$ 在点 $x=a$ 可导"，不能推出"$f(x)$ 在点 $x=a$ 的某邻域内可导"，它们是不同的概念，所以本题不可用 L 法，要用导数定义. 导数定义中的极限虽然是 $\dfrac{0}{0}$ 型的，但一

般不能用 L 法.

解 用导数定义得 $\lim\limits_{x\to a}\dfrac{f(x)-P_1(x)}{x-a}=\lim\limits_{x\to a}\left[\dfrac{f(x)-f(a)}{x-a}-f'(a)\right]$
$=f'(a)-f'(a)=0.$

例 16 设 $f(x)$ 在点 $x=a$ 二阶可导,记多项式

$$P_2(x)=f(a)+f'(a)(x-a)+\dfrac{f''(a)}{2}(x-a)^2,$$

求 $\lim\limits_{x\to a}\dfrac{f(x)-P_2(x)}{(x-a)^2}.$

思路 对所求极限用一次的 L 法后,再用二阶导数定义.

解 因为 $f(x)$ 在点 $x=a$ 二阶可导,所以 $f(x)$ 在点 $x=a$ 点的某邻域内可导,且 $f'(x)$ 在点 $x=a$ 可导.

故 $\lim\limits_{x\to a}\dfrac{f(x)-P_2(x)}{(x-a)^2}\overset{L法}{=\!=\!=}\lim\limits_{x\to a}\dfrac{f'(x)-P'_2(x)}{2(x-a)}$

$=\dfrac{1}{2}\lim\limits_{x\to a}\dfrac{f'(x)-f'(a)-f''(a)(x-a)}{x-a}$

$=\dfrac{1}{2}\lim\limits_{x\to a}\left[\dfrac{f'(x)-f'(a)}{x-a}-f''(a)\right]$

$=\dfrac{1}{2}[f''(a)-f''(a)]=0.$

注 $f''(a)\exists\not\Rightarrow f''(x)\exists$,计算 $\lim\limits_{x\to a}\dfrac{f'(x)-P'(x)}{2(x-a)}$ 不能用 L 法则.

一般地,利用 $n-1$ 次的 L 法和 n 阶导数的定义,可以获得如下结果:
若 $f(x)$ 在点 $x=a$ 处 n 阶可导,记 n 次多项式

$$P_n(x)=f(a)+\dfrac{f'(a)}{1!}(x-a)+\dfrac{f''(a)}{2!}(x-a)^2+\cdots+\dfrac{f^{(n)}(a)}{n!}(x-a)^n,$$

则 $\lim\limits_{x\to a}\dfrac{f(x)-P_n(x)}{(x-a)^n}=0.$

关于最后这一结果的意义,我们留下一节展开说明.

习 题 3.5

1. 计算下列各极限都有哪些方法(要写出算法的条件)?

$$\lim_{x\to *}(f+g);\ \lim_{x\to *}(f-g);\ \lim_{x\to *}(f\cdot g);\ \lim_{x\to *}\dfrac{f}{g};\ \lim_{x\to *}f^g.$$

2. 求下列极限(请尽量用便利的算法):

(1) $\lim\limits_{x\to 0}\dfrac{e^x-e^{-x}-2x}{\sin^3 x};$ (2) $\lim\limits_{x\to 0}\dfrac{e^{x^3}-1}{e^x(x-2)+x+2};$

(3) $\lim\limits_{x\to \pi}\dfrac{\sin mx}{\sin nx}(m,n\in \mathbf{N}^+);$ (4) $\lim\limits_{x\to \pi/2}\dfrac{\tan x}{\tan 3x};$

(5) $\lim\limits_{x\to \pi/2}\dfrac{\ln\sin x}{(\pi-2x)^2};$ (6) $\lim\limits_{x\to +\infty}\dfrac{\ln\left(1+\dfrac{1}{x}\right)}{\operatorname{arccot} x};$

(7) $\lim\limits_{x\to 1}(1-x)\tan\dfrac{\pi x}{2}$;

(8) $\lim\limits_{x\to 1}\left(\dfrac{x}{x-1}-\dfrac{1}{\ln x}\right)$;

(9) $\lim\limits_{x\to 0^+}x^{\frac{1}{\ln(e^x-1)}}$;

(10) $\lim\limits_{x\to 0^+}\left(\dfrac{1}{x}\right)^{\tan x}$;

(11) $\lim\limits_{x\to +\infty}\left(\dfrac{2}{\pi}\arctan x\right)^x$;

(12) $\lim\limits_{x\to 0}(1+x^2 e^x)^{\frac{1}{1-\cos x}}$;

(13) $\lim\limits_{x\to 0}\left(\dfrac{2^x+3^x}{2}\right)^{1/x}$;

(14) $\lim\limits_{n\to\infty}\sqrt[n]{n}$.

3. 求下列极限：

(1) $\lim\limits_{x\to 0}\dfrac{x^2-\arcsin(x^2)}{\sin^6 x}$;

(2) $\lim\limits_{x\to 0^+}\dfrac{x^x-1}{x\ln x}$;

(3) $\lim\limits_{x\to 0}\left(\dfrac{\sin x}{x}\right)^{\frac{1}{\sin^2 x}}$;

(4) $\lim\limits_{x\to 0}\dfrac{1}{x^3}\left[\left(\dfrac{2+\cos x}{3}\right)^x-1\right]$;

(5) $\lim\limits_{x\to +\infty}\dfrac{x^a}{e^{bx}}$ (其中 a,b 是正数)；

(6) $\lim\limits_{x\to\infty}x\left[\sin\ln\left(1+\dfrac{3}{x}\right)-\sin\ln\left(1+\dfrac{1}{x}\right)\right]$.

4. 解答下列各题：

(1) 已知 $\lim\limits_{x\to 0}(x^{-3}\sin x+ax^{-2}+b)=0$, 求 a,b 的值.

*(2) 求曲线 $y=x^2\ln\left(1+\dfrac{1}{x}\right)$ 的斜渐近线.

(3) 讨论 $f(x)=\begin{cases}\left[\dfrac{(1+x)^{1/x}}{e}\right]^{1/x}, & x>0,\\ e^{-1/2}, & x\leqslant 0\end{cases}$ 在点 $x=0$ 的连续性.

(4) 设 $f(x)=\lim\limits_{t\to x}\left(\dfrac{\sin t}{\sin x}\right)^{\frac{x}{\sin t-\sin x}}$, 求 $f(x)$ 的第一类间断点.

5. 解答下列各题：

(1) 设 $f(x)$ 在点 $x=0$ 连续, 且 $\lim\limits_{x\to 0}\dfrac{x-\sin x}{\ln[f(x)+2]}=1$, 求 $f'(0)$.

(2) 设 $f(x)$ 在点 $x=1$ 某邻域内可导, 导函数连续, $f'(1)=-2$, 求 $\lim\limits_{x\to 0^+}\dfrac{\mathrm{d}f(\cos\sqrt{x})}{\mathrm{d}x}$.

(3) 已知 $f''(a)=1$, 求 $\lim\limits_{h\to 0}\dfrac{f(a+h)+f(a-h)-2f(a)}{1-\cos h}$.

(4) 设 $f(x)$ 在点 $x=0$ 可导, $\lim\limits_{x\to 0}[f(x)-2x]^{1/x^2}=e^2$, 求 $f(0)$ 和 $f'(0)$.

6. 设函数 $f(x)\in D(a,b)$, 求证：导函数 $f'(x)$ 在开区间 (a,b) 内不可能含有可去间断点、跳跃间断点、或无穷间断点.

§3.6 泰勒公式

作为微分学的最后一节，我们要介绍具有广泛意义的泰勒(Taylor)公式．用以前的定理、技巧可以解决的问题，大部分可以利用泰勒公式来解决；以前不能解决的一些问题，相当一部分也可以利用泰勒公式加以解决，可以说泰勒公式把微分学推进到了顶峰，只是由于公式中涉及了高阶无穷小、高阶导数等概念，使得它在好用的同时又有些抽象复杂．

一、带佩亚诺余项的泰勒公式

上一节尾末，我们谈到：若 $f(x)$ 在点 $x=a$ 处 n 阶可导, 记 n 次多项式

$$P_n(x) = f(a) + \frac{f'(a)}{1!}(x-a) + \frac{f''(a)}{2!}(x-a)^2 + \cdots + \frac{f^{(n)}(a)}{n!}(x-a)^n,$$

则 $\lim\limits_{x \to a} \dfrac{f(x) - P_n(x)}{(x-a)^n} = 0.$

这个结论表明,如果 $f(x)$ 在点 $x=a$ 处 n 阶可导,那么当 $x \to a$ 时,$f(x) - P_n(x)$ 是比 $(x-a)^n$ 高阶的无穷小,即 $f(x) - P_n(x) = o[(x-a)^n]$ 或 $f(x) = P_n(x) + o[(x-a)^n]$.

因此,有下面的定理.

定理 1 若函数 $f(x)$ 在点 $x=a$ 处 n 阶可导,则在点 $x=a$ 的某邻域内恒有

$$f(x) = f(a) + \frac{f'(a)}{1!}(x-a) + \frac{f''(a)}{2!}(x-a)^2 + \cdots + \frac{f^{(n)}(a)}{n!}(x-a)^n + o[(x-a)^n]. \tag{3.6.1}$$

公式(3.6.1)称为 $f(x)$ 在点 $x=a$ 的**带佩亚诺(Peano)余项**的 n 阶**泰勒公式**(也称**展开式**),其中 $R_n(x) = o[(x-a)^n]$ 称为**佩亚诺余项**,而多项式

$$P_n(x) = f(a) + \frac{f'(a)}{1!}(x-a) + \frac{f''(a)}{2!}(x-a)^2 + \cdots + \frac{f^{(n)}(a)}{n!}(x-a)^n$$

称为 $f(x)$ 在点 $x=a$ 的 n 次**泰勒多项式**.

特别地,当 $a=0$ 时,(3.6.1)式变成

$$f(x) = f(0) + \frac{f'(0)}{1!}x + \frac{f''(0)}{2!}x^2 + \cdots + \frac{f^{(n)}(0)}{n!}x^n + o(x^n). \tag{3.6.2}$$

称(3.6.2)式为 $f(x)$ 的**带佩亚诺余项的** n 阶**麦克劳林(Maclaurin)公式**,相应地有**麦克劳林多项式**.

若取 $n=1$,那么(3.6.1)式为

$$f(x) = f(a) + f'(a)(x-a) + o(x-a),$$

这其实就是微分定义的等价形式,因此,微分的定义式是特殊的泰勒公式.

例 1 求 $f(x) = e^x$ 的 n 阶麦克劳林公式.

解 由于 $f^{(i)}(x) = e^x$,$f^{(i)}(0) = 1$,$(i=0,1,2,\cdots,n)$,代入(3.6.2)式得,

$$e^x = 1 + x + \frac{x^2}{2!} + \cdots + \frac{x^n}{n!} + o(x^n). \tag{3.6.3}$$

例 2 求 $f(x) = \sin x$ 的 $2n$ 阶麦氏公式.

解 由于 $f^{(i)}(x) = \sin\left(x + i \cdot \dfrac{\pi}{2}\right)$,当 $i=0,2,\cdots,2n$ 为偶数时,都有 $f^{(i)}(0) = 0$;当 $i=1,3,\cdots,2n-1$ 为奇数时,分别有 $f^{(i)}(0) = 1, -1, \cdots, (-1)^{n-1}$,于是

$$\sin x = x - \frac{x^3}{3!} + \frac{x^5}{5!} - \cdots + (-1)^{n-1} \frac{x^{2n-1}}{(2n-1)!} + o(x^{2n}) \tag{3.6.4}$$

类似于前两例,还有

$$\frac{1}{1-x} = 1 + x + x^2 + \cdots + x^n + o(x^n), \tag{3.6.5}$$

$$\cos x = 1 - \frac{x^2}{2!} + \frac{x^4}{4!} - \cdots + (-1)^n \frac{x^{2n}}{(2n)!} + o(x^{2n+1}), \tag{3.6.6}$$

等等.

有必要指出,当阶数 n 固定后,函数与其麦克劳林多项式是一一对应的,所以麦氏公式的左边函数、右边多项式可以同时进行四则运算、复合运算或求导运算,运算后余项作相应的阶数变化(关于高阶无穷小的运算规律,请参考习题 1.7 第 8 题),就可以获得新的函数的麦克劳林公式,这种求麦氏公式的方法称为**间接法**. 如,如由(3.6.3)式得

$$xe^x = x + x^2 + \frac{x^3}{2!} + \cdots + \frac{x^n}{(n-1)!} + o(x^n).$$

由(3.6.5)式变量替换得

$$\frac{1}{1+x} = 1 - x + x^2 + \cdots + (-1)^n x^n + o(x^n),$$

$$\frac{1}{1+x^2} = 1 - x^2 + x^4 + \cdots + (-1)^n x^{2n} + o(x^{2n}).$$

例 3 求出 $f(x) = \arctan x$ 的麦氏公式.

解 直接求高阶导数很难,我们用间接法,由

$$(\arctan x)' = \frac{1}{1+x^2} = 1 - x^2 + x^4 + \cdots + (-1)^n x^{2n} + o(x^{2n}),$$

可知,$f(x) = \arctan x$ 的麦氏多项式的导数应为上式右边的多项式,反向利用求导公式(以后称为积分)即得

$$\arctan x = x - \frac{x^3}{3} + \frac{x^5}{5} - \cdots + (-1)^n \frac{x^{2n+1}}{2n+1} + o(x^{2n+1}).$$

公式(3.6.1)的意义:在点 a 的邻近,一个函数(哪怕很复杂)可以表示为一个多项式与一个比 $(x-a)^n$ 高阶的无穷小之和,这为研究函数在一点近旁的性质提供了有力的工具.

例 4 求 $\lim\limits_{x \to 0} \dfrac{e^x \sin x - x(1+x)}{x^3}$.

思路 若用 L 法则,必须多次使用,这里用麦氏公式. 由于分母是三次的,所以只需求分子的三次麦氏公式.

解 因为 $e^x \sin x = (1 + x + \dfrac{x^2}{2} + o(x^2))(x - \dfrac{x^3}{3!} + o(x^3))$

$$= x + x^2 + \frac{x^3}{3} + o(x^3),$$

得

$$\frac{e^x \sin x - x(1+x)}{x^3} = \frac{1}{3} + \frac{o(x^3)}{x^3},$$

故原极限 $= \lim\limits_{x \to 0} \left[\dfrac{1}{3} + \dfrac{o(x^3)}{x^3} \right] = \dfrac{1}{3}$.

例 5 设 $f(x) = xe^{-x}$,求 $f^{(10)}(0)$.

思路 可利用以前的高阶导数求法,这里用 $f(x)$ 的 10 阶麦氏公式.

解 因为 $xe^{-x} = x(1 - x + \dfrac{x^2}{2!} - \cdots - \dfrac{x^9}{9!} + o(x^9))$

$$= x - x^2 + \frac{x^3}{2!} - \cdots - \frac{x^{10}}{9!} + o(x^{10}),$$

所以 $\dfrac{f^{(10)}(0)}{10!} = -\dfrac{1}{9!}$，故 $f^{(10)}(0) = -10$.

二、带拉格朗日余项的泰勒公式

带皮亚诺余项的泰勒公式只适合于研究函数在一点近旁的性质,且其中的余项只有定性的刻画:当 $x \to a$ 时,$R_n(x) = o[(x-a)^n]$,为了讨论函数在大范围内的性质,我们给出(证明从略)一个区间上成立的泰勒公式,并对余项"量化".

定理 2(泰勒定理)　若函数 $f(x)$ 在含点 a 的某开区间内 $(n+1)$ 阶可导,则对此开区间内任意一点 x,都存在介于 a 与 x 之间的 ξ,使得

$$f(x) = f(a) + \dfrac{f'(a)}{1!}(x-a) + \dfrac{f''(a)}{2!}(x-a)^2 + \cdots + \dfrac{f^{(n)}(a)}{n!}(x-a)^n + \dfrac{f^{(n+1)}(\xi)}{(n+1)!}(x-a)^{n+1}.$$

上式称为函数 $f(x)$ 在点 $x=a$ 的**带拉格朗日余项的 n 阶泰勒公式**(也称展开式),其中 $R_n(x) = \dfrac{f^{(n+1)}(\xi)}{(n+1)!}(x-a)^{n+1}$ 称为**拉格朗日余项**,而多项式

$$P_n(x) = f(a) + \dfrac{f'(a)}{1!}(x-a) + \dfrac{f''(a)}{2!}(x-a)^2 + \cdots + \dfrac{f^{(n)}(a)}{n!}(x-a)^n$$

仍称为函数 $f(x)$ 在点 $x=a$ 的 n 次泰勒多项式.

特别地,当 $a=0$ 时,公式变成

$$f(x) = f(0) + \dfrac{f'(0)}{1!}x + \dfrac{f''(0)}{2!}x^2 + \cdots + \dfrac{f^{(n)}(0)}{n!}x^n + \dfrac{f^{(n+1)}(\xi)}{(n+1)!}x^{n+1},$$

称这式为函数 $f(x)$ 的**带拉格朗日余项的 n 阶麦克劳林公式**,相应地有麦克劳林多项式.

若取 $n=0$,那么泰勒公式为

$$f(x) = f(a) + f'(\xi)(x-a),$$

这其实就是拉格朗日定理所描述的等价形式,因此,泰勒定理是拉格朗日定理的推广.泰勒定理也是一个微分中值定理.

注　若 $f(x)$ 在开区间 (a,b) 内有 $(n+1)$ 阶导数,在 $x=a$ 有 $(n+1)$ 阶的右导数,在 $x=b$ 有 $(n+1)$ 阶的左导数,则称 $f(x)$ 在闭区间 $[a,b]$ 上 $(n+1)$ 阶可导,或称 $f(x)$ **在 $[a,b]$ 上具有 $(n+1)$ 阶导数**,此时,泰勒公式在区间端点处也成立.

由泰勒公式可知,函数 $f(x)$ 用其泰勒多项式 $P_n(x)$ 来近似表达时,误差为

$$|R_n(x)| = \left| \dfrac{f^{(n+1)}(\xi)}{(n+1)!}(x-a)^{n+1} \right|.$$

若对一个固定的 n,当 x 在某区间上变动时,$|f^{(n+1)}(x)|$ 总不超过一个常数 M,则误差估计为

$$|R_n(x)| = \left| \dfrac{f^{(n+1)}(\xi)}{(n+1)!}(x-a)^{n+1} \right| \leqslant \dfrac{M}{(n+1)!}|x-a|^{n+1}.$$

一般情况下,为了提高近似表达与计算的精确度,只要提高泰勒多项式的次数 n 就可以了.

例 6　利用 e^x 的 8 阶麦氏公式计算无理数 e 的近似值,并估计误差.

解　函数 $f(x) = e^x$ 在 $(-\infty, +\infty)$ 内任意阶可导(当然 9 阶可导),因为

$$f^{(i)}(x) = e^x, (i=0,1,\cdots,9), f^{(i)}(0) = 1, (i=0,1,\cdots,8), f^{(9)}(\xi) = e^{\xi},$$

所以 $f(x)=e^x$ 的 8 阶麦氏公式为(其中 ξ 介于 0 与 x 之间)

$$e^x = 1 + x + \frac{1}{2!}x^2 + \cdots + \frac{1}{8!}x^8 + \frac{e^\xi}{9!}x^9.$$

取 $x=1$,则有 $\quad e = 1 + 1 + \frac{1}{2!} + \cdots + \frac{1}{8!} + \frac{e^\xi}{9!}.$

所以 $e \approx 1 + 1 + \frac{1}{2!} + \cdots + \frac{1}{8!} \approx 2.71829$,其误差 $|R_8(1)| = \frac{e^\xi}{9!} < \frac{3}{9!} < 10^{-5}.$

泰勒公式的意义在于,在某区间内,一个函数(哪怕很复杂)可以表示为一个多项式与带有定量性质的余项之和,这为研究函数在一个区间上的整体性质提供了便利. 比如,利用泰勒公式可以证明函数与其泰勒多项式之间的不等关系,以及把函数、一阶导数、二阶导数或更高阶导数全部联系起来的一些命题.

下面看一道要应用泰勒定理来证明的例题,这是综合证明题.

例 7 设 $f(x)$ 在 $[-1,1]$ 上具有三阶连续导数,且 $f(-1)=0, f(1)=1, f'(0)=0$,证明: $\exists \xi \in (-1,1)$,使得 $f'''(\xi) = 3$.

思路 利用泰勒公式证明命题时,中心点 a 要选取导数信息比较多的点,如极值点、最值点、区间中点以及已知条件多的点等. 其要点有:在哪一点展开?取哪一点的值?展开到多少阶? 不同泰勒公式中的 ξ 要用不同的记号. 根据所给问题,泰勒公式可以在特殊点展开、在任意点取值;在特殊点展开、在特殊点取值;在任意点展开、在特殊点取值;在任意点展开、在任意点取值,等几种情形. 本题宜在 0 点展开,在 -1 与 1 取值.

证 由麦氏公式有

$$f(x) = f(0) + f'(0)x + \frac{f''(0)}{2!}x^2 + \frac{f'''(\eta)}{3!}x^3 = f(0) + \frac{f''(0)}{2}x^2 + \frac{f'''(\eta)}{6}x^3,$$

其中 η 介于 0 与 x 之间. 分别令 $x=-1, x=1$ 得

$$0 = f(0) + \frac{f''(0)}{2} - \frac{f'''(\xi_1)}{6}, (-1 < \xi_1 < 0),$$

$$1 = f(0) + \frac{f''(0)}{2} + \frac{f'''(\xi_2)}{6}, (0 < \xi_2 < 1).$$

两式相减得 $f'''(\xi_1) + f'''(\xi_2) = 6$,即 $\quad \frac{f'''(\xi_1) + f'''(\xi_2)}{2} = 3.$

又 $f'''(x) \in [\xi_1, \xi_2]$ 连续,由介值定理,$\exists \xi \in [\xi_1, \xi_2] \subset (-1,1)$,使得

$$f'''(\xi) = \frac{f'''(\xi_1) + f'''(\xi_2)}{2} = 3.$$

另证 构造三次多项式 $P(x)$ 使得满足四个条件:

$$P(-1) = f(-1) = 0, P'(0) = f'(0) = 0, P(0) = f(0), P(1) = f(1) = 1.$$

可得 $\quad P(x) = (x+1)\left[\frac{1}{2}x^2 - f(0)x + f(0)\right].$

令 $F(x) = f(x) - P(x), x \in [-1,1]$.

易见 $F(-1) = 0, F(0) = 0, F(1) = 0$,对 $F(x)$ 在 $[-1,0], [0,1]$ 上利用罗尔定理知, $\exists \xi_1 \in (-1,0), \xi_2 \in (0,1)$,使得 $F'(\xi_1) = F'(\xi_2) = 0$.

又 $F'(0)=f'(0)-P'(0)=0$，对 $F'(x)$ 在 $[\xi_1,0]$ 和 $[0,\xi_2]$ 上再用罗尔定理知，$\exists \xi_3 \in (\xi_1,0), \xi_4 \in (0,\xi_2)$，使得 $F''(\xi_3)=F''(\xi_4)=0$。

对 $F''(x)$ 在 (ξ_3,ξ_4) 上再用罗尔定理知道，$\exists \xi \in (\xi_3,\xi_4)$，使得 $F'''(\xi)=0$，即 $f'''(\xi)=3$。

注 证明 $f'''(\xi)=k$ 的命题，可考虑多次利用罗尔定理，关键是构造多项式 $P(x)$，使得对辅助函数 $F(x)=f(x)-P(x)$ 能多次利用罗尔定理。一般来说，构造的 $P(x)$，要使得 $P(x)$ 和题干中的 $f(x)$ 所满足的条件相一致。

通过构造多项式 $P(x)$，并对 $F(x)=f(x)-P(x)$ 利用罗尔定理，可获得以下结论：

1. 设 $f(x) \in C[a,b]$，在 (a,b) 二阶可导则 $\exists \xi \in (a,b)$，使

$$f''(\xi) = \frac{2}{b-a}\left[\frac{f(b)-f(c)}{b-c} - \frac{f(c)-f(a)}{c-a}\right].$$

2. 设 $f(x) \in C[a,b]$，在 (a,b) 三阶可导则 $\exists \xi \in (a,b)$，使

$$f'''(\xi) = \frac{6\{f(b)-[f(a)+f'(a)(b-a)+\frac{f''(a)}{2}(b-a)^2]\}}{(b-a)^3}.$$

由上述结论取特例，可构造许多命题。同时，利用这样的方法可以从另一个方向证明出二阶、三阶泰勒公式（带拉格朗日余项），类似地，可以证得 n 阶泰勒公式。这样，拉格朗日定理、柯西定理、泰勒定理都可由罗尔定理证得。

*三、高阶微分的概念与高阶导数的记号

若 $y=f(x)$ 在 $x=a$ 点有 n 阶导数，由带皮亚诺余项的泰勒公式可知，在 a 给自变量增量 Δx 时，对应的函数增量

$$\Delta y = f'(a)\Delta x + \frac{1}{2!}f''(a)(\Delta x)^2 + \cdots + \frac{1}{n!}f^{(n)}(a)(\Delta x)^n + o((\Delta x)^n).$$

此时，也称函数 $f(x)$ 在点 $x=a$ 有 n 阶微分，并称 $f^{(i)}(a)(\Delta x)^i$ 为 $f(x)$ 在点 $x=a$ 的 i 阶微分，记作

$$d^i y \big|_{x=a} = f^{(i)}(a)(\Delta x)^i, (i=1,2,\cdots,n).$$

在任一点 x 处，i 阶微分记作 $d^i y = f^{(i)}(x)(dx)^i$，即 $d^n y = y^{(i)}(dx)^i$。所以 i 阶微分就是关于自变量微分 dx 的齐次 i 次函数（以 i 阶导数为系数）。

数学中，习惯上把自变量 x 的微分 dx 的 i 次方 $(dx)^i$ 写成 dx^i（注意：不能写成 $d(x^i)$，这是函数 x^i 的一阶微分，即 $d(x^i)=ix^{i-1}dx$）。于是，i 阶微分还可记作

$$d^i y = y^{(i)} dx^i,$$

i 阶导数可以记为

$$y^{(i)} = \frac{d^i y}{dx^i}.$$

这也就是我们以前之所以用上述记号的原因。

我们已知道，一阶微分具有形式不变性，即对可微函数 $y=f(u)$，无论 u 是自变量 x 还是中间的可微变量 $u=g(x)$，均有 $dy=f'(u)du$。但是，若 u 是自变量 x 时，函数 $y=f(u)$ 的二阶微分为

$$d^2 y = f''(x) dx^2.$$

当 $u=g(x)$ 是中间变量时,$y=f(u)=f(\varphi(x))$ 的二阶微分为

$$d^2 y = y'' dx^2 = [f''(u) \cdot (u')^2 + f'(u) \cdot u''] dx^2,$$

即

$$d^2 y = f''(u) du^2 + f'(u) d^2 u,$$

所以与一阶微分不同,二阶微分不具有形式不变性.这是高阶微分与一阶微分之间的一个重要差别.

*四、极值与拐点的高阶导数判别法

设 $f(x)$ 在点 $x=a$ 处 $n(n \geq 3)$ 阶可导,且满足 $f'(a)=f''(a)=\cdots=f^{(n-1)}(a)=0$,但 $f^{(n)}(a) \neq 0$,讨论 $x=a$ 是否为 $f(x)$ 的极值点? 是否为 $f(x)$ 的拐点?

解 由条件得 $f(x)=f(a)+\dfrac{f^{(n)}(a)}{n!}(x-a)^n + o[(x-a)^n]$.

为判别一阶导数在点 $x=a$ 邻近的符号,对上式求导得

$$f'(x) = \frac{f^{(n)}(a)}{(n-1)!}(x-a)^{n-1} + o[(x-a)^{n-1}].$$

所以,当 x 充分接近于 a 时,$f'(x)$ 与 $\dfrac{f^{(n)}(a)}{(n-1)!}(x-a)^{n-1}$ 同号.

若 n 为奇数,这时 $(n-1)$ 为偶数,在 a 左、右邻近 $\dfrac{f^{(n)}(a)}{(n-1)!}(x-a)^{n-1}$ 符号不变,所以 $f'(x)$ 符号也不变,于是点 $x=a$ 不是 $f(x)$ 极值点.

若 n 为偶数,这时 $(n-1)$ 为奇数,在 a 左、右邻近 $\dfrac{f^{(n)}(a)}{(n-1)!}(x-a)^{n-1}$ 符号有变,所以 $f'(x)$ 符号也有变,于是点 $x=a$ 是 $f(x)$ 极值点.

进一步地,若 $f^{(n)}(a)>0$,因为

$$\frac{f^{(n)}(a)}{(n-1)!}(x-a)^{n-1} \begin{cases} <0, x<a, \\ >0, x>a \end{cases},$$

所以 $f'(x) \begin{cases} <0, x<a, \\ >0, x>a \end{cases}$,故 $x=a$ 是 $f(x)$ 的极小值点;若 $f^{(n)}(a)<0$,同理可得 $x=a$ 是 $f(x)$ 的极大值点.

下面讨论二阶导数符号,对求导后的式子再求导得

$$f''(x) = \frac{f^{(n)}(a)}{(n-2)!}(x-a)^{n-2} + o[(x-a)^{n-2}].$$

类似前面的讨论,可知:

若 n 为奇数,则在 a 左、右邻近,$f''(x)$ 有变号,所以 $x=a$ 是 $f(x)$ 拐点;

若 n 为偶数,则在 a 左、右邻近,$f''(x)$ 不变号,所以 $x=a$ 不是 $f(x)$ 拐点.

总之,$f(x)$ 在题设条件下,(1) 当 n 为奇数时,$x=a$ 不是函数 $f(x)$ 的极值点,是拐点;(2) 当 n 为偶数时,$x=a$ 是函数 $f(x)$ 的极值点($f^{(n)}(a)>0$ 时,是极小值点;$f^{(n)}(a)<0$ 时,

是极大值点),不是拐点.

特别地,设 $f(x)$ 在点 a 三阶可导,若 $f''(a)=0, f'''(a)\neq 0$,则 $x=a$ 是函数 $f(x)$ 的拐点. 这是拐点的三阶导数判别法.

以上结论真是太妙了,竟然能把极值点和拐点这两个不同的问题放在一起探讨,在可导的情况下,前面所有的有关极值点和拐点的判别法都可以当成该结果的特例. 应用这一结论判别 $x=a$ 是否为极值点和拐点时,只要求出该点处的若干阶导数,找到第一个不为零的导数的阶数,就可以下结论了.

如,对 $f(x)=e^x+e^{-x}+2\cos x$,因 $f'(0)=f''(0)=f^{(3)}(0)=0$,但 $f^{(4)}(0)=4>0$,故函数 $f(x)$ 有极小值 $f(0)=4$.

对 $f(x)=\dfrac{1}{6}x^3+\sin x$,因 $f''(0)=f^{(3)}(0)=f^{(4)}(0)=0$,但 $f^{(5)}(0)=1\neq 0$,故曲线 $y=f(x)$ 有拐点 $(0,0)$.

*五、e 是无理数的一种证明

利用 $e=1+1+\dfrac{1}{2!}+\cdots+\dfrac{1}{n!}+\dfrac{e^\xi}{(n+1)!}$(其中 $\xi\in(0,1)$)证明 e 是无理数.

证(反证法) 设 e 是有理数,则必存在互质的正整数 p,q 使得 $e=p/q$.

由于 $2<e<3$,所以 $q\geq 2$,且

$$\frac{p}{q}=1+1+\frac{1}{2!}+\cdots+\frac{1}{q!}+\frac{e^\xi}{(q+1)!}.$$

两端同乘以 $q!$ 得 $p\cdot(q-1)!=q!(1+1+\dfrac{1}{2!}++\cdots+\dfrac{1}{q!})+\dfrac{e^\xi}{q+1}$,即

$$\frac{e^\xi}{q+1}=p\cdot(q-1)!-q!(1+1+\frac{1}{2!}++\cdots+\frac{1}{q!}).$$

上式右边为整数,但 $0<\dfrac{e^\xi}{q+1}<\dfrac{3}{3}=1$,即左边不为整数,矛盾. 故 e 是无理数.

习 题 3.6

1. 解答以下各题:

(1) 求 $f(x)=\dfrac{1}{x}$ 在 $x=-1$ 点处的 n 阶泰勒公式(带皮亚诺余项);

(2) 求 $f(x)=\sqrt{x}$ 在 $x=4$ 点处的三阶泰勒公式(带拉格朗日余项);

(3) 验证当 $0<x\leq\dfrac{1}{2}$ 时,按公式 $e^x\approx 1+x+\dfrac{x^2}{2}+\dfrac{x^3}{6}$ 计算 e^x 的近似值时,所产生的误差小于 0.01,并求 $\sqrt{e}$ 的近似值,使误差小于 0.01.

2. 计算以下各题:

(1) 求 $\lim\limits_{x\to 0}\dfrac{e^{x^2}+2\cos x-3}{\sin x^4}$;

(2) 若 $\lim\limits_{x\to 0}\dfrac{\sin 6x+xf(x)}{x^3}=0$,求 $\lim\limits_{x\to 0}\dfrac{6+f(x)}{x^2}$;

(3) 确定常数 A, B, C 的值,使得当 $x \to 0$ 时有 $e^x(1+Bx+Cx^2)=1+Ax+o(x^3)$;

(4) 设 $f(x)=x^3\ln(1+x)$,求 $f^{(99)}(0)$.

3. 证明下列不等式:

(1) 分别利用麦克劳林公式、求最值、单调性、拉格朗日定理证明: $e^x \geq 1+x$;

(2) 求证:当 $x>0$ 时,$0<e^x-1-x-\dfrac{x^2}{2}<\dfrac{x}{2}(e^x-1)$;

(3) 设 $\lim\limits_{x \to 0}\dfrac{f(x)}{x}=1$,且 $f''(x)>0$,求证:$f(x) \geq x$;

(4) 利用泰勒公式证明极值的二阶导数判别定理和凹凸性判别定理.

*4. 证明下列高阶导数中值命题:

(1) 设 $f(x)$ 在 $[0,1]$ 上二阶可导,$\lim\limits_{x \to 0^+}\dfrac{f(x)}{x}=0$,$f(1)=1$,求证:$\exists \xi \in (0,1)$,使得 $f''(\xi)=2$;

(2) 设 $f(x)$ 在 $[0,1]$ 上具有二阶连续导数,$f(0)=f(1)=0$,并且在 $[0,1]$ 上函数 $f(x)$ 的最小值为 -1. 求证:$\exists \xi \in (0,1)$,使得 $f''(\xi) \geq 8$.

综合测试题三

一、单项选择题(每小题 3 分,共 15 分)

1. 下列式子正确的是( )

A. $\pi^e = e^\pi$ B. $\pi^e > e^\pi$ C. $\pi^e \leq e^\pi$ D. $\pi^e < e^\pi$

2. 设 $f(x)$ 在点 $x=0$ 连续,$\lim\limits_{x \to 0}\dfrac{f(x)}{1-\cos x}=2$,则 $f(x)$ 在点 $x=0$ ( )

A. 不可导 B. 可导且 $f'(0) \neq 0$

C. 取极小值 D. 取极大值

3. 设 $f(x)$ 二阶可导,且 $f'(x)>0$,$f''(x)>0$,$\Delta y = f(x+\Delta x)-f(x)$,则当 $\Delta x>0$ 时有( )

A. $\Delta y > dy > 0$ B. $\Delta y < dy < 0$

C. $dy > \Delta y > 0$ D. $dy < \Delta y < 0$

4. 设 $f'(a)=0$,$f''(a)=0$,$f'''(a)>0$,则点 $x=a$ 是( )

A. $f(x)$ 的极大值点 B. $f'(x)$ 的极大值点

C. $f(x)$ 的拐点 D. $f'(x)$ 的拐点

5. 函数 $f(x)=xe^x$ 的 n 阶麦克劳林公式中,x^n 的系数为( )

A. $\dfrac{1}{n-1}$ B. $\dfrac{1}{n}$ C. $\dfrac{1}{(n-1)!}$ D. $\dfrac{1}{n!}$

二、填空题(每小题 3 分,共 15 分)

6. $f(x)=\sqrt{x}$ 在 $[1,4]$ 上适合拉格朗日定理的中值点 $\xi=$ _____.

7. 曲线 $y=x-x^3$ 在拐点处的切线方程是 _____.

8. 已知麦克劳林公式为 $\sin x = x + ax^3 + o(x^3)$,则常数 $a=$ _____.

9. 抛物线 $y=4x-x^2$ 在其顶点处的曲率为 _____.

10. 方程 $|x|^{1/4}+|x|^{1/2}=\cos x$ 有 _____ 个实根.

三、计算题(每小题 8 分,共 40 分)

11. 求极限 $\lim\limits_{x \to 0}\dfrac{1}{1-e^{x^2}}\ln\dfrac{\sin x}{x}$.

12. 设函数 $f(x)=\begin{cases}(1+x)^{1/x}-\mathrm{e}, & x\neq 0,\\ 0, & x=0\end{cases}$,求 $f'(0)$.

13. 求函数 $y=\dfrac{x}{(x-1)^2}$ 的极值,曲线的拐点,曲线的水平渐近线与垂直渐近线.

14. 设函数 $f(x)=nx(1-x)^n$ (n 为正整数)在 $[0,1]$ 上的最大值为 $M(n)$,求 $\lim\limits_{n\to\infty}M(n)$.

15. 求椭圆 $x^2-xy+y^2=3$ 上纵坐标最大和最小的点.

四、讨论题与证明题(前两小题各 7 分,后两小题各 8 分,共 30 分)

16. 讨论方程 $\ln x=ax^2$ 有几个实根.

17. 证明:当 $x>0$ 时,$\ln\left(1+\dfrac{1}{x}\right)>\dfrac{1}{1+x}$.

18. 设函数 $f(x)\in D(-\infty,+\infty)$,$f(x)+f'(x)=0$,$f(0)=0$,求证:在 $(-\infty,+\infty)$ 内恒有 $f(x)=0$.

19. 设 $f(x)$ 在 $[0,2]$ 连续,在 $(0,2)$ 二阶可导,且 $f(1)=\dfrac{f(0)+f(2)}{2}$,求证:$\exists\,\xi\in(0,2)$,使得 $f''(\xi)=0$.

五、附加题(共 10 分)

20. 设 $f(x)$ 在 (a,b) 内二阶可导,且 $f''(x)>0$,若正数 p_1,p_2 满足 $p_1+p_2=1$,求证:$\forall$ 不同两点 $x_1,x_2\in(a,b)$,都有 $f(p_1x_1+p_2x_2)<p_1f(x_1)+p_2f(x_2)$.

第4章 定积分与不定积分

本章转入一元函数微积分的另一主体部分——**积分学**,其中两个最重要的概念是定积分和不定积分.定积分起源于实际问题中对各种连续量的无限"累加"问题,这些问题借助了极限的方法来处理,并获得一类和式的极限,也就是定积分.如同于微分学中利用导数可以简便地计算微分一样,不定积分也是源于定积分计算的需要而产生的,它研究的是:在函数的导数或微分为已知的情况下,如何得到原来的函数,这是与微分法相反、互逆的一种新的分析运算的方法.本章里,我们先从实际问题出发引进定积分的概念,然后引入原函数和不定积分的概念,性质及计算方法.

§4.1 定积分的概念与基本性质

一、定积分的概念

在初等数学的几何学中,我们学会了如何计算由直线段和圆弧所围成的平面图形的面积.那么如何求任意形状的曲线所围成的平面图形的面积呢?

由一条曲线所围成的平面图形,一般可以用一些互相垂直的直线,把它分成若干个"曲顶矩形".所谓**曲顶矩形**(也称为**曲边梯形**)就是由三条直线与一条曲线(称为**曲边**)所围成的图形,其中有两条直线互相平行(称为**平行边**),第三条直线(称为**底边**)与前两条垂直,而且这第三条直线的任何垂线与曲边至多交于一点.也可能有一条平行边缩成一点,这可以当作是曲顶矩形的特殊情形.这样,计算由任意曲线所围成的平面图形的面积问题,可归结为去求曲顶矩形的面积.

(1)曲顶矩形的面积:设曲顶矩形是由$[a,b]$上的连续曲线$y=f(x)$(其中$f(x)\geqslant 0$),x轴及直线$x=a$和$x=b$所围成(图4-1-1),就是位于区间$[a,b]$上方和曲线$y=f(x)$($f(x)\geqslant 0$)下方的图形.下面讨论如何定义和计算曲顶矩形的面积.

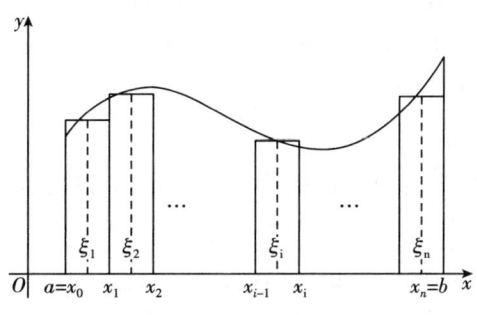

图 4-1-1

显然，如果 $y=f(x)$ 在 $[a,b]$ 上是常数，则该曲顶矩形实际上就是矩形，其面积可用公式"矩形面积＝底×高"来计算. 但在一般情况下，$y=f(x)$ 是变量，其面积不能直接按上述公式计算，这就是问题的困难所在. 然而，由于曲顶矩形在底边上各点处的高 $y=f(x)$ 在 $[a,b]$ 上是连续变化的，在很小一段区间上它的变化很小，近似于不变. 也就是说，如果我们把区间 $[a,b]$ 划分为许多小区间，相应的曲边梯形也分为若干个小曲顶矩形，则对每个小曲顶矩形，由于它的底很窄，高度变化很小，我们就可以用小区间上某一点的高来近似代替同一个区间上的小曲顶矩形的变高，即将每个小曲顶矩形的面积用小矩形的面积来近似代替. 从而，所有小矩形面积之和，便可作为整个曲顶矩形面积的近似值. 显然，区间 $[a,b]$ 分得越细，使得每个小区间的长度越小，近似的精确度也就越高. 所以，当区间 $[a,b]$ 无限细分，使得每一个小区间的长度都趋于零时，所有小矩形的面积之和的极限，就可认为是曲顶矩形的面积.

综上所述，可按下列步骤来计算曲顶矩形的面积：

分割 在区间 $[a,b]$ 中任意插入 $n-1$ 个点 $x_i(i=1,2,\cdots,n-1)$，并记 $a=x_0,b=x_n$，把 $[a,b]$ 分成 n 个小区间 $[x_{i-1},x_i]$，它们的长度记为 $\Delta x_i=x_i-x_{i-1}(i=1,2,\cdots,n)$. 过各点作垂直于 x 轴的直线段把曲顶矩形分成 n 个小曲顶矩形. 其中 x_i 称为**分点**，Δx_i 称为**分区长度**$(i=1,2,\cdots,n)$.

取近似 在每个小区间 $[x_{i-1},x_i]$ 上任取一点 ξ_i，用以 $[x_{i-1},x_i]$ 为底，$f(\xi_i)$ 为高的小矩形面积 $f(\xi_i)\Delta x_i(i=1,2,\cdots,n)$ 近似代替相应的小曲顶矩形面积. 其中 $\xi_i(i=1,2,\cdots,n)$ 称为**值点**.

求和 把 n 个小矩形面积相加，得到所求的曲顶矩形面积 A 的近似值，即

$$A \approx \sum_{i=1}^{n} f(\xi_i)\Delta x_i,$$

其中 $\sum_{i=1}^{n} f(\xi_i)\Delta x_i$ 称为**积和**.

取极限 设 $\lambda=\max\limits_{1\leqslant i\leqslant n}\{\Delta x_i\}$ 是所有分区长度的最大值. 当 $\lambda\rightarrow 0$ 时，各小区间长度均趋于零，$\sum_{i=1}^{n} f(\xi_i)\Delta x_i$ 的极限就定义为曲顶矩形面积 A 的值，即

$$A = \lim_{\lambda\rightarrow 0}\sum_{i=1}^{n} f(\xi_i)\Delta x_i.$$

(2)变速直线运动的路程：设某物体沿直线运动，其速度 $v=v(t)$ 是时间 t 的连续函数，且 $v(t)\geqslant 0$. 试求物体从 $t=\alpha$ 到 $t=\beta$ 这段时间内经过的路程 s.

类似于计算曲顶矩形面积的作法和步骤，可得路程

$$s = \lim_{\lambda\rightarrow 0}\sum_{i=1}^{n} v(\tau_i)\Delta t_i,$$

其中 t_i 是分点，Δt_i 是分区长度，τ_i 是值点，$\sum_{i=1}^{n} v(\tau_i)\Delta t_i$ 是积和，$\lambda=\max\limits_{1\leqslant i\leqslant n}\{\Delta t_i\}$ 是分区长度的最大值.

以上两个实际问题，一个是几何量的计算，一个是物理量的计算，两者的性质完全不同，但就其数量关系而言，它们的本质和解决方法却是一样的. 首先，所求量均与某区间有关，且依赖于该区间上的一个函数；若将区间分为若干部分时，总量应等于各部分区间上对应的部

分量之和.其次,计算这些量的步骤也是相同的,都是按"分割→取近似→求和→取极限"这四步骤进行的.最后,所得到的结果都归结为具有相同结构的特定形式的极限,即积和的极限.抛开这些问题的具体意义,抓住它们在数量关系上共同的本质与特征加以概括,便抽象出定积分的如下定义,其中 $x_i, \Delta x_i, \xi_i, \lambda$ 意义一如前述,不再详指.

定义 设函数 $f(x)$ 在 $[a,b]$ 上有定义,若对任取的分点 x_i 和值点 ξ_i,积和的极限 $\lim\limits_{\lambda \to 0} \sum\limits_{i=1}^{n} f(\xi_i) \Delta x_i$ 总存在,且极限值与 x_i 和 ξ_i 的取法无关,则称此极限值为**函数 $f(x)$ 在区间 $[a,b]$ 上对 x 的定积分**,记为 $\int_a^b f(x) dx$,即

$$\int_a^b f(x) dx = \lim_{\lambda \to 0} \sum_{i=1}^{n} f(\xi_i) \Delta x_i.$$

其中 $\int$ 称为**积分符号**,$f(x)$ 称为**被积函数**,$f(x) dx$ 称为**被积表达式**,x 称为**积分变量**,$[a,b]$ 称为**积分区间**,a 和 b 分别称为**积分下限**和**积分上限**.

若定积分 $\int_a^b f(x) dx$ 存在,则称 $f(x)$ 在 $[a,b]$ 上**黎曼(Riemann)可积**或简称**可积**,记为 $f(x) \in \mathbf{R}[a,b]$.

注 如同导数是一种特殊的极限——差商的极限,定积分也是一种特殊的极限——积和的极限,这是定积分的本质.不过,此处极限不同于此前见过的函数极限,这是因为值点 ξ_i 是任意,与 λ 无关,极限号下的积和不是 λ 的函数.

定积分 $\int_a^b f(x) dx$(存在时)表示的是一个常数,此常数只取决于积分区间 $[a,b]$ 和被积函数 $f(x)$,不仅与分点 x_i 和值点 ξ_i 的取法无关,而且与积分变量 x 的记法无关(故名曰"定"积分),因此把积分变量 x 换写为另一其他变量,积和与其极限都不变,即

$$\int_a^b f(x) dx = \int_a^b f(t) dt.$$

对于定积分,第一类重要问题是:函数 $f(x)$ 在 $[a,b]$ 上满足什么条件时,$f(x)$ 在 $[a,b]$ 上一定可积?若 $f(x)$ 在 $[a,b]$ 上可积,那么函数 $f(x)$ 有什么特征?这些问题本来是积分学的基本问题,但涉及的理论较多且十分抽象,我们不作深入探讨,只给几点说明(证明从略).

(1) 可积的充分条件:若 $f(x) \in C[a,b]$,或 $f(x)$ 在 $[a,b]$ 上有定义且只有有限个第一类间断点,则 $f(x) \in \mathbf{R}[a,b]$.

(2) 可积的必要条件:若 $f(x) \in \mathbf{R}[a,b]$,则 $f(x) \in B[a,b]$.

注意,$f(x)$ 在 $[a,b]$ 上有界不是可积的充分条件.如,虽然狄利克雷函数 $D(x) = \begin{cases} 1, x \in \mathbf{Q} \\ 0, x \notin \mathbf{Q} \end{cases}$ 在 $[0,1]$ 有界,但任取分点 $x_i \in [0,1]$,而分别取有理数值点 ξ_i 和无理数值点 ξ_i 时,积和 $\sum\limits_{i=1}^{n} D(\xi_i) \Delta x_i$ 分别等于 1 和 0,即积和的极限与值点 ξ_i 的取法有关,因此 $D(x)$ 在 $[0,1]$ 上不可积.

(3) 可积的一个特性:若 $f(x) \in \mathbf{R}[a,b]$,则改变 $f(x)$ 在 $[a,b]$ 上有限个点的函数值,可积性不变,定积分的值也不变.

这是定积分的一个很特别的性质.将来大家学习概率论时,会遇到"连续型随机变量的

分布密度的不唯一性"问题,就可利用这一特性加以理解.

对于定积分,第二类重要问题是:如何计算定积分 $\int_a^b f(x)\mathrm{d}x$?

一般来说,直接利用原定义计算定积分是很困难的事,这是因为定义中有两个任意性,即所取的分点 x_i 与值点 ξ_i 都是任意的,并且积和的极限又不是函数的极限.

不过,当 $f(x) \in \mathbf{R}[a,b]$ 时,由于定积分与分点和值点的取法无关,因此可取特殊的分点与值点,使积和极限容易求出. 最常取的特殊分点 x_i 是区间 $[a,b]$ 的 n 等分点,即 $x_i = a + \frac{b-a}{n}i$,同时取值点 ξ_i 为小区间 $[x_{i-1}, x_i]$ 的右端点,即 $\xi_i = x_i (i=1,2,\cdots,n)$,并且这时定义中的 $\lambda = \Delta x_i = \frac{b-a}{n}$,即 $\lambda \to 0$ 等价于 $n \to \infty$,于是定积分

$$\int_a^b f(x)\mathrm{d}x = \lim_{n \to \infty} \sum_{i=1}^n f(a + \frac{b-a}{n}i) \frac{b-a}{n}.$$

特别地,$\int_0^1 f(x)\mathrm{d}x = \lim_{n \to \infty} \sum_{i=1}^n f(\frac{i}{n}) \frac{1}{n}$.

利用上述公式,可把定积分转化为对特殊的积和数列的极限来计算.

例1 求定积分 $\int_0^1 x^2 \mathrm{d}x$.

解 因为 $f(x) = x^2 \in C[0,1]$,所以 $f(x) = x^2 \in \mathbf{R}[0,1]$.

于是
$$\int_0^1 x^2 \mathrm{d}x = \lim_{n \to \infty} \sum_{i=1}^n \left(\frac{i}{n}\right)^2 \frac{1}{n}$$
$$= \lim_{n \to \infty} \frac{1}{n^3} \sum_{i=1}^n i^2 = \lim_{n \to \infty} \frac{1}{n^3} \left[\frac{1}{6}n(n+1)(2n+1)\right] = \frac{1}{3}.$$

从例1求解可以更直观地看出,定积分表示"每项为无穷小的无限项的和(未必是无穷小)",所以定积分是有限项代数和的推广.

一般地有 $\int_a^b x^2 \mathrm{d}x = \frac{1}{3}b^3 - \frac{1}{3}a^3$(请读者完成).

利用数列极限计算定积分,要遇到数列求和的瓶颈问题,只适合于一些简单函数. 关于定积分更通用的计算方法以后我们会逐步介绍,这里暂告一段落.

下面解释定积分的几何意义与物理意义.

利用定积分定义可知:当 $f(x) \geqslant 0$ 时,定积分 $\int_a^b f(x)\mathrm{d}x$ 在几何上表示位于 $[a,b]$ 上方和 $y = f(x)$ 下方的曲顶矩形的面积 A,即

$$\int_a^b f(x)\mathrm{d}x = A.$$

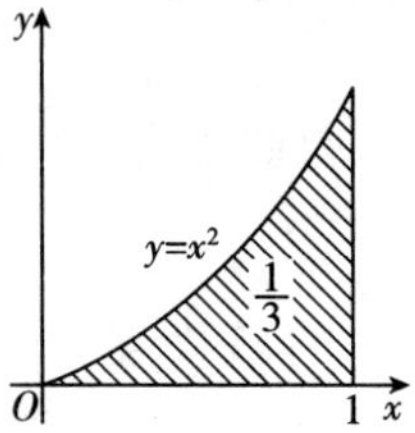

如例1中,$\int_0^1 x^2 \mathrm{d}x = 1/3$,表示位于区间 $[0,1]$ 上方和曲线 $y = x^2$ 下方的曲边三角形的面积为 $1/3$(图 4-1-2).

图 4-1-2

当 $f(x) \leqslant 0$ 时,$-f(x) \geqslant 0$,由定积分定义得 $\int_a^b f(x)\mathrm{d}x = -\int_a^b [-f(x)]\mathrm{d}x$,因此 $\int_a^b f(x)\mathrm{d}x$ 表示表示位于区间 $[a,b]$ 下方和曲线

$y=f(x)$ 上方的曲底矩形面积 A 的负值(图 4-1-3),即

$$\int_a^b f(x)\mathrm{d}x = -A.$$

一般地,如果 $f(x)$ 在 $[a,b]$ 上有正有负,由曲线 $y=f(x)$,x 轴及直线 $x=a$ 和 $x=b$ 所围成的几个曲顶矩形有的在 x 轴上方,有的在 x 轴下方,定积分 $\int_a^b f(x)\mathrm{d}x$ 表示 x 轴上方的面积 $A_\text{上}$ 减去 x 轴下方的面积 $A_\text{下}$,即

$$\int_a^b f(x)\mathrm{d}x = A_\text{上} - A_\text{下}.$$

如图 4-1-4,则有 $\int_a^b f(x)\mathrm{d}x = (A_1 + A_3) - A_2$.

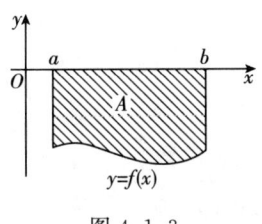

图 4-1-3

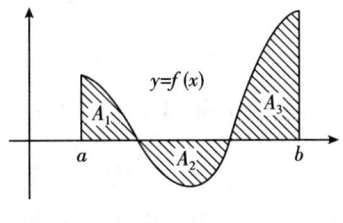

图 4-1-4

特别地,当 $f(x)=1$ 时,定积分 $\int_a^b f(x)\mathrm{d}x$ 等于区间 $[a,b]$ 上方,直线 $y=1$ 下方的图形(是矩形)的面积,当然数值上也等于区间 $[a,b]$ 的长度,即

$$\int_a^b \mathrm{d}x = b - a.$$

当 $f(x)=x$ 时,定积分 $\int_a^b f(x)\mathrm{d}x$ 等于区间 $[a,b]$ 上方,直线 $y=x$ 下方的图形(梯形)的面积,因此

$$\int_a^b x\mathrm{d}x = \frac{1}{2}(a+b)(b-a) = \frac{1}{2}b^2 - \frac{1}{2}a^2.$$

同样利用定积分定义有:若物体以变速 $v=v(t)$ 作直线运动,则当 $v(t) \geqslant 0$ 时,$\int_\alpha^\beta v(t)\mathrm{d}t$ 表示物体在时间段 $[\alpha,\beta]$ 内经过的路程 s,即

$$\int_\alpha^\beta v(t)\mathrm{d}t = s.$$

对一般的 $v(t)$(可取负值),则 $\int_\alpha^\beta v(t)\mathrm{d}t$ 表示物体在时间段 $[\alpha,\beta]$ 内的位移.

二、定积分的基本性质

利用定积分定义和极限的知识,可知定积分(均假设所涉及的函数在相应的区间上可积)具有下列的不等式性质与线性运算性质.

性质 1(保号性) 若在 $[a,b]$ 上 $f(x) \geqslant 0$,则 $\int_a^b f(x)\mathrm{d}x \geqslant 0$.

注 性质 1 的一个更精确的结论是:若 $f(x) \in C[a,b]$,$f(x) \geqslant 0$ 但 $f(x) \not\equiv 0$,则

$\int_a^b f(x)\mathrm{d}x > 0$（见§4.7 例11 后面的注）.

性质 2(保序性) 若在$[a,b]$上$f(x) \geqslant g(x)$，则$\int_a^b f(x)\mathrm{d}x \geqslant \int_a^b g(x)\mathrm{d}x$.

特别地 $|\int_a^b f(x)\mathrm{d}x| \leqslant \int_a^b |f(x)|\mathrm{d}x$.

例 2 比较$\int_1^2 \ln x\mathrm{d}x$和$\int_1^2 \ln^2 x\mathrm{d}x$的大小.

解 因为在$[1,2]$上，$0 \leqslant \ln x \leqslant 1$，所以$\ln x \geqslant \ln^2 x$，因此
$$\int_1^2 \ln x\mathrm{d}x \geqslant \int_1^2 \ln^2 x\mathrm{d}x.$$

性质 3(估值法) 若M和m分别是$f(x)$在$[a,b]$上的最大值和最小值，则
$$m(b-a) \leqslant \int_a^b f(x)\mathrm{d}x \leqslant M(b-a).$$

性质 4 被积函数的常数因子可以提到积分号外，即
$$\int_a^b kf(x)\mathrm{d}x = k\int_a^b f(x)\mathrm{d}x,(k\text{ 为常数}).$$

性质 5 函数的和的定积分等于它们的定积分的和，即
$$\int_a^b [f(x) \pm g(x)]\mathrm{d}x = \int_a^b f(x)\mathrm{d}x \pm \int_a^b g(x)\mathrm{d}x.$$

性质 4 与性质 5 主要用于简化定积分的计算.

性质 6 定积分对积分区间具有**可加性**，也就是将积分区间分成两部分时，则在整个区间上的定积分等于这两个部分区间上的定积分之和，即当$a \leqslant c \leqslant b$时，有
$$\int_a^b f(x)\mathrm{d}x = \int_a^c f(x)\mathrm{d}x + \int_c^b f(x)\mathrm{d}x.$$

当$f(x) \geqslant 0$时，从几何意义上看这个性质是十分明显的，即整个图形的面积$\int_a^b f(x)\mathrm{d}x$等于两部分面积$\int_a^c f(x)\mathrm{d}x$与$\int_c^b f(x)\mathrm{d}x$之和.

这个性质(**分段积分法**)主要用于分段函数定积分的计算以及与部分区间有关的函数定积分的特性的研究.

三、奇偶函数的定积分

设函数$f(x) \in \mathbf{R}[-a,a]$，则有：

性质 7 (1)若$f(x)$在$[-a,a]$上为奇函数，则
$$\int_{-a}^a f(x)\mathrm{d}x = 0;$$
(2)若$f(x)$在$[-a,a]$上为偶函数，则
$$\int_{-a}^a f(x)\mathrm{d}x = 2\int_0^a f(x)\mathrm{d}x.$$

这是定积分的一个最特别的性质——对称性，记忆为"**奇零偶倍**"，该性质从几何意义上容易理解和记忆，理论上可以用定积分定义来证明(只要取对称的分点和对称的值点，就可

证得. 留作习题,读者自行证明).

例 3 求 $\int_{-a}^{a} (x+a)\sqrt{a^2-x^2}\,dx$.

思路 对称区间上的定积分,可用线性性质分离出奇函数以简化计算,再结合定积分几何意义,能求出原定积分.

解 $\int_{-a}^{a} (x+a)\sqrt{a^2-x^2}\,dx = \int_{-a}^{a} x\sqrt{a^2-x^2}\,dx + a\int_{-a}^{a}\sqrt{a^2-x^2}\,dx$,

由"奇零"得 $\int_{-a}^{a} x\sqrt{a^2-x^2}\,dx = 0$;

又因 $\int_{-a}^{a}\sqrt{a^2-x^2}\,dx$ 是半圆面积,得 $\int_{-a}^{a}\sqrt{a^2-x^2}\,dx = \frac{1}{2}\pi a^2$,

因此原积分 $= 0 + a \cdot \frac{1}{2}\pi a^2 = \frac{1}{2}\pi a^3$.

习 题 4.1

1. 利用定积分的几何意义,说明下列等式:

(1) $\int_0^1 2x\,dx = 1$; (2) $\int_{-\pi}^{\pi} \sin x\,dx = 0$;

(3) $\int_0^a \sqrt{a^2-x^2}\,dx = \frac{1}{4}\pi a^2 \ (a>0)$;

(4) $\int_0^b \sqrt{a^2-x^2}\,dx = \frac{b}{2}\sqrt{a^2-b^2} + \frac{a^2}{2}\arcsin\frac{b}{a}$(其中 $0 < b \leqslant a$);

(5) $\int_0^{n\pi} |\sin x|\,dx = n\int_0^{\pi} \sin x\,dx$(其中 n 为正整数).

2. 根据定积分的性质,比较下列积分的大小:

(1) $I_1 = \int_1^2 \ln x\,dx, I_2 = \int_1^2 \ln^2 x\,dx$;

(2) $I_1 = \int_0^1 e^x\,dx, I_2 = \int_0^1 (x+1)\,dx$;

(3) $I_1 = \int_0^{\pi/2} \sin x\,dx, I_2 = \int_0^{\pi/2} \sin^3 x\,dx, I_3 = \int_0^{\pi/2} \sin^5 x\,dx$;

(4) $I_1 = \int_{-\pi/2}^{\pi/2} \frac{\sin x}{1+x^2}\cos^4 x\,dx, I_2 = \int_{-\pi/2}^{\pi/2} (\sin^3 x + \cos^4 x)\,dx, I_3 = \int_{-\pi/2}^{\pi/2} (x^2\sin^3 x - \cos^4 x)\,dx$.

3. 估计下列各积分值:

(1) $I = \int_{\pi/4}^{5\pi/4} \sqrt{1+\sin^2 x}\,dx$; (2) $I = \int_{1/\sqrt{3}}^{\sqrt{3}} x\arctan x\,dx$;

(3) $I = \int_0^2 e^{x^2-x}\,dx$; (4) $I = \int_{\pi/4}^{\pi/2} \frac{\sin x}{x}\,dx$.

4. 证明下列各题:

(1)试证定积分的"奇零偶倍"公式.

(2)设 $f(x) \in C(-\infty, +\infty)$,且 $f(x+y) = f(x) + f(y)$,求证: $\int_{-1}^{1} x^2 f(x)\,dx = 0$.

§4.2 不定积分的概念与微积分基本定理

前面我们讨论了定积分的概念及其性质,利用定积分的定义、几何意义、对称性以及线性运算的性质可以计算一些简单或特殊的定积分,为了寻求定积分更一般的计算方法,我们将以原函数概念为基础,引入不定积分的概念,通过揭示原函数、不定积分与定积分计算之间的关系,进一步引入微积分的基本定理,即牛顿—莱布尼茨(Newton-Leibniz)公式.该公式建立了积分与微分之间的联系,把求定积分的问题转化为求原函数或不定积分的问题.

一、原函数与不定积分的概念

上一节,我们利用定积分定义及几何意义分别得到了

$$\int_a^b \mathrm{d}x = b - a, \int_a^b x\mathrm{d}x = \frac{1}{2}b^2 - \frac{1}{2}a^2, \int_a^b x^2 \mathrm{d}x = \frac{1}{3}b^3 - \frac{1}{3}a^3.$$

这三个例子的共同点是:函数 $f(x)$ 在区间 $[a,b]$ 上的定积分,都等于某个函数 $F(x)$ 在积分上限的函数值 $F(b)$ 减去它在积分下限的函数值 $F(a)$,即 $\int_a^b f(x)\mathrm{d}x = F(b) - F(a)$. 若记 $[F(x)]_a^b = F(b) - F(a)$,则有

$$\int_a^b f(x)\mathrm{d}x = [F(x)]_a^b. \tag{4.2.1}$$

显然上面三例可以分别写成

$$\int_a^b \mathrm{d}x = [x]_a^b, \int_a^b x\mathrm{d}x = \left[\frac{1}{2}x^2\right]_a^b, \int_a^b x^2 \mathrm{d}x = \left[\frac{1}{3}x^3\right]_a^b.$$

这三个等式又有一个相同之处:右端中括号里的函数 $F(x)$ 的导数恰好就是左端积分号里的被积函数 $f(x)$. 于是,我们自然会问:给定 f,怎样找一个 F,使得 $F' = f$? 对任何可积的函数 f,定积分是否都可以用(4.2.1)式来计算?

定义 1 设在某区间上,函数 $f(x)$ 与 $F(x)$ 满足

$$F'(x) = f(x), \text{ 或 } \mathrm{d}F(x) = f(x)\mathrm{d}x$$

则称函数 $F(x)$ 是 $f(x)$(或 $f(x)\mathrm{d}x$)**在该区间上的一个原函数**.

例如,因为 $(x^2)' = 2x$,所以 x^2 是 $2x$ 的一个原函数.

因为 $\left(\frac{1}{3}x^3\right)' = x^2$,所以 $\frac{1}{3}x^3$ 是 x^2 的一个原函数.

若函数 f 有原函数,那么它的原函数是否唯一? 若不唯一,有多少个? 不同的原函数之间有什么关系?

设 $f(x)$ 有一个原函数 $F(x)$,即 $F'(x) = f(x)$,那么对任意的常数 C,都有

$$[F(x) + C]' = F'(x) = f(x),$$

于是 $F(x) + C$(C 为任意常数)都是 $f(x)$ 的原函数. 因此,若 $f(x)$ 有一个原函数时,则它就有无穷多个原函数.

若 $f(x)$ 有两个原函数 $F(x)$ 和 $G(x)$,即 $F'(x) = f(x)$,$G'(x) = f(x)$,可得 $[F(x) - G(x)]' = F'(x) - G'(x) = f(x) - f(x) = 0$,由恒等定理知

$$F(x) - G(x) = C, (C \text{ 为某个常数}).$$

因此,一个函数 $f(x)$ 的任何两个原函数之间仅差一个常数.

由以上讨论即得:设 $f(x)$ 有一个原函数 $F(x)$,则 $f(x)$ 的全体原函数为 $F(x) + C$(C 为任意常数),即函数 $f(x)$ 的原函数的一般表达式是 $F(x) + C$.

换言之，只要能找到 $f(x)$ 的一个原函数 $F(x)$，那么就找到了全部原函数.

如，因为 $2x$ 有一个原函数 x^2，所以 $2x$ 的全体原函数为 x^2+C. 同理，x^2 的全体原函数为 $\frac{1}{3}x^3+C$.

一个函数的全体原函数就是不定积分.

定义 2 在某区间上，函数 $f(x)$ 的全体原函数 $F(x)+C$ 称为函数 **$f(x)$ 在此区间上对 x 的不定积分**，记作 $\int f(x)\mathrm{d}x$，即

$$\int f(x)\mathrm{d}x = F(x)+C.$$

其中 $\int$ 称为**积分符号**，$f(x)$ 称为**被积函数**，$f(x)\mathrm{d}x$ 称为**被积表达式**，x 称为**积分变量**，任意常数 C 称为**积分常数**.

从定义可以看出，求一个函数的不定积分只要求出函数的一个原函数，再加上任意常数即可，因此对一些简单的函数我们可以用**观察法**，即直接利用导数（或微分）逆运算来求出不定积分.

如，已有 $\int 2x\mathrm{d}x = x^2+C,\int x^2\mathrm{d}x = \frac{x^3}{3}+C,$

同样有 $\int \frac{1}{x}\mathrm{d}x = \ln|x|+C,\int \mathrm{e}^x\mathrm{d}x = \mathrm{e}^x+C,\int \cos x\mathrm{d}x = \sin x+C$ 等.

再如，因为 $\frac{1}{\sqrt{1-x^2}}$ 有个原函数 $\arcsin x$ 或 $-\arccos x$，所以有

$$\int \frac{1}{\sqrt{1-x^2}}\mathrm{d}x = \arcsin x+C \quad 或 \quad \int \frac{1}{\sqrt{1-x^2}}\mathrm{d}x = -\arccos x+C.$$

上式说明，函数的不定积分形式并不唯一，它们相差一个常数

$$\arcsin x - (-\arccos x) = \frac{\pi}{2},$$

具有某种不定性. 这是不定积分名称中出现"不定"的一个原因.

当然，用倒推的方法所能得到的不定积分的等式是十分有限的，如

$$\int \ln x\mathrm{d}x,\int x\mathrm{e}^{x^2}\mathrm{d}x,\int \frac{1}{1+\sqrt{x}}\mathrm{d}x$$

就不那么容易一下子写出. 可见求不定积分要比求导来得复杂和困难，若把求导看成给一条绳子打结，那么求不定积分就可以看成是解开这个结——打结容易解结难. 做逆运算比较困难几乎是数学学习中的普遍现象，小学算术中减法比加法难、除法比乘法难；中学代数中开方比乘方难、对数比指数难、反三角比三角难.

因此，为了获得更多函数的不定积分，单靠求导运算这一点知识是不够的，还必须学会计算不定积分的新方法和新技巧（下一节开始给予详细介绍）.

原函数与不定积分的几何意义：若 $F(x)$ 是 $f(x)$ 的一个原函数，则称曲线 $y=F(x)$ 为 $f(x)$ 的一条**积分曲线**. 这样，$f(x)$ 的不定积分 $\int f(x)\mathrm{d}x$ 在几何上表示一族积分曲线，称为**积分曲线族**，它的方程是 $y=F(x)+C$.

由 $[F(x)+C]' = f(x)$ 可知,若在积分曲线族中横坐标相同的点作切线,则这些切线彼此是平行的.

例如, $f(x)=2x$ 的积分曲线族为 $y=x^2+C$,这是一族顶点位于点 $(0,C)$,且开口向上的二次抛物线族. 这族曲线中任何一条积分曲线都可由这族中的某一条积分曲线(例如 $y=x^2$)沿 y 轴方向上下平移而得到.

求一个函数的不定积分,就是求该函数的全部原函数,因此,不定积分可用于以下问题: 已知曲线在任意一点处的斜率,求曲线方程;已知直线运动的速度函数,求位置函数;已知函数的变化率,求函数等.

例 1 设一曲线过点 $(1,2)$,且曲线上任意点 (x,y) 处的切线斜率为 $2x$,求曲线方程.

解 设所求的曲线方程为 $y=f(x)$,由斜率为 $f'(x)=2x$,积分得

$$f(x) = \int 2x \, \mathrm{d}x = x^2 + C.$$

又因曲线过点 $(1,2)$,所以有 $f(1)=2$,从而得 $C=1$.

故所求曲线方程为 $y=x^2+1$.

一般地,凡是需要通过消除求导符号来求解的问题,都可考虑利用不定积分. 关于这点,第 6 章微分方程里将有充分的展开.

二、不定积分的基本性质

利用不定积分的概念可得下列基本性质.

性质 1 不定积分的导数(或微分)等于被积函数(或被积式),即

$$\left(\int f(x) \mathrm{d}x \right)' = f(x), \quad \mathrm{d}\left(\int f(x) \mathrm{d}x \right) = f(x) \mathrm{d}x.$$

性质 2 函数的导数不定积分等于该函数本身加上一个任意常数,即

$$\int F'(x) \mathrm{d}x = F(x) + C, \quad \int \mathrm{d}F(x) = F(x) + C.$$

注 性质1和性质2更直观地说明:在相差一个常数的意义下,积分运算"$\int$"与微分运算"d"是互逆、互抵的关系,只是要注意,对某个函数先微分后积分,抵消后要加上一个任意常数. 如果不考虑任意常数,那么只要符号"d"与"$\int$"紧接着出现,不论哪个在前,哪个在后,都可以"抵消".

性质 3 一个函数乘以一个非零的常数的不定积分等于常数乘以该函数的不定积分,即

$$\int kf \mathrm{d}x = k \int f \mathrm{d}x, (k \text{ 为非零常数}).$$

性质 4 两个函数和的不定积分等于各函数不定积分的和,即

$$\int (f \pm g) \mathrm{d}x = \int f \mathrm{d}x \pm \int g \mathrm{d}x.$$

性质 3,4 称为不定积分的**线性性质**.

由上述性质结合微分形式不变性,可以得到不定积分形式的不变性.

性质 5 若对自变量 x 有不定积分 $\int f(x)\mathrm{d}x = F(x)+C$,则对任何可微的中间变量 $u = g(x)$ 都有

$$\int f(u)\mathrm{d}u = F(u)+C.$$

这个性质表明,不定积分也有形式不变性,不定积分可以进行变量替换.

三、牛顿—莱布尼茨公式与原函数存在定理

下面的定理是一个非常重要的定理,由于它体现了整个微分学与积分学之间的联系,使得它在高等数学中占有重要地位,常被称为**微积分基本定理**.

定理 1 设函数 $f(x) \in \mathbf{R}[a,b]$,且在 (a,b) 内 $f(x)$ 有原函数 $F(x)$,若 $F(x) \in C[a,b]$,则

$$\int_a^b f(x)\mathrm{d}x = [F(x)]_a^b. \tag{4.2.2}$$

证 任取分点 $a = x_0 < x_1 < \cdots < x_n = b$,有

$$[F(x)]_a^b = F(b) - F(a) = \sum_{i=1}^n [F(x_i) - F(x_{i-1})].$$

因为 $F(x) \in C[a,b], F(x) \in D(a,b)$,在每个区间 $[x_{i-1},x_i]$ 上对 $F(x)$ 利用拉格朗日定理,则 $\exists \xi_i \in (x_{i-1},x_i)$ 使得

$$F(x_i) - F(x_{i-1}) = F'(\xi_i)\Delta x_i = f(\xi_i)\Delta x_i, (i=1,2,\cdots,n)$$

所以

$$[F(x)]_a^b = \sum_{i=1}^n f(\xi_i)\Delta x_i.$$

对上式令 $\lambda \to 0$,由 $f(x) \in \mathbf{R}[a,b]$,即证得 (4.2.2) 式.

公式 (4.2.2) 就是**牛顿-莱布尼茨**(Newton-Leibniz)**公式**,简称为 **N-L 公式**,它指明了计算可积函数定积分的快速方法:可积函数(如连续的函数)在区间 $[a,b]$ 上的定积分等于它的任何一个原函数在区间 $[a,b]$ 上的增量. 本来 $\int_a^b f(x)\mathrm{d}x$ 是 f 在 $[a,b]$ 上各种取值的复杂计算,现在可以仅通过 F 在 a,b 两点的取值来计算,这看上去有点不可思议,但又令人惊奇.

例如,$\int_0^1 x^2 \mathrm{d}x = [\frac{1}{3}x^3] = \frac{1}{3}$,$\int_0^\pi \cos x \mathrm{d}x = [\sin x]_0^\pi = 0$.

几点注记:(1) N-L 公式不仅在定积分的计算中扮演着主要角色,而且在定积分的概念与相关性质的理解和记忆中起着不可或缺的作用. 比如,用它来理解和记忆"定积分 $\int_a^b f(x)\mathrm{d}x$ 是一个数","定积分对积分区间具有可加性"就很方便了.

(2) 如果把不定积分与定积分联系起来,则 N-L 公式又可写成

$$\int_a^b f(x)\mathrm{d}x = \left[\int f(x)\mathrm{d}x\right]_a^b.$$

(3) 在定积分的定义中,曾假定 $a<b$. 但为了今后计算及应用方便,现作两点**补充规定**:

$$\int_a^b f \mathrm{d}x = -\int_b^a f \mathrm{d}x; \int_a^a f \mathrm{d}x = 0.$$

有了这两个规定后,N-L 公式可推广到 $a \geqslant b$ 的情形.

下面看一下 N-L 公式的实际意义.设物体以变速 $v(t)$ 作直线运动,位置函数为 $s(t)$,因为 $s'(t)=v(t)$,即 $s(t)$ 是 $v(t)$ 的一个原函数,由 N-L 公式得

$$\int_\alpha^\beta v(t)\mathrm{d}t = s(\beta) - s(\alpha) \text{ 或 } \int_\alpha^\beta s'(t)\mathrm{d}t = s(\beta) - s(\alpha).$$

上式表明:物体在某时间段内经过的位移等于位移在该时间段内的增量,这在物理学中是很好理解的现象.

一般地,设 $y=F(t)$ 表示在 t 时刻的某种量,其变化率为 $F'(t)$,那么由 N-L 公式可得

$$F(\beta) - F(\alpha) = \int_\alpha^\beta F'(t)\mathrm{d}t,$$

左边是 $F(x)$ 在时间段 $[\alpha,\beta]$ 上的净增量,右边是函数 $F(x)$ 的变化率在 $[\alpha,\beta]$ 上的定积分,也就是说:一个变量的在某时间间隔上的净增量等于该变量的变化率的定积分,这就是 N-L 公式的实际意义.在实际问题中,N-L 公式称为**净增量公式**.

例如,如果 $V(t)$ 表示在时刻 t 流入蓄水池的水的体积,已知水流速度为 $V'(t)$,那么在时间段 $[\alpha,\beta]$ 内,蓄水池中水体积的增量为 $\int_\alpha^\beta V'(t)\mathrm{d}t$;如果 $N'(t)$ 表示人口增长速度,那么在时间段 $[\alpha,\beta]$ 内人口的增量为 $\int_\alpha^\beta N'(t)\mathrm{d}t$.

N-L 公式的最大作用,就是利用原函数求定积分,但问题是:一个函数具备什么条件,能保证它的原函数一定存在?这个问题将在后面讨论,这里先介绍一个结论,称之为**原函数存在定理**.

定理 2 若函数 $f(x)$ 在区间 I 上连续,则在 I 上 $f(x)$ 的原函数存在.

简单说就是:连续函数一定有原函数.

因为初等函数在定义区间上连续,因此初等函数在定义区间上都有原函数.

由定理 2 和定理 1 立即得推论 1.

推论 1 若 $f(x) \in C[a,b]$,则必有 $f(x)$ 在 $[a,b]$ 上的原函数 $F(x)$,使得

$$\int_a^b f(x)\mathrm{d}x = [F(x)]_a^b.$$

推论 1 说明:计算定积分时,只要被积函数在积分区间上连续且能找到原函数,就可以用 N-L 公式.

由定理 2 和定理 1 还可证得推论 2(证明参考例 3,从略).

推论 2 若 $f(x)$ 在 $[a,b]$ 上有定义,且除第一类间断点 $c(a<c<b)$ 外连续,则 $f(x)$ 在 $[a,c)$ 及 $(c,b]$ 上必分别有原函数 $F_1(x)$ 及 $F_2(x)$,使得

$$\int_a^b f(x)\mathrm{d}x = \int_a^c f(x)\mathrm{d}x + \int_c^b f(x)\mathrm{d}x = [F_1(x)]_a^{c^-} + [F_2(x)]_{c^+}^b.$$

推论 2 说明:计算定积分时,若被积函数在积分区间有有限个第一类间断点,则可以以间断点为分点,把积分区间分段,然后利用分段积分法,逐段逐项利用 N-L 公式,且其中的间断点可以"看成"是连续点.

例 2 求 $\int_0^2 f(x)dx$，其中 $f(x)=\begin{cases} 2x, & 0\leqslant x\leqslant 1, \\ 3, & 1<x\leqslant 2 \end{cases}$.

思路 $f(x)$ 有第一类间断点 $x=1$，可利用分段积分法.

解 $\int_0^2 f(x)dx = \int_0^1 f(x)dx + \int_1^2 f(x)dx = \int_0^1 2xdx + \int_1^2 3dx$
$= [x^2]_0^1 + [3x]_1^2 = 4.$

几点说明：(1) 函数连续是原函数存在的充分而非必要的条件. 如

$$f(x)=\begin{cases} 2x\sin\dfrac{1}{x} - \cos\dfrac{1}{x}, & x\neq 0, \\ 0, & x=0 \end{cases}$$

有第二类间断点 $x=0$，在 $(-\infty,+\infty)$ 不连续，但有原函数

$$F(x)=\begin{cases} x^2\sin\dfrac{1}{x}, & x\neq 0, \\ 0, & x=0 \end{cases}.$$

(2) 在闭区间上有第一类间断点的函数，不存在原函数（见习题 §3.5 第 6 题），但依然是可积的. 因此，闭区间上函数可积与函数存在原函数是不同的.

(3) 连续是闭区间上函数可积和存在原函数的共同的充分条件.

最后，我们以例题形式给出一个广义 N-L 公式：

例 3 设 $f(x)\in C[a,b)$，且 $\lim\limits_{x\to b^-} f(x)=A$ 存在. 若 $F(x)$ 是 $f(x)$ 在 $[a,b)$ 上的一个原函数，求证 $\lim\limits_{x\to b^-} F(x)$ 存在.

证 记 $g(x)=\begin{cases} f(x), & a\leqslant x<b, \\ A, & x=b \end{cases}$，则 $g(x)\in C[a,b]$，由原函数存在性知，$g(x)$ 在 $[a,b]$ 上必有有原函数 $G(x)=\begin{cases} F(x), & a\leqslant x<b, \\ B, & x=b \end{cases}$.

因 $G(x)$ 是 $g(x)$ 在 $[a,b]$ 上的原函数，当然在 $[a,b]$ 连续，故

$$\lim_{x\to b^-} G(x) = \lim_{x\to b^-} F(x) = B.$$

例 3 可写成：设 $f(x)\in C[a,b)$，且 $\lim\limits_{x\to b^-} f(x)=A$ 存在，若 $F(x)$ 是 $f(x)$ 在 $[a,b)$ 上的一个原函数，则

$$\int_a^b f(x)dx = [F(x)]_a^{b^-}.$$

这就是广义 N-L 公式. 它给出了推论 2 及其说明的理论支撑

习 题 4.2

1. 下列说法是否正确？

(1) $\cos x$ 是 $\sin x$ 的一个原函数；

(2) $\int \cos 2x dx = \sin 2x + C$；

(3) $\int \cos x dx = \sin x + C^2$ (C 为任意常数)；

(4) $\dfrac{d}{dx}\int_a^b f(x)dx = f(x)$；

(5) $d(\int f(x)dx) = f(x)$；

(6) 若 $f(x)$ 的导数是 $2x$，则 $f(x)$ 的一个原函数是 x^2；

(7) 若 $f(x), g(x)$ 的原函数分别为 $F(x), G(x)$，则
$$\int f(x) \cdot g(x) \mathrm{d}x = F(x) \cdot G(x) + C.$$

(8) 因为 $f(x) = \dfrac{1}{x^2}$ 有一个原函数为 $F(x) = -\dfrac{1}{x}$，所以根据 N-L 公式有
$$\int_{-1}^{1} \dfrac{1}{x^2} \mathrm{d}x = \left[-\dfrac{1}{x}\right]_{-1}^{1} = -2.$$

2. 验证下列等式：

(1) $\int \ln x \mathrm{d}x = x\ln x - x + C$；

(2) $\int \dfrac{1}{\sqrt{x^2 - a^2}} \mathrm{d}x = \ln(x + \sqrt{x^2 - a^2}) + C$；

(3) $\int \csc x \mathrm{d}x = \ln|\csc x - \cot x| + C$；

(4) $\int \csc x \mathrm{d}x = \ln\left|\tan\dfrac{x}{2}\right| + C.$

3. 设 $\int f(x) \mathrm{d}x = -\dfrac{\arcsin x}{x} - \ln\dfrac{1 + \sqrt{1 - x^2}}{x} + C$，求 $\lim\limits_{x \to 0} [f(x)\sin x]$.

4. 已知 $\int \dfrac{x^2}{\sqrt{1 - x^2}} \mathrm{d}x = Ax\sqrt{1 - x^2} + B\int \dfrac{\mathrm{d}x}{\sqrt{1 - x^2}}$，求常数 A, B.

5. 若 e^{-x} 是 $f(x)$ 的一个原函数，求 $\int x^2 f(\ln x) \mathrm{d}x$ 和 $\int_0^1 x^2 f(\ln x) \mathrm{d}x$.

§4.3　积分的运算与求法（一）

根据上一节的讨论可知，若能求出一个函数的不定积分，我们就可以利用 N-L 公式来计算定积分了．当函数比较复杂时，如果按导数和微分的逆运算去求不定积分，往往是相当繁杂和困难的，因此有必要寻求一套简便的求不定积分的方法．求不定积分和定积分的方法可以统称为**积分法**．本节我们首先将最常用的一些积分公式——**基本积分公式**罗列出来，以便查用，然后将介绍一些新的积分法，借助它们可以求出更多的初等函数和分段函数的积分．叙述中，我们主要体现求不定积分的各种方法，而对求定积分的相应方法只作必要的说明．

一、基本积分公式

利用导数不难验证下面的积分公式（其中 k, a 是使式子有意义的常数）：

(1) $\int k\mathrm{d}x = kx + C$，特别地 $\int 0\mathrm{d}x = C$；

(2) $\int x^a \mathrm{d}x = \dfrac{x^{a+1}}{a+1} + C$； 　　　　　　(3) $\int \dfrac{1}{x} \mathrm{d}x = \ln|x| + C$；

(4) $\int a^x \mathrm{d}x = \dfrac{a^x}{\ln a} + C$，特别地 $\int \mathrm{e}^x \mathrm{d}x = \mathrm{e}^x + C$；

(5) $\int \cos x \mathrm{d}x = \sin x + C$；　　　　　　(6) $\int \sin x \mathrm{d}x = -\cos x + C$；

(7) $\int \sec^2 x \mathrm{d}x = \tan x + C$；　　　　　　(8) $\int \csc^2 x \mathrm{d}x = -\cot x + C$；

(9) $\int \sec x \tan x \, dx = \sec x + C$; (10) $\int \csc x \cot x \, dx = -\csc x + C$;

(11) $\int \dfrac{dx}{\sqrt{a^2 - x^2}} = \arcsin \dfrac{x}{a} + C$ ，特别地 $\int \dfrac{dx}{\sqrt{1-x^2}} = \arcsin x + C$ ；

(12) $\int \dfrac{dx}{a^2 + x^2} = \dfrac{1}{a} \arctan \dfrac{x}{a} + C$ ，特别地 $\int \dfrac{dx}{1+x^2} = \arctan x + C$.

上述公式是积分法的基础，要尽力背牢．这些公式都取 x 为积分变量（并且省略了公式成立的区间），由于不定积分具有形式不变性，所以各个公式中的 x 都改成可微的其他中间变量 u 时公式仍成立，如 $\int \dfrac{1}{u} du = \ln|u| + C, \int \sin u \, du = -\cos u + C$.

对数学要求较高的读者，最好也记住下面的公式：

(13) $\int \cot x \, dx = \ln|\sin x| + C$ ； (14) $\int \tan x \, dx = -\ln|\cos x| + C$ ；

(15) $\int \sec x \, dx = \ln|\sec x + \tan x| + C$ ；

(16) $\int \csc x \, dx = \ln|\csc x - \cot x| + C$ ；

(17) $\int \dfrac{dx}{a^2 - x^2} = \dfrac{1}{2a} \ln \left| \dfrac{x+a}{x-a} \right| + C$ ； (18) $\int \dfrac{dx}{x^2 - a^2} = \dfrac{1}{2a} \ln \left| \dfrac{x-a}{x+a} \right| + C$ ；

(19) $\int \sqrt{a^2 - x^2} \, dx = \dfrac{x}{2} \sqrt{a^2 - x^2} + \dfrac{a^2}{2} \arcsin \dfrac{x}{a} + C$ ；

(20) $\int \dfrac{dx}{\sqrt{x^2 \pm a^2}} = \ln|x + \sqrt{x^2 \pm a^2}| + C$ ；

(21) $\int \sqrt{x^2 \pm a^2} \, dx = \dfrac{x}{2} \sqrt{x^2 \pm a^2} \pm \dfrac{a^2}{2} \ln(x + \sqrt{x^2 \pm a^2}) + C$.

直接利用以上公式计算积分的方法称为**直接积分法**.

例1 求 $\int \dfrac{1}{x^2} dx$.

解 $\int \dfrac{1}{x^2} dx = \int x^{-2} dx = \dfrac{1}{-2+1} x^{-2+1} + C = -\dfrac{1}{x} + C$.

例2 求 $\int_0^1 x \sqrt{x} \, dx$.

解 $\int_0^1 x \sqrt{x} \, dx = \int_0^1 x^{3/2} dx = \left[\dfrac{2}{5} x^{5/2} \right]_0^1 = \dfrac{2}{5}$.

例3 求 $\int_{-2}^{-1} \dfrac{1}{x} dx$.

解 $\int_{-2}^{-1} \dfrac{1}{x} dx = \left[\ln|x| \right]_{-2}^{-1} = -\ln 2$.

二、分项积分法

这是利用基本积分公式和积分的分项运算性质来计算积分的方法，也是最基本的积分法．能够利用分项积分法来计算的积分，其被积函数必须是或必须能分解成可以计算积分的几个被积函数的线性运算,因此才称其为**分项积分法**.

例 4 求 $\int \dfrac{(x-1)^3}{x^2} dx$.

思路 被积函数是商式,拆项化为和、差.

解 原积分 $= \int \dfrac{x^3 - 3x^2 + 3x - 1}{x^2} dx = \int \left(x - 3 + \dfrac{3}{x} - \dfrac{1}{x^2}\right) dx$

$= \int x dx - 3\int dx + 3\int \dfrac{1}{x} dx - \int \dfrac{1}{x^2} dx$

$= \dfrac{1}{2}x^2 + C_1 - 3(x + C_2) + 3(\ln |x| + C_3) - \left(-\dfrac{1}{x} + C_4\right)$

$= \dfrac{1}{2}x^2 - 3x + 3\ln|x| + \dfrac{1}{x} + C$.

注 在分项积分后,每个不定积分的结果本来都应加一个任意常数,但因任意常数乘以非零常数还是任意常数,任意常数之和仍然是任意常数,所以只要写出一个任意常数即可.因此,用分项法计算不定积分时,可采用以下更简明的写法:

若 $\int f_i dx = F_i + C, k_i (i = 1, 2, \cdots, n)$ 为常数,则

$$\int (k_1 f_1 + k_2 f_2 + \cdots k_n f_n) dx = k_1 F_1 + k_2 F_2 + \cdots + k_n F_n + C.$$

如,例 4 可这样求出:

原积分 $= \int \dfrac{x^3 - 3x^2 + 3x - 1}{x^2} dx = \int \left(x - 3 + \dfrac{3}{x} - \dfrac{1}{x^2}\right) dx$

$= \dfrac{1}{2}x^2 - 3x + 3\ln|x| + \dfrac{1}{x} + C$.

例 5 求 $\int \dfrac{1 + x + x^2}{x(1 + x^2)} dx$.

解 原积分 $= \int \dfrac{x + (1 + x^2)}{x(1 + x^2)} dx = \int \left(\dfrac{1}{1 + x^2} + \dfrac{1}{x}\right) dx$

$= \arctan x + \ln |x| + C$.

例 6 $\int \dfrac{dx}{\sin^2 x \cos^2 x}$.

思路 反用公式 $\sin^2 x + \cos^2 x = 1$,化除为和.

解 原积分 $= \int \dfrac{\sin^2 x + \cos^2 x}{\sin^2 x \cos^2 x} dx = \int \left(\dfrac{1}{\cos^2 x} + \dfrac{1}{\sin^2 x}\right) dx$

$= \int (\sec^2 x + \csc^2 x) dx = \tan x - \cot x + C$.

例 7 求 $\int \left(\dfrac{\sqrt{x} + x}{x^2} - \dfrac{4}{\sqrt{1 - x^2}}\right) dx$.

解 原积分 $= \int \left(\dfrac{1}{x\sqrt{x}} + \dfrac{1}{x} - \dfrac{4}{\sqrt{1 - x^2}}\right) dx$

$= -\dfrac{2}{\sqrt{x}} + \ln|x| - 4\arcsin x + C$.

用分项法计算定积分时,也可采用以下简明写法:

若 $\int f_i \,\mathrm{d}x = F_i + C, k_i(i=1,2,\cdots,n)$ 为常数,则

$$\int_a^b (k_1 f_1 + k_2 f_2 + \cdots k_n f_n)\,\mathrm{d}x = [k_1 F_1 + k_2 F_2 + \cdots + k_n F_n]_a^b.$$

例 8 求 $\int_0^1 x(x+1)\,\mathrm{d}x$.

思路 积化和.

解 $\int_0^1 x(x+1)\,\mathrm{d}x = \int_0^1 (x^2+x)\,\mathrm{d}x = \left[\dfrac{1}{3}x^3 + \dfrac{1}{2}x^2\right]_0^1 = \dfrac{5}{6}.$

例 9 求 $\int_{-1}^1 \dfrac{x^3+x^4}{1+x^2}\,\mathrm{d}x$.

思路 积分区间对称,设法把被积函数分解出奇函数,以简化计算.

解 原积分 $= \int_{-1}^1 \dfrac{x^3}{1+x^2}\,\mathrm{d}x + \int_{-1}^1 \dfrac{x^4}{1+x^2}\,\mathrm{d}x$(奇零偶倍)

$= 0 + 2\int_0^1 \dfrac{x^4}{1+x^2}\,\mathrm{d}x = 2\int_0^1 \dfrac{x^4 - 1 + 1}{1+x^2}\,\mathrm{d}x$

$= 2\int_0^1 \left(x^2 - 1 + \dfrac{1}{1+x^2}\right)\mathrm{d}x$

$= 2\left[\dfrac{1}{3}x^3 - x + \arctan x\right]_0^1 = \dfrac{\pi}{2} - \dfrac{4}{3}.$

以上表明,对一些被积函数为乘除形式的积分,通过化乘、除为和(或差)后,也能用分项方法求出积分.分项的目标是化难为易,牢记常用的积分公式以及一些容易计算的积分形式,可以提高分项的速度和解题效率.虽然数学重在理解,但是没有记忆理解就无从谈起.

三、分段积分法

例 10 求 $\int |x-1|\,\mathrm{d}x$.

思路 对分段函数求不定积分,一般按"分段积分,调整常数,写出结果"的步骤进行.

解 因为 $|x-1| = \begin{cases} 1-x, & x \leqslant 1 \\ x-1, & x > 1 \end{cases}$,所以 $\int |x-1|\,\mathrm{d}x = \begin{cases} x - \dfrac{1}{2}x^2 + C_1, & x \leqslant 1 \\ \dfrac{1}{2}x^2 - x + C_2, & x > 1 \end{cases}.$

由于 $|x-1|$ 是连续函数,其原函数必存在,从而原函数在 $x=1$ 连续,于是

$$\lim_{x \to 1^-}\left(x - \dfrac{1}{2}x^2 + C_1\right) = \lim_{x \to 1^+}\left(\dfrac{1}{2}x^2 - x + C_2\right),\text{ 即 } C_2 = 1 + C_1.$$

令 $C_1 = C$,故 $\int |x-1|\,\mathrm{d}x = \begin{cases} x - \dfrac{1}{2}x^2 + C, & x \leqslant 1, \\ \dfrac{1}{2}x^2 - x + 1 + C, & x > 1 \end{cases}.$

注 求分段函数的不定积分时,先要分段求不定积分,不同段的积分常数必须用不同记

号,然后用连续性调整常数(使得任意常数只保留一个),以保证积分出来的分段函数在分段点连续.

本例表明 $f(x)=|x-1|$ 的一个原函数为 $F(x)=\begin{cases} x-\dfrac{1}{2}x^2, & x\leqslant 1, \\ \dfrac{1}{2}x^2-x+1, & x>1 \end{cases}$.

对分段函数求定积分,可先求出分段函数的不定积分,再用 N-L 公式求定积分. 但一般情况下我们不这样做,因为定积分本身有分段积分法.

例 11 求 $\int_0^2 |x-1|\,\mathrm{d}x$.

思路 利用定积分分段积分法.

解 $\int_0^2 |x-1|\,\mathrm{d}x = \int_0^1 |x-1|\,\mathrm{d}x + \int_1^2 |x-1|\,\mathrm{d}x = \int_0^1 (1-x)\,\mathrm{d}x + \int_1^2 (x-1)\,\mathrm{d}x$
$= \left[x-\dfrac{1}{2}x^2\right]_0^1 + \left[\dfrac{1}{2}x^2-x\right]_1^2 = 1$.

注 利用定积分分段积分法求定积分的优点是不求原函数,这是定积分计算的一个特色.

如果被积函数在积分区间上分段表示(允许有第一类间断点),或带绝对值符号(注意 $\sqrt{g^2(x)}=|g(x)|$),或带 max 与 min 符号,则都可利用分段积分法计算定积分,都不必先求原函数.

能利用直接积分法、分项积分法和分段积分法来计算的积分类型称为**线性型积分**. 对非线性型积分的计算,最基本的方法有拼凑微分法、变量替换法和分部积分法三种,这三种积分法较有难度,后面我们会逐一介绍.

我们已经反复强调了积分法的困难,解决困难的最有效的途径是多做题目,并对求解过程中的每个等式进行追问——为何要这样做? 刚开始的时候,要胆大心细地探索,那怕走弯路、犯错误,也要搞清楚"弯"、"错"之所在. 随着经验和教训的不断积累,你会越来越心知肚明.

不过,积分法也有优越于微分法的地方,对任何一个已经求出的不定积分,计算结果正确与否,我们可以用求导加以验证,以保证结果准确无误(请读者验证上面所有不定积分的例题);对某些定积分,我们可以用保号性对结果进行定号,凡是与定号有矛盾的计算结果都是错误的. 如例 8、例 11,其结果肯定不能为负值或零.

习 题 4.3

1. 求下列积分(对不定积分请自行验证答案):

(1) $\displaystyle\int \dfrac{x-4}{\sqrt{x}+2}\,\mathrm{d}x$;

(2) $\displaystyle\int_1^4 \left(\sqrt{x}+\dfrac{1}{\sqrt{x}}\right)\mathrm{d}x$;

(3) $\displaystyle\int \dfrac{x^4}{1+x^2}\,\mathrm{d}x$;

(4) $\displaystyle\int_{-1}^0 \dfrac{3x^4+3x^2+1}{x^2+1}\,\mathrm{d}x$;

(5) $\displaystyle\int \dfrac{\sqrt{1+x^2}}{\sqrt{1-x^4}}\,\mathrm{d}x$;

(6) $\displaystyle\int_0^2 \dfrac{x^3}{x+1}\,\mathrm{d}x$;

(7) $\int \dfrac{2^x \cdot 3^x - 2^{x+2}}{3^x} dx$; (8) $\int_0^2 (4-2x)(4-x^2) dx$;

(9) $\int \dfrac{1-\sin^3 x}{\sin^2 x} dx$; (10) $\int_0^{\pi/2} \dfrac{\cos 2x}{\cos x - \sin x} dx$;

(11) $\int \left(e^{x-4} - \dfrac{3}{\sqrt{4-4x^2}} \right) dx$; (12) $\int_0^{\pi/2} 2\sin^2 \dfrac{x}{2} dx$;

(13) $\int \tan^2 x\, dx$; (14) $\int_{-1}^1 \dfrac{2x^2 + x\cos x}{1+\sqrt{1-x^2}} dx$.

2. 求下列定积分：

(1) $\int_0^3 \sqrt{x^2 - 4x + 4}\, dx$; (2) $\int_0^{\pi/2} \sqrt{1-\sin 2x}\, dx$; (3) $\int_{-2}^2 \max\{x, x^2\} dx$.

3. 解答下列各题：

(1) $f(x)$ 的导数为 $\sin x + \cos x$，求 $f(x)$ 的全部原函数；

(2) 设 $f(x) = 3x^2 - x\int_0^1 f(x)dx$，求 $\int_0^1 f(x)dx$；

(3) 求函数 $f(x) = \int_0^1 |x-t|\, dt$ 在 $[0,1]$ 上的最大、最小值；

(4) 设 $f(x) = \begin{cases} 2x, & 0 \leqslant x \leqslant 1, \\ 3, & 1 < x \leqslant 2 \end{cases}$，求 $\int_0^x f(t)dt$.

4. 一曲线通过点 $(e^2, 3)$，且在任一点处的切线斜率等于该点横坐标的倒数，求该曲线的方程.

5. 证明下列命题：

(1) 设 $f(x)$ 可导，对任何 x, y 满足 $f(x+y) = f(x) + f(y) + 2xy$，且 $f'(0) = 1$，求证：$f(x) = x^2 + x$；

(2) 已知当 $x \in [1, +\infty)$ 时，$0 < f'(x) < \dfrac{1}{x^2}$，求证：极限 $\lim\limits_{x \to +\infty} f(x)$ 存在；

(3) 求证：$2 \leqslant \int_{-1}^1 \sqrt{1+x^4}\, dx \leqslant \dfrac{8}{3}$.

§4.4 积分的运算与求法(二)

一、不定积分拼凑微分法

并非所有的乘(或除)式函数的积分都能化为线性型积分，如 $\int xe^{x^2} dx$，$\int \dfrac{\ln x}{x} dx$ 等. 下面我们就来介绍**非线性型积分**的一种积分法.

设函数 $f(u)$ 的积分是可以求出的，即 $\int f(u)du = F(u) + C$. 利用不定积分形式不变性可知，如果 $u = g(x)$ 可微，那么有

$$\int f[g(x)]dg(x) = \int f(u)du = F(u) + C = F[g(x)] + C,$$

从而当被积函数能化为 $f(g(x))dg(x)$ 的乘积形式时，其定积分就可求出了，这就是下面的定理.

定理 1 若 $\int f(u)du = F(u) + C$，且 $u = g(x)$ 可微，则

$$\int f[g(x)]dg(x) = F[g(x)] + C.$$

利用此定理来计算被积函数为乘积形式的积分 $\int \bigcirc \cdot \square \, dx$ 时，必须满足两个条件（其中 $\bigcirc$ 和 $\square$ 表示函数）：

(1) 能把被积式 $\bigcirc \cdot \square \, dx$ 写成 $f[g(x)] dg(x)$ 的形式；

(2) 能求出积分 $\int f(u) du = F(u) + C$。

其中，正确地把 $\square dx$ 拼凑成微分 $dg(x)$ 是关键和难点。因此，利用定理 1 来计算积分的方法称为**拼凑微分法**。

例 1 求 $\int x e^{x^2} dx$。

思路 被积函数为乘积形式，e^{x^2} 是 x^2 的函数，$x dx$ 可拼凑成 $d(x^2)$，即 $x dx = \frac{1}{2} d(x^2)$。积分号内的常数因子 $\frac{1}{2}$ 可以直接提到积分号外。

解 $\int x e^{x^2} dx = \int e^{x^2} \cdot x dx = \frac{1}{2} \int e^{x^2} d(x^2) = \frac{1}{2} e^{x^2} + C$。

如果用微分法验证，就知道上述结果计算无误，同时可以看出，验证的过程就是复合函数微分法的过程。还要注意：把 $x dx$ 拼凑成微分并不唯一，如

$$x dx = \frac{1}{2} d(x^2 + 1), \quad x dx = d\left(\frac{1}{2} x^2 + 1\right), \quad x dx = 3 d\left(\frac{1}{6} x^2 - 2\right)$$

等等，只有拼凑到"**变量一致**"时，才能套用已知的积分公式。请读者思考：计算下列的积分时，哪些能用拼凑微分法，哪些不能拼凑微分法？在能用拼凑微分法的情况下，请比较所拼凑成微分的不同之处。在不能用拼凑微分法的情况下，修改函数，使之成为能用拼凑微分法计算的新题。

$$\int x e^{x^2+3} dx, \int x e^{2x^2} dx, \int x e^x dx, \int x^2 e^{x^2} dx.$$

注 利用拼凑微分法计算不定积分的一般解题模式是：

$$\int \bigcirc \cdot \square \, dx = k \int f[g(x)] dg(x) \text{（变量 } u = g(x) \text{ 要完全一致）} = kF[g(x)] + C,$$

其中 k 是拼凑微分所可能带来的常数因子或负号。

拼凑微分实质上就是把微分运算的过程倒回来写，因此要熟练掌握把有关微分的运算反写成相对应的拼凑微分形式。如：

$$d(x^2) = 2x dx \text{ 与 } x dx = \frac{1}{2} d(x^2); \quad d\left(\frac{1}{x}\right) = -\frac{1}{x^2} dx \text{ 与 } \frac{1}{x^2} dx = -d\left(\frac{1}{x}\right);$$

$$d\sqrt{x} = \frac{1}{2\sqrt{x}} dx \text{ 与 } \frac{1}{\sqrt{x}} dx = 2 d\sqrt{x}; \quad d\ln x = \frac{1}{x} dx \text{ 与 } \frac{1}{x} dx = d\ln x;$$

$$de^x = e^x dx \text{ 与 } e^x dx = de^x; \quad d\sin x = \cos x dx \text{ 与 } \cos x dx = d\sin x \text{ 等等}.$$

例 2 求 $\int \dfrac{e^{\sqrt{x}}}{\sqrt{x}} dx$。

思路 被积函数是除式，先化为积式，再拼凑微分。

解 $\int \dfrac{e^{\sqrt{x}}}{\sqrt{x}} dx = \int e^{\sqrt{x}} \cdot \dfrac{1}{\sqrt{x}} dx = 2 \int e^{\sqrt{x}} d\sqrt{x} = 2 e^{\sqrt{x}} + C$。

例 3 求 $\int \dfrac{1}{x(1+2\ln x)}\mathrm{d}x$.

思路 先化为积式,再拼凑微分,拼凑微分可以连续进行多次,直到"变量一致".

解 $\int \dfrac{1}{x(1+2\ln x)}\mathrm{d}x = \int \dfrac{1}{1+2\ln x} \cdot \dfrac{1}{x}\mathrm{d}x = \int \dfrac{1}{1+2\ln x}\mathrm{d}\ln x$

$\qquad\qquad\qquad\qquad = \dfrac{1}{2}\int \dfrac{1}{1+2\ln x}\mathrm{d}(1+2\ln x)$

$\qquad\qquad\qquad\qquad = \dfrac{1}{2}\ln|1+2\ln x|+C.$

例 4 求 $\int \cos 2x\mathrm{d}x$.

思路 被积函数是单一函数 $\cos 2x$,可视为 $\cos 2x \cdot 1$,把 1 看成积因子.

解 $\int \cos 2x\mathrm{d}x = \dfrac{1}{2}\int \cos 2x\mathrm{d}(2x) = \dfrac{1}{2}\sin 2x+C.$

计算例 4 时,要谨防出现错误:$\int \cos 2x\mathrm{d}x = \sin 2x+C.$

注 $\int f(kx+b)\mathrm{d}x = \dfrac{1}{k}F(kx+b)+C$,不可漏了右端系数 $\dfrac{1}{k}$.

例 5 求 $\int \sin x\cos x\mathrm{d}x$.

解法一 原式 $= \dfrac{1}{2}\int \sin 2x\mathrm{d}x = -\dfrac{1}{4}\cos 2x+C.$

解法二 原式 $= \int \sin x\mathrm{d}\sin x = \dfrac{1}{2}\sin^2 x+C.$

解法三 原式 $= -\int \cos x\mathrm{d}\cos x = -\dfrac{1}{2}\cos^2 x+C.$

以上三种解法得出了三个不同的结果,请问这是为什么?

例 6 求 $\int \sin 3x\cos 2x\,\mathrm{d}x$.

思路 直接拼凑无法使变量一致,先利用积化和差公式变形.

解 $\int \sin 3x\cos 2x\,\mathrm{d}x = \dfrac{1}{2}\int (\sin 5x+\sin x)\mathrm{d}x$

$\qquad\qquad\qquad\qquad = \dfrac{1}{2}\left[\dfrac{1}{5}\int \sin 5x\mathrm{d}(5x)+\int \sin x\mathrm{d}x\right]$

$\qquad\qquad\qquad\qquad = -\dfrac{1}{10}\cos 5x-\dfrac{1}{2}\cos x+C.$

例 7 $\int \sin^2 x\cos^5 x\mathrm{d}x$.

思路 调整被积函数乘积形式后,才能用拼凑微分法,调整方法并不唯一,如

$$\sin^2 x\cos^5 x = \cos^5 x \cdot \sin^2 x,\ \sin^2 x\cos^5 x = \sin^2 x\cos^3 x \cdot \cos^2 x$$

等.经尝试(失败是成功之母!)才能知道哪种调整变形符合拼凑微分法的条件.

解 $\int \sin^2 x\cos^5 x\mathrm{d}x = \int \sin^2 x\cos^4 x \cdot \cos x\mathrm{d}x$

$$= \int \sin^2 x(1-\sin^2 x)^2 d\sin x$$

$$= \int (\sin^2 x - 2\sin^4 x + \sin^6 x) d\sin x$$

$$= \frac{1}{3}\sin^3 x - \frac{2}{5}\sin^5 x + \frac{1}{7}\sin^7 x + C.$$

注 例 7 解法适合型如 $\int \sin^m x \cos^{2n+1} x \, dx$ 的积分.

例 8 $\int \sin^4 \frac{x}{2} dx$.

思路 利用半角公式降次.

解 $\int \sin^4 \frac{x}{2} dx = \int \left(\frac{1-\cos x}{2}\right)^2 dx = \frac{1}{4} \int (1 - 2\cos x + \cos^2 x) dx$

$$= \frac{1}{4}\left[x - 2\sin x + \int \frac{1+\cos 2x}{2} dx\right]$$

$$= \frac{1}{4}\left[x - 2\sin x + \frac{x}{2} + \frac{1}{4}\sin 2x\right] + C$$

$$= \frac{3}{8}x - \frac{1}{2}\sin x + \frac{1}{16}\sin 2x + C.$$

注 例 8 解法适合型如 $\int \sin^{2n} x \, dx$ 的积分.

以上例子表明,有些积分必须先恒等变形(如利用三角恒等式),然后再用拼凑微分法,求解过程结合了"初数＋高数"的知识.这种"先变后拼"的过程往往稍难,需要一定试探和技巧,才能找到合适的求解路径.

有个大学数学老师说:"初数＋高数＝战无不胜". 看来,这种说法还是很有道理的.

二、定积分拼凑微分法

由不定积分的拼凑微分法和 N-L 公式,得**定积分的拼凑微分法**：

$$\int_a^b \bigcirc \cdot \square \, dx = k \int_a^b f(g(x)) dg(x) = k[F(g(x))]_a^b.$$

例 9 求 $\int_{-\pi/2}^{\pi/2} \sqrt{\cos x - \cos^3 x} \, dx$.

思路 化简被积函数,提出部分因子,变成乘积形式.

解 原积分 $= \int_{-\pi/2}^{\pi/2} \sqrt{\cos x(1-\cos^2 x)} \, dx = \int_{-\pi/2}^{\pi/2} |\sin x| \sqrt{\cos x} \, dx$

$$= \int_{-\pi/2}^{0} (-\sin x) \cdot \sqrt{\cos x} \, dx + \int_{0}^{\pi/2} \sin x \cdot \sqrt{\cos x} \, dx$$

$$= \int_{-\pi/2}^{0} \sqrt{\cos x} \, d(\cos x) - \int_{0}^{\pi/2} \sqrt{\cos x} \, d(\cos x)$$

$$= \left[\frac{2}{3}\cos^{3/2} x\right]_{-\pi/2}^{0} - \left[\frac{2}{3}\cos^{3/2} x\right]_{0}^{\pi/2} = \frac{4}{3}.$$

读者可用偶函数的积分性质求解上例.

例 10　求 $\int_{1/2}^{1}\dfrac{\mathrm{d}x}{\sqrt{2x-x^2}}$.

思路　被积函数含 $\sqrt{ax^2+bx+c}$ 时，考虑先用配方法，还是初数领先.

解　原积分 $=\int_{1/2}^{1}\dfrac{\mathrm{d}(x-1)}{\sqrt{1-(x-1)^2}}=[\arcsin(x-1)]_{1/2}^{1}=\pi/6$.

另解　原积分 $=\int_{1/2}^{1}\dfrac{1}{\sqrt{2-x}}\cdot\dfrac{1}{\sqrt{x}}\mathrm{d}x$

$$=2\int_{1/2}^{1}\dfrac{1}{\sqrt{2-(\sqrt{x})^2}}\mathrm{d}\sqrt{x}$$

$$=2\left[\arcsin\dfrac{\sqrt{x}}{\sqrt{2}}\right]_{1/2}^{1}=\dfrac{\pi}{6}.$$

三、有理函数的积分

例 11　求 $\int\dfrac{1}{x^2-a^2}\mathrm{d}x$.

思路　型如 $\int\dfrac{1}{x^2-a^2}\mathrm{d}x,\int\dfrac{1}{(x-a)(x-b)}\mathrm{d}x$ 的积分，一般把被积函数化为和或差形式，然后用分项积分法和拼凑微分法，即综合积分法.

解　$\int\dfrac{1}{x^2-a^2}\mathrm{d}x=\int\dfrac{1}{(x+a)(x-a)}\mathrm{d}x=\dfrac{1}{2a}\int\left(\dfrac{1}{x-a}-\dfrac{1}{x+a}\right)\mathrm{d}x$

$$=\dfrac{1}{2a}\int\dfrac{1}{x-a}\mathrm{d}(x-a)-\dfrac{1}{2a}\int\dfrac{1}{x+a}\mathrm{d}(x+a)$$

$$=\dfrac{1}{2a}\ln|x-a|-\dfrac{1}{2a}\ln|x+a|+C=\dfrac{1}{2a}\ln\left|\dfrac{x-a}{x+a}\right|+C.$$

例 12　求 $\int\dfrac{\mathrm{d}x}{x^2+2x+3}$.

思路　型如 $\int\dfrac{1}{ax^2+bx+c}\mathrm{d}x$ 的积分，考虑先把分母配方变形.

解　$\int\dfrac{\mathrm{d}x}{x^2+2x+3}=\int\dfrac{\mathrm{d}x}{(x+1)^2+(\sqrt{2})^2}=\int\dfrac{\mathrm{d}(x+1)}{(x+1)^2+(\sqrt{2})^2}$

$$=\dfrac{1}{\sqrt{2}}\arctan\dfrac{x+1}{\sqrt{2}}+C.$$

例 13　求 $\int\dfrac{2x+4}{x^2+2x-3}\mathrm{d}x$.

思路　型如 $\int\dfrac{Ax+B}{x^2+ax+b}\mathrm{d}x$ 的积分，考虑把分母配方，然后将分子拆成两项之和，其中一项为分母的导数，另一项为常数.

解　$\int\dfrac{2x+4}{x^2+2x-3}\mathrm{d}x=\int\dfrac{2x+4}{(x+1)^2-4}\mathrm{d}x$

$$=\int\dfrac{2(x+1)}{(x+1)^2-4}\mathrm{d}x+\int\dfrac{2}{(x+1)^2-4}\mathrm{d}x$$

$$= \int \frac{\mathrm{d}[(x+1)^2 - 4]}{(x+1)^2 - 4} + 2\int \frac{\mathrm{d}(x+1)}{(x+1)^2 - 4} \text{（余略）}.$$

例 14 求 $\int \frac{x}{(x^2+1)^2} \mathrm{d}x$.

思路 直接拼凑微分.

解 $\int \frac{x}{(x^2+1)^2} \mathrm{d}x = \frac{1}{2} \int \frac{\mathrm{d}(x^2+1)}{(x^2+1)^2} = -\frac{1}{2(x^2+1)} + C.$

例 15 求 $\int \frac{1}{x(x^3+1)} \mathrm{d}x$.

思路 分子分母同乘以 x^2，以便拼凑出 $\mathrm{d}(x^3)$.

解 $\int \frac{1}{x(x^3+1)} \mathrm{d}x = \int \frac{x^2}{x^3(x^3+1)} \mathrm{d}x$

$$= \frac{1}{3}\int \frac{1}{x^3(x^3+1)} \mathrm{d}(x^3) = \frac{1}{3}\int \left(\frac{1}{x^3} - \frac{1}{x^3+1}\right)\mathrm{d}(x^3)$$

$$= \frac{1}{3}\ln|x^3| - \frac{1}{3}\ln|x^3+1| + C.$$

以上可看出，虽然有理函数是比较简单的一类函数，但求其积分，却经常需要一些代数的恒等变形技巧，如拆项法、配方法等.

下面考虑有理函数积分的一般变形方法.

有理函数（又称**有理分式**）是由两个多项式的商所表示的函数，一般式为

$$\frac{P(x)}{Q(x)} = \frac{a_m x^m + a_{m-1} x^{m-1} + \cdots + a_1 x + a_0}{b_n x^n + b_{n-1} x^{n-1} + \cdots + b_1 x + b_0},$$

其中 m 和 n 都是正整数或零，$a_0, a_1, a_2, \cdots, a_n$ 及 $b_0, b_1, b_2, \cdots, b_m$ 都是实数，且 $a_m \neq 0, b_n \neq 0$. 这里假定多项式 $P(x)$ 与 $Q(x)$ 无公因子.

当 $m < n$ 时，称有理分式为真分式；当 $m \geqslant n$ 时，称之为假分式. 若是假分式，可利用多项式的除法将它化成一个多项式和一个真分式之和的形式. 多项式的积分容易求出，因此，只要考虑真分式的积分.

假设 $\frac{P(x)}{Q(x)}$ 是真分式，分母 $Q(x)$ 在实数范围内能分解成一次因式和二次因式的乘积（二次因式不能再分解），即

$$Q(x) = b_n (x-a)^\alpha \cdots (x-b)^\beta (x^2 + px + q)^\lambda \cdots (x^2 + rx + s)^\mu,$$

则根据代数定理，真分式 $\frac{P(x)}{Q(x)}$ 必可分解成如下部分分式的和

$$\frac{P(x)}{Q(x)} = \frac{A_1}{(x-a)} + \frac{A_2}{(x-a)^2} + \cdots + \frac{A_\alpha}{(x-a)^\alpha} + \cdots$$

$$+ \frac{B_1}{(x-b)} + \frac{B_2}{(x-b)^2} + \cdots + \frac{B_\beta}{(x-b)^\beta}$$

$$+ \frac{M_1 x + N_1}{(x^2 + px + q)} + \frac{M_2 x + N_2}{(x^2 + px + q)^2} + \cdots + \frac{M_\lambda x + N_\lambda}{(x^2 + px + q)^\lambda} + \cdots$$

$$+ \frac{R_1 x + S_1}{(x^2 + rx + s)} + \frac{R_2 x + S_2}{(x^2 + rx + s)^2} + \cdots + \frac{R_\mu x + S_\mu}{(x^2 + rx + s)^\mu},$$

其中各分子中出现的带下标的字母都是常数.

这样,有理真分式的积分可化为以下两类积分:

(1) $\int \dfrac{A}{(x-a)^k}\mathrm{d}x\ (k\geqslant 1)$; (2) $\int \dfrac{Ax+B}{(x^2+px+q)^k}\mathrm{d}x\ (p^2-4q<0, k\geqslant 1)$.

这两类积分都可以用拼凑微分法或以后介绍的其他积分法求出,并且可以获得如下结论:有理函数的原函数不外乎有理函数、对数函数与反正切函数. 因此,有理函数的原函数一定是初等函数.

例 16 求 $\int \dfrac{2x^4+x^3+x-1}{x^3-1}\mathrm{d}x$.

思路 被积函数是一个假分式,先利用多项式除法将其化为多项式加上真分式;对真分式利用待定系数法分解成部分分式之和.

解 首先 $\dfrac{2x^4+x^3+x-1}{x^3-1}=2x+1+\dfrac{3x}{x^3-1}$.

其次,考虑上式右端真分式的分解,令

$$\dfrac{3x}{x^3-1}=\dfrac{3x}{(x-1)(x^2+x+1)}=\dfrac{A}{x-1}+\dfrac{Bx+C}{x^2+x+1}.$$

用比较系数或特殊值代入的方法(过程略)求得

$$A=1, B=-1, C=1.$$

故原积分 $= \int(2x+1)\mathrm{d}x+\int \dfrac{1}{x-1}\mathrm{d}x+\int \dfrac{1-x}{x^2+x+1}\mathrm{d}x$

$= x^2+x+\ln|x-1|-\int \dfrac{x-1}{x^2+x+1}\mathrm{d}x$(余略)

$= x^2+x+\dfrac{1}{2}\ln\dfrac{(x-1)^2}{x^2+x+1}+\sqrt{3}\arctan\dfrac{2x+1}{\sqrt{3}}+C.$

利用分解法,首先要正确地设立部分分式,然后求出待定系数,这只是一种一般积分法,通常情况下,应尽量避免使用这种方法.

例 17 求 $\int \dfrac{2x+2}{(x-1)(x^2+1)^2}\mathrm{d}x$.

解 设 $\dfrac{2x+2}{(x-1)(x^2+1)^2}=\dfrac{A}{x-1}+\dfrac{Bx+C}{x^2+1}+\dfrac{Dx+E}{(x^2+1)^2}$,求出待定系数后可得

$$\dfrac{2x+2}{(x-1)(x^2+1)^2}=\dfrac{1}{x-1}-\dfrac{x+1}{x^2+1}-\dfrac{2x}{(x^2+1)^2}.$$

余略.

例 18 设二次函数 $f(x)$ 满足 $f(0)=1$,且 $\int \dfrac{f(x)}{x^2(x+1)^3}\mathrm{d}x$ 是有理函数,求导数 $f'(0)$.

思路 利用真分式分解,从题设中挖掘隐喻条件.

解 由于 $\dfrac{f(x)}{x^2(x+1)^3}=\dfrac{A}{x}+\dfrac{B}{x^2}+\dfrac{C}{x+1}+\dfrac{D}{(x+1)^2}+\dfrac{E}{(x+1)^3}$,且 $\int \dfrac{f(x)}{x^2(x+1)^3}\mathrm{d}x$ 是有理函数,得 $A=0, C=0$. 于是

$$\dfrac{f(x)}{x^2(x+1)^3}=\dfrac{B}{x^2}+\dfrac{D}{(x+1)^2}+\dfrac{E}{(x+1)^3}.$$

两边同乘以 $x^2(x+1)^3$,得
$$f(x)=B(x+1)^3+x^2[D(x+1)+E],$$
令 $x=0$ 得 $B=f(0)=1$. 函数求导后令 $x=0$,就得 $f'(0)=3B=3$.

习 题 4.4

1. 拼凑下列微分:

(1) $x^a \mathrm{d}x; \dfrac{1}{x}\mathrm{d}x$;　　　　　　　(2) $\mathrm{e}^x \mathrm{d}x, a^x \mathrm{d}x$;

(3) $\cos x \mathrm{d}x, \sin x \mathrm{d}x$;　　　　　(4) $\sec^2 x \mathrm{d}x, \csc^2 x \mathrm{d}x$;

(5) $\sec x \tan x \mathrm{d}x, \csc x \cot x \mathrm{d}x$;　(6) $\dfrac{\mathrm{d}x}{1+x^2}, \dfrac{\mathrm{d}x}{\sqrt{1-x^2}}$;

(7) $(f' \pm g')\mathrm{d}x, (f' \cdot g + f \cdot g')\mathrm{d}x$;　(8) $f'(g(x)) \cdot g'(x)\mathrm{d}x$.

2. 求下列积分(注意算理比较与答案验证):

(1) $\displaystyle\int \dfrac{\mathrm{d}x}{4+x}$;　　(2) $\displaystyle\int \dfrac{\mathrm{d}x}{4+x^2}$;　　(3) $\displaystyle\int \dfrac{\mathrm{d}x}{4-x^2}$;

(4) $\displaystyle\int \dfrac{x\mathrm{d}x}{4-x^2}$;　(5) $\displaystyle\int \dfrac{x^2 \mathrm{d}x}{4+x^2}$;　(6) $\displaystyle\int \dfrac{\mathrm{d}x}{x(4+x^2)}$.

3. 求下列积分:

(1) $\displaystyle\int (3x-2)^4 \mathrm{d}x$;　(2) $\displaystyle\int \sqrt[5]{2-3x}\, \mathrm{d}x$;　(3) $\displaystyle\int_0^1 x(1-2x^2)^3 \mathrm{d}x$;

(4) $\displaystyle\int \dfrac{x}{3-2x^2}\mathrm{d}x$;　(5) $\displaystyle\int \dfrac{\mathrm{d}x}{2x^2-1}$;　(6) $\displaystyle\int_1^2 \dfrac{\mathrm{d}x}{x(1+x^2)}$;

(7) $\displaystyle\int \dfrac{\ln x \mathrm{d}x}{x}$;　(8) $\displaystyle\int \dfrac{\mathrm{d}x}{x \ln x \ln \ln x}$;　(9) $\displaystyle\int_1^{\mathrm{e}^3} \dfrac{\mathrm{d}x}{x\sqrt{4-\ln x}}$;

(10) $\displaystyle\int \dfrac{\cos\sqrt{x}}{\sqrt{x}}\mathrm{d}x$;　(11) $\displaystyle\int \cos^2 x \mathrm{d}x$;　(12) $\displaystyle\int_0^{\pi/2} \sin\varphi\cos^3\varphi \mathrm{d}\varphi$;

(13) $\displaystyle\int \dfrac{\sin x \cos x}{1+\sin^4 x}\mathrm{d}x$;　(14) $\displaystyle\int \cos x \cdot 4^{\sin x} \mathrm{d}x$;　(15) $\displaystyle\int_0^\pi (1-\sin^3\theta)\mathrm{d}\theta$;

(16) $\displaystyle\int \left(\dfrac{1}{2}\right)^{\tan x} \dfrac{\mathrm{d}x}{\cos^2 x}$;　(17) $\displaystyle\int 2^x \tan^2 2^x \mathrm{d}x$;　(18) $\displaystyle\int_0^{\pi/4} \tan^3\theta \mathrm{d}\theta$;

(19) $\displaystyle\int \dfrac{\tan x}{\sqrt{\cos x}}\mathrm{d}x$;　(20) $\displaystyle\int \sqrt{\dfrac{\arccos x}{1-x^2}}\mathrm{d}x$;　(21) $\displaystyle\int_{-1}^1 \dfrac{x+(\arctan x)^2}{1+x^2}\mathrm{d}x$.

4. 求下列积分:

(1) $\displaystyle\int (x-1)\mathrm{e}^{x^2-2x}\mathrm{d}x$;　(2) $\displaystyle\int_0^1 \dfrac{\mathrm{d}x}{1+\mathrm{e}^x}$;　(3) $\displaystyle\int \dfrac{\sin x+\cos x}{\sqrt{\sin x-\cos x}}\mathrm{d}x$;

(4) $\displaystyle\int_{\mathrm{e}}^{\mathrm{e}^2} \dfrac{1+\ln x}{(x\ln x)^2}\mathrm{d}x$;　(5) $\displaystyle\int \dfrac{x+1}{x(x+\ln x)^2}\mathrm{d}x$;

(6) $I_1 = \displaystyle\int \dfrac{\cos x}{a\cos x + b\sin x}\mathrm{d}x, I_2 = \displaystyle\int \dfrac{\sin x}{a\cos x + b\sin x}\mathrm{d}x$ (其中 $ab \neq 0$).

5. 计算下列各题:

(1) 求 $f(x) = \mathrm{e}^{-|x|}$ 的一个原函数;

(2) 设 $f(x) = \mathrm{e}^{x^2}$,求 $\displaystyle\int_0^1 f'(x)f''(x)\mathrm{d}x$;

(3) 设 $\displaystyle\int xf(x)\mathrm{d}x = \arcsin x + C$,求 $\displaystyle\int \dfrac{\mathrm{d}x}{f(x)}$;

(4) 已知 $\int f(x)\mathrm{d}x = F(x) + C$,且 $f(x) = \dfrac{xF(x)}{1+x^2}$,求 $f(x)$.

§4.5 积分的运算与求法(三)

一、不定积分分部积分法

拼凑微分法是求非线性型积分的基本方法,但遇到形如 $\int x\mathrm{e}^x\,\mathrm{d}x, \int x\cos x\mathrm{d}x, \int \ln x\mathrm{d}x$ 等这样一些形式上并不复杂的积分,拼凑微分法却难以奏效,这是由于无论怎样拼凑都找不到一致的变量,这时该怎样求积分呢?本节要介绍另一种基本积分法.

设函数 $f(x)$ 和 $g(x)$ 都可微,由函数乘积的微分公式
$$\mathrm{d}[f(x)g(x)] = f(x)\mathrm{d}g(x) + g(x)\mathrm{d}f(x),$$
移项得
$$f(x)\mathrm{d}g(x) = \mathrm{d}[f(x)g(x)] - g(x)\mathrm{d}f(x),$$
两边求不定积分得
$$\int f(x)\mathrm{d}g(x) = f(x)g(x) - \int g(x)\mathrm{d}f(x),$$
我们用下面的定理来描述.

定理 1 若函数 $f(x)$ 和 $g(x)$ 都可微,且 $f(x)\mathrm{d}g(x)$ 和 $g(x)\mathrm{d}f(x)$ 都有原函数,则
$$\int f(x)\mathrm{d}g(x) = f(x)g(x) - \int g(x)\mathrm{d}f(x).$$

利用该定理计算被积函数为乘积形式的积分 $\int \bigcirc \cdot \square\,\mathrm{d}x$ 时,必须满足两个条件(其中 $\bigcirc$ 和 $\square$ 表示函数):

(1)能把被积式 $\bigcirc \cdot \square\mathrm{d}x$ 分成 $f(x)$ 与 $\mathrm{d}g(x)$ 这两部分的乘积;

(2)能使得右边积分的 $\int g(x)\mathrm{d}f(x)$ 比左边的 $\int f(x)\mathrm{d}g(x)$ 容易计算.

其中,把被积式分成 $f(x)$ 与 $\mathrm{d}g(x)$ 两部分的乘积是前提,因此定理 1 的公式称为**分部积分公式**,用分部积分公式计算积分的方法称为**分部积分法**.

分部积分法与拼凑微分法有两个相同点:(1)都是拿来计算乘积形式的积分;(2)都要用到拼凑微分.不同点是:分部积分法没有"变量一致"的要求,所以,拼凑的变量是否一致是区分这两种积分法的关键.

例 1 求 $\int x\mathrm{e}^x\mathrm{d}x$.

解 $\int x\mathrm{e}^x\mathrm{d}x = \int x\mathrm{d}\mathrm{e}^x$(取 $f = x, g = \mathrm{e}^x$)
$$= x\mathrm{e}^x - \int \mathrm{e}^x\mathrm{d}x = x\mathrm{e}^x - \mathrm{e}^x + C.$$

若写成 $\int x\mathrm{e}^x\mathrm{d}x = \int \mathrm{e}^x\mathrm{d}\left(\dfrac{1}{2}x^2\right) = \mathrm{e}^x \cdot \dfrac{1}{2}x^2 - \int \dfrac{1}{2}x^2\mathrm{d}\mathrm{e}^x$,右边的积分比左边的还难,换一句话说,这种做法是"积不出"原来积分的.

一般来说,用分部积分法计算时,都可能犯"分部不合理"的错误,但是犯了一次错误后,

正确的合理的分部方法就自然产生了.

请读者用不同的分部方法来试求

$$\int x\cos x\mathrm{d}x ,\int x\sin x\mathrm{d}x$$

并给出合理的分部和计算.

注 利用分部积分法计算积分的一般解题模式是：

$$\int \bigcirc \cdot \square \, \mathrm{d}x = k\int f(x)\mathrm{d}g(x) = kf(x)g(x) - k\int g(x)\mathrm{d}f(x),$$

其中 k 是拼凑微分所可能带来的常数因子或负号.

分部积分的实质就是把难计算的积分 $\int f(x)\mathrm{d}g(x)$ 转化为容易计算的积分 $\int g(x)\mathrm{d}f(x) = \int g(x)f'(x)\mathrm{d}x$，因此要做到合理分部，可按"$f'$ 的积分难度 $<f$ 的积分难度"这个标准来选择 f，然后把其余拼凑成 $\mathrm{d}g$. 这是用分部积分法的关键和难点.

例 2 求 $\int x\cos 3x\mathrm{d}x$.

思路 取 $f=x$，则 $f'=1$ 的积分难度 $<f$ 的，并且剩下的部分可拼凑为 $\cos 3x\mathrm{d}x = \frac{1}{3}\mathrm{d}\sin 3x$，符合合理分部要求，可用分部积分法计算.

解
$$\int x\cos 3x\mathrm{d}x = \frac{1}{3}\int x\mathrm{d}\sin 3x$$
$$= \frac{1}{3}x\sin 3x - \frac{1}{3}\int \sin 3x\mathrm{d}x$$
$$= \frac{1}{3}x\sin 3x - \frac{1}{9}\int \sin 3x\mathrm{d}(3x)$$
$$= \frac{1}{3}x\sin 3x + \frac{1}{9}\cos 3x + C.$$

例 3 求 $\int x^2 \sin x\mathrm{d}x$.

思路 取 $f=x^2$，则 $f'=2x$ 的积分难度 $<f$ 的，并且剩下的 $\sin x\mathrm{d}x = -\mathrm{d}\cos x$，符合合理分部要求. 如同用拼凑微分法求积分时可以多次拼凑一样，用分部积分法也可以多次接连利用，直至求出原积分.

解 原积分 $= -\int x^2 \mathrm{d}\cos x$
$$= -x^2\cos x + \int \cos x\mathrm{d}(x^2)$$
$$= -x^2\cos x + 2\int x\cos x\mathrm{d}x = -x^2\cos x + 2\int x\mathrm{d}\sin x$$
$$= -x^2\cos x + 2x\sin x - 2\int \sin x\mathrm{d}x$$
$$= -x^2\cos x + 2x\sin x + 2\cos x + C$$
$$= (2-x^2)\cos x + 2x\sin x + C.$$

注 求型如 $\int x^n e^{ax} dx$，$\int x^n \sin ax\, dx$ 及 $\int x^n \cos ax\, dx$（其中 n 为正整数，a 为任意实数）的积分时，可取 $f = x^n$，其余拼凑成 dg，这样用分部积分计算可以降低 $f = x^n$ 的幂次数，以起到化简的作用.

例 4 求 $\int x^2 \ln x\, dx$.

思路 取 $f = \ln x$，则 $f' = 1/x$ 的积分难度 $<f$ 的；且剩下的 $x^2 dx = \dfrac{1}{3} d(x^3)$.

解
$$\int x^2 \ln x\, dx = \frac{1}{3} \int \ln x\, d(x^3)$$
$$= \frac{1}{3} x^3 \ln x - \frac{1}{3} \int x^3 d\ln x$$
$$= \frac{1}{3} x^3 \ln x - \frac{1}{3} \int x^2 dx$$
$$= \frac{1}{3} x^3 \ln x - \frac{1}{9} x^3 + C.$$

例 5 求 $\int (3x^2 + 1) \arctan x\, dx$.

思路 取 $f = \arctan x$.

解
$$\int (3x^2 + 1) \arctan x\, dx = \int \arctan x\, d(x^3 + x)$$
$$= (x^3 + x) \arctan x - \int (x^3 + x)\, d\arctan x$$
$$= (x^3 + x) \arctan x - \int \frac{x^3 + x}{1 + x^2} dx$$
$$= (x^3 + x) \arctan x - \int x\, dx$$
$$= (x^3 + x) \arctan x - \frac{1}{2} x^2 + C.$$

例 6 求 $\int \arcsin x\, dx$.

思路 取 $f = \arcsin x$，视积分是已经分部好了的.

解
$$\int \arcsin x\, dx = x \arcsin x - \int x\, d\arcsin x$$
$$= x \arcsin x - \int \frac{x}{\sqrt{1 - x^2}} dx$$
$$= x \arcsin x + \sqrt{1 - x^2} + C.$$

本题实质上求出了基本初等函数 $\arcsin x$ 的一个原函数了.

注 求型如 $\int x^n \ln x\, dx$，$\int x^n \arcsin x\, dx$，$\int x^n \arccos x\, dx$，$\int x^n \arctan x\, dx$ 或 $\int x^n \operatorname{arccot} x\, dx$，其中 n 为非负整数）的积分时，取 $f = \ln x$ 或反三角函数，其余的 $x^n dx = \dfrac{1}{n+1} d(x^{n+1})$. 利用分部积分计算可消去对数或反三角函数，以起到化简的作用.

例 7 求 $\int e^x \sin x \, dx$.

思路 取 $f = e^x$,则 $f' = e^x$ 的积分难度 $= f$ 的;取 $f = \sin x$,则 $f' = \cos x$ 的积分难度 $= f$ 的. 这种情况下,只能暂时试探着解下去看能否发现什么.

解 $\int e^x \sin x \, dx = -\int e^x d\cos x = -e^x \cos x + \int e^x \cos x \, dx$.

上式右端的积分与左端的是同一类型,对它再进行一次分部积分,得

$$\int e^x \sin x \, dx = -e^x \cos x + e^x \sin x - \int e^x \sin x \, dx.$$

上式右端第三项移到左端(注意积分常数),得

$$2\int e^x \sin x \, dx = e^x(\sin x - \cos x) + C_1.$$

两边同除以 2,并记 $\frac{1}{2}C_1 = C$,得所求积分为

$$\int e^x \sin x \, dx = \frac{1}{2} e^x(\sin x - \cos x) + C.$$

注 型如 $\int e^{kx} \sin(ax+b) \, dx$, $\int e^{kx} \cos(ax+b) \, dx$(其中 k, a, b 为常数)的积分很典型,用分部积分法时右边积分的难度与左边相当,称为**循环型积分**.

下面的例子也是循环型积分,同时也说明某些积分在利用分部积分之前要先恒等变形.

例 8 $\int \sec^3 x \, dx$.

解 因为 $\int \sec^3 x \, dx = \int \sec x \cdot \sec^2 x \, dx = \int \sec x \, d\tan x$

$$= \sec x \tan x - \int \tan x \, d\sec x$$

$$= \sec x \tan x - \int \sec x \tan^2 x \, dx$$

$$= \sec x \tan x - \int (\sec^2 x - 1) \sec x \, dx$$

$$= \sec x \tan x - \int \sec^3 x \, dx + \int \sec x \, dx$$

$$= \sec x \tan x - \int \sec^3 x \, dx + \ln|\sec x + \tan x|,$$

所以 $\int \sec^3 x \, dx = \frac{1}{2}[\sec x \tan x + \ln|\sec x + \tan x|] + C$.

总之,能利用分部积分来计算的题目类型可归纳为三大类:化简型;循环型;递推型(递推型例子见例 11).

二、定积分分部积分法

由不定积分的分部积分法和 N-L 公式,得定积分的分部积分法:

$$\int_a^b \bigcirc \cdot \square \, dx = k \int_a^b f(x) \, dg(x) = k[f(x)g(x)]_a^b - k \int_a^b g(x) \, df(x).$$

计算过程中,不要把 $[f(x)g(x)]_a^b$ 错误写成 $f(x)g(x)$,同时在每次分部积分后要尽快算出 $[f(x)g(x)]_a^b$,而不必留到最后.

例 9 求 $\int_0^{\pi/2} x\sin x\,dx$.

解 $\int_0^{\pi/2} x\sin x\,dx = -\int_0^{\pi/2} x\,d\cos x$
$$= -[x\cos x]_0^{\pi/2} + \int_0^{\pi/2} \cos x\,dx$$
$$= 0 + [\sin x]_0^{\pi/2} = 1.$$

例 10 求 $\int_{1/e}^{e} |\ln x|\,dx$.

思路 先分段积分,然后分部积分.

解 $\int_{1/e}^{e} |\ln x|\,dx = \int_{1/e}^{1} (-\ln x)\,dx + \int_1^e \ln x\,dx$
$$= [-x\ln x]_{1/e}^1 + \int_{1/e}^1 x\,d\ln x + [x\ln x]_1^e - \int_1^e x\,d\ln x$$
$$= -e^{-1} + \int_{1/e}^1 dx + e - \int_1^e dx$$
$$= 2(1 - e^{-1}).$$

例 11 求证:当整数 $n \geq 2$ 时,
$$\int_0^{\pi/2} \sin^n x\,dx = \int_0^{\pi/2} \cos^n x\,dx = \frac{(n-1)!!}{n!!} \times \begin{cases} \pi/2, & n \text{ 为偶数}, \\ 1, & n \text{ 为奇数}. \end{cases}$$

其中 $n!!$ 是 n 的双阶乘.

思路 积分含参变量 n,设法利用分部积分以降次,这往往可获得递推公式,然后利用递推公式求出一般形式.

解 设 $I_n = \int_0^{\pi/2} \sin^n x\,dx$,则
$$I_0 = \int_0^{\pi/2} dx = \pi/2, \quad I_1 = \int_0^{\pi/2} \sin x\,dx = 1.$$

当 $n \geq 2$ 时,用分部积分法得
$$I_n = \int_0^{\pi/2} \sin^n x\,dx = -\int_0^{\pi/2} \sin^{n-1} x\,d(\cos x)$$
$$= [-\sin^{n-1} x\cos x]_0^{\pi/2} + \int_0^{\pi/2} \cos x\,d(\sin^{n-1} x)$$
$$= (n-1) \int_0^{\pi/2} \sin^{n-2} x\cos^2 x\,dx = (n-1) \int_0^{\pi/2} \sin^{n-2} x(1 - \sin^2 x)\,dx$$
$$= (n-1) \int_0^{\pi/2} \sin^{n-2} x\,dx - (n-1) \int_0^{\pi/2} \sin^n x\,dx$$
$$= (n-1) I_{n-2} - (n-1) I_n,$$

从而得到递推公式
$$I_n = \frac{n-1}{n} I_{n-2} \quad (n = 2, 3, \cdots).$$

重复利用递推公式,得:

当 n 为正偶数时,
$$I_n = \int_0^{\pi/2} \sin^n x \, dx = \frac{n-1}{n} \cdot \frac{n-3}{n-2} \cdots \frac{3}{4} \cdot \frac{1}{2} \cdot I_0 = \frac{(n-1)!!}{n!!} \cdot \frac{\pi}{2};$$

当 n 为大于 1 的奇数时,
$$I_n = \int_0^{\pi/2} \sin^n x \, dx = \frac{n-1}{n} \cdot \frac{n-3}{n-2} \cdots \frac{4}{5} \cdot \frac{2}{3} \cdot I_1 = \frac{(n-1)!!}{n!!}.$$

合并以上结果,故得
$$\int_0^{\pi/2} \sin^n x \, dx = \frac{(n-1)!!}{n!!} \times \begin{cases} \pi/2, & n \text{ 偶} \\ 1, & n \text{ 奇}. \end{cases}$$

同理,$\int_0^{\pi/2} \cos^n x \, dx = \frac{(n-1)!!}{n!!} \times \begin{cases} \pi/2, & n \text{ 偶} \\ 1, & n \text{ 奇}. \end{cases}$ 证毕.

例 11 的公式称为**瓦里斯(Wallis)公式**,在计算定积分以及将来计算重积分中很有用,建议作为积分基本公式之一,加以记忆.

请读者利用上述公式计算 $\int_0^{\pi/2} \sin^3 x \, dx, \int_0^{\pi/2} \cos^4 x \, dx$.

*三、分部积分法的推广

有些乘积形式的积分可多次利用分部积分,若按部就班会较繁且易错,以下介绍推广形式的分部积分方法(其中涉及函数均有连续导数).

记 $f^{(i)}$ 是函数 f 的 i 阶导数,$g_{(i)}$ 是函数 g 的 i 阶原函数($i=0,1,2,\cdots$).

首先,分部积分公式可写成
$$\int f \, dg = f^{(0)} g_{(0)} - \int g_{(0)} \, df = f^{(0)} g_{(0)} - \int f^{(1)} \, dg_{(1)}.$$

对上式右边积分 $\int f^{(1)} g_{(0)} \, dx$ 再用分部积分,然后代回,得
$$\int f \, dg = f^{(0)} g_{(0)} - f^{(1)} g_{(1)} + \int f^{(2)} \, dg_{(2)}.$$

依此类推,则有推广形式的分部积分公式:
$$\int f \, dg = f^{(0)} g_{(0)} - f^{(1)} g_{(1)} + f^{(2)} g_{(2)} + \cdots + (-1)^n f^{(n)} g_{(n)} + (-1)^{n+1} \int f^{(n+1)} \, dg_{(n+1)}.$$

为便于应用,把函数、导函数、原函数列成如下表格:

$f^{(0)}$	$f^{(1)}$	$f^{(2)}$	$\cdots$	$f^{(n)}$	$f^{(n+1)}$
$g_{(0)}$	$g_{(1)}$	$g_{(2)}$	$\cdots$	$g_{(n)}$	$g_{(n+1)}$

因此,推广公式右边的各项为各列上下相乘且符号取 $+$、$-$ 相间,但最后一项为 $(-1)^{n+1} \int f^{(n+1)} \, dg_{(n+1)}$.

当 $f = P_n(x)$ 是 n 次多项式,且 $g = e^{ax}, \sin ax, \cos ax$ 时,表中各函数容易求出,且 $f^{(n+1)} = 0$,即 $(-1)^{n+1} \int f^{(n+1)} \, dg_{(n+1)} = C$,因此,这时用表格法计算积分很方便.

例 12 求 $\int (x^3 - 2x - 1)\mathrm{e}^{2x}\mathrm{d}x$.

解 $\int (x^3 - 2x - 1)\mathrm{e}^{2x}\mathrm{d}x = \frac{1}{2}\int (x^3 - 2x - 1)\mathrm{d}\mathrm{e}^{2x}$. 由表格

$x^3 - 2x - 1$	$3x^2 - 2$	$6x$	6	0
e^{2x}	$\frac{1}{2}\mathrm{e}^{2x}$	$\frac{1}{4}\mathrm{e}^{2x}$	$\frac{1}{8}\mathrm{e}^{2x}$	$\frac{1}{16}\mathrm{e}^{2x}$

并注意到第二行各式有公因子 e^{2x}，得

$$\text{原积分} = \frac{1}{2}\left[(x^3 - 2x - 1) - (3x^2 - 2)\cdot\frac{1}{2} + 6x\cdot\frac{1}{4} - 6\cdot\frac{1}{8}\right]\mathrm{e}^{2x} + C$$

$$= \frac{1}{2}\left(x^3 - \frac{3}{2}x^2 - \frac{1}{2}x - \frac{3}{4}\right)\mathrm{e}^{2x} + C.$$

习 题 4.5

1. 求下列积分，并比较算法上的异同点：

(1) $\int x\mathrm{e}^x\mathrm{d}x$； (2) $\int_0^1 x\mathrm{e}^{x^2}\mathrm{d}x$； (3) $\int \frac{\ln x}{x}\mathrm{d}x$； (4) $\int_1^{\mathrm{e}} \frac{\ln x}{x^2}\mathrm{d}x$

2. 求下列积分：

(1) $\int_0^1 x\mathrm{e}^{-x}\mathrm{d}x$； (2) $\int_1^4 \frac{\ln x}{\sqrt{x}}\mathrm{d}x$； (3) $\int x\ln(1+x^2)\mathrm{d}x$；

(4) $\int_1^{\mathrm{e}} \frac{\ln^2 x}{x^2}\mathrm{d}x$； (5) $\int_0^1 \frac{\ln(1+x)}{(2-x)^2}\mathrm{d}x$； (6) $\int \sqrt{x}\ln^2 x\mathrm{d}x$；

(7) $\int_0^{2\pi/w} t\sin wt\,\mathrm{d}t$； (8) $\int_0^{\pi} x^2\cos x\,\mathrm{d}x$； (9) $\int x\cos^2 x\,\mathrm{d}x$；

(10) $\int_0^1 x\arctan x\,\mathrm{d}x$； (11) $\int_0^1 x\arctan x^2\,\mathrm{d}x$； (12) $\int \arctan x\,\mathrm{d}x$；

(13) $\int_{-1}^1 (|x|+x)\mathrm{e}^{-|x|}\mathrm{d}x$； (14) $\int_0^{\pi/4} \frac{x}{1+\cos 2x}\mathrm{d}x$； (15) $\int \frac{\ln\cos x}{\cos^2 x}\mathrm{d}x$.

3. 求下列积分（m, n 为正整数）：

(1) $\int \frac{x\cos x}{\sin^3 x}\mathrm{d}x$； (2) $\int \sin(\ln x)\mathrm{d}x$； (3) $\int_0^{\pi/2} \mathrm{e}^{2x}\cos x\,\mathrm{d}x$；

(4) $\int_0^{\pi} (x\sin x)^2\mathrm{d}x$； (5) $\int_0^1 (1+2x^2)\mathrm{e}^{x^2}\mathrm{d}x$； *(6) $\int_0^1 (1-x^2)^n\mathrm{d}x$；

*(7) $I(m,n) = \int_1^2 (x-1)^m(2-x)^n\mathrm{d}x$.

4. 解答以下各题：

(1) 已知 $f(x)$ 的一个原函数是 $\ln^2 x$，求 $\int_1^{\mathrm{e}} xf'(x)\mathrm{d}x$；

(2) 设 $f(2) = \frac{1}{2}, f'(2) = 0, \int_0^2 f(x)\mathrm{d}x = 1$，求 $\int_0^1 x^2 f''(2x)\mathrm{d}x$；

(3) 已知 $f(\pi) = 2, \int_0^{\pi} [f(x) + f''(x)]\sin x\,\mathrm{d}x = 5$，求 $f(0)$；

(4) 设 $\int f'(\sqrt{x})\mathrm{d}x = x(\mathrm{e}^{\sqrt{x}}+1) + C$，求 $f(x)$.

*5. 设 $P_n(x)$ 是 n 次多项式，λ,β 是非零常数．

(1) 计算 $\int P_n(x)\mathrm{e}^{\lambda x}\mathrm{d}x,\int P_n(x)\cos\beta x\mathrm{d}x,\int \mathrm{e}^{\lambda x}\sin\beta x\mathrm{d}x$ 时，其结果有什么特点？

(2) 不用分部积分法如何求出以下积分：

$$\int(x^2+1)\mathrm{e}^{3x}\mathrm{d}x,\int(x-1)\cos2x\mathrm{d}x,\int\mathrm{e}^{3x}\sin2x\mathrm{d}x.$$

§4.6 积分的运算与求法（四）

一、不定积分变量替换法

本节介绍求非线性型积分的另一种重要方法．

先看一个例子，求 $\int\dfrac{\mathrm{d}x}{1+\sqrt{x}}$．

用前面的方法难以求出，为了去根号，不妨令 $\sqrt{x}=t$，则 $x=t^2$，且 $\mathrm{d}x=2t\mathrm{d}t$，于是

$$\int\frac{\mathrm{d}x}{1+\sqrt{x}}=\int\frac{2t\mathrm{d}t}{1+t}=2\int\left(1-\frac{1}{1+t}\right)\mathrm{d}t=2t-2\ln(1+t)+C=2\sqrt{x}-2\ln(1+\sqrt{x})+C.$$

在这个例子中，求出对 t 的积分后，要把 t 再换回成 x 的函数（称为**回代**），这里无疑要求反函数的存在性．

一般地，利用求导法则与不定积分概念可以证得下面的定理．

定理 1 设 $x=g(t)$ 是单调可导的函数，且 $g'(t)\neq 0$，若

$$\int f[g(t)]g'(t)\mathrm{d}x=\int h(t)\,\mathrm{d}t=H(t)+C$$

则

$$\int f(x)\mathrm{d}x=H[g^{-1}(x)]+C.$$

其中 $g^{-1}(x)$ 为 $g(t)$ 的反函数．

利用此定理计算积分的方法就叫**变量替换法**．用变量替换法计算积分时，选择适当的替换式 $x=g(t)$ 是最重要的，且新变量 t 往往不能省去，所以为了强调"变量"、"替换"的重要性，所以才称之为变量替换法．与拼凑微分法不同的是，拼凑微分法是把原积分变量 x 的某个函数 $g(x)$ 设为新积分变量 u 进行积分计算的方法，只是因为计算过程中新变量 u 可以不出现，重在拼凑微分．而变量替换法与之相反，即要把原积分变量 x 设为某个新积分变量 t 的函数 $g(t)$，才能计算出原积分．拼凑微分法，也称为**第一换元法**，变量替换法也称为**第二换元法**（可简称**换元法**）．

注 利用变量替换法计算不定积分的解题模式是：

$$\int f(x)\mathrm{d}x=\int f[g(t)]\cdot g'(t)\,\mathrm{d}t=\int h(t)\mathrm{d}t=H(t)+C=H[g^{-1}(x)]+C.$$

其中四个等号分别对应了换元，化简，积分，回代这四个基本步骤．

变量替换法的本质是化难计算的 $\int f(x)\mathrm{d}x$ 为易计算的 $\int h(t)\mathrm{d}t$，要实现化难为易，其前提是合理择取变量替换式 $x=g(t)$，这是关键所在．

下面给出利用变量替换法求积分的例子，为了强调替换式的正确选取、求解步骤与书写

格式，我们还是先把前头的引例再求解一遍.

例 1 求 $\int \dfrac{\mathrm{d}x}{1+\sqrt{x}}$.

思路 为了去根号，令 $\sqrt{x}=t$.

解 令 $\sqrt{x}=t$，则 $x=t^2$，且 $\mathrm{d}x=2t\mathrm{d}t$，于是
$$\int \dfrac{\mathrm{d}x}{1+\sqrt{x}} = \int \dfrac{2t\mathrm{d}t}{1+t} = 2\int\left(1-\dfrac{1}{1+t}\right)\mathrm{d}t$$
$$= 2t - 2\ln(1+t) + C = 2\sqrt{x} - 2\ln(1+\sqrt{x}) + C.$$

例 2 求 $\int \dfrac{1}{x}\sqrt{\dfrac{x+1}{x}}\,\mathrm{d}x$.

解 令 $\sqrt{\dfrac{x+1}{x}}=t$，则 $x=\dfrac{1}{t^2-1}$，且 $\mathrm{d}x=-\dfrac{2t}{(t^2-1)^2}\mathrm{d}t$，因此
$$\int \dfrac{1}{x}\sqrt{\dfrac{x+1}{x}}\,\mathrm{d}x = \int (t^2-1)t \cdot \dfrac{-2t}{(t^2-1)^2}\,\mathrm{d}t = -2\int\left(1+\dfrac{1}{t^2-1}\right)\mathrm{d}t$$
$$= -2\left(t+\dfrac{1}{2}\ln\left|\dfrac{t-1}{t+1}\right|\right) + C$$
$$= -2\sqrt{\dfrac{x+1}{x}} - \ln\left|\dfrac{\sqrt{x+1}-\sqrt{x}}{\sqrt{x+1}+\sqrt{x}}\right| + C.$$

例 3 求 $\int \dfrac{\mathrm{d}x}{(1+\sqrt[3]{x})\sqrt{x}}$.

思路 一次替换，但要去掉两处根号.

解 令 $\sqrt[6]{x}=t$，则 $x=t^6$，且 $\mathrm{d}x=6t^5\mathrm{d}t$，因而
$$\text{原积分} = \int \dfrac{6t^5\mathrm{d}t}{(1+t^2)t^3} = 6\int\left(1-\dfrac{1}{1+t^2}\right)\mathrm{d}t$$
$$= 6(t-\arctan t) + C = 6(\sqrt[6]{x}-\arctan\sqrt[6]{x}) + C.$$

注 被积函数含根式 $\sqrt[n]{ax+b}$ 或 $\sqrt[n]{\dfrac{ax+b}{cx+d}}$，可令 $\sqrt[n]{ax+b}=t$ 或 $\sqrt[n]{\dfrac{ax+b}{cx+d}}=t$. 若被积函数同时含 $\sqrt[m]{ax+b}$ 和 $\sqrt[n]{ax+b}$，可令 $\sqrt[l]{ax+b}=t$（其中 l 为 m 与 n 的最小公倍数）. 这一类的变量替换称为**根式替换**，目的都是消除根式.

例 4 求 $\int \sqrt{a^2-x^2}\,\mathrm{d}x\ (a>0)$.

思路 根号里不是一次式，而是二次式，若仍令 $\sqrt{a^2-x^2}=t$，一般达不到去根号目的，但可应用三角公式 $\sin^2 t+\cos^2 t=1$ 来消去根式.

解 令 $x=a\sin t\left(-\dfrac{\pi}{2}<t<\dfrac{\pi}{2}\right)$，则 $\mathrm{d}x=a\cos t\mathrm{d}t$，因此
$$\int \sqrt{a^2-x^2}\,\mathrm{d}x = \int a\cos t \cdot a\cos t\,\mathrm{d}t = \dfrac{a^2}{2}\int(1+\cos 2t)\mathrm{d}t$$
$$= a^2\left(\dfrac{t}{2}+\dfrac{\sin 2t}{4}\right) + C = \dfrac{a^2}{2}t + \dfrac{a^2}{2}\sin t\cos t + C.$$

由 $x=a\sin t$ 得（可利用辅助直角三角形）$\cos t=\dfrac{\sqrt{a^2-x^2}}{a}$,

故原积分 $\displaystyle\int\sqrt{a^2-x^2}\,\mathrm{d}x=\dfrac{a^2}{2}\arcsin\dfrac{x}{a}+\dfrac{x}{2}\sqrt{a^2-x^2}+C$.

注 被积函数含 $\sqrt{a^2-x^2}$，$\sqrt{a^2+x^2}$，或 $\sqrt{x^2-a^2}$ 时，可分别令 $x=a\sin t, x=a\tan t, x=a\sec t$，称之为**三角替换**，目的仍然是消除根号.

例5 求 $\displaystyle\int\dfrac{\mathrm{d}x}{\mathrm{e}^x+1}$.

解 令 $\mathrm{e}^x=t$，则 $x=\ln t$，且 $\mathrm{d}x=\dfrac{1}{t}\mathrm{d}t$，所以

$$\int\dfrac{\mathrm{d}x}{\mathrm{e}^x+1}=\int\dfrac{\mathrm{d}t}{t(t+1)}=\int\left(\dfrac{1}{t}-\dfrac{1}{t+1}\right)\mathrm{d}t$$
$$=\ln t-\ln(t+1)+C=x-\ln(\mathrm{e}^x+1)+C.$$

注 被积函数是由同一个指数函数 e^x 构成的代数式，可令 $\mathrm{e}^x=t$，称之为**指数替换**.

例6 求 $\displaystyle\int\sqrt{\mathrm{e}^x-1}\,\mathrm{d}x$.

思路 若令 $\mathrm{e}^x=t$，得 $\displaystyle\int\sqrt{\mathrm{e}^x-1}\,\mathrm{d}x=\int\sqrt{t-1}\,\dfrac{1}{t}\mathrm{d}t$，还得再令 $\sqrt{t-1}=u$，因此干脆直接令 $\sqrt{\mathrm{e}^x-1}=t$（指数替换与根式替换的**综合替换**）.

具体求解请独者完成.

关于变量替换，强调几点：

(1)根式替换，三角替换，指数替换是较常用的三种替换，但不可拘泥于形式. 有些积分被积函数虽然属于上述类型，但可不用相应的替换.

如，$\displaystyle\int\dfrac{1}{\sqrt{a^2-x^2}}\mathrm{d}x,\int\dfrac{x}{\sqrt{a^2+x^2}}\mathrm{d}x,\int x\sqrt{x^2-a^2}\,\mathrm{d}x$，就不必用三角替换，只需直接套积分公式或拼凑微分即可求出.

(2)要根据被积函数的不同情况灵活选择替换式.

如，$\displaystyle\int\dfrac{x-2}{\sqrt{x^2-2x+10}}\mathrm{d}x$. 被积函数含根式 $\sqrt{ax^2+bx+c}$，先配方得

$$\int\dfrac{x-2}{\sqrt{x^2-2x+10}}\mathrm{d}x=\int\dfrac{x-2}{\sqrt{(x-1)^2+9}}\mathrm{d}x$$

然后令 $x-1=t$ 即可. 一般地，型如 $kx+b=t$ 的替换称为**线性替换**.

再如，$\displaystyle\int\dfrac{\mathrm{d}x}{x^2\sqrt{a^2\pm x^2}}, \int\dfrac{\mathrm{d}x}{x^2\sqrt{x^2-a^2}}, \int\dfrac{\sqrt{a^2\pm x^2}}{x^4}\mathrm{d}x, \int\dfrac{\sqrt{x^2\pm a^2}}{x^4}\mathrm{d}x$ 等，可令 $x=\dfrac{1}{t}$，称之为**倒数替换**，以消去被积函数分母中的变量因子 x^n.

(3)一道典型的积分计算题，可能要综合运用变量替换法、分部积分法等多种积分方法才能求出.

例7 $\displaystyle\int\dfrac{x\mathrm{e}^x}{\sqrt{1+\mathrm{e}^x}}\mathrm{d}x$.

思路 综合利用变量替换、分部积分等积分法.

解 令 $\sqrt{1+e^x}=t$,则 $x=\ln(t^2-1)$,且 $dx=\dfrac{2t}{t^2-1}dt$,于是

$$\int \frac{xe^x}{\sqrt{1+e^x}}dx = \int \frac{(t^2-1)\ln(t^2-1)}{t} \cdot \frac{2t}{t^2-1}dt = 2\int \ln(t^2-1)dt$$

$$= 2t\ln(t^2-1) - 2\int t \cdot \frac{2t}{t^2-1}dt$$

$$= 2t\ln(t^2-1) - 4\int \left(1+\frac{1}{t^2-1}\right)dt$$

$$= 2t\ln(t^2-1) - 4t - 2\ln\left|\frac{t-1}{t+1}\right| + C$$

$$= 2(x-2)\sqrt{1+e^x} - 2\ln\left|\frac{\sqrt{1+e^x}-1}{\sqrt{1+e^x}+1}\right| + C.$$

注 本题可以这样做:先用分部积分法

$$\int \frac{xe^x}{\sqrt{1+e^x}}dx = 2\int x d\sqrt{1+e^x} = 2x\sqrt{1+e^x} - 2\int \sqrt{e^x+1}\,dx,$$

再对右边积分利用变量替换法.一般来说,先分部积分,后变量替换的求解过程不如先变量替换,后分部积分来的流畅.

例 8 $\displaystyle\int \frac{e^{arccot x}}{(\sqrt{1+x^2})^3}dx.$

思路 被积函数含 $\sqrt{1+x^2}$,又含 $\text{arccot} x$,当然令 $\text{arccot} x=t$(**反三角替换**),可同步去掉根号与反三角符号,一箭双雕,何乐不为?

解 $\displaystyle\int \frac{e^{arccot x}}{(\sqrt{1+x^2})^3}dx \xlongequal{\text{arccot} x=t} \int \frac{e^t}{\csc^3 t} \cdot (-\csc^2 t)dt$

$$= -\int e^t \sin t\, dt \quad (\text{循环型积分})$$

$$= -\frac{1}{2}e^t(\sin t - \cos t) + C$$

$$= -\frac{1}{2}e^{arccot x} \frac{1-x}{\sqrt{1+x^2}} + C.$$

注 选定变量替换式后,可将替换式直接标在等式上方.

例 9 求 $\displaystyle\int \frac{\sin x \cos x}{(1+\cos x)^3}dx$.

思路 利用多种替换,需要多次回代。

解 $\displaystyle\int \frac{\sin x \cos x}{(1+\cos x)^3}dx = -\int \frac{\cos x}{(1+\cos x)^3}d\cos x$

$$\xlongequal{\cos x = u} -\int \frac{u}{(1+u)^3}du \xlongequal{1+u=t} -\int \frac{t-1}{t^3}dv$$

$$= \int\left(\frac{1}{t^3}-\frac{1}{t^2}\right)dt = -\frac{1}{2t^2}+\frac{1}{t}+C$$

$$= \frac{1}{u+1}-\frac{1}{2(u+1)^2}+C$$

$$= \frac{1}{1+\cos x} - \frac{1}{2(1+\cos x)^2} + C.$$

下面介绍一下三角函数的有理式积分的一般方法.

由三角函数 $\sin x$ 和 $\cos x$，以及常数经过有限次四则运算而得到的式子叫做**三角函数的有理式**，一般用记号 $R(\sin x, \cos x)$ 表示. 对于一般的三角函数有理式的不定积分，可用**万能替换** $\tan \frac{x}{2} = t$ 化为有理函数的积分，即令 $\tan \frac{x}{2} = t$，有 $x = 2\arctan t$, $dx = \frac{2}{1+t^2} dt$, $\sin x = \frac{2t}{1+t^2}$, $\cos x = \frac{1-t^2}{1+t^2}$. 于是

$$\int R(\sin x, \cos x) dx = \int R\left(\frac{2t}{1+t^2}, \frac{1-t^2}{1+t^2}\right) \cdot \frac{2}{1+t^2} dt,$$

上式成为右端是 t 的有理函数的积分.

如，$\displaystyle\int \frac{dx}{2\sin x - \cos x + 3} \xlongequal{\tan \frac{x}{2} = t} \int \frac{1}{2 \cdot \frac{2t}{1+t^2} - \frac{1-t^2}{1+t^2} + 3} \cdot \frac{2}{1+t^2} dt$

$$= \int \frac{2 dt}{4t^2 + 4t + 2} = \int \frac{d(1+2t)}{1+(1+2t)^2}$$

$$= \arctan(2t+1) + C = \arctan\left(2\tan \frac{x}{2} + 1\right) + C.$$

万能替换是一种换元法，它虽然可将三角函数的有理式的积分化为有理函数的积分，但有时这种替换会使计算复杂，在求不定积分时，应尽量少用.

如果被积函数是由 $\sin^2 x, \sin x \cos x, \cos^2 x, \tan x$ 及常数施于四则运算而得到，那么令 $\tan x = t$，可使解法更为简单.

如，$\displaystyle\int \frac{\tan x}{1+2\cos^2 x} dx \xlongequal{\tan x = t} \int \frac{t}{1 + \frac{2}{1+t^2}} \cdot \frac{dt}{1+t^2} = \int \frac{t}{3+t^2} dt$

$$= \frac{1}{2}\ln(3+t^2) + C = \frac{1}{2}\ln(3+\tan^2 x) + C.$$

二、定积分变量替换法

要用变量替换法求定积分，可以先对不定积分用变量替换法，然后用 N-L 公式，即要求 $\displaystyle\int_a^b f(x) dx$，若令 $x = g(t)$，则因

$$\int f(x) dx = \int f[g(t)] \cdot g'(t) dt = \int h(t) dt = H(t) + C = H[g^{-1}(x)] + C,$$

于是有 $\displaystyle\int_a^b f(x) dx = [H[g^{-1}(x)]]_a^b$.

设 $g^{-1}(a) = \alpha, g^{-1}(b) = \beta$，则有 $[H[g^{-1}(x)]]_a^b = [H(t)]_\alpha^\beta = \displaystyle\int_\alpha^\beta h(t) dt$，因此

$$\int_a^b f(x) dx = \int_\alpha^\beta f[g(t)] \cdot g'(t) dt.$$

最后的一式，我们用定理来描述(证明从略).

定理 2 若函数 $f(x)$ 在区间 $[a,b]$ 上连续,且函数 $x=g(t)$ 满足:

(1) $x=g(t)$ 在 $[\alpha,\beta]$(或 $[\beta,\alpha]$)上有连续导数;

(2) 当 t 在 $[\alpha,\beta]$(或 $[\beta,\alpha]$)变化时,$x=g(t)$ 的值在区间 $[a,b]$ 上变化;

(3) $g(\alpha)=a, g(\beta)=b$,则
$$\int_a^b f(x)\mathrm{d}x = \int_\alpha^\beta f[g(t)] \cdot g'(t)\mathrm{d}t.$$

定理结论称为**定积分的变量替换公式**(或**换元公式**).用该公式计算定积分的方法就称为**定积分的变量替换法**(或**换元法**).

应用换元法计算定积分应注意:

(1)用 $x=g(t)$ 把原变量 x 换成新变量 t 时,积分限也要换成相应于新变量 t 的积分限,同时 $\mathrm{d}x$ 要换成 $g'(t)\mathrm{d}t$,这一过程通俗称为"换元、换限、换微分","三换"要同步进行,缺一不可;

(2)求出 $f[g(t)]g'(t)$ 的一个原函数 $H(t)$ 后,不必像计算不定积分那样再把新变量 t 还原到原变量 x,只要是把新变量 t 的上下限分别代入原函数 $H(t)$ 中计算增量即可,即不必回代,这是定积分换元法优于不定积分的地方;

(3)换元公式中 $g(\alpha)=a, g(\beta)=b, a, b$ 的大小关系与 α, β 的大小关系未必一致,同时替换式 $x=g(t)$ 未必是单调的,这也是定积分换元法与不定积分的一个差别.

注 利用变量替换法计算定积分的解题模式是:
$$\int_a^b f(x)\mathrm{d}x = \int_\alpha^\beta f[g(t)] \cdot g'(t)\mathrm{d}t = \int_\alpha^\beta h(t)\mathrm{d}t = [H(t)]_\alpha^\beta.$$

务必牢记:三换同时,不必回代.

例 10 求 $\int_0^3 \dfrac{3x}{\sqrt{1+x}}\mathrm{d}x.$

解 令 $\sqrt{1+x}=t$,则 $x=t^2-1$,当 $x=0$ 时,$t=1$;当 $x=3$ 时,$t=2$,且 $\mathrm{d}x=2t\mathrm{d}t$,故
$$\int_0^3 \frac{3x}{\sqrt{1+x}}\mathrm{d}x = \int_1^2 \frac{3(t^2-1)}{t} 2t\mathrm{d}t = 6\int_1^2 (t^2-1)\mathrm{d}t = [2t^3-6t]_1^2 = 8.$$

例 11 求 $\int_0^1 \mathrm{e}^{\sqrt{1-x}}\mathrm{d}x.$

解 令 $\sqrt{1-x}=t$,则 $x=1-t^2$,

x	0	1
t	1	0

且 $\mathrm{d}x=-2t\mathrm{d}t$,故
$$\int_0^1 \mathrm{e}^{\sqrt{1-x}}\mathrm{d}x = \int_1^0 \mathrm{e}^t \cdot (-2t\mathrm{d}t) = 2\int_0^1 t\mathrm{e}^t \mathrm{d}t$$
$$= 2\int_0^1 t\mathrm{d}\mathrm{e}^t = 2[t\mathrm{e}^t]_0^1 - 2\int_0^1 \mathrm{e}^t \mathrm{d}t = 2\mathrm{e}-2[\mathrm{e}^t]_0^1 = 2.$$

注 用表格形式是为了提醒"换限"不要被疏忽了.原来积分限从小到大,变成新积分限从大到小,是因为所用替换式是减函数,不足为奇.换限只要一一对应即可,后续的计算另当别论.当换元法应用熟练后,可只把替换式及新的上下限直接标在等式中.

例 12 设 $f(x)=\begin{cases}\dfrac{1}{1+\mathrm{e}^x}, & x\leqslant 0,\\ \dfrac{1}{1+x}, & x>0\end{cases}$,求 $\int_0^2 f(x-1)\mathrm{d}x.$

解 $\int_0^2 f(x-1)\mathrm{d}x \xrightarrow{x-1=t} \int_{-1}^1 f(t)\mathrm{d}t = \int_{-1}^1 f(x)\mathrm{d}x$

$$= \int_{-1}^0 \frac{1}{1+\mathrm{e}^x}\mathrm{d}x + \int_0^1 \frac{1}{1+x}\mathrm{d}x$$

$$= \int_{-1}^0 \left(1 - \frac{\mathrm{e}^x}{1+\mathrm{e}^x}\right)\mathrm{d}x + [\ln(1+x)]_0^1$$

$$= [x - \ln(1+\mathrm{e}^x)]_{-1}^0 + \ln 2 = \ln(1+\mathrm{e}).$$

注 求解中,前两个等号意义不同:第一个是用定积分的换元法(要三换同时);第二个是用定积分的概念(定积分与积分变量记号无关).

最后一个等式用拼凑微分法,未引入新变量,积分上下限不必变动.

利用换元法不仅可以计算定积分,还可证明定积分等式.

例 13 求证 $\int_0^{\pi/2} \frac{\sin x}{\sin x + \cos x}\mathrm{d}x = \int_0^{\pi/2} \frac{\cos x}{\sin x + \cos x}\mathrm{d}x$.

思路 证明定积分相等可用的模式是

$$\int_a^b f(x)\mathrm{d}x \xrightarrow{x=g(t)} \int_\alpha^\beta h(t)\mathrm{d}t = \int_\alpha^\beta h(x)\mathrm{d}x.$$

其中替换式 $x=g(t)$ 要保证能使函数 $f(x)=h(t)$,也能使积分限 $a\to\alpha$(或 β)且 $b\to\beta$(或 α).

本题可取 $x = \frac{\pi}{2} - t$.

证 因 $\int_0^{\pi/2} \frac{\sin x}{\sin x + \cos x}\mathrm{d}x \xrightarrow{x=\frac{\pi}{2}-t} \int_{\pi/2}^0 \frac{\cos t}{\cos t + \sin t} \cdot (-\mathrm{d}t)$

$$= \int_0^{\pi/2} \frac{\cos t}{\sin t + \cos t}\mathrm{d}t = \int_0^{\pi/2} \frac{\cos x}{\sin x + \cos x}\mathrm{d}x,$$

故所证等式成立.

思考:把例中的两个积分相加得可得出什么结论?

例 14 设 $f(x)$ 在 $[-a,a]$ 上连续,求证:

$$\int_{-a}^a f(x)\mathrm{d}x = \int_0^a [f(x) + f(-x)]\mathrm{d}x.$$

证法一 因为

$$\int_{-a}^0 f(x)\mathrm{d}x \xrightarrow{x=-t} \int_a^0 f(-t) \cdot (-\mathrm{d}t) = \int_0^a f(-t)\mathrm{d}t = \int_0^a f(-x)\mathrm{d}x,$$

所以 $\int_{-a}^a f(x)\mathrm{d}x = \int_{-a}^0 f(x)\mathrm{d}x + \int_0^a f(x)\mathrm{d}x = \int_0^a f(-x)\mathrm{d}x + \int_0^a f(x)\mathrm{d}x$

$$= \int_0^a [f(x) + f(-x)]\mathrm{d}x.$$

证法二 因为 $f(x) = \frac{f(x)-f(-x)}{2} + \frac{f(x)+f(-x)}{2}$,其中 $\frac{f(x)-f(-x)}{2}$,$\frac{f(x)+f(-x)}{2}$ 分别是奇函数和偶函数,

所以 $\int_{-a}^a f(x)\mathrm{d}x = \int_{-a}^a \left[\frac{f(x)-f(-x)}{2} + \frac{f(x)+f(-x)}{2}\right]\mathrm{d}x$

$$= \int_{-a}^a \frac{f(x)-f(-x)}{2}\mathrm{d}x + \int_{-a}^a \frac{f(x)+f(-x)}{2}\mathrm{d}x$$

$$= 0 + 2\int_0^a \frac{f(x)+f(-x)}{2}\mathrm{d}x = \int_0^a [f(x) + f(-x)]\mathrm{d}x.$$

注 计算一般函数 $f(x)$ 在对称区间 $[-a,a]$ 上的定积分 $\int_{-a}^{a} f(x)\mathrm{d}x$ 时,如果定积分 $\int_{0}^{a}[f(x)+f(-x)]\mathrm{d}x$ 很简单,可利用该例的结论以化难为易了.

例 15 计算 $\int_{-1}^{1} \dfrac{x^2}{1+\mathrm{e}^x}\mathrm{d}x$.

解 记 $f(x)=\dfrac{x^2}{1+\mathrm{e}^x}$,则 $f(x)+f(-x)=\dfrac{x^2}{1+\mathrm{e}^x}+\dfrac{x^2}{1+\mathrm{e}^{-x}}=x^2$,所以

$$\int_{-1}^{1} \frac{x^2}{1+\mathrm{e}^x}\mathrm{d}x = \int_{0}^{1} x^2 \mathrm{d}x = \frac{1}{3}.$$

例 16 设 $f(x)$ 为 $[-1,1]$ 上连续的奇函数,求证:$\int_{0}^{\pi} f(\cos x)\mathrm{d}x = 0$.

思路 本题含抽象函数,不能用常规计算方法证. 考虑到"奇零"的特性,可用换元法把区间化为对称区间,然后考察被积函数是否为奇函数. 本题可令 $x-\dfrac{\pi}{2}=t$. 详细证明从略.

一般地,对定积分 $\int_{a}^{b} f(x)\mathrm{d}x$,令 $x-\dfrac{a+b}{2}=t$,就可化为对称区间上的定积分来研究,即 $\left(\text{其中 } c=\dfrac{b-a}{2}\right)$:

$$\int_{a}^{b} f(x)\mathrm{d}x = \int_{-c}^{c} f\left(x+\frac{a+b}{2}\right)\mathrm{d}x.$$

三、积分法注记与特殊积分法

在结束积分法的介绍时,我们还需指出,虽然初等函数在其定义域区间,它的原函数一定存在,但初等函数的原函数不一定都能用初等函数表示,如

$$\int \frac{\mathrm{d}x}{\sqrt{1+x^4}},\ \int \mathrm{e}^{-x^2}\mathrm{d}x,\ \int \frac{\mathrm{d}x}{\ln x},\ \int \frac{\sin x}{x}\mathrm{d}x,\ \int \sin x^3 \mathrm{d}x$$

都不是初等函数,在这种情况下,我们常称这些积分"**积不出来**",也就是说不能用有限形式给出它们的原函数.

积分运算比微分运算需要更高的技巧,有时还要作繁杂的计算,为了应用方便,通常用的积分被汇集成表,这种表称为**积分表**(请读者自己上网或查阅相关资料,为节省篇幅本书从略). 求积分时,若所求积分与表中某个公式形式相同,可直接查表得出. 若所求积分与表中某个公式不完全相同,则可通过恒等变形把它转化为表中某一公式的形式,从而得出结果. 不过,作为高等数学的基础知识,每一个学习这门课程的读者,都要熟悉计算积分的基本方法. 积分表作为一种辅助工具是有效的,但不可依赖它. 事实上,有一些积分特别是一些特殊的定积分,不必求出原函数也能求出定积分的值,它的计算甚至比查表更快;有些定积分利用积分表也查不出原函数,但可以计算其值,如,例 15 和例 16,这些特点要引起我们足够的注意.

例 17 求 $\int_{0}^{n\pi} x|\sin x|\mathrm{d}x$($n$ 是正整数).

解 为了去掉绝对值,先用分段积分法,再用换元法,即

$$\int_0^{n\pi} x|\sin x|\,\mathrm{d}x = \sum_{k=0}^{n-1}\int_{k\pi}^{(k+1)\pi} x|\sin x|\,\mathrm{d}x \xrightarrow{x=k\pi+t} \sum_{k=0}^{n-1}\int_0^{\pi}(k\pi+t)\sin t\,\mathrm{d}t.$$

用分部法可求得 $\int_0^{\pi}(k\pi+t)\sin t\,\mathrm{d}t = (2k+1)\pi$,故原式 $= \sum_{k=0}^{n-1}(2k+1)\pi = n^2\pi$.

本题可以令 $n\pi-x=t$ 来求解,请读者试一试.

例 18 求 $\int_0^{\pi/4}\ln(1+\tan x)\,\mathrm{d}x$.

解 因 $\int_0^{\pi/4}\ln(1+\tan x)\,\mathrm{d}x \xrightarrow{x=\frac{\pi}{4}-t} -\int_{\pi/4}^{0}\ln\left(1+\frac{1-\tan t}{1+\tan t}\right)\mathrm{d}t$

$$= \int_0^{\pi/4}\ln\left(\frac{2}{1+\tan t}\right)\mathrm{d}t = \frac{\pi}{4}\ln 2 - \int_0^{\pi/4}\ln(1+\tan x)\,\mathrm{d}x,$$

所以 $\int_0^{\pi/4}\ln(1+\tan x)\,\mathrm{d}x = \frac{\pi}{8}\ln 2$.

还要注意的是,有些积分表中所列的原函数有某种"不完整性",如由

$$\int \frac{\mathrm{d}x}{a^2\cos^2 x + b^2\sin^2 x} = \frac{1}{ab}\arctan\left(\frac{b}{a}\tan x\right) + C$$

知道 $\frac{1}{ab}\arctan\left(\frac{b}{a}\tan x\right)$(它在 $x=\frac{\pi}{2}$ 没定义)不是 $\frac{\mathrm{d}x}{a^2\cos^2 x + b^2\sin^2 x}$ 在 $(-\infty,+\infty)$ 上的原函数,因此利用此公式去计算含有点 $x=\frac{\pi}{2}$ 的区间上的定积分时会导致错误:

$$\int_0^{\pi}\frac{\mathrm{d}x}{2\sin^2 x + \cos^2 x} = \left[\frac{\sqrt{2}}{2}\arctan(\sqrt{2}\tan x)\right]_0^{\pi} = 0.$$

请读者将该积分分段为 $\int_0^{\pi/2}+\int_{\pi/2}^{\pi}$,然后求解,正确答案是 $\frac{\pi}{\sqrt{2}}$.

习 题 4.6

1. 请用分项积分、拼凑微分、分部积分和变量替换等四种积分法计算 $\int_1^4 \frac{x+1}{\sqrt{x}}\mathrm{d}x$,并尽可能说出每种计算方法的依据.

2. 求下列两组积分,注意各组算理并请验证结果:

(1) $\int \frac{1+\cos x}{x+\sin x}\,\mathrm{d}x$, $\int \frac{x+\sin x}{1+\cos x}\,\mathrm{d}x$;

(2) $\int \frac{\arcsin\sqrt{x}}{\sqrt{x(1-x)}}\,\mathrm{d}x$, $\int \frac{\arcsin\sqrt{x}}{\sqrt{1-x}}\,\mathrm{d}x$, $\int \frac{\arcsin x}{x^2\sqrt{1-x^2}}\mathrm{d}x$.

3. 求下列积分(要利用变量替换法,其中 $a>0, b>0$):

(1) $\int \frac{\mathrm{d}x}{(2+x)\sqrt{1+x}}$; (2) $\int_1^4 \frac{\mathrm{d}x}{x(1+\sqrt{x})}$; (3) $\int_{-1}^1 \frac{x}{\sqrt{5-4x}}\mathrm{d}x$;

(4) $\int \frac{1+e^x}{1+e^{2x}}\,\mathrm{d}x$; (5) $\int_0^1 e^{\sqrt[3]{x}}\,\mathrm{d}x$; (6) $\int_0^{\sqrt{\ln 2}} x^3 e^{x^2}\,\mathrm{d}x$;

(7) $\int \frac{\ln(2+\sqrt{x})}{x+2\sqrt{x}}\,\mathrm{d}x$; (8) $\int_1^4 \frac{\ln x}{\sqrt{x}}\mathrm{d}x$; (9) $\int_1^9 \frac{\ln(1+\sqrt{x})}{\sqrt{x}}\mathrm{d}x$;

(10) $\int \frac{\mathrm{d}x}{x\sqrt{x^2-1}}$; (11) $\int_1^{\sqrt{3}} \frac{\mathrm{d}x}{x^2\sqrt{1+x^2}}$; (12) $\int_0^1 \sqrt{(1-x^2)^3}\,\mathrm{d}x$;

(13) $\int_0^1 (\arcsin x)^2 \, dx$;　　　　(14) $\int_0^a \dfrac{dx}{x + \sqrt{a^2 - x^2}}$;

(15) 求 $\int_0^{\pi/2} \dfrac{\sin x \cos x}{a^2 \cos^2 x + b^2 \sin^2 x} dx$;　　(16) $\int_0^{\pi/4} \dfrac{dx}{a^2 \sin^2 x + b^2 \cos^2 x}$.

4. 求解下列各题：

(1) 设 $\int_0^b \sqrt{e^x - 1} \, dx = 2 - \dfrac{\pi}{2}$，求正数 b；

(2) 设 $f(x) = \begin{cases} \dfrac{1}{1 + \cos x}, & -1 \leqslant x < 0, \\ x e^{-x^2}, & x \geqslant 0 \end{cases}$，求 $\int_1^4 f(x - 2) \, dx$；

(3) 求 $\int_0^{\pi/2} \dfrac{\cos x}{1 + e^{\sin x}} dx$；

(4) 求 $\int_0^1 x \arcsin(2\sqrt{x(1-x)}) \, dx$.

5. 求下列定积分（利用对称性质）：

(1) $\int_{-1}^1 \sqrt{1 - x^2} \ln \dfrac{x + \sqrt{1 + x^2}}{2} dx$；　　(2) $\int_{-1}^1 x \ln(1 + e^x) \, dx$；

(3) $\int_0^{2a} x\sqrt{2ax - x^2} \, dx \ (a > 0)$；　　(4) $\int_0^{\pi} \arctan(\cos x) \, dx$.

6. 设 $f(x) \in C[0,1]$，解答下列各题：

(1) 证明：$\int_0^{\pi/2} f(\sin x) \, dx = \int_0^{\pi/2} f(\cos x) \, dx$；

(2) 证明：$\int_0^{\pi} f(\sin x) \, dx = 2 \int_0^{\pi/2} f(\sin x) \, dx$；

(3) 证明：$\int_0^{\pi} x f(\sin x) \, dx = \dfrac{\pi}{2} \int_0^{\pi} f(\sin x) \, dx$；

(4) 计算 $\int_0^{\pi} \dfrac{x \sin x}{1 + \cos^2 x} dx$.

7. (1) 设 $f(x)$ 连续，求证：$\int_a^b f(x) \, dx = \dfrac{1}{2} \int_a^b [f(x) + f(a + b - x)] \, dx$；

(2) 证明：$\int_0^{\pi/4} \ln(1 + \tan x) \, dx = \dfrac{\pi}{8} \ln 2$.

8. 设 $\int f(x) \, dx = F(x) + C$，$f(x)$ 可微，且 $f(x)$ 的反函数 $f^{-1}(x)$ 存在，求证：

$$\int f^{-1}(x) \, dx = x f^{-1}(x) - F[f^{-1}(x)] + C.$$

§4.7　变限积分函数与积分中值定理

本节研究定积分比较重要的一些性质．

一、变限积分函数

当 $f(x) \in \mathbf{R}[a, b]$ 时，由定积分概念可知，定积分 $\int_a^b f(x) \, dx$ 是一个与积分限和被积函数有关，而与积分变量的记号无关的一个常数．在 $[a, b]$ 中任取一点 x，则定积分 $\int_a^x f(x) \, dx$

与积分上限上的 x 有关,而与被积式中的 x 无关,为避免混淆,可将积分变量换成 t,于是
$$\int_a^x f(x)\mathrm{d}x = \int_a^x f(t)\mathrm{d}t.$$

因为 $\forall x \in [a,b]$,均有一个确定的 $\int_a^x f(t)\mathrm{d}t$ 与之对应,所以 $\int_a^x f(t)\mathrm{d}t$ 是定义在区间 $[a,b]$ 上且以上限的 x 作为自变量的一个函数,称为**变上限积分函数**,记为
$$\Phi(x) = \int_a^x f(t)\mathrm{d}t.$$

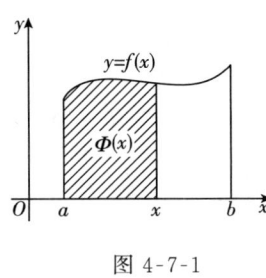

图 4-7-1

从几何上看,当 $f(x) \geqslant 0$ 时,变上限积分函数 $\Phi(x) = \int_a^x f(t)\mathrm{d}t$ 表示变动区间 $[a,x]$ 上曲顶矩形的面积(图 4-7-1 的阴影部分).

显然 $\Phi(a)=0$. 如果 $f(x)$ 在 $[c,a]$ 上也可积,那么 $\Phi(x)$ 的定义域为 $[c,b]$.

例如,取 $f(x)=x^2, a=0$,则有
$$\Phi(x) = \int_0^x t^2 \mathrm{d}t, x \in (-\infty, +\infty).$$

利用 N-L 公式知道,这个变上项积分函数实质上就是 $\Phi(x) = \frac{1}{3}x^3$,刚好是 $f(x)=x^2$ 的一个原函数,即 $\Phi'(x)=f(x)$.

一般地,关于变上限积分函数 $\Phi(x) = \int_a^x f(t)\mathrm{d}t$ 有下面重要定理:

定理 1 若 $f(x) \in C[a,b]$,则 $\Phi(x) = \int_a^x f(t)\mathrm{d}t \in D[a,b]$,且 $\Phi(x)$ 对上限 x 的导数(其中 $\Phi(x)$ 在 $x=a,b$ 点的导数是指单侧导数)为
$$\Phi'(x) = \left[\int_a^x f(t)\mathrm{d}t\right]' = f(x). \tag{4.7.1}$$

证 给 $x \in [a,b]$ 以增量 Δx,且 $x+\Delta x \in [a,b]$,则
$$\Delta \Phi = \Phi(x+\Delta x) - \Phi(x) = \int_a^{x+\Delta x} f(t)\mathrm{d}t - \int_a^x f(t)\mathrm{d}t = \int_x^{x+\Delta x} f(t)\mathrm{d}t.$$

若 $\Delta x > 0$,由 $f(x) \in C[x, x+\Delta x]$,知 $\exists \xi, \eta \in [x, x+\Delta x]$,使得 $\forall t \in [x, x+\Delta x]$,恒有 $f(\xi) \leqslant f(t) \leqslant f(\eta)$. 利用定积分的保序性得
$$f(\xi)\Delta x \leqslant \Delta\Phi \leqslant f(\eta)\Delta x, \text{即} f(\xi) \leqslant \frac{\Delta\Phi}{\Delta x} \leqslant f(\eta),$$

令 $\Delta x \to 0^+$,此时 $\xi \to x^+$,$\eta \to x^+$,再由 $f(x)$ 在点 x 连续和极限的夹值同限准则便得
$$\lim_{\Delta x \to 0^+} \frac{\Delta\Phi}{\Delta x} = f(x).$$

若 $\Delta x < 0$,同理可得 $\lim\limits_{\Delta x \to 0^-} \frac{\Delta\Phi}{\Delta x} = f(x)$.

所以 $\Phi'(x)=f(x)$.

这个定理也是一个微积分基本定理,具有重要意义:

(1)它指出,连续函数 f 作带变动上限 x 的定积分后再求导,其结果还原为 f 本身,从另外一个角度说明了微分与积分运算的互逆关系;

(2) 它肯定了带变动上限的积分 $\Phi(x) = \int_a^x f(t)dt$ 是连续函数 f 的一个原函数，这也是前面把全体原函数说成"不定积分"的一个道理；

(3) 它蕴含着原函数存在的一个充分条件：闭区间 $[a,b]$ 上的连续函数一定有原函数，这就是原函数存在定理；

(4) 它表明，要研究 Φ 的导数时，无论 Φ 是不是初等函数，都能像基本导数公式一样直接求导（不必理会 Φ 的具体形式）. 不过要注意，公式 (4.7.1) 当 f 连续时成立，但当 f 在区间 $[a,b]$ 上含有第一类间断点时，可以证明变上限函数 Φ 在 $[a,b]$ 上是连续但不可导的.

(5) 当 f 在 $[a,b]$ 上连续时，该定理进一步断定了 N-L 公式的正确性.

事实上，设 $F(x)$ 是 $f(x)$ 的一个原函数，因此 $F(x)$ 与 $\Phi(x)$ 只相差一个常数，即 $F(x) = \int_a^x f(t)dt + C$. 取 $x = a$ 代入，得 $C = F(a)$，代回上式，并令 $x = b$，就有 $\int_a^b f(t)dt = F(b) - F(a)$.

反之，若 N-L 公式成立，那么 $\Phi(x) = \int_a^x f(x)dx = F(x) - F(a)$，求导得 $\Phi'(x) = [F(x) - F(a)]' = F'(x) = f(x)$. 这就验证了公式 (4.7.1) 成立.

N-L 公式与导数公式 (4.7.1) 都是微积分学的基本公式.

(6) 一般的**变限积分函数**是 $\int_{a(x)}^{b(x)} f(t)dt$，当 $f(x)$ 在某区间 I 连续，$a(x)$ 与 $b(x)$ 是取值在 I 内的可导函数时，由 N-L 公式得

$$\int_{a(x)}^{b(x)} f(t)dt = F[b(x)] - F[a(x)],$$

两边对自变量 x 求导，并利用复合函数求导法则得

$$\left[\int_{a(x)}^{b(x)} f(t)dt\right]' = f[b(x)] \cdot b'(x) - f[a(x)] \cdot a'(x). \tag{4.7.2}$$

变限积分函数是一种特殊的函数，它可以应用于与求导有关的各类问题中.

例 1 设 $\Phi(x) = \int_a^x \sin t^2 dt$，求 $\Phi'(\sqrt{\pi/2})$.

解 因为 $\Phi'(x) = \sin x^2$，所以 $\Phi'(\sqrt{\pi/2}) = \sin x^2 |_{x=\sqrt{\pi/2}} = 1$.

例 2 求函数 $y = \int_{\sin x}^{x^2} e^{-t^2} dt$ 在 $x = 0$ 的微分 $dy|_{x=0}$.

解 因为 $y' = e^{-x^4} \cdot 2x - e^{-\sin^2 x} \cdot \cos x$，所以 $dy|_{x=0} = y'|_{x=0} dx = -dx$.

例 3 求 $\lim\limits_{x \to 0} \dfrac{\int_0^x (\tan t - \sin t)dt}{\int_0^{\sin x} t^3 dt}$.

思路 这是 $\dfrac{0}{0}$ 型未定式，利用罗必达法则，求导去掉变限积分符号.

解 原极限 $\xlongequal{\text{L法}} \lim\limits_{x \to 0} \dfrac{\tan x - \sin x}{\sin^3 x \cdot \cos x}$（余略）$= \dfrac{1}{2}$.

例 4 求曲线 $2x - \tan(x-y) = \int_a^{x-y} \sec^2 t dt$（$a$ 为常数）上点 $\left(\dfrac{\pi}{2}, \dfrac{\pi}{4}\right)$ 处的切线斜率 k.

思路 这是隐函数求导问题，不过方程中含变限积分函数.

解 由曲线方程两边对 x 求导得
$$2-\sec^2(x-y)\cdot(1-y')=\sec^2(x-y)\cdot(1-y'),$$
整理得
$$y'=\sin^2(x-y),$$
所以所求的斜率 $k=y'\big|_{\substack{x=\pi/2\\y=\pi/4}}=1/2$.

例 5 求函数 $I(x)=\int_e^x\dfrac{\ln t}{t^2-2t+1}\mathrm{d}t$ 在区间 $[\mathrm{e},\mathrm{e}^2]$ 上的最大值和最小值.

思路 按求闭区间上连续函数最值的方法,其中求出最值要计算积分.

解 因为在 $(\mathrm{e},\mathrm{e}^2)$ 内有 $I'(x)=\dfrac{\ln x}{x^2-2x+1}=\dfrac{\ln x}{(x-1)^2}>0$,所以 $I(x)$ 在 $[\mathrm{e},\mathrm{e}^2]$ 上单调增加,于是所求最小值为
$$I(\mathrm{e})=\int_\mathrm{e}^\mathrm{e}\dfrac{\ln t}{t^2-2t+1}\mathrm{d}t=0,$$
最大值为 $I(\mathrm{e}^2)=\int_\mathrm{e}^{\mathrm{e}^2}\dfrac{\ln t}{t^2-2t+1}\mathrm{d}t=-\int_\mathrm{e}^{\mathrm{e}^2}\ln t\,\mathrm{d}\dfrac{1}{t-1}$（余略）
$$=\ln(\mathrm{e}+1)-\dfrac{\mathrm{e}}{\mathrm{e}+1}.$$

例 6 计算 $\int_0^1 x^2 f(x)\mathrm{d}x$,其中 $f(x)=\int_1^x\dfrac{\mathrm{d}t}{\sqrt{1+t^4}}$.

思路 被积函数含变限积分函数 $f(x)$,为了计算定积分,可用分部积分法去掉 $f(x)$ 中的积分号.

解
$$\int_0^1 x^2 f(x)\mathrm{d}x=\dfrac{1}{3}\int_0^1 f(x)\mathrm{d}(x^3)$$
$$=\dfrac{1}{3}[x^3 f(x)]_0^1-\dfrac{1}{3}\int_0^1 x^3\mathrm{d}f(x)$$
$$=-\dfrac{1}{3}\int_0^1\dfrac{x^3}{\sqrt{1+x^4}}\mathrm{d}x\text{(余略)}$$
$$=\dfrac{1}{6}(1-\sqrt{2}).$$

例 7 设 $f(x)$ 连续,且 $\int_0^x tf(2x-t)\mathrm{d}t=\dfrac{1}{2}\arctan x^2$,$f(1)=1$,求定积分 $\int_1^2 f(x)\mathrm{d}x$.

思路 方程 $\int_0^x tf(2x-t)\mathrm{d}t=\dfrac{1}{2}\arctan x^2$ 含有未知函数的积分运算,称这样的方程为**积分方程**.对积分方程,一般用求导法去掉积分号,以便更直观地考察函数.由于被积式含有变量 x,且 x 含在未知函数中,只能先用换元法把 x 换到其他位置去.

解 令 $2x-t=u$（视 x 为常数）,则
$$\int_0^x tf(2x-t)\mathrm{d}t=-\int_{2x}^x(2x-u)f(u)\mathrm{d}u.$$
这时,被积式还含 x,进一步用分项法把它分到积分号外,即
$$\int_0^x tf(2x-t)\mathrm{d}t=2x\int_x^{2x}f(u)\mathrm{d}u-\int_x^{2x}uf(u)\mathrm{d}u.$$

从而有
$$2x\int_x^{2x} f(u)\mathrm{d}u - \int_x^{2x} uf(u)\mathrm{d}u = \frac{1}{2}\arctan x^2.$$

两端对 x 求导,整理得
$$2\int_x^{2x} f(u)\mathrm{d}u = \frac{x}{1+x^4} + xf(x).$$

令 $x=1$ 可得 $\int_1^2 f(x)\mathrm{d}x = 3/4$.

注 当 $f(x)$ 连续时,求导公式(4.7.1)、(4.7.2)只适用于变量 x 只在积分限上的变限积分函数. 如果被积式中也含有变量 x,在这种情况下求对 x 的导数时,要先用定积分的分项法或换元法把 x"分"或"换"到积分号外或积分限上,然后才能求导.

可以证明:函数
$$F_n(x) = \frac{1}{(n-1)!}\int_a^x (x-t)^{n-1}f(t)\mathrm{d}t \text{ 或 } F_n(x) = \frac{1}{(n-1)!}\int_0^x t^{n-1}f(x-t)\mathrm{d}t$$
的 n 阶导数恰好是 $f(x)$,称 $F_n(x)$ 是 $f(x)$ 的 n **阶原函数**.

例 8 已知 $f(x)$ 连续,$\int_0^x tf(x-t)\mathrm{d}t = 1-\cos x$,求 $\int_0^{\pi/2} f(x)\mathrm{d}x$.

解 $F_2(x) = \int_0^x tf(x-t)\mathrm{d}t$ 是 $f(x)$ 的一个二阶原函数,所给等式就是
$$F_2(x) = 1-\cos x,$$
求导得 $F_1(x) = \sin x$,故 $\int_0^{\pi/2} f(x)\mathrm{d}x = [F_1(x)]_0^{\pi/2} = 1$.

二、积分中值定理

若在区间 $[a,b]$ 上对 $\Phi(x) = \int_a^x f(t)\mathrm{d}t$ 利用拉格朗日定理,则 $\exists \xi \in (a,b)$,使得 $\Phi(b) - \Phi(a) = \Phi'(\xi)(b-a)$,即 $\int_a^b f(t)\mathrm{d}t = f(\xi)(b-a)$. 这就是下面的一个定理,该定理是定积分的重要性质.

定理 2(积分中值定理) 若 $f(x) \in C[a,b]$,则 $\exists \xi \in (a,b)$,使得
$$\int_a^b f(x)\mathrm{d}x = f(\xi)(b-a). \tag{4.7.3}$$

公式(4.7.3)阐明了闭区间上的连续函数的积分值与函数值之间的一个关系,称之为**积分中值公式**,定理 2 称为**积分中值定理**.

积分中值定理几何意义:当连续函数 $f(x) \geqslant 0$ 时,$\exists \xi \in (a,b)$,使得以区间 $[a,b]$ 为底边,以曲线 $y=f(x)$ 为曲顶的曲顶矩形的面积等于同一底边而高为 $f(\xi)$ 的矩形面积(图 4-7-2).

几何解释表明,数值 $\frac{1}{b-a}\int_a^b f(x)\mathrm{d}x$ 表示连续曲线 $y=f(x)$ 在 $[a,b]$ 上的平均高度,故称其为**连续函数 $y=f(x)$ 在 $[a,b]$ 上的平均值**,这是有限个数的平均值概念的拓广.

关于中值定理,我们已经有函数介值定理、微分中值定理、

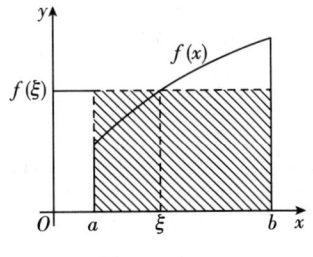

图 4-7-2

积分中值定理这三套,类比可知,这些中值定理具有两个一致性:条件中都要求函数在闭区间上连续;结论中的中值点都可在开区间内取得.

正如微分中值定理在微分学理论中发挥了重要作用一样,积分中值定理是积分理论中非常重要的定理,它可应用于函数值与积分值相关性质的研究.

例 9 求 $\lim\limits_{n\to\infty}\int_n^{n+p}\dfrac{\sin x}{x}\mathrm{d}x$(其中常数 $p>0$).

思路 这是用变限积分定义的数列的极限,可利用积分中值定理或定积分的不等式性质解决,否则找不到算理.

解法一 因 $\dfrac{\sin x}{x}\in C[n,n+p]$,由积分中值定理得,$\exists\xi\in(n,n+p)$,使得

$$\int_n^{n+p}\dfrac{\sin x}{x}\mathrm{d}x=\dfrac{\sin\xi}{\xi}(n+p-n)=\dfrac{\sin\xi}{\xi}p.$$

又当 $n\to\infty$ 时,$\xi\to\infty$. 故有 $\lim\limits_{n\to\infty}\int_n^{n+p}\dfrac{\sin x}{x}\mathrm{d}x=p\lim\limits_{\xi\to\infty}\dfrac{\sin\xi}{\xi}=0.$

解法二 因 $\left|\int_n^{n+p}\dfrac{\sin x}{x}\mathrm{d}x\right|\leqslant\int_n^{n+p}\left|\dfrac{\sin x}{x}\right|\mathrm{d}x\leqslant\int_n^{n+p}\dfrac{1}{x}\mathrm{d}x$

$$=\ln\left(1+\dfrac{p}{n}\right)\to 0(n\to\infty),$$

故 $\lim\limits_{n\to\infty}\int_n^{n+p}\dfrac{\sin x}{x}\mathrm{d}x=0.$

例 10 设 $f(x)$ 在 $[a,b]$ 上连续且单调减少,求证:$g(x)=\dfrac{1}{x-a}\int_a^x f(t)\mathrm{d}t$ 在 (a,b) 内单调减少.

思路 先求出 $g'(x)$;然后证:在 (a,b) 内 $g'(x)<0$.

证 由 $f(x)$ 连续性知 $g(x)$ 在 (a,b) 可导,导数

$$g'(x)=\dfrac{1}{(x-a)^2}\left[f(x)(x-a)-\int_a^x f(t)\mathrm{d}t\right].$$

对 $f(t)$ 在 $[a,x]$ 上利用积分中值定理得

$$\int_a^x f(t)\mathrm{d}t=f(\xi)(x-a),(a<\xi<x).$$

所以

$$g'(x)=\dfrac{1}{(x-a)^2}[f(x)(x-a)-f(\xi)(x-a)]=\dfrac{1}{x-a}[f(x)-f(\xi)].$$

由 $f(x)$ 单调减少得 $f(x)-f(\xi)<0$,于是 $g'(x)<0$,故 $g(x)$ 在 (a,b) 内单调减少.

注 (1)以下证法错误,请思考错误原因:

在 $[a,x]$ 上对 $f(t)$ 利用积分中值定理得

$$g(x)=\dfrac{1}{x-a}\int_a^x f(t)\mathrm{d}t=f(\xi),$$

所以 $g'(x)=f'(\xi)<0$,故 $g(x)$ 在 (a,b) 内单调减少.

(2)设 $f(x)$ 在 $[a,b]$ 上连续,则函数 $\dfrac{\int_a^x f(t)\mathrm{d}t}{x-a}$,表示 $f(x)$ 在变动区间 $[a,x]$ 上的平均

值,该平均值又是 x 的函数,称为**基于点 a 的均值函数**,可记为

$$\overline{f}(x) = \frac{1}{x-a}\int_a^x f(t)\mathrm{d}t.$$

例 10 表明了 $\overline{f}(x)$ 与 $f(x)$ 有相同单调性,除此,均值函数 $\overline{f}(x)$ 和被积函数 $f(x)$ 具还有其他相同或相近的性质,读者可进一步研究之.

例 11 设 $f(x)\in C[a,b]$,且 $f(x)\geqslant 0$,若 $\int_a^b f(x)\mathrm{d}x = 0$,求证:在 $[a,b]$ 上 $f(x)\equiv 0$.

证法一(反证法) 假设在 $[a,b]$ 上 $f(x)\not\equiv 0$,由于 $f(x)\geqslant 0$,那么 $\exists c\in[a,b]$,使得 $f(c)>0$. 不妨设 $c\in(a,b)$,使得 $f(c)>0$.

由 $f(x)$ 在点 $x=c$ 连续,得 $\lim_{x\to c}f(x)=f(c)>0$. 根据极限的局部保号性知,$\exists \delta>0$ 使得 $x\in(c-\delta,c+\delta)\subset[a,b]$ 时 $f(x)>0$. 在 $[c-\delta,c+\delta]$ 上对 $f(x)$ 利用积分中值定理,$\exists \xi\in(c-\delta,c+\delta)$,使得

$$\int_{c-\delta}^{c+\delta} f(x)\mathrm{d}x = f(\xi)\cdot 2\delta > 0.$$

再利用定积分性质,得

$$\int_a^b f(x)\mathrm{d}x = \int_a^{c-\delta} f(x)\mathrm{d}x + \int_{c-\delta}^{c+\delta} f(x)\mathrm{d}x + \int_{c+\delta}^b f(x)\mathrm{d}x,$$

其中右端第一,三项积分非负,第二项积分为正. 于是 $\int_a^b f(x)\mathrm{d}x > 0$. 这与题设矛盾,故在 $[a,b]$ 上 $f(x)\equiv 0$.

证法二(用变上限积分函数) 考虑函数 $\Phi(x)=\int_a^x f(t)\mathrm{d}t,x\in[a,b]$.

$\forall x\in[a,b]$,因为 $f(x)\geqslant 0$,所以 $\Phi(x)=\int_a^x f(t)\mathrm{d}t\geqslant 0$.

又因为 $f(x)\geqslant 0$ 且 $\int_a^b f(x)\mathrm{d}x=0$,所以

$$0 = \int_a^b f(x)\mathrm{d}x = \int_a^x f(x)\mathrm{d}x + \int_x^b f(x)\mathrm{d}x \geqslant \int_a^x f(x)\mathrm{d}x = \Phi(x).$$

因此在 $[a,b]$ 上,恒有

$$\Phi(x) = \int_a^x f(t)\mathrm{d}t \equiv 0.$$

故在 $[a,b]$ 上 $f(x)=\Phi'(x)\equiv 0$. 证毕.

注 本例表明:若 $f(x)\in C[a,b],f(x)\geqslant 0$ 但 $f(x)\not\equiv 0$,则 $\int_a^b f(x)\mathrm{d}x > 0$. 这是定积分的严格保号性. 进一步有严格保序性:若 $f(x),g(x)\in C[a,b],f(x)\geqslant g(x)$ 但 $f(x)\not\equiv g(x)$,则 $\int_a^b f(x)\mathrm{d}x > \int_a^b g(x)\mathrm{d}x$.

还要说明几点:公式(4.7.1),(4.7.2),(4.7.3)只有当 $f(x)$ 连续时才成立,当 $f(x)$ 在 $[a,b]$ 内含有第一类间断点时,变上限积分函数 $\Phi(x)=\int_a^x f(t)\mathrm{d}t$ 在 $[a,b]$ 上连续但不可导;同时公式(4.7.3)一般来说也是不成立的.

如 $f(x)=\begin{cases}2x, 0\leqslant x\leqslant 1,\\ 5, 1<x\leqslant 2\end{cases}$ 在 $[0,2]$ 内含有跳跃间断点 $x=1$，不难求出

$$\Phi(x)=\int_0^x f(t)dt=\begin{cases}x^2, & 0\leqslant x\leqslant 1,\\ 5x-4, & 1<x\leqslant 2.\end{cases}$$

它在 $[0,2]$ 上连续，但在 $x=1$ 不可导；同时由

$$\int_0^2 f(x)dx=\int_0^1 f(x)dx+\int_1^2 f(x)dx=1+5=6$$

可以看出，不存在 $\xi\in(0,2)$ 使得 $\int_0^2 f(x)dx=f(\xi)(2-0)$，即不存在 $\xi\in(0,2)$ 使得 $f(\xi)=3$.

在某闭区间上函数可积与函数存在原函数是不同的，而连续是函数在闭区间上可积和存在原函数的共同的充分条件.

三、积分学基本概念小结

下面的表格可以帮助读者深刻理解积分学与微分学的关系.

	原函数	不定积分	定积分	变限积分
意义	若 $F'(x)=f(x)$，则 $F(x)$ 是 $f(x)$ 的一个原函数	$\int f(x)dx=F(x)+C$ 表示 $f(x)$ 的全部原函数	$\int_a^b f(x)dx=\lim_{\lambda\to 0}\sum_{i=1}^n f(\xi_i)\Delta x_i$ 表示一个与记号 x 无关的常数	$\int_a^x f(t)dt$ 是一个以 x 为自变量的函数
条件	当 $f(x)$ 在区间 I 内含有第一类间断点时，原函数与不定积分均不存在；		当 $f(x)$ 在 $[a,b]$ 至多有有限个第一类间断点时，定积分与变上限积分均存在，且 $\int_a^x f(t)dt$ 连续	
	当 $f(x)$ 在区间 I 内连续时，原函数与不定积分均存在，且 $\int_a^x f(t)dt$ 就是一个原函数		当 $f(x)$ 在 $[a,b]$ 连续时，定积分与变上限积分均存在，且 $\int_a^x f(t)dt$ 可导	
导数	当 $f(x)$ 连续时，$\left[\int f(x)dx\right]'=f(x),\ \left[\int_a^b f(x)dx\right]'=0,\ \left[\int_a^x f(t)dt\right]'=f(x)$ $\left[\int_a^{b(x)} f(t)dt\right]'=f(b(x))\cdot b'(x),$ $\left[\int_{a(x)}^{b(x)} f(t)dt\right]'=f(b(x))\cdot b'(x)-f(a(x))\cdot a'(x)$			
注意	对含参变量 x 的积分式 $\int_{a(x)}^{b(x)} f(x,t)dt$ 不能直接对 x 求导，应先用定积分的分项法（或换元法）将参数 x 分到（或变到）积分号的外面（或积分限上），然后再对 x 求导. 特别注意，积分变量是 t，对积分运算来说，参数 x 要视为常数			

习 题 4.7

1. 设 $f(x)=\begin{cases}1, & 0\leqslant x\leqslant 1\\ 2x, & 1<x\leqslant 2\end{cases}$，求 $\Phi(x)=\int_0^x f(t)dt$ 在 $[0,2]$ 上的表达式，并讨论在 $(0,2)$ 内的连续性与可导性.

2. 求下列导数或微分：

(1) 设 $y=\int_x^1 e^{-\sqrt{t}}dt$，求 y'.

(2) 设 $y=\int_x^{x^2}\ln t\,dt$，求 $dy|_{x=e}$.

(3) 设 x,y 满足 $x=\int_0^y \dfrac{dt}{\sqrt{1+4t^2}}$，求 $\dfrac{d^2y}{dx^2}$.

(4) 设 $\begin{cases}x=\cos(t^2)\\ y=t\cos(t^2)-\int_1^{t^2}\dfrac{\cos u}{2\sqrt{u}}du\end{cases}$，求 $\dfrac{d^2y}{dx^2}\bigg|_{t=\sqrt{\pi/2}}$.

*(5) 设 $f(x)$ 连续，$F(x)=\int_0^x (x-t)f(t)dt$，求 $F''(x)$.

3. 求下列极限：

(1) $\lim\limits_{x\to 0}\dfrac{\int_0^{\sin^2 x}\ln(1+t)dt}{\sqrt{1+x^4}-1}$；

(2) $\lim\limits_{x\to +\infty}\dfrac{\left[\int_0^x e^{t^2}dt\right]^2}{\int_0^x e^{2t^2}dt}$；

(3) $\lim\limits_{n\to\infty}\int_n^{n+1}\dfrac{\cos 2x}{x}dx$；

(4) $\lim\limits_{n\to\infty}\int_0^1 \dfrac{x^n}{\sqrt{1+x^2}}dx$.

4. 解答下列各题：

(1) 求 $f(x)=\int_0^{x^2}(2-t)e^{-t}dt$ 的极值；

(2) 证明 $f(x)=\int_x^{x+\frac{\pi}{2}}|\sin t|\,dt$ 是以 π 为周期的函数，并求 $f(x)$ 的值域.

5. 证明下列各题：

(1) 求证：$\int_0^{\sqrt{2\pi}}\sin x^2\,dx>0$；

(2) 求证：$f(x)=\int_x^{x+2\pi}e^{\sin t}\sin t\,dt$ 是一个正常数；

(3) 设 $f(x)=\int_1^x \dfrac{1}{1+t^2}dt(x>0)$，则 $f(x)=-f\left(\dfrac{1}{x}\right)$；

(4) 设 $f(x)\in C[a,b]$，$f(x)>0$，$F(x)=\int_a^x f(t)dt+\int_b^x \dfrac{dt}{f(t)}$，求证：方程 $F(x)=0$ 在 (a,b) 内有且仅有一个根.

6. 证明下列命题（其中 $f(x)$ 连续）：

(1) 设 $f(x)$ 是以 T 为周期的函数，证明 $\int_a^{a+T}f(x)dx$ 的值与 a 无关；

(2) 设 $f(x)$ 是奇（或偶）函数，证明 $\int_0^x f(t)dt$ 是偶（或奇）函数；

(3) 设 $f(x)>0$，证明 $F(x)=\dfrac{\int_0^x tf(t)dt}{\int_0^x f(t)dt}$ 在 $(0,+\infty)$ 内单调增加；

*(4) 设 $f(x) > 0, a > 0$，求证：曲线 $y = \int_{-a}^{a} |x-t| f(t) dt$ 在 $[-a, a]$ 上为凹.

7. 证明不等式：

(1) 设 $f(x)$ 在 $[0,b]$ 连续，且单调增加，求证：$\int_0^b x f(x) dx \geq \frac{b}{2} \int_0^b f(x) dx$；

(2) 设 $f(x)$ 在 $[a,b]$ 连续，且 $f(x) > 0$，求证：$\int_a^b f(x) dx \int_a^b \frac{1}{f(x)} dx \geq (b-a)^2$.

8. 求证下列中值命题（其中 $f(x) \in C[0,1]$）：

(1) 若 $f(x) > 0$，求证：$\exists \xi \in (0,1)$，使得 $\int_0^\xi f(x) dx = \int_\xi^1 f(x) dx$；

(2) 若 $f(x) \in D(0,1)$，$f(1) = 2 \int_0^{1/2} x f(x) dx$，求证：$\exists \xi \in (0,1)$，使得 $f'(\xi) + \frac{1}{\xi} f(\xi) = 0$；

(3) 若 $\int_0^1 f(x) dx = 0$，求证：$\exists \xi \in (0,1)$，使得 $f(\xi) + f(1-\xi) = 0$；

(4) 若 $\int_0^1 x f(x) dx = \int_0^1 f(x) dx$，求证：$\exists \xi \in (0,1)$，使得 $\int_0^\xi f(x) dx = 0$；

*(5) 若 $\int_0^1 x f(x) dx = \int_0^1 f(x) dx = 0$，求证：在 $(0,1)$ 内至少有两点 ξ_1, ξ_2 使得 $f(\xi_1) = f(\xi_2) = 0$.

§4.8 定积分的初步应用

利用定积分可以定义各种函数（如变限积分函数），除此，本节介绍定积分的其他一些应用，下一章我们还将集中探讨定积分在几何与物理方面的应用.

一、求变化率为已知的函数增量

设 $y = F(t)$ 表示在 t 时刻的某种量，其变化率为 $F'(t)$，那么 $F(t)$ 在时间段 $[\alpha, \beta]$ 上的增量为 $F(\beta) - F(\alpha) = \int_\alpha^\beta F'(t) dt$. 因此利用定积分可求解这样的问题：已知函数变化率，求函数在指定的时间间隔上的增量.

特别地，如果已知物体沿直线运动的速度 $v(t)$，那么物体在时间段 $[\alpha, \beta]$ 内的位移为 $\int_\alpha^\beta v(t) dt$，路程（即总距离）为 $\int_\alpha^\beta |v(t)| dt$.

例 1 假定质点沿直线运动，在时间 t 秒时的速度为 $v = t^2 - t - 6$ 米/秒，求质点在时间段 $[0,4]$（单位秒）的位移和总距离.

解 所求位移为 $\int_1^4 v(t) dt = \int_1^4 (t^2 - t - 6) dt$

$$= \left[\frac{1}{3} t^3 - \frac{1}{2} t^2 - 6t \right]_1^4 = -\frac{9}{2} m.$$

所求总距离为 $\int_1^4 |v(t)| dt = \int_1^4 |t^2 - t - 6| dt = \int_1^4 (t+2) |t-3| dt$

$$= \int_1^3 (-t^2 + t + 6) dt + \int_3^4 (t^2 - t - 6) dt$$

$$= \left[-\frac{1}{3} t^3 + \frac{1}{2} t^2 + 6t \right]_1^3 + \left[\frac{1}{3} t^3 - \frac{1}{2} t^2 - 6t \right]_3^4$$

$$= \frac{61}{6} m.$$

二、求连续函数在闭区间上的平均值

若函数 $f(x)$ 在 $[a,b]$ 上连续,则 $y=f(x)$ 在 $[a,b]$ 上的平均值为

$$\frac{1}{b-a}\int_a^b f(x)\mathrm{d}x.$$

该公式可用于求各种连续量在某闭区间上的平均值,如平均速度、平均温度等.

例 2 求函数 $f(x)=1+x^2$ 在区间 $[-1,2]$ 上的平均值.

解 所求平均值为 $\dfrac{1}{2-(-1)}\int_{-1}^2 (1+x^2)\mathrm{d}x = \dfrac{1}{3}\left[x+\dfrac{1}{3}x^3\right]_{-1}^2 = 2.$

*三、求特殊和式数列的极限

当函数 $f(x)$ 在 $[0,1]$ 上连续时,定积分 $\int_0^1 f(x)\mathrm{d}x = \lim\limits_{n\to\infty}\sum\limits_{i=1}^n f\left(\dfrac{i}{n}\right)\dfrac{1}{n}.$

反用上述结论,可求特殊的和式数列的极限,这是计算数列极限的很特别方法. 关键步骤是:先从和式各项中提出 $\dfrac{1}{n}$;其次把和式改写成积和形式 $\sum\limits_{i=1}^n f\left(\dfrac{i}{n}\right)\dfrac{1}{n}$, 由此找到连续函数 $f(x)$;最后利用下面公式求出结果:

$$\lim_{n\to\infty}\sum_{i=1}^n f\left(\frac{i}{n}\right)\frac{1}{n} = \int_0^1 f(x)\mathrm{d}x.$$

例 3 求 $\lim\limits_{n\to\infty}\dfrac{1^m+2^m+\cdots+n^m}{n^{m+1}}$(常数 $m>0$).

解 $\lim\limits_{n\to\infty}\dfrac{1^m+2^m+\cdots+n^m}{n^{m+1}} = \lim\limits_{n\to\infty}\left(\dfrac{1^m}{n^m}+\dfrac{2^m}{n^m}+\cdots+\dfrac{n^m}{n^m}\right)\dfrac{1}{n}$

$= \lim\limits_{n\to\infty}\sum\limits_{i=1}^n \left(\dfrac{i}{n}\right)^m \dfrac{1}{n} = \int_0^1 x^m \mathrm{d}x = \dfrac{1}{m+1}.$

*四、拉格朗日估和公式及其应用

利用分段积分公式和积分不等式可以证得如下结论:

设 $f(x)\in C[1,+\infty)$,若 $f(x)$ 单调减少,则 $\forall n\geqslant 2$,有:

$$f(n)+\int_1^n f(x)\mathrm{d}x \leqslant f(1)+f(2)+\cdots+f(n) \leqslant f(1)+\int_1^n f(x)\mathrm{d}x;$$

若 $f(x)$ 单调增加,则 $\forall n\geqslant 2$,有:

$$f(n)+\int_1^n f(x)\mathrm{d}x \geqslant f(1)+f(2)+\cdots+f(n) \geqslant f(1)+\int_1^n f(x)\mathrm{d}x.$$

上述不等式称为**拉格朗日估和公式**. 读者可以利用几何意义来理解和记忆.

拉格朗日估和公式是利用定积分来估计和式数列 $\sum\limits_{i=1}^n f(i)$ 的一种方法,若结合数列极限的夹值同限准则,则可以求出许多和式数列的极限.

例 4 求 $\lim\limits_{n\to\infty}\dfrac{\sqrt{1}+\sqrt{2}+\cdots+\sqrt{n}}{n\sqrt{n}}.$

解 $f(x)=\sqrt{x}$ 在 $[1,+\infty)$ 连续,且单调增加,由估和公式得

$$\sqrt{n} + \frac{2}{3}n\sqrt{n} - \frac{2}{3} \geqslant \sqrt{1} + \sqrt{2} + \cdots + \sqrt{n} \geqslant 1 + \frac{2}{3}n\sqrt{n} - \frac{2}{3},$$

同除以 $n\sqrt{n}$，并令 $n \to \infty$ 结合夹值同限准则，即得

$$\lim_{n \to \infty} \frac{\sqrt{1} + \sqrt{2} + \cdots + \sqrt{n}}{n\sqrt{n}} = \frac{2}{3}.$$

例 4 也可利用定积分定义求出．

至此，我们遇到的求和式数列极限的方法有：利用数列求和方法；利用夹值同限准则；利用定积分定义；利用估和公式等，以后还可利用级数求和方法．

习 题 4.8

1. 求解下列问题：

(1) 已知自由落体的速度是 $v = gt$，其中 g 是重力加速度，求在时间段 $[0, T]$ 中物体下落的距离 s．

(2) 已知质点沿直线移动的速度为 $v = 3t - 5 (\text{m/s})$，求在时间段 $[0, 3]$ 内移动的位移和总的移动距离．

(3) 已知质点沿直线运动的加速度为 $a = t + 4 (\text{m/s}^2)$，初速度为 $v_0 = 5$．求 t 时刻的速度，以及在时间段 $[0, 10]$ 内质点移动的距离．

(4) 一个物体作直线运动，已知其速度 $v = 3t^2 + 4t (\text{m/s})$，且当 $t = 2\text{s}$ 时，物体经过的路程为 $s = 16\text{m}$，求：物体运动的方程；物体在 $t = 2\text{s}$ 到 $t = 4\text{s}$ 过程中的路程以及平均速度．

(5) 汽车以每小时 36 公里的速度行驶，前方 15 米处发现一行人，设汽车以等加速度 $a = -5$ 米/秒平方刹车，能否避免撞上行人？

(6) 水从储蓄箱的底部以速度 $V(t) = 200 - 4t (\text{L/s})$ 流出，其中 $0 \leqslant t \leqslant 50$，求在前 10s 流出水的总量．

(7) 一个城市在 9a.m. 后 t 小时的温度模型为 $T(t) = 50 + 14\sin\frac{\pi t}{12}$（单位：华氏度），求从 9a.m. 到 9p.m. 这段时间内的平均温度．

2. 求下列给定函数在区间上的平均值：

(1) $f(x) = \sqrt{x}, [0, 64]$；
(2) $f(x) = \cos^4 x \sin x, [0, \pi]$；
(3) $f(x) = \frac{x^2}{\sqrt{1-x^2}}, \left[\frac{1}{2}, \frac{\sqrt{3}}{2}\right]$．

*3. 下列三个和式极限是否能化为定积分？

(1) $\lim\limits_{n \to \infty} \sum\limits_{i=1}^{n} \frac{1}{\sqrt{n^2 + i}}$；
(2) $\lim\limits_{n \to \infty} \sum\limits_{i=1}^{n^2} \frac{1}{\sqrt{n^2 + i}}$；
(3) $\lim\limits_{n \to \infty} \sum\limits_{i=1}^{n} \frac{1}{\sqrt{n^2 + i^2}}$．

*4. 求下列数列的极限：

(1) $\lim\limits_{n \to \infty} \frac{\sqrt{1} + \sqrt{2} + \cdots + \sqrt{n}}{n\sqrt{n}}$；
(2) $\lim\limits_{n \to \infty} \frac{1}{n} \sum\limits_{k=1}^{n-1} \sin\frac{k\pi}{n}$；

(3) $\lim\limits_{n \to \infty} \left[\frac{2^{1/n}}{n+1} + \frac{2^{2/n}}{n+1/2} + \cdots + \frac{2^{n/n}}{n+1/n}\right]$；

(4) $\lim\limits_{n \to \infty} \left[(1 + \frac{1}{n})(1 + \frac{2}{n}) \cdots (1 + \frac{n}{n})\right]^{1/n}$．

*5. 设数列 $y_n = \frac{1}{n+1} + \frac{1}{n+2} + \cdots + \frac{1}{n+n}$，求证：$\lim\limits_{n \to \infty} y_n$ 存在．

*6. 利用拉格朗日估和公式证明：若数列 $\left\{\frac{1}{n}\right\}$ 的前 n 项和为 s_n，则 $\lim\limits_{n \to \infty} s_n = +\infty$．

§4.9 反常积分

前面我们讨论的定积分都是指积分区间为有限区间,且被积函数在该区间是连续的,或有有限个第一类间断点的. 但在一些实际问题中,有时会遇到下面两种积分:积分区间是无限区间;被积函数在积分区间上有无穷间断点. 它们不同于前面所讲的定积分,故称之为**反常积分**(或**广义积分**). 为便于区别,我们也把定积分称为**常义积分**.

一、无限区间上的反常积分

定义 1 设函数 $f(x) \in C[a, +\infty)$,若极限 $\lim\limits_{b \to +\infty} \int_a^b f(x) \mathrm{d}x$ 存在,则称此极限为 $f(x)$ 在 $[a, +\infty)$ 上的**反常积分**,记为 $\int_a^{+\infty} f(x) \mathrm{d}x$,即

$$\int_a^{+\infty} f(x) \mathrm{d}x = \lim_{b \to +\infty} \int_a^b f(x) \mathrm{d}x.$$

此时,也称反常积分 $\int_a^{+\infty} f(x) \mathrm{d}x$ **收敛**;若上述极限不存在,则称反常积分 $\int_a^{+\infty} f(x) \mathrm{d}x$ **发散**,这时仍用同一符号表示,但它已不表示一个数值了.

为了方便起见,规定 $\lim\limits_{b \to +\infty} [F(x)]_a^b = [F(x)]_a^{+\infty}$,于是,若 $f(x)$ 在区间 $[a, +\infty)$ 上连续,一个原函数为 $F(x)$,则有无限区间 $[a, +\infty)$ 上的 N-L 公式:

$$\int_a^{+\infty} f(x) \mathrm{d}x = [F(x)]_a^{+\infty}.$$

上式右端的极限存在(或不存在)就相当于左端的反常积分收敛(或发散).

例 1 判别反常积分 $\int_1^{+\infty} \dfrac{1}{x^2} \mathrm{d}x$ 是否收敛.

思路 判别反常积分 $\int_a^{+\infty} f(x) \mathrm{d}x$ 收敛或发散,按定义即可,解答过程可按分写、连写、简写三种形式书写.

解 (分写式) $\forall b > 1$,因 $\int_1^b \dfrac{1}{x^2} \mathrm{d}x = \left[-\dfrac{1}{x}\right]_1^b = 1 - \dfrac{1}{b}$,且

$$\int_1^{+\infty} \dfrac{1}{x^2} \mathrm{d}x = \lim_{b \to \infty}\left(1 - \dfrac{1}{b}\right) = 1,$$

故所给反常积分收敛.

或(连写式)因 $\int_1^{+\infty} \dfrac{1}{x^2} \mathrm{d}x = \lim\limits_{b \to +\infty} \int_1^b \dfrac{1}{x^2} \mathrm{d}x$

$$= \lim_{b \to +\infty}\left[-\dfrac{1}{x}\right]_1^b = \lim_{b \to +\infty}\left(1 - \dfrac{1}{b}\right) = 1,$$

故所给反常积分收敛.

或(简写式)因 $\int_1^{+\infty} \dfrac{1}{x^2} \mathrm{d}x = \left[-\dfrac{1}{x}\right]_1^{+\infty} = 1$,

故所给反常积分收敛.

注 (1) $\int_1^{+\infty} \frac{1}{x^2}dx = 1$，表示位于区间$[1, +\infty)$之上，曲线$y=1/x^2$之下的图形的**广义面积**(简称**面积**)为1.

(2) 不难证得：反常积分$\int_1^{+\infty} \frac{1}{x^p}dx$ 当$p>1$时收敛，当$p \leq 1$时发散.

例 2 求反常积分$\int_3^{+\infty} \frac{dx}{x(x-2)}$.

解
$$\int_3^{+\infty} \frac{dx}{x(x-2)} = \int_3^{+\infty} \frac{1}{2}\left(\frac{1}{x-2} - \frac{1}{x}\right)dx$$
$$= \left[\frac{1}{2}\ln\frac{x-2}{x}\right]_3^{+\infty} = \frac{1}{2}\ln 3.$$

注 计算反常积分时要用到极限运算，所以有关的计算必须符合极限的算理，否则可能导致错误. 如例 2，以下写法就是错的：

$$\int_3^{+\infty} \frac{dx}{x(x-2)} = \int_3^{+\infty} \frac{1}{2}\left(\frac{1}{x-2} - \frac{1}{x}\right)dx = \frac{1}{2}\left(\int_3^{+\infty} \frac{dx}{x-2} - \int_3^{+\infty} \frac{dx}{x}\right) \text{发散}.$$

错误的原因在于上式的最后一步. 因为极限$\lim\limits_{b \to +\infty}\int_3^b \frac{dx}{x-2}$与$\lim\limits_{b \to +\infty}\int_3^b \frac{dx}{x}$都不存在，所以

$$\lim_{b \to +\infty}\int_3^b \frac{1}{2}\left(\frac{1}{x-2} - \frac{1}{x}\right)dx \neq \frac{1}{2}\left(\lim_{b \to +\infty}\int_3^b \frac{dx}{x-2} - \lim_{b \to +\infty}\int_3^b \frac{dx}{x}\right)$$

也即
$$\int_3^{+\infty} \frac{1}{2}\left(\frac{1}{x-2} - \frac{1}{x}\right)dx \neq \frac{1}{2}\left(\int_3^{+\infty} \frac{dx}{x-2} - \int_3^{+\infty} \frac{dx}{x}\right).$$

在各极限存在的情况下，反常积分可套用定积分的计算方法.

以下给出利用分部积分法计算反常积分的一个例子.

例 3 求反常积分$\int_0^{+\infty} xe^{-2x}dx$.

解
$$\int_0^{+\infty} xe^{-2x}dx = -\frac{1}{2}\int_0^{+\infty} xde^{-2x}$$
$$= -\frac{1}{2}[xe^{-2x}]_0^{+\infty} + \frac{1}{2}\int_0^{+\infty} e^{-2x}dx$$
$$= 0 - \frac{1}{4}[e^{-2x}]_0^{+\infty} = \frac{1}{4}$$

其中$[xe^{-2x}]_0^{+\infty} = \lim\limits_{b \to +\infty} be^{-2b} = \lim\limits_{b \to +\infty} \frac{b}{e^{2b}} \xlongequal{\text{L法}} \lim\limits_{b \to +\infty} \frac{1}{2e^{2b}} = 0$.

一般地，常数$p > 0$时，反常积分$\int_0^{+\infty} te^{-pt}dt = \frac{1}{p^2}$.

注 使用分部积分计算反常积分时应注意计算过程中的各种部分极限的存在性(如例 3 中的$\lim\limits_{b \to +\infty} be^{-2b} = 0$)，若不能保证各极限存在，可先求出原函数然后再代入积分限来求整个原函数的极限.

与$\int_a^{+\infty} f(x)dx$类似，连续函数$f(x)$在$(-\infty, b]$上的反常积分，定义为

$$\int_{-\infty}^b f(x)dx = \lim_{a \to -\infty}\int_a^b f(x)dx.$$

同样有相应的注意点说明.

对反常积分 $\int_{-\infty}^{+\infty} f(x)\mathrm{d}x$,其定义如下:设 $f(x)$ 在 $(-\infty,+\infty)$ 内连续,若反常积分 $\int_{-\infty}^{0} f(x)\mathrm{d}x$ 和 $\int_{0}^{+\infty} f(x)\mathrm{d}x$ 都收敛,则定义反常积分

$$\int_{-\infty}^{+\infty} f(x)\mathrm{d}x = \int_{-\infty}^{0} f(x)\mathrm{d}x + \int_{0}^{+\infty} f(x)\mathrm{d}x.$$

此时称反常积分 $\int_{-\infty}^{+\infty} f(x)\mathrm{d}x$ 收敛;若 $\int_{-\infty}^{0} f(x)\mathrm{d}x$ 或 $\int_{0}^{+\infty} f(x)\mathrm{d}x$ 有一个发散,则称反常积分 $\int_{-\infty}^{+\infty} f(x)\mathrm{d}x$ 发散.

例 4 求反常积分 $\int_{-\infty}^{+\infty} \dfrac{1}{1+x^2}\mathrm{d}x$.

解 因 $\int_{-\infty}^{0} \dfrac{1}{1+x^2}\mathrm{d}x = [\arctan x]_{-\infty}^{0} = \pi/2$,

$\int_{0}^{+\infty} \dfrac{1}{1+x^2}\mathrm{d}x = [\arctan x]_{0}^{+\infty} = \pi/2$,

都收敛,所以 $\int_{-\infty}^{+\infty} \dfrac{1}{1+x^2}\mathrm{d}x = \int_{-\infty}^{0} \dfrac{1}{1+x^2}\mathrm{d}x + \int_{0}^{+\infty} \dfrac{1}{1+x^2}\mathrm{d}x = \dfrac{\pi}{2} + \dfrac{\pi}{2} = \pi$.

这个反常积分值的几何意义是:位于曲线 $y = \dfrac{1}{1+x^2}$ 的下方,x 轴上方的图形的面积为 π.

例 5 计算反常积分 $\int_{-\infty}^{+\infty} \dfrac{2x}{1+x^2}\mathrm{d}x$.

解 因 $\int_{-\infty}^{0} \dfrac{2x}{1+x^2}\mathrm{d}x = [\ln(1+x^2)]_{-\infty}^{0} = -\infty$,即反常积分 $\int_{-\infty}^{0} \dfrac{2x}{1+x^2}\mathrm{d}x$ 发散,故反常积分 $\int_{-\infty}^{+\infty} \dfrac{2x}{1+x^2}\mathrm{d}x$ 发散.

注 虽说被积函数 $\dfrac{2x}{1+x^2}$ 为奇函数,但是反常积分 $\int_{-\infty}^{+\infty} \dfrac{2x}{1+x^2}\mathrm{d}x \neq 0$.这就表明:定积分的"奇零偶倍"性质未必适合反常积分.当然若 $\int_{-\infty}^{0} f(x)\mathrm{d}x$ 和 $\int_{0}^{+\infty} f(x)\mathrm{d}x$ 都收敛,那么 $\int_{-\infty}^{+\infty} f(x)\mathrm{d}x$ 仍然满足奇零偶倍.

上述三种反常积分统称为**无限区间上的反常积分**(或无穷限的反常积分).

本章我们所研究的积分类型有不定积分,定积分,变限积分,反常积分等,计算积分之前就要搞清楚所求的积分是哪一类,避免产生概念性错误.反常积分在表达形式上,几何意义上与定积分极其相似,但是在概念上却与其完全不同.它不再是和式的极限,而是变限积分定义的极限.

在反常积分收敛的前提下,反常积分也有与常义积分相应的性质和计算方法,如奇零偶倍性质、保号性质、分项积分、拼凑微分、分部积分和变量替换.用分项积分法要保证每一项均收敛(即相应极限存在);用分部积分法要保证计算过程中的各种部分极限的存在,否则,

应将两部分作为一个整体来考虑其极限存在的状况;用变量替换法时,上下限的替换应理解为极限值.

*二、有无穷间断点的反常积分

假定函数的无穷间断点记为 $x=c$,允许函数只在 $x=c$ 的一侧有定义.

定义 2 设函数 $f(x) \in C[a,c)$,且 $\lim\limits_{x \to c^-} f(x) = \infty$,若极限 $\lim\limits_{b \to c^-} \int_a^b f(x) \mathrm{d}x$ 存在,则称此极限为 $f(x)$ 在 $[a,c)$ 上的**反常积分**,记作 $\int_a^c f(x) \mathrm{d}x$,即

$$\int_a^c f(x) \mathrm{d}x = \lim_{b \to c^-} \int_a^b f(x) \mathrm{d}x.$$

此时,也称反常积分 $\int_a^c f(x) \mathrm{d}x$ **收敛**. 若上述极限不存在,则称反常积分 $\int_a^c f(x) \mathrm{d}x$ **发散**.

注 为方便,把 $\lim\limits_{b \to c^-} [F(x)]_a^b$ 记作 $[F(x)]_a^{c^-}$,于是

$$\int_a^c f(x) \mathrm{d}x = [F(x)]_a^{c^-}.$$

例 6 求反常积分 $\int_0^1 \dfrac{x}{\sqrt{1-x^2}} \mathrm{d}x$.

解 因为 $x=1$ 是被积函数的无穷间断点,于是

$$\int_0^1 \frac{x}{\sqrt{1-x^2}} \mathrm{d}x = -\frac{1}{2} \int_0^1 \frac{1}{\sqrt{1-x^2}} \mathrm{d}(1-x^2) = [-\sqrt{1-x^2}]_0^{1^-} = 1.$$

类似地,定义左端点 $x=c$ 为函数 $f(x)$ 的无穷间断点的反常积分为

$$\int_c^b f(x) \mathrm{d}x = \lim_{a \to c^+} \int_a^b f(x) \mathrm{d}x.$$

例 7 求反常积分 $\int_0^1 \ln x \mathrm{d}x$.

解 $x=0$ 是 $\ln x$ 的无穷间断点,因此

$$\int_0^1 \ln x \mathrm{d}x = [x \ln x - x]_{0^+}^1$$

$$= -1 - \lim_{a \to 0^+} a \ln a = -1 - \lim_{a \to 0^+} \frac{\ln a}{1/a}$$

$$\stackrel{\text{L法}}{=\!=\!=} -1 - \lim_{a \to 0^+} \frac{1/a}{-1/a^2} = -1 + 0 = -1.$$

例 7 的几何意义是:位于区间 $(0,1)$ 下方和曲线 $y = \ln x$ 上方的图形的面积为 1.

设 $f(x)$ 在 $[a,b]$ 上除 $x=c \in (a,b)$ 点外连续,且 $\lim\limits_{x \to c} f(x) = \infty$. 若反常积分 $\int_a^c f(x) \mathrm{d}x$ 和 $\int_c^b f(x) \mathrm{d}x$ 都收敛,则函数 $f(x)$ 在 $[a,b]$ 上的反常积分,定义为

$$\int_a^b f(x) \mathrm{d}x = \int_a^c f(x) \mathrm{d}x + \int_c^b f(x) \mathrm{d}x.$$

此时称反常积分 $\int_a^b f(x) \mathrm{d}x$ 收敛;若 $\int_a^c f(x) \mathrm{d}x$ 或 $\int_c^b f(x) \mathrm{d}x$ 发散,则称反常积分 $\int_a^b f(x) \mathrm{d}x$ 发

散. 其中无穷间断点 $x=c$ 称为瑕点,反常积分 $\int_a^b f(x)\mathrm{d}x$ 也称为瑕积分.

例 8 判别反常积分 $\int_{-1}^1 \dfrac{1}{x^4}\mathrm{d}x$ 的敛散性.

解 $x=0$ 是 $\dfrac{1}{x^4}$ 的无穷间断点,因为 $\int_{-1}^0 \dfrac{1}{x^4}\mathrm{d}x = \left[-\dfrac{1}{3}x^{-3}\right]_{-1}^{0^-} = +\infty$,发散,所以 $\int_{-1}^1 \dfrac{1}{x^4}\mathrm{d}x$ 发散.

注 引入有无穷间断点的反常积分概念后,在计算有限区间上的积分 $\int_a^b f(x)\mathrm{d}x$ 时,就应该考虑此积分是否有可能是反常积分,否则就会出现不必要的错误. 如例 8 中,如果疏忽了 $x=0$ 是被积函数的无穷间断点而按定积分计算,就会得到以下错误结果:

$$\int_{-1}^1 \dfrac{1}{x^4}\mathrm{d}x = \left[-\dfrac{1}{3}x^{-3}\right]_{-1}^1 = -\dfrac{2}{3}.$$

再如,$\int_0^1 \dfrac{\mathrm{d}x}{\sqrt{x}}$,它在常义积分下是没有意义的,因为被积函数无界. 但把它视为含无穷间断点 $x=0$ 的广义积分,它是收敛的,因为 $\int_0^1 \dfrac{\mathrm{d}x}{\sqrt{x}} = [2\sqrt{x}]_{0^+}^1 = 2$.

例 9 求反常积分 $\int_0^{+\infty} \dfrac{1}{\sqrt{x}}\mathrm{e}^{-\sqrt{x}}\mathrm{d}x$.

该积分积分区间是无限区间,被积函数又有无穷间断点,称它为**混合型反常积分**,对这类积分,要用分段计算的方法. 同时,为了简化计算,可以先求不定积分,再考虑反常积分.

解 $\int_0^{+\infty} \dfrac{1}{\sqrt{x}}\mathrm{e}^{-\sqrt{x}}\mathrm{d}x = \int_0^1 \dfrac{1}{\sqrt{x}}\mathrm{e}^{-\sqrt{x}}\mathrm{d}x + \int_1^{+\infty} \dfrac{1}{\sqrt{x}}\mathrm{e}^{-\sqrt{x}}\mathrm{d}x.$

因为 $\int \dfrac{1}{\sqrt{x}}\mathrm{e}^{-\sqrt{x}}\mathrm{d}x \xlongequal{\sqrt{x}=t} \int \dfrac{1}{t}\mathrm{e}^{-t}\cdot 2t\mathrm{d}t = 2\int \mathrm{e}^{-t}\mathrm{d}t = -2\mathrm{e}^{-t} + C = -2\mathrm{e}^{-\sqrt{x}} + C,$

因此 $\int_0^1 \dfrac{1}{\sqrt{x}}\mathrm{e}^{-\sqrt{x}}\mathrm{d}x = [-2\mathrm{e}^{-\sqrt{x}}]_{0^+}^1 = -2\mathrm{e}^{-1} + 2,$

$\int_1^{+\infty} \dfrac{1}{\sqrt{x}}\mathrm{e}^{-\sqrt{x}}\mathrm{d}x = [-2\mathrm{e}^{-\sqrt{x}}]_1^{+\infty} = 2\mathrm{e}^{-1}.$

故原式 $= -2\mathrm{e}^{-1} + 2 + 2\mathrm{e}^{-1} = 2.$

本例可用简捷解法,它把混合型反常积分化为无穷区间上的反常积分:

$$\int_0^{+\infty} \dfrac{1}{\sqrt{x}}\mathrm{e}^{-\sqrt{x}}\mathrm{d}x \xlongequal{\sqrt{x}=t} 2\int_0^{+\infty} \mathrm{e}^{-t}\mathrm{d}t = -2[\mathrm{e}^{-t}]_0^{+\infty} = 2.$$

同例 9,可求得混合型反常积分 $\int_1^{+\infty} \dfrac{\mathrm{d}x}{x\sqrt{x-1}} = \pi.$

注 反常积分经换元后,可能变成常义积分,也可能变成另外的反常积分. 如,例 4 $\int_{-\infty}^{+\infty} \dfrac{1}{1+x^2}\mathrm{d}x$ 可令 $x=\tan t$ 化为常义积分;例 6 $\int_0^1 \dfrac{x}{\sqrt{1-x^2}}\mathrm{d}x$ 可令 $x=\sin t$ 化为常义积分;例 7 $\int_0^1 \ln x\mathrm{d}x$ 可令 $x=\mathrm{e}^t$ 化为另一反常积分.

有的定积分也可以化为广义积分再计算. 如

$$\int_0^\pi \frac{dx}{1+\sin^2 x} = \int_0^{\pi/2} \frac{d\tan x}{1+2\tan^2 x} + \int_{\pi/2}^\pi \frac{d\tan x}{1+2\tan^2 x} \xrightarrow{\tan x = t}$$

$$= \int_0^{+\infty} \frac{dt}{1+2t^2} + \int_{-\infty}^0 \frac{dt}{1+2t^2} = 2\int_0^{+\infty} \frac{dt}{1+2t^2} = \frac{\pi}{\sqrt{2}}.$$

注意,以下做法是错误的,原因在于替换式不满足换元法所需要的条件.

$$\int_0^\pi \frac{dx}{1+\sin^2 x} = \int_0^\pi \frac{d\tan x}{1+2\tan^2 x} \xrightarrow{\tan x = t} \int_0^0 \frac{dt}{1+2t^2} = 0.$$

*三、Γ 函数与 β 函数

Γ 函数与 β 函数是概率统计及工程技术中经常遇到两类含参变量的反常积分.

Γ 函数的定义是:$\Gamma(\alpha) = \int_0^{+\infty} x^{\alpha-1} e^{-x} dx, (\alpha > 0)$.

它也具有混合型特征:积分区间是无限区间;(当 $\alpha < 1$ 时)又有无穷间断点.可以证明,当 $\alpha > 0$ 时,$\Gamma(\alpha)$ 收敛.

Γ 函数的性质:

(1)递推公式:$\Gamma(\alpha+1) = \alpha\Gamma(\alpha)$ $(\alpha > 0)$.

该性质利用分部积分法可证得.

应用此性质,若 $n < \alpha \leq n+1$,即 $0 < \alpha - n \leq 1$,则

$$\Gamma(\alpha+1) = \alpha\Gamma(\alpha) = \alpha(\alpha-1)\Gamma(\alpha-1) = \cdots$$
$$= \alpha(\alpha-1)(\alpha-2)\cdots(\alpha-n)\Gamma(\alpha-n),$$

由此知,若 $\Gamma(\alpha)$ 在 $0 < \alpha \leq 1$ 中之值已知,那么在其他范围的数值由乘法算出.

设 $\alpha = n+1$ 为正整数,那么 $\Gamma(n+1) = n!$,因此 Γ 函数可以看成阶乘 $n!$ 的推广.

(2)余元公式:$\Gamma(\alpha)\Gamma(1-\alpha) = \frac{\pi}{\sin\alpha\pi}(0 < \alpha < 1)$.

该性质证明从略.

应用此性质得 $\Gamma\left(\frac{1}{2}\right) = \sqrt{\pi}$.

(3)概率积分(概率论中常用的积分):$\int_0^{+\infty} e^{-t^2} dt = \frac{\sqrt{\pi}}{2}$.

在 $\Gamma(\alpha)$ 的定义式中,令 $x = t^2$,则得

$$\Gamma(\alpha) = \int_0^{+\infty} x^{\alpha-1} e^{-x} dx = \int_0^{+\infty} t^{2\alpha-2} e^{-t^2} 2t dt = 2\int_0^{+\infty} t^{2\alpha-1} e^{-t^2} dt.$$

再令 $\alpha = 1/2$,便可得到 $\Gamma\left(\frac{1}{2}\right) = 2\int_0^{+\infty} e^{-t^2} dt$,故有 $\int_0^{+\infty} e^{-t^2} dt = \frac{\sqrt{\pi}}{2}$.

β 函数的定义是 $\beta(m,n) = \int_0^1 x^{m-1}(1-x)^{n-1} dx, (m > 0, n > 0)$.

β 函数的性质(略去证明):

(4)Γ 函数与 β 函数的关系:$\beta(m,n) = \frac{\Gamma(m)\Gamma(n)}{\Gamma(m+n)}$ $(m > 0, n > 0)$.

上述关系式表明：

β 函数可以用 Γ 函数表示. 有了 Γ 函数表，就可以求得 β 函数值；

β 函数具有对称性，即 $\beta(m,n) = \beta(n,m)$；

特当 m,n 都是正整数时，有 $\beta(m,n) = \dfrac{(m-1)!\,(n-1)!}{(m+n-1)!}$.

习 题 4.9

1. 求下列反常积分：

(1) $\displaystyle\int_1^{+\infty} \dfrac{1}{x^4}\mathrm{d}x$；

(2) $\displaystyle\int_1^{+\infty} \dfrac{1}{\sqrt{x}}\mathrm{d}x$；

(3) $\displaystyle\int_{-\infty}^{+\infty} \dfrac{\mathrm{d}x}{k^2+x^2}\,(k>0)$；

(4) $\displaystyle\int_1^{+\infty} \dfrac{\mathrm{d}x}{\sqrt{x}+x\sqrt{x}}$；

(5) $\displaystyle\int_0^{+\infty} \mathrm{e}^{-pt}\sin\omega t\,\mathrm{d}t\,(p>0,\omega>0)$；

(6) $\displaystyle\int_0^{+\infty} x\cos x\,\mathrm{d}x$；

(7) $\displaystyle\int_0^{+\infty} \dfrac{\arctan x}{(1+x^2)^{3/2}}\mathrm{d}x$；

*(8) $\displaystyle\int_0^{+\infty} x^n \mathrm{e}^{-x}\mathrm{d}x\,(n\text{ 为正整数})$；

(9) $\displaystyle\int_a^{+\infty} \dfrac{1}{x(\ln x)^k}\mathrm{d}x\,(\text{其中}\,a>1,k\text{ 为任意常数}).$

2. 解答以下各题：

(1) 已知 $\displaystyle\lim_{x\to\infty}\left(\dfrac{x-a}{x+a}\right)^x = \int_a^{+\infty} 4x^2\mathrm{e}^{-2x}\mathrm{d}x$，求常数 a 的值.

(2) 已知 $\displaystyle\int_0^{+\infty} \dfrac{\sin x}{x}\mathrm{d}x = \dfrac{\pi}{2}$，求 $\displaystyle\int_0^{+\infty} \dfrac{\sin^2 x}{x^2}\mathrm{d}x$.

(3) 已知 $\displaystyle\int_0^{+\infty} \mathrm{e}^{-x^2}\mathrm{d}x = \dfrac{\sqrt{\pi}}{2}$，计算 $\displaystyle\int_{-\infty}^{+\infty} \dfrac{1}{\sqrt{2\pi}\sigma}\mathrm{e}^{-\frac{(x-a)^2}{2\sigma^2}}\mathrm{d}x\,(\sigma>0)$.

*3. 设 $f(x)\in C[a,+\infty)$，且 $f(x)\geqslant 0$. 若 $F(x)=\displaystyle\int_a^x f(t)\mathrm{d}t$ 在 $[a,+\infty)$ 上有界，求证：广义积分 $\displaystyle\int_a^{+\infty} f(x)\mathrm{d}x$ 收敛.

*4. 求下列反常积分（瑕积分）：

(1) $\displaystyle\int_1^2 \dfrac{x}{\sqrt{x-1}}\mathrm{d}x$；

(2) $\displaystyle\int_0^2 \dfrac{\mathrm{d}x}{(1-x)^2}$；

(3) $\displaystyle\int_{-1/2}^{1/2} \dfrac{\mathrm{d}x}{x^2\sqrt{1-x^2}}$；

(4) $\displaystyle\int_1^{\mathrm{e}} \dfrac{\mathrm{d}x}{x\sqrt{1-\ln^2 x}}$；

(5) $\displaystyle\int_a^b \dfrac{\mathrm{d}x}{(x-a)^k}$，其中 $b>a, k>0$.

综合测试题四

一、单项选择题（每小题 3 分，共 15 分）

1. $\displaystyle\int \dfrac{\mathrm{d}x}{\sqrt{a^2+x^2}} = (\qquad)$

A. $\ln\sqrt{a^2+x^2}+C$ 　　　　　　　　B. $\arctan x + C$

C. $\ln(x+\sqrt{a^2+x^2})-C$ D. $\ln(x+\sqrt{a^2+x^2})+C$

2. 设 $f(x)$ 满足：$f(x)=x+2\int_0^1 f(x)dx$，则 $f(x)=(\quad)$

   A. $x+1$ B. $x-1$ C. $x+2$ D. $x-2$

3. 下列定积分的值等于 0 的是（　　）

   A. $\int_0^\pi \sin(\cos x)dx$ B. $\int_0^\pi \cos(\cos x)dx$

   C. $\int_0^\pi \sin(\sin x)dx$ D. $\int_0^\pi \cos(\sin x)dx$

4. 若 $f(x), g(x) \in D(-\infty, +\infty)$，且 $f(x) < g(x)$，则必有（　　）

   A. $\lim_{x\to 0} f(x) < \lim_{x\to 0} g(x)$ B. $f'(x) < g'(x)$

   C. $\int f(x)dx < \int g(x)dx$ D. $\int_0^x f(t)dt < \int_0^x g(t)dt$

5. 设 a 和 b 为常数，若等式 $\lim_{x\to 0}\dfrac{1}{bx-\sin x}\int_0^x \dfrac{t^2 dt}{\sqrt{a+t^2}}=1$ 成立，则（　　）

   A. $a=4, b=1$ B. $a=2, b=1$

   C. $a=4, b=0$ D. $a=\sqrt{2}, b=1$

二、填空题（每小题 3 分，共 15 分）

6. $\int d\dfrac{1}{1+2^{1/x}}=$ _____，$\dfrac{d\left[\int\left(\int f'(x)dx\right)dx\right]}{dx}=$ _____.

7. 设 $f(0)=1, f(2)=3, f'(2)=5$，则 $\int_0^1 xf''(2x)dx=$ _____.

8. 连续函数 $f(x)$ 满足 $\int_0^{x^2(1+x)} f(t)dt=5x$，则 $f(2)=$ _____.

9. 一个物体以速度 $v(t)=3t^2+2t$ (m/s) 作直线运动，则该物体在 $t=0$ 到 $t=3$s 这段时间内的平均速度为 _____ (m/s).

10. 若 $\lim_{x\to+\infty}\left(\dfrac{x+1}{x}\right)^{ax}=\int_{-\infty}^a te^t dt$，则常数 $a=$ _____.

三、计算题（每小题 8 分，共 56 分）

11. 求不定积分：(1) $\int \dfrac{\arctan x}{x^2(1+x^2)}dx$；   (2) $\int \dfrac{x^2 \arctan x}{1+x^2}dx$.

12. 求定积分：(1) $\int_0^4 \cos(\sqrt{x}-1)dx$；   (2) $\int_0^a x^2\sqrt{a^2-x^2}dx\,(a>0)$.

13. 求定积分 $\int_0^{\ln 5} \dfrac{e^x\sqrt{e^x-1}}{e^x+3}dx$.

14. 求定积分 $\int_{-1}^1 \sin x \ln(1+e^x)dx$.

15. 设 $f(x^2-1)=\ln\dfrac{x^2}{x^2-2}$，且 $f[\varphi(x)]=\ln x$，求 $\int \varphi(x)dx$.

16. 设 $y=y(x)$ 满足 $\Delta y=\dfrac{1-x}{\sqrt{2x-x^2}}\Delta x+o(\Delta x)$，且 $y(1)=1$，求定积分 $\int_0^1 y(x)dx$.

17. 设 $f(x)$ 具有一阶连续导数，且 $f(0)=0, f'(0)\neq 0$，求极限

$$\lim_{x\to 0}\dfrac{\int_0^{x^2} f(t)dt}{\int_0^x x^2 f(t)dt}.$$

四、证明题（每小题 7 分，共 14 分）

18. 设 $f(x)$ 在 $[0,3]$ 上连续，在 $(0,3)$ 内二阶可导，且
$$2f(0) = \int_0^2 f(x)dx = f(2) + f(3),$$
求证：存在 $\xi \in (0,3)$ 使得 $f''(\xi) = 0$.

19. 设 $f(x)$ 在 $[0,1]$ 上连续且严格单调递减. 求证：对任何 $\lambda \in (0,1)$，都有
$$\int_0^\lambda f(x)dx > \lambda \int_0^1 f(x)dx.$$

五、附加题（共 10 分）

20. 设 $f(x)$ 的一阶导函数在 $[0,1]$ 上连续，$f(0)=f(1)=0$，$|f'(x)| \leqslant M$，求证：$\left| \int_0^1 f(x)dx \right| \leqslant \dfrac{M}{4}$.

第 5 章 微元法与定积分的应用

利用定积分计算一个量,关键是把这个量表示成积分和式的极限,进而推导出积分表达式.本章里,我们采用一种简化、直观的分析方法——**微元法**,把所求的量表达成定积分.微元法对解决实际问题是很方便的,在工程技术、物理学、经济学和其他方面被广泛应用,是一种最重要的解决实际问题的思想方法.这里,我们只介绍微元法在几何学与物理学上的一些应用.

§5.1 定积分的微元法

一、曲顶矩形面积建立过程的简化

在上一章中利用定积分表示曲顶矩形的面积 A 时,我们采用了分割、取近似、求和以及取极限四个步骤,建立了面积的定积分表示式,即

$$A = \lim_{\lambda \to 0} \sum_{i=1}^{n} f(\xi_i) \Delta x_i = \int_a^b f(x) \mathrm{d}x. \tag{5.1.1}$$

为便于理解,把(5.1.1)式中的上、下标省略,各小区间统一记为 $[x, x+\mathrm{d}x]$,并取 $\xi_i = x$,那么

$$A = \lim \sum f(x) \mathrm{d}x = \int_a^b f(x) \mathrm{d}x. \tag{5.1.2}$$

进一步地,记 $\mathrm{d}A = f(x)\mathrm{d}x$,称为**面积微元**或**面积元素**,又有

$$A = \lim \sum \mathrm{d}A = \int_a^b \mathrm{d}A. \tag{5.1.3}$$

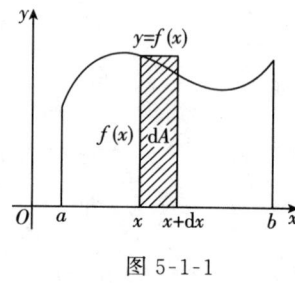

图 5-1-1

下面解释(5.1.3)式的几何与数量意义.被积表达式 $\mathrm{d}A = f(x)\mathrm{d}x$,是以 $\mathrm{d}x$ 为底、以 $f(x)$ 为高的矩形的面积(图 5-1-1),也就是小区间 $[x, x+\mathrm{d}x]$ 上小曲顶矩形面积 ΔA 的近似值,即 $\Delta A \approx \mathrm{d}A$.将 ΔA 用 $\mathrm{d}A$ 近似代替的意义,在于本问题中的前者是未知的,而后者是已知的.当然,把 $\mathrm{d}A$ 按通常意义下进行"有限相加",永远也不可能获得 A 的精确值.(5.1.3)式中,定积分符号 $\int_a^b$ 就相当于 $\lim \sum$,代表了求和取极限的过程,有"无限相加"的意思,它的作用是把 $\mathrm{d}A = f(x)\mathrm{d}x$ 作无限相加从而得到 A 的精确值,即

$$A = \int_a^b \mathrm{d}A. \tag{5.1.4}$$

将 A 用 $\int_a^b \mathrm{d}A$ 精确表达体现了定积分的本质意义是:定积分是极限意义下的"相加"即无限相加.其实,由莱布尼茨引进的积分符号 $\int$,是 Sum 字头 S 的拉长,即本身就含有"相加"的

含义.

利用(5.1.4)式,求面积的步骤可以简化成两步:任取微小区间$[x,x+\mathrm{d}x]\subset[a,b]$,求出对应的面积微元 $\mathrm{d}A=f(x)\mathrm{d}x$;以 $\mathrm{d}A=f(x)\mathrm{d}x$ 为被积式,$[a,b]$ 为积分区间,作出定积分得 $A=\int_a^b \mathrm{d}A = \int_a^b f(x)\mathrm{d}x$.

二、微元法

按以上两个步骤导出所求面积的定积分表达式的分析方法称为**微元法**或**元素法**. 其中,分割即化整为零,是为了解决由于曲顶矩形高度在整体区间上的变化给计算面积带来的困难和矛盾;取近似是在微小范围内用"**以直代曲、以常代变**"的思想方法去化解困难和矛盾. 简单说,分割求微元的目的是解决"变与不变的矛盾". 定限作积分即积零为整,目的是解决"近似与精确的矛盾".

一般地,用微元法求实际问题中的量 U 时,通常都采取以下两个步骤.

(1) **分割求微元**:合理选择一个变量(有时应先建立一个合适坐标系),例如选横坐标 x 为积分变量,并确定它的变化区间 $[a,b]$,使所求量 U 依赖于这个 $x\in[a,b]$. 任取微小区间 $[x,x+\mathrm{d}x]\subset[a,b]$,用"以直代曲、以常代变"的微元法思想,求出所求量 U 的微元

$$\mathrm{d}U = u(x)\mathrm{d}x;$$

(2) **定限作积分**:以 $\mathrm{d}U=u(x)\mathrm{d}x$ 为被积式,$[a,b]$ 为积分区间,作出定积分得

$$U = \int_a^b \mathrm{d}U = \int_a^b u(x)\mathrm{d}x.$$

用微元法求量 U 时,不是没有条件限制的,必须满足两个条件.

(1) **微元表成被积式**:在微小区间 $[x,x+\mathrm{d}x]$ 上的部分量 ΔU 的近似值可以表示为 $[a,b]$ 上的一个连续函数在 x 处的值 $u(x)$ 与微小区间 $[x,x+\mathrm{d}x]$ 的长度 $\mathrm{d}x$ 的乘积,即 $u(x)\mathrm{d}x$,并且 ΔU 与 $u(x)\mathrm{d}x$ 之差是比 $\mathrm{d}x$ 高阶的无穷小,那么量 U 的微元就是 $\mathrm{d}U=u(x)\mathrm{d}x$.

(2) **总量具有可加性**:若把 $[a,b]$ 分成若干部分区间,则 U 相应地分成若干部分量,而 U 等于所有部分量之和.

以上条件(1)不满足时,$u(x)\mathrm{d}x$ 就不是 U 的微元;条件(2)不满足时,$\int_a^b u(x)\mathrm{d}x$ 就不是真正所求的量 U. 具体问题的操作中,一般不去验证条件(1)(严格验证也是很麻烦的事),除非特别说明,否则今后我们都假设条件(1)成立. 至于条件(2)是否满足,以后可以直接利用所求量 U 的几何或物理的直观意义看出.

利用微元法求解问题的关键是正确地建立量的微元,下一节起我们将应用微元法来讨论几何、物理中的一些应用.

习 题 5.1

1. 请你说出定积分符号 $\int_a^b$ 与求和符号 $\sum_{i=1}^n$ 的不同点.

2. 你认为微元法的思想是什么?利用微元法的条件是什么?用微元法解决问题时的步骤是哪几个?

3. 设 $f(x)$ 在 $[a,b]$ 上连续非负,任给 $x\in(a,b)$,把位于区间 $[a,x]$ 上方和曲线 $y=f(x)$ 下方的图形面

积记为 $A = \int_a^x f(t)dt$，当自变量从 x 增加到 $x + dx$ 时，请解释 ΔA 和 dA 的几何意义，并证明：当 $dx \to 0$ 时，$\Delta A - dA = o(dx)$.

§5.2 定积分的几何应用

一、平面图形的面积

1. 直角坐标情形

由上节知道：在直角坐标系中，由曲线 $y = f(x)(f(x) \geqslant 0)$，$x$ 轴及直线 $x = a, x = b$ 所围成的图形，即位于区间 $[a, b]$ 之上曲线 $y = f(x)$ 之下的曲顶矩形的面积为

$$A = \int_a^b f(x)dx,$$

其中被积式 $f(x)dx$ 就是面积微元 dA，它表示底为 dx，高为 $f(x)$ 的矩形面积.

若 $f(x)$ 不是非负的，则相应的面积微元应是以 dx 为底，$|f(x)|$ 为高的矩形的面积，即 $dA = |f(x)|dx$，于是图形的面积为

$$A = \int_a^b |f(x)|dx.$$

同理，取积分变量为 y，则曲线 $x = g(x)(g(y) \geqslant 0)$，$y$ 轴及直线 $y = c, x = d$ 所围成的图形，即位于区间 $[c, d]$ 之右曲线 $x = g(y)$ 之左的面积为

$$A = \int_c^d g(y)dy,$$

若 $x = g(x)$ 不是非负的，则图形的面积为

$$A = \int_c^d |g(y)|dy.$$

注 直接套用以上积分公式计算面积的方法是**公式法**. 若图形不是以上类型时，要求面积可以结合图形的分块、对称、翻转以及重新利用微元法来求出. 求面积前正确地画出图形是必需的.

例 1 求抛物线 $y = x^2$ 与 $y^2 = x$ 所围成的图形的面积.

思路 利用分块法，每块可以用公式法求面积，也可重新利用微元法建立公式.

解法一 如图 5-2-1，由方程组 $\begin{cases} y = x^2 \\ y^2 = x \end{cases}$ 得交点 $(0, 0)$ 和 $(1, 1)$.

视图形为 $[0, 1]$ 之上 $x = \sqrt{y}$ 之下的图形，去掉 $[0, 1]$ 之上 $x = \sqrt{y}$ 之下的图形. 所求面积为两块图形面积相减，即所求面积为

$$A = \int_0^1 \sqrt{x}\,dx - \int_0^1 x^2\,dx$$

$$= \left[\frac{2}{3}\sqrt{x^3}\right]_0^1 - \left[\frac{1}{3}x^3\right]_0^1 = \frac{1}{3}.$$

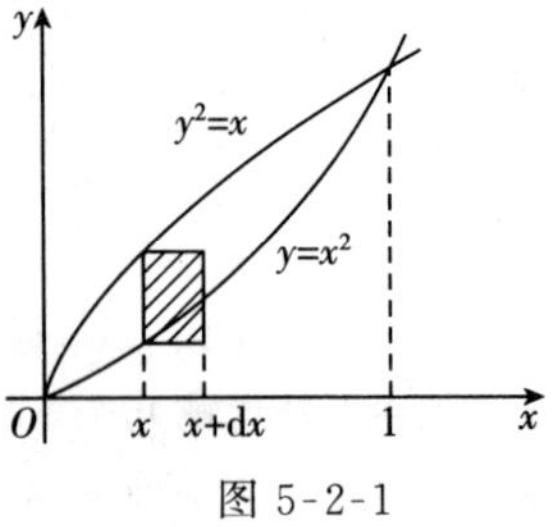

图 5-2-1

解法二 如图 5-2-1，求交点同上.

取积分变量 $x \in [0, 1]$，任取微小区间 $[x, x + dx] \subset [0, 1]$，得

面积面积微元为
$$dA = (\sqrt{x} - x^2)dx,$$
故所求面积为
$$A = \int_0^1 dA = \int_0^1 (\sqrt{x} - x^2)dx$$
$$= \left[\frac{2}{3}\sqrt{x^3} - \frac{1}{3}x^3\right]_0^1 = \frac{1}{3}.$$

注 一般地,由曲线 $y=f_1(x)$, $y=f_2(x)$ 及直线 $x=a$, $x=b$ $(b>a)$ 所围图形的面积为
$$A = \int_a^b |f_1(x) - f_2(x)|dx.$$

若在 $[a,b]$ 上恒有 $f_1(x) \geq f_2(x)$,则 $A = \int_a^b [f_1(x) - f_2(x)]dx$.

由曲线 $x=g_1(y)$, $x=g_2(x)$ 及直线 $y=c$, $y=d$ $(d>c)$ 所围图形的面积为
$$A = \int_c^d |g_1(x) - g_2(x)|dx.$$

若在 $[c,d]$ 上恒有 $g_1(x) \geq g_2(x)$,则 $A = \int_a^b [g_1(x) - g_2(x)]dx$.

例 2 求抛物线 $y^2 = 2x$ 与直线 $y = x - 4$ 所围成的图形的面积.

思路 利用分块法,取 y 为积分变量.

解 如图 5-2-2. 由 $\begin{cases} y^2 = 2x \\ y = x - 4 \end{cases}$ 得交点 $(2,-2)$ 和 $(8,4)$.

所求面积
$$A = \int_{-2}^4 (y+4)dy - \int_{-2}^4 \frac{1}{2}y^2 dy$$
$$= \left[\frac{1}{2}y^2 + 4y\right]_{-2}^4 - \left[\frac{1}{6}y^3\right]_{-2}^4 = 18.$$

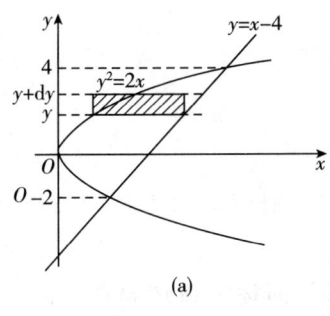 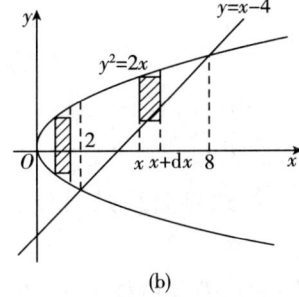

图 5-2-2

注 若取 x 为积分变量,它的变化区间为 $[0,8]$. 但因图形的下边界由两条不同的曲线连接而成,所以应分 $[0,2]$ 和 $[2,8]$ 两个区间考虑,此时计算面积的积分式较为复杂. 读者不妨一试. 可见,积分变量选得是否适当,直接影响到计算的繁简.

例 3 求曲线 $y = \sin x$, $y = \cos x$ 及直线 $x = 0$, $x = \pi/2$ 所围成的图形的面积.

解 如图 5-2-3. 两曲线的交点的横坐标 $x = \pi/4$,于是所求面积为

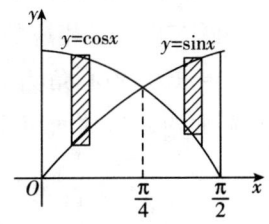

图 5-2-3

$$A = \int_0^{\pi/4} (\cos x - \sin x)\mathrm{d}x + \int_{\pi/4}^{\pi/2} (\sin x - \cos x)\mathrm{d}x$$
$$= [\sin x + \cos x]_0^{\pi/4} + [-\cos x - \sin x]_{\pi/4}^{\pi/2} = 2(\sqrt{2} - 1).$$

例 4 求椭圆 $\dfrac{x^2}{a^2} + \dfrac{y^2}{b^2} = 1$ 所围成的图形的面积.

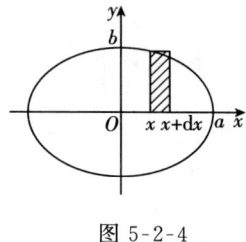

图 5-2-4

解 如图 5-2-4 所示,由对称性知,所求面积 A 为该椭圆在第一象限部分 $y = \dfrac{b}{a}\sqrt{a^2 - x^2}\mathrm{d}x$ 与两坐标轴所围的图形的面积的四倍. 因此有

$$A = 4\int_0^a \frac{b}{a}\sqrt{a^2 - x^2}\mathrm{d}x = \frac{4b}{a}\int_0^a \sqrt{a^2 - x^2}\mathrm{d}x \text{(利用几何意义计算)}$$
$$= \frac{4b}{a} \cdot \frac{1}{4}\pi a^2 = \pi ab.$$

或者:利用椭圆的参数方程 $\begin{cases} x = a\cos t \\ y = b\sin t \end{cases}$ $(0 \leqslant t \leqslant 2\pi)$,应用定积分换元法,令 $x = a\cos t$,则 $y = b\sin t$, $\mathrm{d}x = -a\sin t\mathrm{d}t$,且当 x 由 0 变到 a 时,t 由 $\pi/2$ 变到 0,所以

$$A = 4\int_{\pi/2}^0 b\sin t(-a\sin t)\mathrm{d}t = -4ab\int_{\pi/2}^0 \sin^2 t\mathrm{d}t$$
$$= 4ab\int_0^{\frac{\pi}{2}} \sin^2 t\mathrm{d}t = \pi ab.$$

注 (1)半长轴为 a, b 的椭圆所围成图形的面积为 $A = \pi ab$. 请读者记住这个结论.

(2)当曲顶矩形的曲顶由参数方程 $\begin{cases} x = x(t) \\ y = y(t) \end{cases}$ (其中 $y(t) \geqslant 0$)给出时,则该曲顶矩形的面积为

$$A = \int_\alpha^\beta y(t)x'(t)\mathrm{d}t,$$

其中 $x(\alpha) = a, x(\beta) = b$,且 $x = x(t)$ 具有连续导数,$y = y(t)$ 连续.

2. 极坐标情形

若平面图形的边界曲线是由极坐标方程给出时,则可考虑直接用极坐标来计算其面积.

设由曲线 $r = r(\theta)$ 及射线 $\theta = \alpha, \theta = \beta$ 围成一图形(简称为**曲边扇形**),图 5-2-5 所示. 现在要计算其面积. 这里假设:$r(\theta)$ 在区间 $[\alpha, \beta]$ 上连续,且 $r(\theta) \geqslant 0$.

取积分变量为极角 $\theta \in [\alpha, \beta]$. 任取微小区间 $[\theta, \theta + \mathrm{d}\theta] \subset [\alpha, \beta]$,相应的窄曲边扇形的面积,可以用半径为 $r = r(\theta)$,中心角为 $\mathrm{d}\theta$ 的圆扇形的面积来近似代替,从而曲边扇形的面积元素

$$\mathrm{d}A = \frac{1}{2}r^2(\theta)\mathrm{d}\theta,$$

于是所求曲边扇形的面积

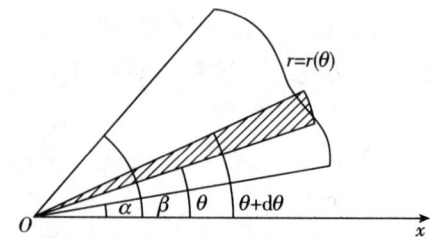

图 5-2-5

$$A = \int_a^\beta \frac{1}{2} r^2(\theta) d\theta = \frac{1}{2} \int_a^\beta r^2(\theta) d\theta.$$

例 5 计算心形线 $r = a(1 + \cos\theta)(a > 0)$ 所围成的图形的面积.

解 如图 5-2-6 所示. 图形对称于极轴, 因此所求图形的面积 A 是极轴以上部分图形面积的两倍.

故所求面积为
$$A = 2\int_0^\pi \frac{1}{2}[a(1+\cos\theta)]^2 d\theta$$
$$= a^2 \int_0^\pi \left[\frac{3}{2} + 2\cos\theta + \frac{1}{2}\cos(2\theta)\right] d\theta$$
$$= a^2 \left[\frac{3}{2}\theta + 2\sin\theta + \frac{1}{4}\sin(2\theta)\right]_0^\pi = \frac{3}{2}\pi a^2.$$

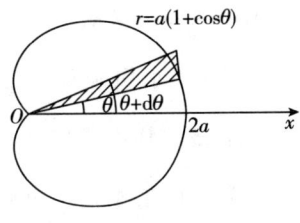

图 5-2-6

其中计算还可以这样做:
$$A = 2\int_0^\pi \frac{1}{2}[a(1+\cos\theta)]^2 d\theta$$
$$= a^2 \int_0^\pi \left[2\cos^2 \frac{\theta}{2}\right]^2 d\theta = 4a^2 \int_0^\pi \cos^4 \frac{\theta}{2} d\theta$$
$$\xlongequal{\frac{\theta}{2}=t} 8a^2 \int_0^{\pi/2} \cos^4 t \, dt = 8a^2 \cdot \frac{3 \cdot 1}{4 \cdot 2} \cdot \frac{\pi}{2} = \frac{3}{2}\pi a^3.$$

二、立体的体积

先介绍旋转体的体积的求法.

由一个平面图形绕这平面内的一条直线旋转一周而成的立体就称为**旋转体**, 这条直线叫做**旋转轴**. 例如直角三角形绕它的一直角边旋转一周而成的旋转体就是圆锥体, 矩形绕它的一边旋转一周就得到圆柱体.

设一旋转体是由曲线 $y = f(x)$ (这里不要求 $f(x) \geq 0$), 直线 $x = a, x = b$ 及 x 轴所围成的图形绕 x 轴旋转一周而成(如图 5-2-7 所示). 现在我们用微元法建立计算旋转体的体积的定积分公式.

取积分变量 $x \in [a, b]$, 任取微小区间 $[x, x+dx] \subset [a, b]$, 对应的小薄片绕 x 轴旋转所成的体积, 近似于以 $f(x)$ 为底半径、dx 为高的扁圆柱体的体积, 因而该旋转体体积元素为
$$dV_x = \pi[f(x)]^2 dx,$$
从而所求旋转体的体积为
$$V_x = \int_a^b \pi[f(x)]^2 dx.$$

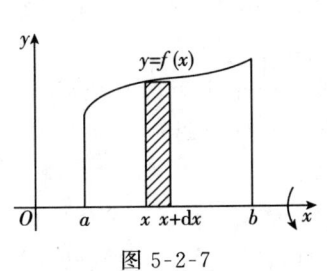

图 5-2-7

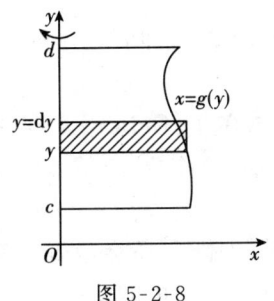

图 5-2-8

类似地，由曲线 $x=g(y)$，直线 $y=c, y=d$ 及 y 轴所围成的图形绕 y 轴旋转一周而成的旋转体(图 5-2-8)的体积为

$$V_y = \int_c^d \pi[g(y)]^2 dy.$$

以上体积公式的获得，关键是利用以直代曲求出扁圆柱体的体积，即体积微元，这种建立体积的积分公式的方法称为**柱体法**。

例 6 求由椭圆 $\dfrac{x^2}{a^2}+\dfrac{y^2}{b^2}=1$ 所围成的图形绕 x 轴旋转而成的旋转椭球体的体积。

思路 利用对称性和体积公式。

解 这个旋转体可以看作是由半个椭圆 $y=\dfrac{b}{a}\sqrt{a^2-x^2}$ 及 x 轴围成的图形(图 5-2-4)绕 x 轴旋转一周而成的立体。于是所求体积为

$$V = \int_{-a}^{a} \pi \left(\frac{b}{a}\sqrt{a^2-x^2}\right)^2 dx$$
$$= 2\frac{b^2}{a^2}\pi \int_0^a (a^2-x^2) dx = \frac{4}{3}\pi ab^2.$$

特别地，当 $a=b$ 时，旋转体即为半径为 a 的球体，它的体积为 $\dfrac{4}{3}\pi a^3$。

例 7 求圆心在点 $(b,0)$ 处，半径为 $a(b>a)$ 的圆绕 y 轴旋转一周而成的环状体的体积。

思路 分块算体积，合项法求积分。

解 圆的方程为 $(x-b)^2+y^2=a^2$。显然，环状体的体积等于右半圆周

$$x = b + \sqrt{a^2-y^2}$$

和左半圆周

$$x = b - \sqrt{a^2-y^2}$$

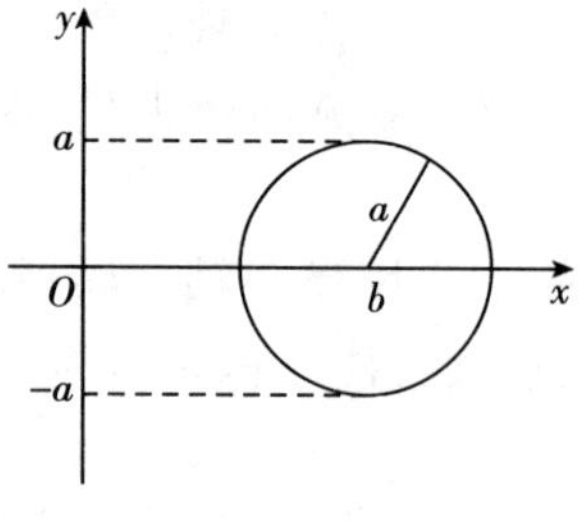

分别与直线 $y=-a, y=a$ 及 y 轴所围成的图形绕 y 轴旋转所产生的旋转体的体积之差(图 5-2-9)。因此所求体积为

$$V = \int_{-a}^{a} \pi[(b+\sqrt{a^2-y^2})^2 dx - \int_{-a}^{a} \pi(b-\sqrt{a^2-y^2})^2 dy$$
$$= \pi \int_{-a}^{a} [(b+\sqrt{a^2-y^2})^2 - (b-\sqrt{a^2-y^2})^2] dy$$
$$= 4\pi b \int_{-a}^{a} \sqrt{a^2-y^2} dy \text{(用几何意义)}$$
$$= 4\pi b \cdot \frac{1}{2}\pi a^2 = 2\pi^2 a^2 b.$$

图 5-2-9

注 $V=\pi a^2 \cdot 2\pi b$，即旋转体的体积 V 等于圆的面积 $A=\pi a^2$ 与圆心绕转轴所成的圆周长 $2\pi b$ 的乘积。

一般地，有**古尔丁(Guldin)定理**(也称**轮胎定理**)：一个平面图形绕同一平面内与其不相交的轴(可以是边界)旋转，所得的旋转体的体积等于这平面图形的面积乘以图形质心所描画出的圆周的长。

关于旋转体的体积，还会遇到下列情形：由连续曲线 $y=f(x) \geq 0$，直线 $x=a$ 和 $x=b(b>a\geq 0)$ 以及 x 轴围成的一个曲顶矩形(图 5-3-1)，求它绕 y 轴旋转所成的旋转体的体

积 V_y.

我们仍然用微元法处理这个问题.任取微小区间$[x,x+\mathrm{d}x]\subset[a,b]$,$[x,x+\mathrm{d}x]$上相应的小曲顶矩形饶绕 y 轴旋转所成的立体的体积 ΔV,近似等于用宽为 $\mathrm{d}x$ 高为 $f(x)$ 的矩形绕 y 轴旋转所成的圆柱形薄壳的体积,即

$$\Delta V \approx \pi(x+\mathrm{d}x)^2 f(x) - \pi x^2 f(x) = 2\pi x f(x)\mathrm{d}x + \pi(\mathrm{d}x)^2 f(x)$$
$$= 2\pi x f(x)\mathrm{d}x + o(\mathrm{d}x),$$

于是体积微元为 $\mathrm{d}V_y = 2\pi x f(x)\mathrm{d}x$,故所求体积为

$$V_y = \int_a^b \mathrm{d}V_y = 2\pi \int_a^b x f(x)\mathrm{d}x.$$

注 将旋转体分割成以 y 轴为中心轴的圆柱形薄壳,以薄壳的体积作为体积微元.这一方法称为**柱壳法**.

该体积微元的记忆是:将此柱壳沿母线剪开并展平,得一个长度(旋转的圆周长)为 $2\pi x$,高度为 $f(x)$,厚度为 $\mathrm{d}x$ 的长方体,此长方体的体积就是体积微元,于是

$$\mathrm{d}V_y = \underbrace{2\pi x}_{\text{圆周}} \underbrace{f(x)}_{\text{高}} \underbrace{\mathrm{d}x}_{\text{厚}}.$$

请读者利用柱壳法求解例 7.

上面我们考虑了以坐标轴为旋转轴的旋转体的体积,下面的例子,其旋转轴是平行于坐标轴的直线,这种情形下求旋转体的体积,没有直接的积分公式可套,要重新用微元法建立积分公式.通过"横条分割"或"竖条分割",利用柱体法或柱壳法,求出体积微元是关键所在.

例 8 求由曲线 $y=4-x^2$ 及 $y=0$ 所围成的图形绕直线 $x=3$ 旋转而成的旋转体的体积.

解 如图 5-2-10 所示,由 $\begin{cases} y=4-x^2 \\ y=0 \end{cases}$ 得交点 $(\pm 2,0)$.

取积分变量 $y\in[0,4]$,任取微小区间 $[y,y+\mathrm{d}y]\subset[0,4]$,相应的小薄片绕直线 $x=3$ 旋转的体积,近似等于内半径为 $3-\sqrt{4-y}$,外半径为 $3+\sqrt{4-y}$,高为 $\mathrm{d}y$ 的扁圆柱壳的体积,即体积元素

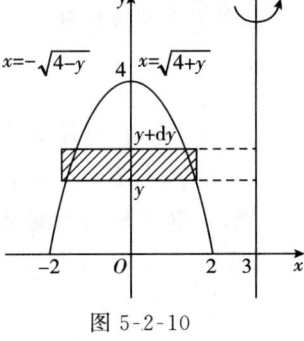

图 5-2-10

$$\mathrm{d}V = [\pi(3+\sqrt{4-y})^2 - \pi(3-\sqrt{4-y})^2]\mathrm{d}y = 12\pi\sqrt{4-y}\,\mathrm{d}y,$$

故所求体积 $V = \int_0^4 \mathrm{d}V = \int_0^4 12\pi\sqrt{4-y}\,\mathrm{d}y$(计算略)$=64\pi$.

另解 取积分变量 $x\in[-2,2]$,任取微小区间 $[x,x+\mathrm{d}x]\subset[-2,2]$,相应的小薄片绕直线 $x=3$ 旋转的体积,近似等于内半径为 $3-(x+\mathrm{d}x)$,外半径为 $3-x$,高为 $y=4-x^2$ 的薄圆柱壳的体积,即等于

$$\pi(3-x)^2(4-x^2) - \pi[3-(x+\mathrm{d}x)]^2(4-x^2)$$
$$= 2\pi(3-x)(4-x^2)\mathrm{d}x - \pi(4-x^2)(\mathrm{d}x)^2,$$

根据微元法必须满足的两个条件(体积微元是被积形式,且与上述体积相差是比 $\mathrm{d}x$ 高阶的无穷小),得体积微元为

$$\mathrm{d}V = 2\pi(3-x)(4-x^2)\mathrm{d}x,$$

故所求体积为 $V=\int_{-2}^{2}\mathrm{d}V=\int_{-2}^{2}2\pi(3-x)(4-x^2)\mathrm{d}x$（计算略）$=64\pi$.

若用坐标平移,那么原问题就转化为:求由曲线 $y=4-(x+3)^2$ 及 $y=0$ 所围成的图形绕 $x=0$（即 y 轴）旋转而成的旋转体的体积. 这样转化后,就可以利用分块法和积分公式求体积了,请读者完成.

思考:如何求例 8 的图形绕直线 $y=4$ 或 $y=-1$ 旋转而成的体积?

关于旋转体体积计算,还有其他复杂情形,如曲边扇形绕坐标轴旋转,任意图形绕任意直线旋转等,由于它们体积微元的建立很复杂,这里我们就不再探讨了,读者可以参考下册 §10.6.

以下,介绍平行截面面积为已知的立体的体积问题.

如果一个立体不是旋转体,但知道该立体上垂直于一定轴的各个截面面积,那么,这个立体的体积也可用微元法求得.

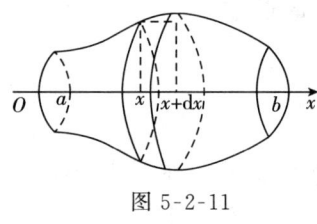

图 5-2-11

如图 5-2-11 所示,设一立体介于过点 $x=a,x=b$ 且垂直于 x 轴的两平面之间,过 $x\in[a,b]$ 并垂直于 x 轴的截面的面积 $A(x)$ 为已知的连续函数,要计算这个立体的体积.

取积分变量 $x\in[a,b]$,任取微小区间 $[x,x+\mathrm{d}x]\subset[a,b]$,对应的薄片体积近似于底面积为 $A(x)$ 高为 $\mathrm{d}x$ 的扁柱体的体积,即体积元素为

$$\mathrm{d}V=A(x)\mathrm{d}x,$$

于是所求立体的体积

$$V=\int_a^b\mathrm{d}V=\int_a^b A(x)\mathrm{d}x.$$

例 9 一平面经过半径为 R 的圆柱体的底圆中心,与底面交成角 α（如图 5-2-12 所示）. 试计算这平面截圆柱体所得立体的体积.

解 取这平面与圆柱体的底面的交线为 x 轴,底面上过圆心且垂直于 x 轴的直线为 y 轴. 于是,底圆的方程为 $x^2+y^2=R^2$. 立体中过点 x 且垂直于 x 轴的截面是一个直角三角形,它的两条直角边的边长分别为 $y=\sqrt{R^2-x^2}$ 及 $y\tan\alpha=\sqrt{R^2-x^2}\tan\alpha$,因而截面的面积为

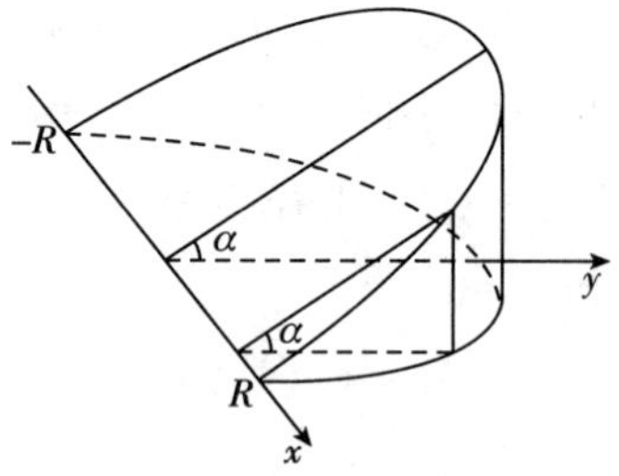

$$A(x)=\frac{1}{2}(R^2-x^2)\tan\alpha,$$

图 5-2-12

故所求立体的体积为 $V=\int_{-R}^{R}\frac{1}{2}(R^2-x^2)\tan\alpha\,\mathrm{d}x=\frac{2}{3}R^3\tan\alpha$.

在中学立体几何学中,大家曾经接触过求体积（如求柱体、锥体、球体的体积）的**祖暅原理**:夹在两个平行平面之间的两个几何体,被平行于这两个平面的任意平面所截,如果截得的两个截面的面积总相等,那么这两个几何体的体积相等. 当时,这个原理实际上是以公理形式给出的. 有了平行截面面积为已知的立体体积的积分公式后,我们就可以对祖暅原理加以证明了. 证明请读者完成.

*三、平面曲线的弧长

设曲线弧由直角坐标方程 $y=f(x)(a\leqslant x\leqslant b)$ 给出,其中函数 $y=f(x)$ 在 $[a,b]$ 上具有连续的导数(此时称曲线弧为**光滑曲线弧**). 下面我们用定积分的元素法来计算这曲线弧(图 5-2-13)的长度.

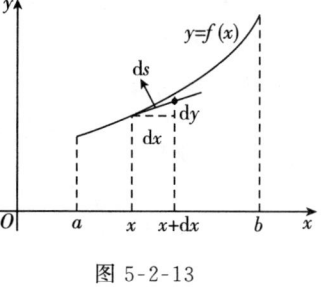

图 5-2-13

取积分变量 $x\in[a,b]$,曲线上相应于任一微小区间 $[x,x+\mathrm{d}x]$ 的上的段弧的长度可以用该曲线在点 $(x,f(x))$ 处的切线上相应的一小段的长度来近似代替(以直代曲),而这相应的一小切线段的长度,即弧长元素

$$\mathrm{d}s=\sqrt{(\mathrm{d}x)^2+(\mathrm{d}y)^2}=\sqrt{1+[y'(x)]^2}\,\mathrm{d}x,$$

故所求的弧长

$$s=\int_a^b\sqrt{1+[y'(x)]^2}\,\mathrm{d}x.$$

注 弧长元素 $\mathrm{d}s=\sqrt{(\mathrm{d}x)^2+(\mathrm{d}y)^2}$ 又称为**弧微分公式**,$\mathrm{d}x,\mathrm{d}y$ 和 $\mathrm{d}s$ 构成的直角三角形称为**微分三角形**.

若曲线由参数方程 $\begin{cases}x=x(t)\\y=y(t)\end{cases}(\alpha\leqslant t\leqslant\beta)$ 给出,其中 $x(t),y(t)$ 在 $[\alpha,\beta]$ 上具有连续的导数,则弧长元素为

$$\mathrm{d}s=\sqrt{(\mathrm{d}x)^2+(\mathrm{d}y)^2}=\sqrt{[x'(t)\mathrm{d}t]^2+[y'(t)\mathrm{d}t]^2}=\sqrt{[x'(t)]^2+[y'(t)]^2}\,\mathrm{d}t.$$

于是曲线的弧长为

$$s=\int_\alpha^\beta\sqrt{[x'(t)]^2+[y'(t)]^2}\,\mathrm{d}t.$$

若曲线由极坐标方程 $r=r(\theta)(\alpha\leqslant\theta\leqslant\beta)$ 给出,其中 $r(\theta)$ 在区间 $[\alpha,\beta]$ 上具有连续的导数. 由极坐标与直角坐标的关系可得

$$\begin{cases}x=r(\theta)\cos\theta\\y=r(\theta)\sin\theta\end{cases}(\alpha\leqslant\theta\leqslant\beta),$$

这是以极角 θ 为参数的曲线弧的参数方程. 由

$$\mathrm{d}x=[r'(\theta)\cos\theta-r(\theta)\sin\theta]\mathrm{d}\theta,\mathrm{d}y=[r'(\theta)\sin\theta+r(\theta)\cos\theta]\mathrm{d}\theta,$$

得弧长元素为

$$\mathrm{d}s=\sqrt{(\mathrm{d}x)^2+(\mathrm{d}y)^2}=\sqrt{[r(\theta)]^2+[r'(\theta)]^2}\,\mathrm{d}\theta,$$

从而曲线弧长为

$$s=\int_\alpha^\beta\sqrt{[r(\theta)]^2+[r'(\theta)]^2}\,\mathrm{d}\theta.$$

例 10 求曲线 $y=\ln x$ 上相应于从 $x=\sqrt{3}$ 到 $x=\sqrt{8}$ 一段弧的弧长.

解 因弧长元素为 $\mathrm{d}s=\sqrt{1+[y'(x)]^2}\,\mathrm{d}x=\sqrt{1+1/x^2}\,\mathrm{d}x$,
故所求弧长为

$$s=\int_{\sqrt{3}}^{\sqrt{8}}\sqrt{1+1/x^2}\,\mathrm{d}x.$$

设 $x=\frac{1}{t}$，代入上式并计算（从略）得 $s=1+\frac{1}{2}\ln\frac{3}{2}$.

例 11 计算心形线 $r=a(1+\cos\theta)(a>0)$ 的弧长.

解 由于心形线（图 5-2-6）对称于 x 轴，因此只要计算在 x 轴上方的半条曲线的弧长再乘以 2. 取 θ 为积分变量，它的变化区间为 $[0,\pi]$，弧长元素为

$$ds = \sqrt{[r(\theta)]^2+[r'(\theta)]^2}\,d\theta = \sqrt{a^2(1+\cos\theta)^2+a^2(-\sin\theta)^2}\,d\theta$$

$$= a\sqrt{2(1+\cos\theta)}\,d\theta = 2a\cos\frac{\theta}{2}\,d\theta,$$

所求弧长为

$$s = 2\int_0^\pi 2a\cos\frac{\theta}{2}\,d\theta = 8a.$$

*四、旋转曲面的面积

设一旋转曲面 S（图 5-2-13）由 xOy 平面上的一段曲线弧 $y=f(x)(a\leqslant x\leqslant b, f(x)\geqslant 0, f'(x)$ 连续）绕 x 轴旋转一周而得，计算该旋转曲面 S 的面积.

取积分变量 $x\in[a,b]$，在 $[a,b]$ 上任取微小区间 $[x,x+dx]$，相应的小弧段绕 x 轴旋转一周生成一圈小带状曲面，其面积的近似值即旋转曲面的面积元素为

$$dS = 2\pi y\,ds = 2\pi y\sqrt{1+[y'(x)]^2}\,dx = 2\pi f(x)\sqrt{1+[f'(x)]^2}\,dx,$$

得旋转曲面的面积

$$S = 2\pi\int_a^b f(x)\sqrt{1+[f'(x)]^2}\,dx.$$

注 这里面积微元 $dS=2\pi y\,ds$，而不是 $dS=2\pi y\,dx$，是为了保证面积微 dS 元与小带状曲面的面积相差是 dx 的高阶无穷小（具体证明从略）.

例 12 某反光镜可近似地看作是介于 $x=0$ 与 $x=1/4$ 米之间的抛物线 $y^2=8x$ 绕 x 轴旋转一周所成的旋转抛物面，求反光镜镜面的面积.

解 所求面积

$$S = 2\pi\int_0^{1/4} y\sqrt{1+[y'(x)]^2}\,dx = 2\pi\int_0^{1/4}\sqrt{8x}\sqrt{1+(\sqrt{2/x})^2}\,dx$$

$$= 4\pi\int_0^{1/4}\sqrt{2x+4}\,dx = \frac{\pi}{3}(27\sqrt{2}-32)(\text{平方米}).$$

至此，我们已经把定积分在求几何度量（长度、面积和体积）中的应用介绍完了，读者不能只是死记相关公式，而是应该掌握微元法的思想方法，特别是应该熟练掌握利用"以直代曲"的技巧建立微元的方法.

习 题 5.2

1. 求由下列各曲线或直线所围成的图形的面积：

(1) $y=2x+3, y=x^2$； (2) $y=\frac{1}{2}x^2, y=\sqrt{8-x^2}$； (3) $y=e^x, x=0, y=e$；

(4) $y=x^3, y=(x-2)^2, y=0$； (5) $y=-x^3+x^2+2x, y=0$； (6) $x=a\cos^3 t, y=a\sin^3 t(a>0)$；

(7) 圆周 $r=3\cos\theta$ 与心形线 $r=1+\cos\theta$ 所围成图形的公共部分.

2. 解答下列面积问题:

(1) 已知曲线 $y=x^2-c^2$ 和 $y=c^2-x^2(c>0)$ 所围成的面积为 $\dfrac{8}{3}$, 求 c.

(2) 已知曲线 $C_1: y=1-x^2(0\leqslant x\leqslant 1), x$ 轴和 y 轴所围图形被曲线 $C_2: y=ax^2(a>0)$ 分为面积相等的两个部分, 求 a.

(3) 求位于曲线 $y=|x|\mathrm{e}^{-x^2/2}$ 与其渐近线之间的图形的面积;

(4) 位于曲线 $y=\mathrm{e}^x$ 下方, 该曲线过原点的切线的左方以及 x 轴上方之间的图形的面积.

3. 如题图 5-2-14 求各个图形 D_i 的面积, 各个 D_i 分别绕 OA,AB,BC,OC 的体积(只要写出积分公式).

4. 求下列各题的面积或体积:

(1) 一平面图形由 $y=\sqrt{x}$ 和 $y=x-2$ 以及 x 轴所围, 求图形的面积和图形绕 x 轴旋转的体积.

(2) 过点 $P(1,0)$ 引抛物线 $y^2=x-2$ 的两条切线. 写出切线方程; 求上述两切线与抛物线所围成的平面图形的面积; 求该图形绕 x 轴旋转一周所得立体的体积.

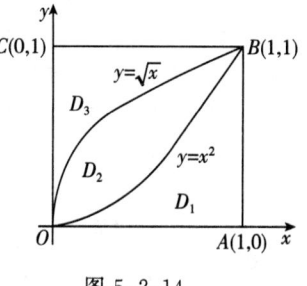

图 5-2-14

(3) 过坐标原点作曲线 $y=\ln x$ 的切线, 该切线与曲线以及 x 轴围成平面图形 D. 求 D 的面积 A 以及 D 绕直线 $x=\mathrm{e}$ 旋转所得的体积 V.

*(4) 一立体以抛物线 $y^2=x$ 及 $x=2$ 所围成的图形为底面, 而垂直于抛物线轴的截面都是等边三角形, 求这立体的体积.

5. 解答下列面积或体积最值问题:

(1) 求区间 $[0,2]$ 内的一个点 t, 使得曲线 $y=\sqrt{x}$, 直线 $y=\sqrt{t}$ 以及直线 $x=0,x=2$ 围成平面图形的面积最小.

(2) 求曲线 $y=\sqrt{x}$ 的一条切线, 使此曲线与切线及直线 $x=0,x=2$ 围成平面图形的面积最小.

(3) 已知曲线 C 的参数方程为 $\begin{cases} x=at^3 \\ y=t^2-bt \end{cases}$ $(a>0,b>0)$ 且 C 在 $t=1$ 所对应的点处的切线斜率为 $\dfrac{1}{3}$, 试确定 a,b 的值, 使曲线 C 与 x 轴所围成的图形面积最大.

(4) 由抛物线 $y=2x^2$ 和直线 $x=a,x=2$ 及 $y=0$ 所围成的平面图形绕 x 轴旋转的体积记为 V_1; 而由抛物线 $y=2x^2$ 和直线 $x=a,y=0$ 所围成的平面图形绕 y 轴旋转的体积记为 V_2, 其中 $0<a<2$. 问 a 为何值时, V_1+V_2 最大?

6. 设点 $M(t,t^2+1)$ 为曲线段 $y=x^2+1(0\leqslant x\leqslant 2)$ 上的点. (1) 试求由该曲线段与曲线在 M 点的切线, 以及 $x=0,x=2$ 所围成的图形的面积 $A(t)$; (2) 当 t 取何值时, $A(t)$ 最小; (3) 当 $A(t)$ 最小时, 求上述图形绕 x 轴旋转一周所得旋转体的体积.

7. 解答下列问题:

(1) 有一铁铸件, 它是由抛物线 $y=\dfrac{1}{10}x^2, y=\dfrac{1}{10}x^2+1$ 及直线 $y=10$ 围成的图形, 绕 y 轴旋转而成的旋转体. 试求其质量(长度单位是厘米, 铁的密度是 $7.8\mathrm{g/cm}^3$).

(2) 设一容器由平面曲线 $y=x^2$ 绕 y 轴旋转而成, 今以 $10\mathrm{cm}^3/\mathrm{s}$ 的速度向容器内注水, 求水面上升到 $20\mathrm{cm}$ 时水面上升的速度.

*8. 计算下列曲线上指定弧段的长度:

(1) $y=x^{3/2}$, 从 $(0,0)$ 到 $(4,8)$;

(2) $x=\mathrm{e}^t\sin t, y=\mathrm{e}^t\cos t$, 从 $t=0$ 到 $t=\pi/2$;

(3) 对数螺线 $r=\mathrm{e}^{2\theta}$, 从 $\theta=0$ 到 $\theta=2\pi$.

*9. 求下列曲线段绕 x 轴旋转所得曲面的面积:

(1) $y=\sqrt{4-x^2}$, $-1\leqslant x\leqslant 1$; (2) $y=\sin x$, $0\leqslant x\leqslant \pi$.

*10. 求摆线(又称旋轮线) $\begin{cases} x=a(t-\sin t), \\ y=a(1-\cos t) \end{cases}$ $(0\leqslant t\leqslant 2\pi)$ 的弧长,与 x 轴围成的面积,与 x 轴围成的图形绕 x 轴旋转的体积和侧面积.

11. 证明下列各题:

(1) 求证:抛物线 $y=x^2+1$ 上任一点的切线与抛物线 $y=x^2$ 所围成的面积为定值.

(2) 设 $y=f(x)$ 在 $x\geqslant 0$ 时为连续非负的函数, $f(0)=0$, $V(t)$ 表示曲线 $y=f(x)$,直线 $x=t(>0)$,及 x 轴所围的图形绕直线 $x=t$ 旋转所得的体积,求证: $V''(t)=2\pi f(t)$.

*(3)证明曲线 $y=\sin x$ 的一个周期的弧长等于椭圆 $2x^2+y^2=2$ 的周长.

§5.3 定积分的物理应用

本节我们将用"以常代变"的微元法思想解决一些物理问题,关键的还是微元的建立.

一、变力沿直线所做的功

从物理学知道,如果物体受常力 F 的作用,使物体沿力的方向移动了距离 s,则力 F 对物体所做的功为 $W=F\cdot s$.

若 F 的单位是 N(牛顿), s 的单位是 m(米),则按上述公式算出的功 W 的单位是 J(焦耳),其中用了单位换算: $1N\times 1m=1J$. 若 F 的单位用 kg(公斤),那么就要用"1kg 的力 $=9.8N$"来进行单位换算.

实际中力的大小常常是变化的,如用力拉(或压)弹簧,用力推斜坡上的重物,火箭升空所受到的地球的引力等.通常情况下,变力是位置 x 的连续函数 $F(x)$ 或是时间 t 的连续函数 $F(t)$.下面通过具体例子来说明,利用微元法求变力沿直线做功问题.

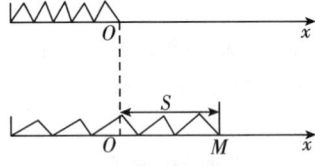

图 5-3-1

例1 如图 5-3-1 所示.将弹簧一端固定,另一端连着一个小球,放在平面上, O 点为小球的平衡位置.把小球从 O 点拉到 M 点(设 $OM=S$,单位:米).问克服弹性力(单位:牛顿)需作多少功?

解 由物理学知道,在弹性限度内,弹簧拉长(或压缩)所需的力 F 与伸长(或压缩)的长度成正比,即当弹簧拉长 x(单位:米),需要的力(单位牛顿)为

$$F(x)=kx,$$ 其中 k 为比例系数.

取积分变量 $x\in[0,S]$,任取微小区间(又称**微动区间**) $[x,x+dx]\subset[0,S]$,把小球从 x 拉到 $x+dx$ 时,需要的力近似等于常力 $F(x)=kx$,于是所做的功即功的微元为

$$dW=kxdx,$$

因此所求的功为

$$W=\int_0^S dW=\int_0^S kxdx=\left[\frac{1}{2}kx^2\right]_0^S=\frac{1}{2}kS^2(J).$$

注 一般地,物体受变力 $F(x)$ 作用,沿力的方向从 $x=a$ 移动到 $x=b$ 时,该变力对物体所作的功 W 为 $W=\int_a^b F(x)dx.$

例2 一个圆柱形容器高为 H 米，底圆半径为 R 米. 试问将容器内盛满的水全部吸出，至少需作多少功？

思路 这个问题虽然不是变力作功，但是吸出不同高度的水所作的功是不同的，也可用微元法来计算. 注意可能用到：水的密度为 $\rho=1000\text{kg/m}^3$，重力加速度为 $g=9.8\text{m/s}^2$，涉及的单位换算有：$1\text{kg}\times1\text{m/s}^2=1\text{N}, 1\text{N}\times1\text{m}=1\text{J}$.

解 建立坐标系如图 5-3-2 所示. 取积分变量 $x\in[0,H]$，任取微小区间 $[x,x+\mathrm{d}x]\subset[0,H]$，相应 $[x,x+\mathrm{d}x]$ 的薄层的水的体积近似为 $\pi R^2\mathrm{d}x$，重量近似为 $\pi R^2\mathrm{d}x\cdot\rho g$. 把这薄层水吸出容器外需作的功的近似值，即功的微元为

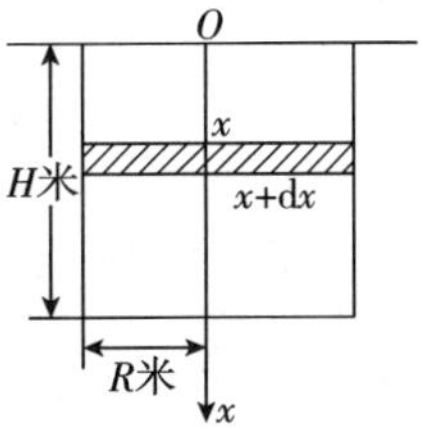

$$\mathrm{d}W=\pi R^2\mathrm{d}x\cdot\rho g\cdot x=\pi R^2\rho gx\mathrm{d}x,$$

故所求的功为

$$W=\int_0^H\mathrm{d}W=\pi R^2\rho g\int_0^H x\mathrm{d}x=\frac{1}{2}\pi R^2 H^2\rho g(\text{J}).$$

图 5-3-2

二、液体的静压力

由物理学知道，如果有一面积为 A 的平板，水平放置在液体中深为 h 处，则平板一侧所受的液体静压力为 $P=Ah\rho g$，其中 ρ 是液体的密度.

若平板是垂直放置在液体中，由于深度不同，平板一侧所受压力不能用上述方法计算，但可以用定积分微元法来计算平板一侧所受的液静压力.

例3 某水坝中有一直立等腰梯形闸门，上、下底分别为 8m 和 4m，高为 4m. 当水面在闸门顶上 3m 时，求闸门所受的水压力；又当水面降到中间时，求这时闸门所受的水压力.

解 (1) 当水面在闸门顶上 3m 时，建立坐标系如图 5-3-3(a)所示，则直线 AB 的方程为 $y=-\frac{x}{2}+\frac{11}{2}$.

取积分变量 $x\in[3,7]$，任取微小区间 $[x,x+\mathrm{d}x]\subset[3,7]$，闸门上相应的小窄条近似等于长为 $2\left(-\frac{x}{2}+\frac{11}{2}\right)=11-x$，高为 $\mathrm{d}x$ 的矩形，且位于水深 x 处（视小长条是平放的），小长条所受的水压力的近似值，即压力微元为

$$\mathrm{d}P=(11-x)\mathrm{d}x\cdot x\cdot\rho g=\rho g(11x-x^2)\mathrm{d}x,$$

所以闸门所受的水压为

$$P=\int_3^7\mathrm{d}P=\rho g\int_3^7(11x-x^2)\mathrm{d}x=\rho g\left[\frac{11}{2}x^2-\frac{1}{3}x^3\right]_3^7$$

$$=\rho g\cdot\frac{344}{3}=1123.73(\text{kN}).$$

(2) 当水面降到中间时，建立坐标系如图 5-3-3(b)所示，则直线 CD 的方程为 $y=-\frac{x}{2}+3$. 同理，闸门所受的水压力为

$$P=\rho g\int_0^2(6x-x^2)\mathrm{d}x=\rho g\times\frac{28}{3}=91.47(\text{kN}).$$

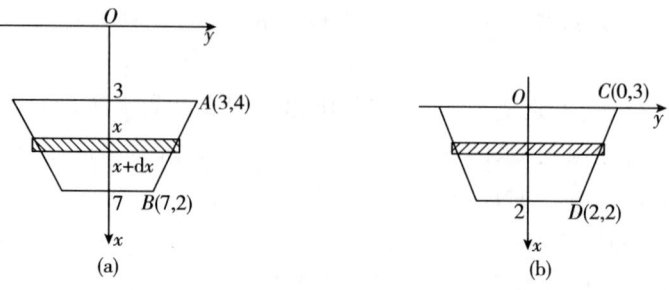

图 5-3-3

注 (2)的求解如仍采用原坐标系,则应注意水深已下降 5m,即 x 处的水深实为 $(x-5)$m,于是压力 $P=\rho g\int_{5}^{7}(x-5)(11-x)\mathrm{d}x=91.47(\mathrm{kN})$.

三、细棒的质量、质心

这里,细棒是指棒的横断面很小,而且它的任何部位的横断面面积都相等,因此,细棒可以视为具有质量的物质线段. 均匀细棒是指细棒上任何长度相等的两段其质量总相等,均匀细棒的线密度是指单位长度的细棒的质量. 因此,若均匀细棒线密度为 ρ,长度为 L,则该直细棒的质量为 $M=\rho L$.

对非均匀细棒,其线密度一般用细棒(假设位于 x 轴上)上任一点的坐标 x 来表示,记为 $\rho(x)$. 我们用微元法来求细棒的质量.

假设细棒位于区间 $[a,b]$ 上的,取积分变量 $x\in[a,b]$,任取微小区间 $[x,x+\mathrm{d}x]\subset[a,b]$,位于此微小区间上的小段细棒的质量,近似等于线密度为 $\rho(x)$ 长度为 $\mathrm{d}x$ 的均匀细棒的质量,即所求质量 M 的微元为 $\mathrm{d}M=\rho(x)\mathrm{d}x$,因此所求质量 $M=\int_{a}^{b}\mathrm{d}M=\int_{a}^{b}\rho(x)\mathrm{d}x$. 因此我们有:

位于 x 轴的区间 $[a,b]$ 上,线密度为 $\rho(x)$ 的细棒,其质量为

$$M=\int_{a}^{b}\rho(x)\mathrm{d}x.$$

下面考虑如何求上述细棒的质心的问题.

先考察简单情形:设有两个质量为 m_1, m_2 的质点,分别位于 x 轴上坐标为 x_1, x_2 的点处. 这两个质点的质心是这样的一个 $\bar{x}$:设想用一根不计质量的细杆将两个质点穿起来,在 $\bar{x}$ 处放一支承,如果两个质点处于平衡状态,则点 $\bar{x}$ 称为这两个质点的质心. 由力学杠杆平衡条件知道,两个质点对支点力矩大小相等,即 $m_1 g(\bar{x}-x_1)=m_2 g(x_2-\bar{x})$,得:

$$\bar{x}=\frac{m_1 x_1+m_2 x_2}{m_1+m_2}=\frac{1}{M}\sum_{i=1}^{2}x_i m_i,$$

其中 $M=\sum_{i=1}^{2}m_i$ 为质点总质量,$\sum_{i=1}^{2}x_i m_i$ 为两个质点的总力矩(相对于原点).

一般地,若 x 轴上有 n 个质点,质量为 m_i,位置为 $x_i(i=1,2,\cdots,n)$,则这 n 个质点组成的质点系的质心为

$$\bar{x}=\frac{1}{M}\sum_{i=1}^{n}x_i m_i,$$

其中 $M = \sum_{i=1}^{2} m_i$ 为质点总质量,$\sum_{i=1}^{2} x_i m_i$ 为质点的总力矩 $(i=1,2,\cdots,n)$.

现求前述细棒的质心. 由于细棒质量 $M = \int_a^b \rho(x) dx$ 已知,因此要求细棒质心,只要求细棒的总力矩. 这还是用微元法. 取积分变量 $x \in [a,b]$,任取微小区间 $[x, x+dx] \subset [a,b]$,位于此微小区间上的小段细棒的质量近似等于线密度为 $\rho(x) dx$,这部分质量可近似看作集中在点 x (俗称"以不变代变"),于是得力矩的微元为 $x\rho(x) dx$,即细棒的总力矩为 $\int_a^b x \rho(x) dx$,故该细棒的质心坐标为

$$\bar{x} = \frac{1}{M} \int_a^b x \rho(x) dx.$$

例 4 一细棒位于 x 轴的区间 $[0,2]$ 上,其线密度为 $\rho(x) = x^2 + 1$,求该细棒的质心.

解 质心坐标为 $\bar{x} = \frac{1}{M} \int_0^2 x\rho(x) dx$,其中质量 $M = \int_0^2 \rho(x) dx$.

因

$$M = \int_0^2 \rho(x) dx = \int_0^2 (x^2 + 1) dx = \frac{14}{3},$$

$$\int_0^2 x\rho(x) dx = \int_0^2 (x^3 + x) dx = 6,$$

故质心坐标 $\bar{x} = \frac{1}{14/3} \cdot 6 = \frac{9}{7}$.

四、细棒对质点的引力

从物理学知道,质量分别为 m_1, m_2,相距为 r 的两质点间的引力的大小为

$$F = G \frac{m_1 m_2}{r^2},$$

其中 G 为引力系数,引力的方向沿着两质点的连线.

如果计算一根细棒对一个质点的引力,那么,由于细棒上各点与该质点的距离是变化的,且各点对该质点的引力的大小和方向也是变化的,就不能用上述公式来计算. 下面我们举例说明它的计算方法.

例 5 设有一长度为 l,线密度为 ρ 的均匀细直棒,在其中垂线上距棒 a 单位处有一质量为 m 的质点 M. 试计算该棒对质点 M 的引力.

解 取坐标系如图 5-3-4 所示,使棒位于 x 轴上的区间 $\left[-\frac{l}{2}, \frac{l}{2}\right]$,质点 M 位于 y 轴上的点 $(0, a)$.

取积分变量 $x \in \left[-\frac{l}{2}, \frac{l}{2}\right]$,任取微小区间 $[x, x+dx]$ $\subset \left[-\frac{l}{2}, \frac{l}{2}\right]$,细棒上相应于 $[x, x+dx]$ 的一段近似地看成质点,其质量为 ρdy,与 M 相距 $\sqrt{x^2 + a^2}$. 因此,按照两质点间的引力公式可得这段细棒对质点 M 的引力的大小,即引力微元为

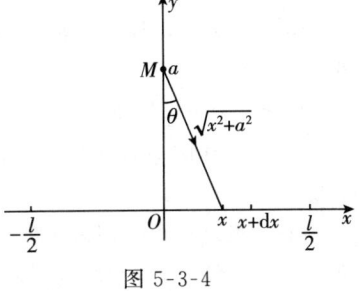

图 5-3-4

$$dF = G \frac{m \rho dx}{x^2 + a^2}.$$

为了利用可加性,必须把 dF 分解到同一个方向上,即细棒对质点 M 的引力在 y 轴方向上的分力 F_y 的大小的微元为(其中 $\cos\theta = \dfrac{a}{\sqrt{x^2+a^2}}$)

$$dF_y = dF \cdot \cos\theta = G\dfrac{am\rho dx}{\sqrt{(x^2+a^2)^3}},$$

于是得引力在 y 轴方向上分力的大小为

$$F_y = \int_{-l/2}^{l/2} \dfrac{Gam\rho}{\sqrt{(x^2+a^2)^3}} dx = \dfrac{2Gm\rho l}{a\sqrt{l^2+4a^2}}.$$

又由对称性知,引力在 x 轴上的分力为 $F_x = 0$.

总之,所求引力的大小为 $\dfrac{2Gm\rho l}{a\sqrt{l^2+4a^2}}$,方向与细棒垂直且由 M 指向细棒.

注 各小段细棒对质点的引力 dF 的方向不在同一直线上,因而它们的合力不是"代数和"(而是"向量和"),即所求的总的引力对区间已不具有微元法实施条件中的"可加性". 因此,要把 dF 分解到坐标轴方向上,同一轴上的分力对区间才具有可加性.

思考:若质点受细棒引力作用由原来位置沿细棒中垂线移动到细棒中点,如何求引力所作的功?

习 题 5.3

1. 求解下列变力做功问题:

(1) 若弹簧拉长 0.02 米要 9.8 牛顿的力,求把弹簧拉长 0.10 米所作的功.

(2) 一物体按规律 $x = ct^3$ 在直线运动,媒质的阻力与速度的平方成正比. 计算物体由 $x = 0$ 移动到 $x = a$ 时,克服媒质阻力所作的功.

(3) 用铁锤将一铁钉击入木板,设木板对铁钉的阻力与铁钉击入木板的深度成正比,在击第一次时,将铁钉击入木板 1 厘米. 如果铁锤每次打击铁钉所做的功相等,问锤击第二次时,铁钉又击入多少厘米?

2. 求解下列克服重力做功问题:

(1) 有一圆台形水桶盛满水,如果桶高 3 米,其上、下底的半径分别为 1 米和 2 米,试计算将桶中水抽尽至少需要作的功.

(2) 设某容器由曲线 $y = \sqrt{2x}$ 绕 y 轴旋转而成,容器内盛满容积为 V 的水(水的密度为 ρ),求将水全部吸出所作的功.

(3) 半径为 R 的球沉入水中,其最高点与水面相接,球的比重为 $\mu \geq 1$,水的比重 1,为现将球从水中取出,需作多少功?

3. 求水对平板的侧压力:

(1) 有一矩形闸门,垂直放置水中,闸门宽 2 米,高 3 米,水面高出闸门顶 2 米,求闸门一侧所受的水压力.

(2) 一底为 8 厘米、高为 6 厘米的等腰三角形片,铅直地沉没在水中,顶在上,底在下且与水面平行,而顶离水面 3 厘米,试求它每侧所受的水压力.

4. 一金属细棒长 3 米,离棒左端 x 米处的线密度为 $\rho(x) = \dfrac{1}{\sqrt{x+1}}$(kg/m).

(1) 求棒的质量;(2) 问 x 为何值时,$[0,x]$ 一段棒的质量为全棒质量的一半?

5. 求细棒对质点的引力问题:

(1)有一根长为 l,质量为 M 的均匀细棒,有一个质量为 m 的质点位于细棒的延长线上,并与棒较近的端点的距离为 a,求棒对质点的引力.

(2)设有一长度为 l,线密度为 ρ 的均匀直细棒,在与棒的一端垂直距离为 a 单位处有一质量为 m 的质点 M.试计算该棒对质点 M 的引力.

(3)设有一半径为 R,中心角为 φ 的圆弧形细棒,其线密度为常数 ρ,在圆心处有一质量为 m 的质点 M.试计算该棒对质点 M 的引力.

6. 要用钢缆绳将一重 1000kg 的冰块吊至 100m 高的房顶.假设钢缆绳每米重 3kg,冰块以 5m/min 的速度匀速上升,且以 4kg/min 的速度溶化,求所作的功.

7. 证明题:

(1)将一物体由地球(半径为 R)的表面垂直地向上发射,初速度为 v_0.为了使物体能脱离地球的引力范围,求证:$v_0 \geqslant \sqrt{2gR}$.

*(2)有两根长各为 l,质量各为 M 的均匀细棒,位于同一条直线上,近端相距为 a,求证两棒间的引力大小为 $\dfrac{GM^2}{l^2}\ln\dfrac{(a+l)^2}{a(a+2l)}$.

综合测试题五

一、单项选择题(每小题 3 分,共 15 分)

1. 由曲线 $y=f(x)$,直线 $x=0,x=t(t>0)$ 所围成的图形的面积为 te^t,则 $f(x)=$( )

  A. xe^x B. $(x+1)e^x$ C. $(x-1)e^x$ D. $(x^2-x)e^x$

2. 直线 $y=x$ 与抛物线 $y=x^2$ 所围成图形绕 x 轴旋转的体积为( )

  A. $\pi\int_0^1(x^2-x^4)dx$ B. $\pi\int_0^1(x-x^2)dx$

  C. $\pi\int_0^1(x-x^2)^2dx$ D. $2\pi\int_0^1(x^2-x^3)dx$

3. 设 $f(x)$ 具有连续导数且 $f(x)>0,f'(x)>0$,记点 $O(0,0),A(1,0),B(1,f(1)),C(0,f(1)),D(0,f(0))$,则 $\int_0^1 xf'(x)dx$ 等于( )

  A. 曲边梯形 $OABD$ 的面积   B. 梯形 $OABD$ 的面积

  C. 曲边三角形 BCD 的面积   D. 三角形 BCD 的面积

*4. 曲线 $y=\dfrac{1}{2}(e^x+e^{-x})$ 的弧长元素 $ds=$( )

  A. $e^x dx$ B. $e^{-x}dx$ C. $\dfrac{1}{2}(e^x-e^{-x})dx$ D. $\dfrac{1}{2}(e^x+e^{-x})dx$

5. 矩形闸门,宽为 10 米,高为 6 米.若闸门的上边界在水面下 h 米时,它所受到的压力为上边界与水面相齐时所受压力的两倍,则 $h=$( )

  A. 1   B. 2   C. 3   D. 4

二、填空题(每小题 3 分,共 15 分)

6. 由曲线 $y=e^x,y=e^{-x}$ 及 $x=1$ 所围成的图形的面积为_____.

7. 曲线 $y=\dfrac{1}{1+x^2}$ 与其渐近线所界定的图形的面积为_____.

8. 曲线 $y=e^x(x\leqslant 0)$ 及坐标轴所围的图形绕 x 轴旋转所得体积为_____.

*9. 曲线 $\begin{cases} x=a(\cos t+t\sin t) \\ y=a(\sin t-t\cos t) \end{cases}$,从 $t=0$ 到 $t=\pi$ 一段弧长为_____.

10. 设 R 为地球半径,g 为重力加速度.若把质量为 m 物体从地球表面升高到 h 处所做的功为 $W(h)$,则 $\lim\limits_{h\to+\infty}W(h)=$_____.

三、计算题(每小题 8 分,共 64 分)

11. 一平面图形由 $y=x^3$,$x=-1$,$x=2$ 及 x 轴围成,求图形面积,以及该图形绕 x 轴旋转而成的立体的体积.

12. 设抛物线 $y=x-x^2$ 和 x 轴所围平面图形为 D.(1)求 D 绕 x 轴旋转一周所成立体的体积;(2)若有一条过原点的直线 $y=kx$ 将 D 分成面积相等的两部分,求常数 k.

13. 从点 $(-1,0)$ 引曲线 $y=\sqrt{x}$ 的切线,求:(1)曲线,切线,x 轴所围图形的面积;(2)图形绕 x 轴旋转的体积;*(3)图形绕 x 轴旋转的表面积.

14. 设 $0<a<1$,若直线 $y=ax$ 与抛物线 $y=x^2$ 所围图形的面积记为 A_1,它们与直线 $x=1$ 所围成图形的面积记为 A_2.(1)试确定 a 的值,使 A_1+A_2 达到最小;(2)求该最小值所对应的平面图形绕 x 轴旋转所得旋转体的体积.

*15. 求:(1)曲线 $y^3=x^2$ 上相应于 $x=0$ 到 $x=1$ 的一段曲线弧长;(2)曲线 $y=\int_{-\pi/2}^{x}\sqrt{\cos t}\,dt$ 的长度.

16. 由抛物线 $y=x^2$ 及 $y=4x^2$ 绕 y 轴旋转一周构成一旋转抛物面的容器,高为 H,现于其中盛水,水高为 $H/2$.问要将水全部抽出,外力至少需作多少功?(水的密度为 ρ)

17. 一个长轴 $2a$,短轴为 $2b$ 的椭圆形平板垂直放入水中,长轴平行于水面且离水面的距离为 h,求平板一侧所受的水压力.

18. 有一根细棒位于 x 轴的区间 $[0,2]$ 上,线密度为 $\rho(x)=3-x$,在点 $x=3$ 处有个单位质点.(1)求细棒质量;(2)求细棒对质点的引力大小.

四、证明题(共 6 分)

19. 设 $f(x)$ 是 $[0,1]$ 上的非负连续函数.(1)求证:$\exists c\in(0,1)$,使得在区间 $[0,c]$ 上以 $f(c)$ 为高的矩形面积等于在区间 $[c,1]$ 上以 $y=f(x)$ 为曲边的曲边梯形面积;(2)若 $f(x)$ 在 $(0,1)$ 内可导且 $f'(x)>-\dfrac{2f(x)}{x}$ 时,求证:(1)中的点 c 是唯一的.

五、附加题(共 10 分)

*20. 曲线 $y=\dfrac{e^x+e^{-x}}{2}$ 与直线 $x=0,x=t(t>0)$ 及 $y=0$ 围成一平面图形,该图形绕 x 轴旋转得一旋转体,其体积为 $V(t)$,侧面积为 $S(t)$,在 $x=t$ 处的底面积为 $A(t)$.验证:(1)$\dfrac{S(t)}{V(t)}=2$;(2)$\lim\limits_{t\to+\infty}\dfrac{S(t)}{A(t)}=1$.

第6章 微分方程

在许多实际问题中,变量之间的函数关系往往不能直接找到,但有时可以根据问题所提供的条件,列出含有未知函数的等式,这样的等式是函数方程.如果函数方程中出现了未知函数的导数(或微分),这样的方程就是微分方程.本章主要介绍微分方程的概念和几种常用的微分方程的解法,利用微分方程求解一些其他类型的函数方程,并解决一些几何和实际问题.

§6.1 微分方程的基本概念

一、微分方程及其阶

下面我们通过两个具体例题来说明微分方程的基本概念.

例1 已知曲线上任意一点 (x,y) 处的切线斜率为 $2x$,且曲线通过 $(1,2)$ 点,求此曲线方程.

解 设所求的曲线方程为 $y=y(x)$,由曲线在任意点的斜率为 $2x$ 得

$$y'(x) = 2x. \tag{6.1.1}$$

把(6.1.1)式两边积分,得

$$y = x^2 + C, \tag{6.1.2}$$

其中 C 是任意常数.

又曲线过点 $(1,2)$,即

$$y\big|_{x=1} = 2. \tag{6.1.3}$$

将条件(6.1.3)代入(6.1.2)式,得 $C=1$,故所求曲线方程为

$$y = x^2 + 1. \tag{6.1.4}$$

例2 质量为 m 的质点,在重力 $F=mg$ 的作用下,作自由落体运动,试确定质点下落的距离与时间 t 的关系 $s=s(t)$.

解 由牛顿第二定律及二阶导数的物理意义有

$$ms''(t) = mg \quad \text{或} \quad s''(t) = g. \tag{6.1.5}$$

对(6.1.5)式两边积分,得 $s'(t) = gt + C_1$,再积分一次,得

$$s(t) = \frac{1}{2}gt^2 + C_1 t + C_2, \tag{6.1.6}$$

又质点作自由落体运动,得

$$\begin{cases} s\big|_{t=0} = 0 \\ s'\big|_{t=0} = 0 \end{cases} \tag{6.1.7}$$

由条件(6.1.7),不难求得 $C_1=0, C_2=0$.于是所求函数为

$$s = \frac{1}{2}gt^2. \qquad (6.1.8)$$

上述两例都是求未知函数的问题,引出的方程(6.1.1)与(6.1.5)都含有未知函数的导数(或微分).

一般地,凡是含未知函数的导数或微分的方程,称为**微分方程**.这里必须指出,在微分方程中,未知函数及自变量可以不出现,但未知函数的导数(或微分)则必须出现.未知函数为一元函数的微分方程又称为**常微分方程**,如(6.1.1)、(6.1.5)都是常微分方程.未知函数是多元函数的微分方程又称为**偏微分方程**.我们在本章中所研究的都是常微分方程,简称**微分方程**或**方程**.

微分方程中所出现的未知函数的最高阶导数的阶数,称为微分方程的**阶**.

例如,上述方程(6.1.1)是一阶微分方程,方程(6.1.5)是二阶微分方程,又如,方程$(y')^2 = y+x$是一阶微分方程,$(y'')^3 = x$是二阶微分方程.

二、微分方程的解、通解、特解与初始条件

如果一个函数代入微分方程后能使方程的两端恒等,则称这个函数为微分方程的**解**.如果微分方程的解中含有任意常数,且相互独立的任意常数的个数正好与微分方程的阶数相等,这种解称为微分方程的**通解**.

注 (1)相互独立的任意常数,是指它们不能通过合并而使得任意常数的个数减少;(2)微分方程的通解未必包含所有的解,不在通解中的解称为**奇解**.如对微分方程$(y-x)y' = 0$来说,$y = C$是它的通解,$y = x$是奇解.

例如,(6.1.2)和(6.1.4)都是方程(6.1.1)的解,(6.1.2)是通解,(6.1.4)不是通解.(6.1.6)和(6.1.8)都是方程(6.1.5)的解,(6.1.6)是通解,(6.1.8)不是通解.

请读者判别下列几个函数中,哪个是微分方程$y'' + y = 0$的通解:
$$y = \sin x - 3\cos x, \quad y = \sin x + C\cos x, \quad y = C_1\sin x + C_2 \cdot 2\sin x$$
$$y = C_1\sin x + C_2\cos x, \quad y = C_1 x + C_2 e^x.$$

根据给定条件,确定通解中的任意常数所得到的解称为方程的**特解**,确定任意常数的条件称为**初始条件**(或**定解条件**).如例1中,(6.1.4)是方程(6.1.1)满足初始条件(6.1.3)的特解;例2中,(6.1.8)是方程(6.1.5)满足初始条件(6.1.7)的特解.

设微分方程中的未知函数为$y = y(x)$,如果微分方程是二阶的,通常用来确定任意常数的条件是:$y|_{x=a} = b, y'|_{x=a} = b_1$.如果微分方程是$n$阶的,通常用来确定任意常数的条件是$y|_{x=a} = b, y'|_{x=a} = b_1, \cdots, y^{(n-1)}|_{x=a} = b_{n-1}$.

带有初始条件的微分方程称为微分方程的**初值问题**.例如,例1就是求初值问题
$$\begin{cases} y' = 2x \\ y|_{x=1} = 2 \end{cases}$$
的解.

一阶微分方程的解所对应的图形称为**积分曲线**.在几何上,通解是一族积分曲线,特解是其中一条积分曲线.例如,例1的通解$y = x^2 + C$是一族抛物线,满足初始条件$y|_{x=1} = 2$的特解$y = x^2 + 1$是通过点$(1,2)$的一条抛物线.

例3 验证 $y=C_2 e^{C_1 x}$（C_1、C_2 为任意常数）是方程
$$y \cdot y'' = (y')^2$$
的通解，并求满足初始条件：$y|_{x=0}=y'|_{x=0}=1$ 的特解.

解 因 $y=C_2 e^{C_1 x}$，$y'=C_1 C_2 e^{C_1 x}$，$y''=C_1^2 C_2 e^{C_1 x}$，故方程左边为
$$y \cdot y'' = (C_2 e^{C_1 x})(C_1^2 C_2 e^{C_1 x}) = (C_1 C_2 e^{C_1 x})^2 = (y')^2.$$

可见，左右两边恒等，且 y 中有两个独立的任意常数，所以 $y=C_2 e^{C_1 x}$ 为这二阶微分方程的通解.

为求满足初始条件的特解，把初始条件 $y|_{x=0}=y'|_{x=0}=1$ 代入 $y=C_2 e^{C_1 x}$ 及 $y'=C_1 C_2 e^{C_1 x}$ 中得 $\begin{cases} C_2=1 \\ C_1 C_2=1 \end{cases}$，从而 $\begin{cases} C_1=1 \\ C_2=1 \end{cases}$，于是得所求特解为 $y=e^x$.

三、微分方程的形式

n 阶微分方程的**一般形式**可写为
$$F(x,y,y',y'',\cdots,y^{(n)})=0,$$
其中 y 是 x 的函数.

微分方程的首要问题是求出它的解. 但是，能求出解的微分方程为数很少，我们今后只讨论求解一些特殊形式的微分方程的基本方法. 这里所说的特殊形式，首先是指从一般式中可分离出最高阶导数的那些微分方程，分离出最高阶导数的后的方程称为**典型形式**（或**显化形式**）. n 阶微分方程的典型形式为
$$y^{(n)}=G(x,y',y'',\cdots,y^{(n-1)}).$$

除了可以化为典型形式外，我们讨论的微分方程，其特殊性还仅局限于可进一步化为某种特定的形式的方程（称为**标准形式**）.

下一节开始，我们就是根据微分方程的不同的标准形式，讨论不同的解法. 这里先把求解微分方程的**一般思路**提出来，请读者在学习中对照执行：

(1) 判别方程阶数，化方程为典型形式；
(2) 根据方程特点，化方程为标准形式；
(3) 根据方程类型，求方程的解并验证.

也就是说，只有化成标准形式后，才开始求解.

习 题 6.1

1. 验证下列各题中的函数是否为所给微分方程的解，是否为通解：
(1) $xy'+3y=0$，$y=Cx^{-3}$（C 为任意常数）；
(2) $(xy-x)y''+x(y')^2+yy'-2y'=0$，$y=\ln(xy)$；
(3) $y''+\omega^2 y=0$（$\omega>0$），
① $y=\cos\omega x$；② $y=C\sin\omega x$（C 为任意常数）；
③ $y=C_1\cos\omega x+C_2\sin\omega x$（$C_1,C_2$ 为任意常数）；
④ $y=A\sin(\omega x+\varphi)$（$A,\varphi$ 为任意常数）.

2. 用微分方程表示下列命题：
(1) 曲线在点 (x,y) 处的切线斜率等于该点横坐标的平方；
(2) 某种气体的气压 P 对于温度 T 的变化率与气压成正比，与温度的平方成反比.

3. 在曲线族 $y=(C_1+C_2x)\mathrm{e}^{2x}$ 中找出满足下列条件的曲线:曲线在点 $(0,0)$ 处的切线与直线 $y=x+1$ 平行.

4. 求一个微分方程,使得 $y=(C_1+C_2x)\mathrm{e}^x$ 是其通解.

§6.2 一阶可分方程与一阶线性方程

一阶微分方程的一般形式为 $F(x,y,y')=0$,典型形式为 $y'=G(x,y)$.

若典型形式的右边不显含未知函数 y,即方程形式为
$$y'=f(x),$$
则称该方程为**一阶最简方程**.

求解一阶最简方程,只须对方程两边积分,即可得到通解为
$$y=\int f(x)\mathrm{d}x=F(x)+C.$$

对一阶最简方程的上述解法是读者熟知的了. 不过,由此可以得到启发:利用积分运算,消去导数符号,这是解微分方程的最基本方法. 本节我们将讨论能用积分法求解的两类特殊的一阶微分方程.

一、可分方程

如果某一阶微分方程,它的典型形式的右边 $G(x,y)$ 可分离成一个 x 的函数 $g(x)$ 与一个 y 的函数 $h(y)$ 的乘积,即形式为
$$y'=g(x)\cdot h(y), \tag{6.2.1}$$
则称原方程为**一阶变量可分离微分方程**,简称**可分方程**.

由于方程(6.2.1)中 y 是未知的,从而 $g(y)$ 也是未知的,积分 $\int f(x)\cdot g(y)\mathrm{d}x$ 无法求出,因此,求可分方程的解,不能直接用积分法. 根据不定积分具有形式不变性,只有先把变量 x 和 y 各自分离到方程的两边,才有可能通过积分消去导数符号. 为此,先把方程(6.2.1)改写成
$$\frac{\mathrm{d}y}{\mathrm{d}x}=g(x)\cdot h(y).$$

其次,把方程化为等号左边仅含 y 的函数及微分 $\mathrm{d}y$,右边仅含 x 的函数及微分 $\mathrm{d}x$,这一过程称为**变量分离**(严格来说当 $g(y)\neq 0$ 时才能变量分离),得
$$\frac{\mathrm{d}y}{h(y)}=g(x)\mathrm{d}x, \tag{6.2.2}$$

最后,对(6.2.2)两端积分,即
$$\int\frac{\mathrm{d}y}{h(y)}=\int g(x)\mathrm{d}x.$$

便可求得原方程的通解. 其中,变量分离后的方程(6.2.2)称为**一阶变量已分离微分方程**,简称**已分方程**,它是可分方程的标准形式.

求可分方程,关键的是进行变量分离,化为已分方程,所以,称这样的解法为**变量分离法**.

例如,要求可分方程 $\dfrac{dy}{dx}=2xy$ 的通解,可以这样做:(1) $y=0$ 显然是方程的解;(2)当 $y\neq 0$ 时,变量分离得 $\dfrac{dy}{y}=2xdx$,两端积分 $\int \dfrac{dy}{y}=\int 2xdx$,得 $\ln|y|=x^2+C_1$,去掉对数得 $y=\pm e^{x^2+C_1}=\pm e^{C_1}\cdot e^{x^2}$,但因 $\pm e^{C_1}$ 仍是非零的任意常数,把它记为 C_2,得 $y=C_2 e^{x^2}$.将结果合并即得所求的通解为 $y=Ce^{x^2}$(其中 C 为任意常数).

注 为了运算方便起见,在求可分方程通解的过程中,我们**约定三点**:(1)分离变量时,不讨论分母是否为零;(2)两边积分时,原函数出现对数,真数可以不加绝对值,且积分常数可取 $k\ln C$(k 为某个非零常数);(3)去对数后,最后得到的通解中默认 C 是任意的就行了,但 C 不能出现在 $1/C,\sqrt{C},\ln C$ 等这类运算里.

现在我们把前例重写一遍.

例 1 求 $\dfrac{dy}{dx}=2xy$ 的通解.

思路 可分方程,用变量分离法求解,注意三个约定.

解 分离变量得
$$\dfrac{dy}{y}=2xdx,$$
两端积分得
$$\ln y=x^2+\ln C,$$
故所求通解为
$$y=Ce^{x^2}.$$

例 2 求方程 $(x+xy^2)dx+(y-x^2y)dy=0$ 满足条件 $y|_{x=0}=1$ 的特解.

思路 求微分方程通解的一般思路:一般形式→典型形式→标准形式→求解.

解 方程化为 $\dfrac{dy}{dx}=\dfrac{x+xy^2}{x^2y-y}=\dfrac{x}{x^2-1}\cdot\dfrac{1+y^2}{y}$,是可分方程.

分离变量得
$$\dfrac{y}{y^2+1}dy=\dfrac{x}{x^2-1}dx,$$
两边积分得
$$\dfrac{1}{2}\ln(y^2+1)=\dfrac{1}{2}\ln(x^2-1)+\dfrac{1}{2}\ln C,$$
于是通解为
$$y^2+1=C(x^2-1).$$
由 $y|_{x=0}=1$,得 $C=-2$.
故所求的特解为 $y^2+1=-2(x^2+1)$,即 $2x^2+y^2=1$.

注 积分常数取 $\dfrac{1}{2}\ln C$ 是为了便于运算.

所得的特解是隐函数形式的,若要显化,则所求特解为 $y=\sqrt{1-2x^2}$(其中 $y=-\sqrt{1-2x^2}$ 不满足定解条件被舍去).

二、线性方程

如果一阶微分方程,它的典型形式的右边 $G(x,y)$ 可写成一个 y 的线性函数,$G(x,y)=-g(x)y+h(x)$,即形如
$$y'=-g(x)y+h(x)$$
的方程,称为**一阶线性微分方程**,简称为**线性方程**.把方程右端含 y 的项移到左端,得该线

性方程的标准形式是
$$y' + g(x)y = h(x). \tag{6.2.3}$$

例如,方程 $y' = y + x^2$;$y' + 2xy = 2x\mathrm{e}^{-x^2}$ 都是线性方程,前者不是标准形式,后者是标准形式. 而方程 $y' = xy^2$,$y' = \mathrm{e}^{x+y}$ 都不是线性方程.

线性方程一般来说不是可分方程,很难直接积分求出通解. 我们的想法是把方程(6.2.3)的左端化成一个(而不是几个)函数的导数,然后用积分法消去导数求出通解.

考虑到方程(6.2.3)的左边与乘积的求导公式 $(yz)' = y'z + yz'$ 接近,先将(6.2.3)两边同乘以某个 x 的函数 z 化为 $y'z + g(x)zy = h(x)z$,若选择 z 满足条件 $z' = g(x)z$,那么进一步可化为
$$(yz)' = h(x)z,$$
左端已经是函数 (yz) 的导数,两端积分消去导数符号,就能求出 yz,从而能求出 y. 因为 z 所满足的方程 $z' = g(x)z$ 是可分的,其通解为 $z = C\mathrm{e}^{G(x)}$(其中 $G(x)$ 是 $g(x)$ 的一个原函数),为简便选择 $z = \mathrm{e}^{G(x)}$.

因此,对标准形式的线性方程(6.2.3),只要两边同乘以 $\mathrm{e}^{G(x)}$ 后,就可用积分法求解,称 $\mathrm{e}^{G(x)}$ 为函数 $y' + g(x)y$ 的**积分因子**,对应的解法称为**积分因子法**.

用积分因子法求解线性方程(6.2.3)的**步骤**如下:

(1) 写出 $g(x)$,求其一个原函数 $G(x)$,得积分因子为 $\mathrm{e}^{G(x)}$;

(2) 方程两边同乘以积分因子 $\mathrm{e}^{G(x)}$,化为以 $y\mathrm{e}^{G(x)}$ 为未知函数的最简方程
$$(y\mathrm{e}^{G(x)})' = h(x)\mathrm{e}^{G(x)},$$
两边积分得
$$y\mathrm{e}^{G(x)} = \int h(x)\mathrm{e}^{G(x)}\,\mathrm{d}x;$$

(3) 上式两边再同除以 $\mathrm{e}^{G(x)}$,便得原方程的通解为
$$y = \left[\int h(x)\mathrm{e}^{G(x)}\,\mathrm{d}x\right]\mathrm{e}^{-G(x)}. \tag{6.2.4}$$

例3 求 $y' + 2xy = 2x\mathrm{e}^{-x^2}$ 的通解.

思路 已是一阶线性方程的标准形式,用积分因子法求解.

解 由 $g(x) = 2x$,得一个原函数为 $G(x) = x^2$,积分因子为 $\mathrm{e}^{G(x)} = \mathrm{e}^{x^2}$.

方程两边同乘以 e^{x^2},化为 $(y\mathrm{e}^{x^2})' = 2x$,

两边积分得 $y\mathrm{e}^{x^2} = x^2 + C$,

故所求通解为 $y = (x^2 + C)\mathrm{e}^{-x^2}$.

例4 求 $xy' - y = 2x^3$ 的通解.

思路 这是一阶微分方程的一般形式,要化成标准形式,然后开始求解.

解 方程化为 $y' = \dfrac{1}{x}y + 2x^2$,是线性方程,再化为标准形式:
$$y' - \frac{1}{x}y = 2x^2. \tag{6.2.5}$$

由 $g(x) = -\dfrac{1}{x}$,$\int g(x)\mathrm{d}x = -\ln x + C$,即 $g(x)$ 的一个原函数 $G(x) = -\ln x$,得积分因子为 $\mathrm{e}^{G(x)} = \mathrm{e}^{-\ln x} = \dfrac{1}{x}$.

方程(6.2.5)式两边同乘以 $\dfrac{1}{x}$,得 $\left(y\cdot\dfrac{1}{x}\right)'=2x$,

两边积分得
$$y\cdot\dfrac{1}{x}=x^2+C,$$

故所求通解为
$$y=(x^2+C)x.$$

注 若积分因子 $\mathrm{e}^{G(x)}$ 中的 $G(x)$ 含有 $\ln$,则先化简 $\mathrm{e}^{G(x)}$,然后再拿去乘以方程.要熟悉 $\mathrm{e}^{\ln x}=x, \mathrm{e}^{-\ln x}=\dfrac{1}{x}, \mathrm{e}^{a\ln x}=x^a$ 等恒等式.

若约定不定积分中的积分常数取为零,那么通解(6.2.4)可以直接写成
$$y=\left[\int h(x)\mathrm{e}^{\int g(x)\mathrm{d}x}\,\mathrm{d}x+C\right]\mathrm{e}^{-\int g(x)\mathrm{d}x}. \tag{6.2.6}$$

今后,可以直接套用**通解公式**(6.2.6)来求方程(6.2.3)的通解,此法称为**通解公式法**,求解**步骤**:

(1)写出 $g(x),h(x)$;

(2)写出通解公式,并代入 $g(x),h(x)$;

(3)计算不定积分(积分常数取为零),获得通解.

如例 1,由于 $g(x)=2x, h(x)=2x\mathrm{e}^{-x^2}$,因此所求通解为
$$\begin{aligned}
y &= \left[\int h(x)\mathrm{e}^{\int g(x)\mathrm{d}x}\,\mathrm{d}x+C\right]\mathrm{e}^{-\int g(x)\mathrm{d}x} \\
&= \left[\int 2x\mathrm{e}^{-x^2}\mathrm{e}^{\int 2x\mathrm{d}x}\,\mathrm{d}x+C\right]\mathrm{e}^{-\int 2x\mathrm{d}x} \\
&= \left(\int 2x\mathrm{e}^{-x^2}\cdot\mathrm{e}^{x^2}\,\mathrm{d}x+C\right)\mathrm{e}^{-x^2}=\left(\int 2x\,\mathrm{d}x+C\right)\mathrm{e}^{-x^2} \\
&= (x^2+C)\mathrm{e}^{-x^2}.
\end{aligned}$$

下面介绍求解线性非齐次方程的另一种方法.

方程
$$y'+g(x)y=0 \tag{6.2.7}$$

称为**一阶线性齐次微分方程**,简称为**线性齐次方程**.线性齐次方程也是可分方程,其通解既可以由公式(6.2.6)取 $h(x)\equiv 0$ 得到,也可以用变量分离法求得,其通解为
$$y=C\mathrm{e}^{-\int g(x)\mathrm{d}x}\text{(其中 }C\text{ 是任意常数)}. \tag{6.2.8}$$

方程
$$y'+g(x)y=h(x),(h(x)\not\equiv 0) \tag{6.2.9}$$

称为**一阶线性非齐次微分方程**,简称为**线性非齐次方程**.

由通解公式(6.2.6)可知,线性非齐次方程(6.2.9)的通解可以表为
$$y=C(x)\mathrm{e}^{-\int g(x)\mathrm{d}x}\,(C(x)\text{ 是含任意常数的函数})$$

的形式,这一形式与对应的齐次方程(6.2.7)的通解只有常数 C 与函数 $C(x)$ 的不同.因此,求方程(6.2.9)的通解,可以用如下的方法,称为**常数变易法**.求解**步骤**如下:

(1)写出对应的齐次方程,用变量分离法求出它的通解
$$y=C\mathrm{e}^{-\int g(x)\mathrm{d}x};$$

(2)把上式通解中的常数 C 换成未知函数 $C(x)$,即设原方程的通解为

$$y = C(x)\mathrm{e}^{-\int g(x)\mathrm{d}x};$$

把所设通解代入原方程,求出待定函数 $C(x)$;

(3)写出原方程的通解.

用常数变易法求解时,不必强记积分因子和通解公式,只要按上述步骤计算就可以了,关键是把任意常数 C 换成未知函数 $C(x)$ 这一步(常数变易法因此而得名).

例 5 求 $y' = \dfrac{x^3 + y}{x}$ 的通解.

解 方程化为 $\dfrac{\mathrm{d}y}{\mathrm{d}x} - \dfrac{1}{x}y = x^2$,这是线性非齐次方程的标准形式.

方程对应的齐次方程为 $\dfrac{\mathrm{d}y}{\mathrm{d}x} - \dfrac{1}{x}y = 0$,分离变量后两边积分得

$$\ln y = \ln x + \ln C,\text{即 } y = Cx.$$

设 $y = C(x)x$ 是所求的通解,代入方程的标准形式,得

$$C'(x)x + C(x) - \dfrac{1}{x}C(x)x = x^2, \text{即 } C'(x) = x.$$

积分得 $C(x) = \dfrac{x^2}{2} + C$.

所以,原方程的通解为 $y = \dfrac{x^3}{2} + Cx$(C 为任意常数).

注 常数变易设 $y = C(x)\mathrm{e}^{-\int g(x)\mathrm{d}x}$ 为方程(6.2.9)解,代入后,含 $C(x)$ 的项可以抵消,只剩 $C'(x)$.

至此,我们知道,一阶线性非齐次方程可以用三种不同的方法求解,其中积分因子法是其余两种方法的基础. 积分因子法的思想是,把一个式子乘以一个辅助函数,即积分因子,使式子能化成某一个函数的导数,然后用积分法消去导数符号,求出未知函数.

还必须指出,对某些未化成方程(6.2.9)形式的微分方程,有时用积分因子法的思想可以直接求出通解,用其他方法反而添乱.

例 6 求方程 $xy' + y = \cos x$ 的通解.

思路 解这道题的常规思路是:把方程化为典型形式并判别类型;把方程化为线性方程的标准形式;用积分因子法、通解公式法或常数变易法求出通解. 但注意到方程左边已经是 xy 的导数,直接积分就可求出通解.

解 方程化为

$$(xy)' = \cos x,$$

两边积分得

$$xy = \sin x + C,$$

故所求通解为

$$y = \dfrac{\sin x + C}{x}.$$

一个一阶方程,对某个变量虽然不是线性的,但对另一个变量有可能是线性的. 利用这种思路求解方程的方法称为**变量换位法**.

例 7 求方程 $y\ln y\mathrm{d}x + (x - \ln y)\mathrm{d}y = 0$ 的通解.

思路 易知方程关于 y 不是线性方程,考虑将 $x = x(y)$ 看成未知函数.

解 方程化为 $\dfrac{\mathrm{d}x}{\mathrm{d}y} + \dfrac{1}{y\ln y}x = \dfrac{1}{y}$,是 $x = x(y)$ 的线性方程.

(6.2.10)

由 $g(y)=\dfrac{1}{y\ln y}$，$\int g(y)\mathrm{d}x=\ln\ln y+C$，即 $g(y)$ 的一个原函数为 $G(y)=\ln\ln y$，得积分因子为 $\mathrm{e}^{G(y)}=\mathrm{e}^{\ln\ln y}=\ln y$.

由(6.2.10)式两边同乘以 $\ln y$，得 $(x\ln y)'=\dfrac{\ln y}{y}$，

两边对 y 积分得
$$x\ln y=\dfrac{1}{2}\ln^2 y+C,$$

故所求通解为
$$x=\left(\dfrac{1}{2}\ln^2 y+C\right)\dfrac{1}{\ln y}.$$

与例 7 处理方法相同的方程很多，如
$$\dfrac{\mathrm{d}y}{\mathrm{d}x}=\dfrac{1}{\mathrm{e}^y+x},\dfrac{\mathrm{d}y}{\mathrm{d}x}=\dfrac{1}{x+y},\mathrm{e}^y\mathrm{d}x-(x\mathrm{e}^y-2y)\mathrm{d}y=0 \text{ 等}.$$

*三、积分因子法的应用

积分因子法不仅可用来求线性方程的通解，而且可用来证明题设条件或结论中蕴含 $f'(x)+g(x)f(x)$ 形式的命题，因此，它在证明函数恒等式、不等式以及微分中值命题中有广泛的应用. 如在一定条件下，要证明形如
$$f'(\xi)+g(\xi)f(\xi)=h(\xi)$$
的中值命题. 先把中值 ξ 换成变量 x 并移项，只要证方程
$$f'(x)+g(x)f(x)-h(x)=0$$
至少有一个实根. 为此，方程两边同乘以积分因子 $\mathrm{e}^{G(x)}$ 得等价方程
$$\left[f(x)\mathrm{e}^{G(x)}-\int h(x)\mathrm{e}^{G(x)}\mathrm{d}x\right]'=0,$$
因此，可以构造辅助函数（积分常数取为零）：
$$F(x)=f(x)\mathrm{e}^{G(x)}-\int h(x)\mathrm{e}^{G(x)}\mathrm{d}x,$$
然后对 $F(x)$ 利用罗尔定理即可证得前面的中值命题.

这种构造辅助函数的方法具有很强的代表性，敬请读者领会，并思考如何构造辅助函数来证明下面的例题.

例 8 设 $f(x)\in C[a,b],f(x)\in D(a,b)$，且 $f(a)=f(b)=\lambda$，求证：$\exists\xi\in(a,b)$，使得 $f'(\xi)+f(\xi)=\lambda$.

再请读者分别构造出函数 $f(x)$ 在 $[a,b]$ 上所满足的适当条件，使得下列中值等式成立：

(1) $f'(\xi)=2\xi f(\xi)$；(2) $f'(\xi)=\dfrac{2}{\xi}f(\xi)$；(3) $f(\xi)=\dfrac{b-\xi}{a}f'(\xi)$.

习 题 6.2

1. 方程 $y'-2y=4$ 可以是什么方程？求其通解，并验证结果.
2. 求下列方程的通解：

(1) $\cos x\sin y\mathrm{d}x+\sin x\cos y\mathrm{d}y=0$；

(2) $(\mathrm{e}^{x+y}-\mathrm{e}^x)\mathrm{d}x+(\mathrm{e}^{x+y}+\mathrm{e}^y)\mathrm{d}y=0$；

(3) $(xy^2-x)\mathrm{d}x+(yx^2-y)\mathrm{d}y=0$；

(4) $(x-1)\dfrac{\mathrm{d}y}{\mathrm{d}x}=y+2(x-1)^3$；

(5) $xy'-ny=x^{n+1}e^x$; (6) $(x^2+1)y'+2xy=3x^2$.

3. 求下列方程的特解：

(1) $xy'+y=xy\sin x, y\left(\dfrac{\pi}{2}\right)=\dfrac{2}{\pi}$; (2) $x\dfrac{dy}{dx}+y=e^x, y|_{x=1}=e$;

(3) $y'-\dfrac{1}{x\ln x}y=x\ln x, y(e)=\dfrac{1}{2}e^2$; (4) $xy'+(1-x)y=e^{2x}(0<x<+\infty), \lim\limits_{x\to 0^+}y(x)=1$;

(5) $y'+y=|x|, y(0)=0$; (6) $\dfrac{dy}{dx}=|y+1|+|y-1|, y(0)=0$.

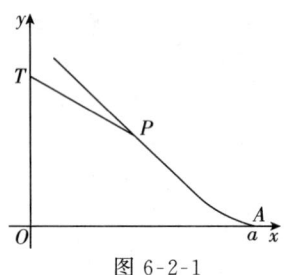

图 6-2-1

4. 解答下列问题：

(1) 设点 P 开始的位置在点 $A(a,0)$ 处，点 P 贴着 xOy 平面（水平放置）被一长度为 a 的细绳 TP 牵着（见图 6-2-1），如果点 T 从原点出发沿着 y 轴正向运动（假定点 P 与 xy 平面间摩擦可以忽略不计），由于牵引过程中，PT 始终在点 P 处与动点 P 的运动轨迹相切，且 PT 总长为 a，因此动点 $P(x,y)$ 满足条件：

$$\dfrac{dy}{dx}=-\dfrac{\sqrt{a^2-x^2}}{x}, y(a)=0.$$

试求点 $P(x,y)$ 的运动轨迹（称为牵引线）.

(2) 渗入物体的 χ 射线被物体吸收的吸收率定义为 χ 射线的强度 I 关于渗透深度 γ 的变化率. 已知吸收率与物体的密度 ρ 和 χ 射线的强度 I 成正比，即

$$\dfrac{dI}{d\gamma}=-k\rho I.$$

求函数 $I(\gamma)$（设 $\gamma=0$ 时，$I=I_0$，ρ 为正常数）.

(3) 一个电路中电源电动势 E，电阻 R 和电感 L 都是常量，当时间 $t=0$ 时，电路中的电流为 $i=0$. 若任意时刻 t，电流 i 满足方程 $E-L\dfrac{di}{dt}-Ri=0$，求电流 $i(t)$.

(4) 某厂设备的运行和维修成本 C 与大修间隔的长短 x 满足方程

$$\dfrac{dC}{dx}-\dfrac{b-1}{x}C=-\dfrac{ab}{x^2},$$

式中 a 和 b 是常数，假设当 $x=x_0$ 时 $C=C_0$，求函数 $C(x)$.

5. (1) 求证：一阶线性非齐次方程的通解等于它所对应的线性齐次方程的通解加上它的一个特解.

(2) 若方程 $y'-2xy=h(x)$ 有个特解 $y=\sin x$，求其通解.

6. 已知 a 是正常数，$|f(x)|\leqslant K$（K 为正常数），函数 $y(x)$ 是初值问题 $\begin{cases} y'+ay=f(x) \\ y(0)=0 \end{cases}$ 的解，求证：当 $x\geqslant 0$ 时，有 $|y(x)|\leqslant \dfrac{K}{a}(1-e^{-ax})$.

§ 6.3 可利用变量替换法求解的一阶方程

可分方程与线性方程是一阶微分方程的主要类型，它们都可以利用积分方法来求解. 本节要介绍利用变量替换法求解一阶方程，其基本想法是：通过**变量替换**，把所给的方程化为可求解的类型.

一、齐次方程

如果某一阶微分方程，它的显式方程的右边 $G(x,y)$ 可写成 $\dfrac{y}{x}$ 的函数，即能化成

$$y' = g\left(\frac{y}{x}\right) \tag{6.3.1}$$

的形式,则原方程称为**一阶齐次微分方程**,简称为**齐次方程**.方程(6.3.1)为齐次方程的标准方程.

例如 $xy'=y+x\tan\dfrac{y}{x}$ 是齐次方程,因为它可化为 $y'=\dfrac{y}{x}+\tan\dfrac{y}{x}$.

一般说来,齐次方程中 x 与 y 是以 y/x 的形式出现的,未必是可变量分离的微分方程. 如果 x 与 y 不可变量分离,干脆把 y/x 当成一个整体,引入新的未知函数 $z(x)=y/x$,即 $y=xz$,从而 $y'=z+xz'$.代入方程(6.3.1)得

$$z+xz'=g(z),$$

这是一个关于未知函数 $z(x)$ 的一阶微分方程,把它也化为典型形式,即

$$\frac{\mathrm{d}z}{\mathrm{d}x}=\frac{g(z)-z}{x},$$

它是可分方程,用变量分离法求出通解后,把 $z=y/x$ 回代,便可求得齐次方程的通解.

例 1 求方程 $xy'=y+x\tan\dfrac{y}{x}$ 的通解.

思路 求解齐次方程,用变量替换法,注意回代.

解 方程化为 $y'=\dfrac{y}{x}+\tan\dfrac{y}{x}$,这是齐次方程.

令 $z=\dfrac{y}{x}$,则 $y=xz,y'=z+xz'$,代入方程化为 $\dfrac{\mathrm{d}z}{\mathrm{d}x}=\dfrac{\tan z}{x}$,

变量分离得
$$\cot z\,\mathrm{d}z=\frac{\mathrm{d}x}{x},$$

两边积分得 $\ln\sin z=\ln x+\ln C,$ 即 $\sin z=Cx.$

回代即得所求的通解为
$$\sin\frac{y}{x}=Cx.$$

例 1 的通解用隐函数表示简单明了,不必显化.

请读者自行求出方程 $x\dfrac{\mathrm{d}y}{\mathrm{d}x}=y\left(1+\ln\dfrac{y}{x}\right)$ 的通解,并验证结果.

一阶微分方程中,基本的类型是最简方程、可分方程和线性方程,而齐次方程和伯努利方程(见第二目)都分别通过等价变形以及相应的变量替换法转化为可分方程和线性方程,因此,上述五种类型的方程是可求解的.对不属于这五类的一阶微分方程,可考虑用变量替换法化为这五类方程来求解.

一阶微分方程类型较多,而且不同类型方程的解法各异,因此首先要认清各类方程特点,能够正确识别方程类型,然后采取相应的方法求解.也就是说,解题的思路依然是"先分类,后求解".

某些方程可能同时属于不同类型的,如,方程 $y'=\dfrac{y}{x}$ 是可分方程、是线性方程,也是齐次方程,这就可用不同解法求解.

*二、伯努利方程

形如
$$\frac{dy}{dx}+g(x)y=h(x)y^a, \text{(常数 } a\neq 0,1) \tag{6.3.2}$$

的微分方程称为**伯努利(Bernoulli)方程**.

方程(6.3.2)当 $a=0$ 或 1 时是线性方程;当 $a\neq 0$ 或 1 时是非线性的,但经过适当的变量替换可以化为线性方程.

用 y^a 除方程两边得 $\quad y^{-a}\dfrac{dy}{dx}+g(x)y^{1-a}=h(x),$

令 $z=y^{1-a}$,则 $\dfrac{dz}{dx}=(1-a)y^{-a}\dfrac{dy}{dx}$,代入得到关于未知函数 z 的线性方程

$$\frac{dz}{dx}+(1-a)g(x)z=(1-a)h(x).$$

解出 z 后,将 $z=y^{1-a}$ 回代,便得贝努利方程的通解.

例 2　求方程 $y'+\dfrac{2}{x}y=3x^2y^{4/3}$ 的通解.

思路　求解伯努利方程,用变量替换法,化为线性方程求解.

解　方程化为 $y^{-4/3}y'+\dfrac{2}{x}y^{-1/3}=3x^2$.

令 $z=y^{-1/3}$,则 $z'=-\dfrac{1}{3}y^{-4/3}y'$,代入上式方程,整理得

$$z'-\frac{2}{3x}z=-x^2.$$

求此线性方程的通解(过程略)为 $z=-\dfrac{3}{7}x^3+Cx^{2/3}$,

所以原方程的通解为 $y^{-1/3}=-\dfrac{3}{7}x^3+Cx^{2/3}$.

*三、其他方程

利用变量替换的方法,不仅可以求解齐次方程和伯努利方程,还可以求解其他的一些方程,选择适当的替换式是其中的难点所在.选择的替换式可分为:替换自变量 $z=\varphi(x)$;替换因变量 $z=\varphi(y)$(如伯努利方程),替换某组合式 $z=\varphi(x,y)$(如齐次方程).

例 3　求 $x\dfrac{dy}{dx}+x+\sin(x+y)=0$ 的通解.

不属五类方程之一,但考虑到方程中含 $x+y$,所以令 $x+y=z$,然后化为可分方程进行求解.最后可得原方程的通解为 $\csc(x+y)-\cot(x+y)=\dfrac{C}{x}$.

例 4　求 $\dfrac{dy}{dx}=\dfrac{x-y^2}{2y(x+y^2)}$ 的通解.

将原方程变形为 $2y\dfrac{dy}{dx}=\dfrac{x-y^2}{x+y^2}$,即 $\dfrac{dy^2}{dx}=\dfrac{x-y^2}{x+y^2}$.先令 $y^2=z$,将方程化为齐次方程 $\dfrac{dz}{dx}=$

$\dfrac{x-z}{x+z}$,求解回代,可得所求的通解为 $x^2-2xy^2-y^4=C$.

习 题 6.3

1. 方程 $x^2 y'+xy=y^2$ 可以是什么方程？求其通解,并验证结果.

2. 求下列方程的通解：

(1) $(x^2+y^2)dx-xydy=0$；　　(2) $xy'=y(\ln y-\ln x)$；　　(3) $(1+2e^{\frac{x}{y}})dx+2e^{\frac{x}{y}}(1-\dfrac{x}{y})dy=0$；

(4) $xy'+y=2\sqrt{xy}$；　　　　*(5) $ydx=-(x+x^2y^2)dy$.

*3. 用所提示的变量替换求方程的通解：

(1) $y(xy+1)dx+x(1+xy+x^2y^2)dy=0$, $xy=z$；　　(2) $\dfrac{dy}{dx}=\dfrac{3x^2+y^2-6x+3}{2xy-2y}$, $x-1=t$；

(3) $(x-y^2)dx+2xydy=0$, $y^2=z$；　　　　　　(4) $y'=\dfrac{x+2y+1}{2x+4y-1}$, $x+2y=z$；

(5) $y'=\dfrac{2y-x+5}{2x-y-4}$, $x-1=X$, $y+2=Y$.

§6.4 二阶可降阶方程

前面讲的是求一阶微分方程通解的几种方法,本节开始要介绍一些二阶及二阶以上的高阶微分方程的解法.

二阶微分方程的一般形式为 $F(x,y,y',y'')=0$,典型形式为 $y''=G(x,y,y')$.

若典型形式的右边仅为 x 的函数,即方程可化为 $y''=f(x)$ 的形式,则原方程称为**二阶最简方程**. 求二阶最简方程,只须对方程两边连续积分两次,即可得到方程的通解.

如,要求 $y''=e^{2x}-\cos x$ 的通解. 原方程两边积分一次,得

$$y'=\dfrac{1}{2}e^{2x}-\sin x+C_1,$$

上述方程两边再积分一次,得

$$y=\dfrac{1}{4}e^{2x}+\cos x+C_1 x+C_2,$$

其中 C_1, C_2 为任意常数. 这就是所求的通解.

同样,连续积分 n 次,可求得方程 $y^{(n)}=f(x)$ 的通解.

当然,若令 $z=y'$,未知函数 y 关于 x 的二阶方程 $y''=f(x)$ 可化为未知函数 z 关于 x 一阶方程 $z'=f(x)$,由此也能求出原二阶方程的解,这种求二阶方程通解的方法称为**降阶换元法**.

以下介绍其他两类特殊的、可用降阶换元法来求通解的二阶微分方程.

一、$y''=f(x,y')$ 型的方程

这类方程的特点是方程右端不显含未知函数 y. 如果我们设 $y'=z$,则 $y''=\dfrac{dz}{dx}=z'$,代入原方程得

$$z' = f(x,z).$$

这是关于未知函数 $z(x)$ 的一阶方程,如果此方程可解,设其通解为

$$z = g(x,C_1), \text{即 } y' = g(x,C_1)$$

这是关于未知函数 $y(x)$ 的一阶最简方程. 直接积分,得到原方程的通解为

$$y = \int g(x,C_1) \, dx + C_2.$$

例1 解方程 $y'' = \dfrac{y'}{x}$.

解 设 $y' = z$,则 $y'' = z'$,于是原方程化为

$$z' = \frac{z}{x} \quad \text{或} \quad \frac{dz}{dx} = \frac{z}{x}.$$

分离变量,两边积分得 $\ln z = \ln x + \ln C_1$,$z = C_1 x$,

即

$$y' = C_1 x.$$

再积分得所求方程的通解为 $y = C_1 \dfrac{x^2}{2} + C_2$.

例2 求 $xy'' + y' = 4x$ 的通解.

解 方程化为 $y'' = \dfrac{4x - y'}{x}$,不显含 y.

令 $y' = z$,则 $y'' = z'$,方程可化为

$$z' = \frac{4x - z}{x}, \text{即 } z' + \frac{1}{x} z = 4,$$

它是线性方程,通解为 $z = \left[\int 4 e^{\int \frac{1}{x} dx} \, dx + C_1 \right] e^{-\int \frac{1}{x} dx} = 2x + \dfrac{C_1}{x}$,

得

$$y' = 2x + \frac{C_1}{x},$$

积分得原方程的通解为 $y = x^2 + C_1 \ln|x| + C_2$.

二、$y'' = f(y, y')$ 型的方程

这种方程的特点是右端不显含自变量 x. 若令 $y' = z(x)$,而把 $y'' = z'(x)$ 直接代入,方程会变为含 x, y, z 三个变量的,不便求解. 因此,要将 $y'' = z'(x)$ 转化成只含 y, z 这两个变量的式子. 利用复合函数的求导法则可以把 y'' 化为 z 对 y 的导数,即

$$y'' = \frac{dz}{dx} = \frac{dz}{dy} \cdot \frac{dy}{dx} = z \cdot \frac{dz}{dy}.$$

代入原方程,便有

$$z \cdot \frac{dz}{dy} = f(y,z),$$

这是关于未知函数 $z(y)$ 的一阶方程. 若方程可解,设其解为

$$z = g(y,C_1), \text{即 } \frac{dy}{dx} = g(y,C_1)$$

这是关于未知函数 $y(x)$ 的一阶变量可分离方程,求解得原方程通解为

$$\int \frac{\mathrm{d}y}{g(y,C_1)} = x + C_2.$$

例 3 求方程 $2yy'' = 1 + y'^2$,满足初始条件 $y|_{x=0} = 1, y'|_{x=0} = 2$ 的特解.

解 方程化为 $y'' = \dfrac{1+y'^2}{2y}$,不显含 x.

设 $y' = z$,则 $y'' = z \cdot \dfrac{\mathrm{d}z}{\mathrm{d}y}$,代入原方程,整理得

$$\frac{\mathrm{d}z}{\mathrm{d}y} = \frac{1}{y} \cdot \frac{1+z^2}{2z},$$

分离变量得
$$\frac{2z}{1+z^2} \mathrm{d}z = \frac{\mathrm{d}y}{y},$$

两端积分得 $\ln(1+z^2) = \ln y + \ln C_1$,即 $1 + z^2 = C_1 y.$

由条件 $y|_{x=0} = 1, y'|_{x=0} = 2$ 得 $C_1 = 5$,所以有 $z^2 = 5y - 1$,注意到 $y'|_{x=0} > 0$,得
$$y' = \sqrt{5y - 1}.$$

分离变量得
$$\frac{\mathrm{d}y}{\sqrt{5y-1}} = \mathrm{d}x,$$

两端积分得 $\dfrac{2\sqrt{5y-1}}{5} = x + C_2$ 或 $2\sqrt{5y-1} = 5x + 5C_2,$

由条件 $y|_{x=0} = 1$,得 $C_2 = \dfrac{4}{5}$,

所以所求特解为
$$2\sqrt{5y-1} = 5x + 4.$$

注 例 3 中,两个常数依次确定,是为了便于运算. 特解用隐函数表示,可以不显化. 但是,显化为 $y = \dfrac{5}{4}x^2 + 2x + 1$ 后,就容易验证结果的正确性.

例 4 求 $y \cdot \dfrac{\mathrm{d}^2 y}{\mathrm{d}x^2} - \left(\dfrac{\mathrm{d}y}{\mathrm{d}x}\right)^2 = 0$ 的通解.

解 方程化为 $y'' = \dfrac{(y')^2}{y}$,不显含 x.

令 $\dfrac{\mathrm{d}y}{\mathrm{d}x} = z$,则 $\dfrac{\mathrm{d}^2 y}{\mathrm{d}x^2} = z \cdot \dfrac{\mathrm{d}z}{\mathrm{d}y}$,代入原方程得

$$z \cdot \frac{\mathrm{d}z}{\mathrm{d}y} = \frac{z^2}{y}.$$

因此, $z = 0$ 或 $\dfrac{\mathrm{d}z}{\mathrm{d}y} = \dfrac{z}{y}.$

若 $z = 0$,则 $y = C_1$,这是原方程的解,但只含一个任意常数,不是通解,舍去.

若 $\dfrac{\mathrm{d}z}{\mathrm{d}y} = \dfrac{z}{y}$,则用分离变量法,得 $z = C_1 y$,即

$$\frac{\mathrm{d}y}{\mathrm{d}x} = C_1 y,$$

再用分离变量法,得 $y = C_2 \mathrm{e}^{C_1 x}$,则就是所求的通解.

形如 $y'' = f(x, y')$ 与 $y'' = f(y, y')$ 的二阶可降阶方程,可考虑用降阶换元法求解. 形如

$y''=f(y')$的方程,既不显含 x 又不显含 y,称为**混合型方程**,可以用降阶换元法的两种方式求解.

用降阶换元法可求解某些更高阶的微分方程.如方程 $y'''=y''$,可令 $y'=z$ 或令 $y''=z$ 去求解(从略),其通解是 $y=C_1 \mathrm{e}^x+C_2 x+C_3$.

习 题 6.4

1. 求下列方程的通解:
(1)$y''=x+\sin x$;　　(2)$xy''=y'+x^2$;　　(3)$yy''+(y')^2=0$;　　(4)$y''-(y')^2=1$.
2. 求下列方程的特解:
(1)$x^2 y''+xy'=2, y(1)=2, y'(1)=1$;　　(2)$yy''=y'^2, y|_{x=0}=y'|_{x=0}=1$;
(3)$yy''=2y'^2-2y'; y(0)=1, y'(0)=2$;　　(4)$y''-ay'^2=0(a\neq 0), y|_{x=0}=0, y'|_{x=0}=-1$.
3. 一种悬链线 $y=y(x)$ 满足条件 $y''=\dfrac{1}{a}\sqrt{1+y'^2}, y(0)=a, y'(0)=0$,求该悬链线方程.
4. 证明:曲率处处为非零常数的曲线是圆弧.

§6.5　二阶线性常系数齐次方程

在高阶微分方程中,理论上比较完备,应用上又比较重要的是线性微分方程.本节从二阶线性齐次方程解的结构入手,着重讨论二阶线性常系数齐次方程的解法.

一、二阶线性齐次方程及其解的结构

如果一个二阶方程中,未知函数及其一阶、二阶导数都是一次方的,就称它为**二阶线性微分方程**,简单为**二阶线性方程**.二阶线性方程的标准形式为
$$y''+p(x)y'+q(x)y=f(x). \tag{6.5.1}$$
若 $f(x)\equiv 0$,即方程
$$y''+p(x)y'+q(x)y=0, \tag{6.5.2}$$
这个线性方程称为**齐次**的;否则称为**非齐次**的.

二阶线性齐次方程在**解的结构**上具有一些良好的性质,我们将这些性质表达为下述的定理,其证明主要是用微分方程解的概念即代入法(从略).

定理 1　设 $y_1=y_1(x), y_2=y_2(x)$ 是线性齐次方程(6.5.2)的两个解,
(1)则 $y=C_1 y_1+C_2 y_2$ 也是方程(6.5.2)的解,其中 C_1, C_2 为任意常数;
(2)若 $\dfrac{y_2}{y_1}\neq k$(常数),则 $y=C_1 y_1+C_2 y_2$ 为方程(6.5.2)的通解.

定理 1 表明,线性齐次方程的解符合"**叠加原理**".

定理 1(1)中 $y=C_1 y_1+C_2 y_2$ 作为方程(6.5.2)的解,虽然形式上含有 C_1 和 C_2 两个任意常数,它不一定是方程的通解.例如,齐次方程 $y''+y=0, y_1=\sin x, y_2=2\sin x$ 是其解,而
$$y=C_1 y_1+C_2 y_2=(C_1+2C_2)\sin x=C\sin x$$
实质上只有一个任意常数 C,这显然不是通解.为了保证解 $y=C_1 y_1+C_2 y_2$ 中有两个独立的不能合并的任意常数,那么,解 y_1 与 y_2 就要满足 $\dfrac{y_2}{y_1}\neq k$(常数),这就是定理 1(2).

例如,齐次方程 $y''+y=0$ 有解 $y_1=\sin x$ 与 $y_2=\cos x$,且 $\dfrac{y_2}{y_1}=\cot x$ 不是常数,因此,通解 $y=C_1\sin x+C_2\cos x$.

二、二阶线性常系数齐次方程的解法

在二阶线性齐次方程中,如果 y',y 的系数均为常数,即形如
$$y''+py'+qy=0,(\text{其中 } p,q \text{ 为常数}) \tag{6.5.3}$$
的方程称为**二阶线性常系数齐次微分方程**.

由定理 1 知,要求方程(6.5.3)的通解,只要找出它的任意两个比值不为常数的特殊解 y_1,y_2,则 $y=C_1y_1+C_2y_2$ 就是方程的通解.

下面我们来分析方程(6.5.3)可能具有什么形式的**特殊解**(也称为**特解**).

由于在方程(6.5.3)中,y'',y',y 分别乘上常数因子后相加等于零,因此,如果能找到一个函数 y,使它和它的导数 y',y'' 之间只差一个常数因子,这样的函数就有可能是方程的特解.

我们知道,指数函数 $y=e^{rx}$,它的导数是 $y'=re^{rx}$,二阶导数是 $y''=r^2e^{rx}$,它们之间只相差常数因子 r 和 r^2,因此我们猜想:只要适当选取 r,e^{rx} 就有可能是方程(6.5.3)的特解.

设 $y=e^{rx}$ 是方程(6.5.3)的解,将它代入方程中应有 $(r^2+pr+q)e^{rx}=0$,由于 $e^{rx}\neq 0$,必有
$$r^2+pr+q=0 \quad \text{或} \quad T(r)=0, \tag{6.5.4}$$
其中 $T(r)=r^2+pr+q$. 这表明,只要常数 r 是二次代数方程(6.5.4)的根,函数 $y=e^{rx}$ 就是方程(6.5.3)的解. 于是,求方程(6.5.3)的特解的问题就转化为求代数方程(6.5.4)的根的问题,我们称关于 r 的一元二次多项式 $T(r)=r^2+pr+q$ 为微分方程(6.5.3)的**特征多项式**,关于 r 的一元二次方程(6.5.4)为微分方程(6.5.3)的**特征方程**,而特征方程 $T(r)=0$ 的根称为**特征根**. 显然,特征方程(6.5.4)中,r^2,r 的系数及常数项恰好依次是方程(6.5.3)中 y'',y' 及 y 的系数.

由于特征方程(6.5.4)是一元二次方程,两个特征根 r_1,r_2 可以用求根公式
$$r_{1,2}=\dfrac{-p\pm\sqrt{p^2-4q}}{2}$$
求出.

现在对特征根的三种不同情形来讨论方程(6.5.3)的解的分布情况和通解形式.

(1)若 $p^2-4q>0$,即两个特征根是不等的实根 $r_1\neq r_2$,这时 $\dfrac{y_2}{y_1}=\dfrac{e^{r_2x}}{e^{r_1x}}=e^{(r_2-r_1)x}\neq$ 常数,故方程(6.5.3)的通解为
$$y=C_1e^{r_1x}+C_2e^{r_2x}.$$

(2)若 $p^2-4q=0$,即两个特征根是相等的实根 $r_1=r_2=-\dfrac{p}{2}$,这时只得到方程(6.5.3)的一个特解 $y_1=e^{r_1x}$. 为了求通解,还要找出另一个满足 $\dfrac{y_2}{y_1}\neq$ 常数的特解 y_2. 为此,设 $y_2=$

$g(x)e^{r_1 x}$,其中 $g(x)$ 是待定的非常数函数。将 $y_2 = g(x)e^{r_1 x}$ 代入方程,整理得 $g''(x) = 0$。不妨取 $g(x) = x$,于是有 $y_2 = xe^{r_1 x}$。故方程(6.5.3)的通解为

$$y = C_1 e^{r_1 x} + C_2 x e^{r_1 x} = (C_1 + C_2 x) e^{r_1 x}.$$

(3)若 $p^2 - 4q < 0$,即两个特征根是一对共轭复根 $r_{1,2} = \alpha \pm \beta i$,此时,得到方程(6.5.3)的两个特解 $y_{1,2} = e^{(\alpha \pm \beta i)x}$。但它们是复数形式,不便于应用,为了得出实数解,利用**欧拉(Euler)公式**(第 7 章第 5 节) $e^{i\theta} = \cos\theta + i\sin\theta$,把 $y_{1,2}$ 分别改写为 $y_{1,2} = e^{\alpha x} \cdot e^{\pm i\beta x} = e^{\alpha x}(\cos\beta x \pm i\sin\beta x)$。由定理 1 可知

$$Y_1 = \frac{1}{2}(y_1 + y_2) = e^{\alpha x}\cos\beta x, \quad Y_2 = \frac{1}{2i}(y_1 - y_2) = e^{\alpha x}\sin\beta x$$

也是方程的解,且 $\dfrac{Y_2}{Y_1} = \dfrac{\sin\beta x}{\cos\beta x} = \tan\beta x$ 不是常数,故方程(6.5.3)的通解为

$$y = C_1 e^{\alpha x}\cos\beta x + C_2 e^{\alpha x}\sin\beta x = e^{\alpha x}(C_1 \cos\beta x + C_2 \sin\beta x).$$

以上讨论可知,求二阶线性常系数齐次方程的通解不必用到分析运算,只须用到代数运算,关键在于正确地求出特征方程的两个特征根,这种解法称为**特征方程法**或**特征根法**。

求二阶线性常系数齐次微分方程 $y'' + py' + qy = 0$ 通解的步骤如下:

(1)写出微分方程的特征方程 $T(r) = r^2 + pr + q = 0$,和两个特征根 r_1, r_2;

(2)根据两个特征根 r_1, r_2 的不同情况,按下表直接写出微分方程的通解:

$r^2 + pr + q = 0$ 的两根	$y'' + py' + qy = 0$ 的通解
$r_1 \neq r_2$	$y = C_1 e^{r_1 x} + C_2 e^{r_2 x}$
$r_1 = r_2$	$y = (C_1 + C_2 x) e^{r_1 x}$
$r_{1,2} = \alpha \pm i\beta$	$y = e^{\alpha x}(C_1 \cos\beta x + C_2 \sin\beta x)$

例 1 求 $y'' - 3y' + 2y = 0$ 的通解。

解 因该方程的特征方程为 $T(r) = r^2 - 3r + 2 = 0$,特征根为 $r_1 = 1, r_2 = 2$,故方程的通解为 $y = C_1 e^x + C_2 e^{2x}$。

例 2 求方程的 $y'' + 2y' + y = 0$ 的通解。

解 因该方程的特征方程为 $T(r) = r^2 + 2r + 1 = 0$,特征根为 $r_1 = r_2 = -1$,故方程的通解为 $y = (C_1 + C_2 x) e^{-x}$。

例 3 求 $y'' + 4y' + 5y = 0$ 的通解。

解 因该方程的特征方程为 $T(r) = r^2 + 4r + 5 = 0$,特征根为

$$r_{1,2} = \frac{-4 \pm \sqrt{16 - 20}}{2} = -2 \pm i,$$

故方程的通解为 $y = e^{-2x}(C_1 \cos x + C_2 \sin x)$。

*三、n 阶线性常系数齐次方程的解法

上面讨论二阶线性常系数齐次微分方程解的结构,解的方法以及方程的通解形式,可以推广到 n 阶相应的情形。

第 6 章 微 分 方 程

n 阶线性常系数齐次微分方程的一般形式是

$$y^{(n)} + p_1 y^{(n-1)} + p_2 y^{(n-2)} + \cdots + p_{n-1} y' + p_n y = 0,$$

其中 $p_1, p_2, \cdots, p_{n-1}, p_n$ 都是常数.

它的特征方程为

$$r^n + p_1 r^{n-1} + p_2 r^{n-2} + \cdots + p_{n-1} r + p_n = 0.$$

根据特征方程的根,可以按下表写出其对应的微分方程的通解:

特征方程的根	微分方程通解中的对应项
单实根 r	给出一项:ce^{rx}
k 重实根 r	给出 k 项:$e^{rx}(C_1 + C_2 x + \cdots + C_k x^{k-1})$
一对单复根 $r_{1,2} = \alpha \pm i\beta$	给出两项:$e^{\alpha x}(C_1 \cos\beta x + C_2 \sin\beta x)$
一对 $2k$ 重复根 $r_{1,2} = \alpha \pm i\beta$	给出 $2k$ 项:$e^{\alpha x}[(C_1 + C_2 x + \cdots + C_k x^{k-1})\cos\beta x + (D_1 + D_2 x + \cdots + D_k x^{k-1})\sin\beta x]$

从代数学知道,n 次代数方程有 n 个根.而特征方程的每一个根都对应着通解中的一项,且每项各含一个任意常数,这样就得到 n 阶常系数齐次线性微分方程的通解

$$y = C_1 y_1 + C_2 y_2 + \cdots + C_n y_n.$$

例 4 求方程 $y^{(4)} - 2y''' + 5y'' = 0$ 的通解.

解 特征方程为 $r^4 - 2r^3 + 5r^2 = 0$,其根为 $r_1 = r_2 = 0, r_{3,4} = 1 \pm 2i$.

故微分方程的通解为 $y = (C_1 + C_2 x)e^{0x} + e^x(C_3 \cos 2x + C_4 \sin 2x)$,即

$$y = (C_1 + C_2 x) + e^x(C_3 \cos 2x + C_4 \sin 2x).$$

习 题 6.5

1. 方程 $y'' - y' = 0$ 既是可降阶方程,又是线性方程,求其通解.

2. 求下列方程特解或通解:

(1) $y'' - 3y' - 4y = 0, y|_{x=0} = 0, y'|_{x=0} = -5$;

(2) $\dfrac{d^2 s}{dt^2} + 2\dfrac{ds}{dt} + s = 0, s|_{t=0} = 4, \dfrac{ds}{dt}|_{t=0} = 2$;

(3) $y'' + 25y = 0, y|_{x=0} = 2, y'|_{x=0} = 5$;

(4) $y'' + 2y' + 5y = 0$;

(5) $y'' - ay = 0 (a$ 为常数$)$;

*(6) $y''' - 4y'' + y' + 6y = 0$.

3. 设函数 $y = y(x)$ 满足条件:$y'' + 2y' + y = 0, y(0) = 0, y'(0) = 1$. 求:(1) $\lim\limits_{x \to +\infty} y(x)$;(2) $\int_0^{+\infty} y(x) dx$.

4. 已知有二阶线性常系数齐次方程为 $y'' + py' + qy = 0$,

(1) 问 $y = x^2$ 有无可能是其解,为何?

(2) 若 $y = C_1 e^x + C_2 e^{-x}$ 是其通解,求 p, q.

(3) 若 $y = xe^{2x}$ 是其特解,求 p, q.

5. 证明下列各题:

(1) 设 k 为正数,对方程 $y'' + k^2 y = 0$ 的任意一解 y,求证:$y'^2 + k^2 y^2$ 为常数.

(2) 设 p, q 都是正数,求证:方程 $y'' + py' + qy = 0$ 的通解当 $x \to +\infty$ 时趋于零.

§6.6 二阶线性常系数非齐次方程

本节从二阶线性非齐次方程解的结构入手,着重讨论两类特殊的二阶线性常系数非齐次方程的解法.

一、二阶线性非齐次方程及其解的结构

形如
$$y'' + p(x)y' + q(x)y = f(x), \qquad (6.6.1)$$
的方程称为**二阶线性非齐次方程**(标准形式),其中非齐次项 $f(x)$ 不恒为零,称为**自由项**.

齐次方程
$$y'' + p(x)y' + q(x)y = 0, \qquad (6.6.2)$$
称为方程(6.6.1)**对应的齐次方程**.

有关方程(6.6.1)的解的结构如下(证明从略):

定理 1 设 Y 是齐次方程(6.6.2)的通解,y^* 是非齐次方程(6.6.1)的一个解,则
$$y = Y + y^*$$
是非齐次方程(6.6.1)的通解.

如,对非齐次方程 $y'' + y = 2e^x$ 来说:$Y = C_1 \sin x + C_2 \cos x$ 是对应的齐次方程 $y'' + y = 0$ 的通解,$y^* = e^x$ 是原非齐次方程的一个解(读者自行验证),因此
$$y = C_1 \sin x + C_2 \cos x + e^x$$
是所给的方程的通解.

定理 2 设非齐次方程(6.6.1)右端 $f(x)$ 是几个函数之和(或差),如
$$y'' + p(x)y' + q(x)y = f_1(x) \pm f_2(x),$$
而 y_1^* 与 y_2^* 分别是方程
$$y'' + p(x)y' + q(x)y = f_1(x) \text{ 与 } y'' + p(x)y' + q(x)y = f_2(x)$$
的解,则 $y^* = y_1^* \pm y_2^*$ 是原方程的解.

定理 2 是线性非齐次方程特解的叠加(或减)原理.

定理 3 设 $y_1 + iy_2$ 是方程 $y'' + p(x)y' + q(x)y = f_1(x) + if_2(x)$ 的解,其中 $p(x)$,$q(x)$,$f_1(x)$,$f_2(x)$ 为实值函数,i 为纯虚数.则 y_1 与 y_2 分别是方程
$$y'' + p(x)y' + q(x)y = f_1(x) \text{ 与 } y'' + p(x)y' + q(x)y = f_2(x)$$
的解.

二、两类特殊的二阶线性常系数非齐次方程的解法

二阶线性常系数非齐次方程的标准形式是
$$y'' + py' + qy = f(x), \qquad (6.6.3)$$
其中 p, q 为常数,自由项 $f(x)$ 不恒为零.

非齐次方程(6.6.3)对应的齐次方程为
$$y'' + py' + qy = 0. \qquad (6.6.4)$$

为方便起见,方程(6.6.4)的特征多项式、特征方程和特征根也称为方程(6.6.3)的**特征多项式**、**特征方程**和**特征根**.

由定理 1 可知,求方程(6.6.3)的通解,归结为求方程(6.6.4)的通解和方程(6.6.3)的一个特解. 由于方程(6.6.4)的通解求法已解决,所以只需讨论方程(6.6.3)特解 y^* 的求法. 对一般自由项 $f(x)$,求方程(6.6.3)特解没有很简明有效的方法,我们只研究自由项 $f(x)$ 为下列两种常见形式时,方程(6.6.3)特解 y^* 的求法:

$$f(x) = P_m(x)e^{\lambda x}; \quad f(x) = P_m(x)e^{\lambda x}\cos\omega x \text{ 或 } P_m(x)e^{\lambda x}\sin\omega x,$$

其中 $P_m(x)$ 为 m 次多项式,λ,ω 为常数.

(1) $y'' + py' + qy = P_m(x)e^{\lambda x}$ 情形

由于方程右端是多项式 $P_m(x)$ 与指数函数 $e^{\lambda x}$ 的乘积,而多项式与指数函数乘积的各阶导数仍为多项式与指数函数的乘积,因此可以推测

$$y^* = Q(x)e^{\lambda x} \text{(其中 } Q(x) \text{ 是某个待定多项式)}$$

可能是方程(6.6.3)的特解. 将 y^* 及 $y^{*'}$,$y^{*''}$ 代入方程,两边消去 $e^{\lambda x}$,整理得

$$Q''(x) + (2\lambda + p)Q'(x) + (\lambda^2 + p\lambda + q)Q(x) = P_m(x),$$

即

$$Q''(x) + T'(\lambda)Q'(x) + T(\lambda)Q(x) = P_m(x), \tag{6.6.5}$$

其中的系数 $T(\lambda) = \lambda^2 + p\lambda + q$,$T'(\lambda) = 2\lambda + p$ 分别是特征多项式 $T(r)$ 在 $r = \lambda$ 的值和导数值. 方程(6.6.5)就是待定多项式 $Q(x)$ 所应该满足的条件. 由于方程(6.6.5)右边 $P_m(x)$ 是已知的 m 次多项式,可以推测 $Q(x)$ 也是某个多项式,且使(6.6.5)式左边也是 m 次多项式. 注意:比较(6.6.5)式两端同次项系数,可得 $m+1$ 个方程联立起来的方程组,因而一般来说,待定多项式 $Q(x)$ 中可以只含 $m+1$ 个待定系数.

下面根据(6.6.5)式左边的系数 $T(\lambda),T'(\lambda)$ 是否为零,来确定 $Q(x)$ 的最高幂次及形式. 具体讨论如下:

① 若 $T(\lambda) \neq 0$,即 λ 不是特征根,则 $Q(x)$ 必是一个 m 次多项式,此时可令 $Q(x) = Q_m(x)$($Q_m(x)$ 为待定 m 次多项式,只含 $m+1$ 个待定系数).

② 若 $T(\lambda) = 0$ 但 $T'(\lambda) \neq 0$,即 λ 是单特征根,则 $Q'(x)$ 必是一个 m 次多项式,于是 $Q(x)$ 必是一个 $m+1$ 次多项式,为了简便常数项取为零,以使得 $Q(x)$ 只含 $m+1$ 个待定系数,此时可令 $Q(x) = xQ_m(x)$.

③ 若 $T(\lambda) = 0$ 且 $T'(\lambda) = 0$,即 λ 是二重特征根,则 $Q''(x)$ 必是一个 m 次多项式,于是 $Q(x)$ 必是一个 $m+2$ 次多项式,为了简便常数项与一次项系数取为零,以使得 $Q(x)$ 只含 $m+1$ 个待定系数,此时可令 $Q(x) = x^2 Q_m(x)$.

综上所述,二阶线性常系数非齐次方程

$$y'' + py' + qy = P_m(x)e^{\lambda x}$$

的特解具有形式:

$$y^* = x^k Q_m(x)e^{\lambda x},$$

其中 $Q_m(x)$ 是与 $P_m(x)$ 同次的待定多项式,而 k 按 λ 不是特征根、是单特征根或是二重特征根依次取 0,1 或 2,即 k 表示 λ 作为特征根的重数.

有了特解 y^* 的上述形式后,把 y^* 代入给定的微分方程,利用待定系数法,即可求得特

解 y^*. 这种方法的特点是不用积分就可以求出 y^* 来, 称为**待定系数法**或**待定特解法**.

注 把 $y^*=x^k Q_m(x)\mathrm{e}^{\lambda x}$ 代入原微分方程等价于把相应的 $Q(x)=x^k Q_m(x)$ 代入方程
$$Q''(x)+T'(\lambda)Q'(x)+T(\lambda)Q(x)=P_m(x).$$

特别地, 当 $\lambda=0$ 时, 二阶线性常系数非齐次方程
$$y''+py'+qy=P_m(x)$$
的特解具有形式:
$$y^*=x^k Q_m(x),$$
其中 k 表示 $\lambda=0$ 作为特征根的重数.

更特别地, 二阶线性常系数非齐次方程 (A 为非零常数)
$$y''+py'+qy=A$$
的特解具有形式:
$$y^*=ax^k,$$
其中 k 表示 $\lambda=0$ 作为特征根的重数, a 为待定常数.

例1 求方程 $y''-5y'+6y=x\mathrm{e}^{2x}$ 的特解.

思路 自由项属于 $P_m(x)\mathrm{e}^{\lambda x}$ 型, 特解是 $y^*=x^k Q_m(x)\mathrm{e}^{\lambda x}$ 形式, 其中 $m=1, \lambda=2$, 为了确定 $k=?$, 要考查 $\lambda=2$ 作为特征根的重数, 即要先求特征根.

解 特征方程为 $T(r)=r^2-5r+6=0$, 特征根为 $r_1=2, r_2=3$.

因 $\lambda=2$ 是单特征根, 可设特解为
$$y^*=x(ax+b)\mathrm{e}^{2x}.$$
把 y^* 代入原方程 (有点复杂, 请读者完成), 整理得
$$2a-b-2ax=x,$$
比较两端 x 同次幂系数, 求得 $a=-1/2, b=-1$.

或者为了简化计算, 把 $Q(x)=x(ax+b)=ax^2+bx$ 代入方程
$$Q''(x)+T'(\lambda)Q'(x)+T(\lambda)Q(x)=x.$$
因为 $T(2)=0, T'(2)=-1, Q'(x)=2ax+b, Q''(x)=2a$, 得
$$2a-b-2ax=x,$$
比较两端 x 同次幂系数, 求得 $a=-1/2, b=-1$.

故一个特解为 $y^*=x\left(-\dfrac{1}{2}x-1\right)\mathrm{e}^{2x}$.

例2 求方程 $y''-2y'+y=(x^2-2)\mathrm{e}^x$ 的一个特解.

思路 自由项属于 $P_m(x)\mathrm{e}^{\lambda x}$ 型, 特解是 $y^*=x^k Q_m(x)\mathrm{e}^{\lambda x}$ 形式, 其中 $m=2, \lambda=1$ 是二重特征根, 得 $k=2$.

解 特征方程为 $T(r)=r^2-2r+1=0$, 特征根为 $r_1=r_2=1$.

由于 $\lambda=1$ 是二重特征根, 故可设特解为
$$y^*=x^2(ax^2+bx+c)\mathrm{e}^x,$$
其中 $Q(x)=ax^4+bx^3+cx^2$ 满足
$$Q''(x)+T'(\lambda)Q'(x)+T(\lambda)Q(x)=x^2-2,$$
又 $T(1)=0, T'(1)=0, Q'(x)=4ax^3+3bx^2+2cx, Q''(x)=12ax^2+6bx+2c$,

得 $$12ax^2+6bx+2c=x^2-2,$$
比较两端 x 同次幂系数得 $a=1/12, b=0, c=-1$.

故一个特解为 $y^*=x^2\left(\dfrac{1}{12}x^2-1\right)e^x$.

应当看出,倘若把 y^* 代入原方程去求待定系数,那就将不胜其烦了.

例 3 求方程 $y''+y=x^2$ 的通解.

思路 非齐通＝齐通＋非齐特.

解 对应的齐次方程为 $y''+y=0$,其特征方程为 $r^2+1=0$,特征根为 $r=\pm i$,于是齐次方程的通解为 $y=C_1\cos x+C_2\sin x$.

由于 $\lambda=0$ 不是特征根,可设原方程特解为
$$y^*=ax^2+bx+c.$$
把它代入原方程得 $$ax^2+bx+2a+c=x^2,$$
比较两端 x 同次幂系数得 $a=1, b=0, c=-2$.

于是特解为 $$y^*=x^2-2.$$

故原方程的通解为 $$y=C_1\cos x+C_2\sin x+x^2-2.$$

(2) $y''+py'+qy=P_m(x)e^{\lambda x}\cos\omega x$ 或 $P_m(x)e^{\lambda x}\sin\omega x$ 情形

由欧拉公式知道,$P_m(x)e^{\lambda x}\cos\omega x$ 和 $P_m(x)e^{\lambda x}\sin\omega x$ 分别是
$$P_m(x)e^{(\lambda+\omega i)x}=P_m(x)e^{\lambda x}(\cos\omega x+i\sin\omega x)$$
的实部和虚部. 根据定理 3 可知,此时方程的特解是方程
$$y''+py'+qy=P_m(x)e^{(\lambda+\omega i)x} \tag{6.6.6}$$
的特解的实部和虚部,而套用情形(1)的结论,并注意到 $\lambda+\omega i$ 不可能是实系数的特征方程的二重根,可知方程(6.6.6)的特解具有如下形式:
$$y^*=x^k Q_m(x)e^{(\lambda+\omega i)x},$$
其中 $Q_m(x)$ 是与 $P_m(x)$ 同次的待定多项式(可以是复系数的),而 k 按 $\lambda+\omega i$ 不是特征根或是单特征根依次取 0 或 1.

进一步取出特解的实部和虚部,可得结论:

二阶线性常系数非齐次方程
$$y''+py'+qy=P_m(x)e^{\lambda x}\cos\omega x \text{ 或 } P_m(x)e^{\lambda x}\sin\omega x$$
的特解具有形式:
$$y^*=x^k e^{\lambda x}[Q_m(x)\cos\omega x+R_m(x)\sin\omega x],$$
其中 $Q_m(x)$ 和 $R_m(x)$ 是 m 次多项式,而 k 按 $\lambda+\omega i$ 不是特征根,是特征根依次取 0 或 1,即 k 表示 $\lambda+\omega i$ 作为特征根的重数.

注 把 y^* 代入原方程等价于把 $Q(x)=x^k[Q_m(x)\cos\omega x+R_m(x)\sin\omega x]$ 代入方程
$$Q''(x)+T'(\lambda)Q'(x)+T(\lambda)Q(x)=P_m(x)\cos\omega x \text{ 或 } P_m(x)\sin\omega x.$$

特别地,当 $\lambda=0$ 时,二阶线性常系数非齐次方程
$$y''+py'+qy=P_m(x)\cos\omega x \text{ 或 } P_m(x)\sin\omega x$$
的特解具有形式:
$$y^*=x^k[Q_m(x)\cos\omega x+R_m(x)\sin\omega x],$$

其中 k 表示 $\lambda+\omega i=0+\omega i$ 作为特征根的重数.

更特别地,二阶线性常系数非齐次方程(A 为非零常数)
$$y''+py'+qy=A\cos\omega x \text{ 或 } A\sin\omega x$$
的特解具有形式:
$$y^*=x^k(a\cos\omega x+b\sin\omega x),$$
其中 k 表示 $\lambda+\omega i=0+\omega i$ 作为特征根的重数,a,b 为待定常数.

例4 求 $y''+2y'-3y=3\sin x$ 的通解.

解 对应的齐次方程为 $y''+2y'-3y=0$,特征方程为 $T(r)=r^2+2r-3=0$,特征根为 $r_1=1,r_2=-3$. 故对应的齐次方程的通解为 $y=C_1 e^x+C_2 e^{-3x}$.

因 $\lambda+\omega i=i$ 不是特征根,即可设原方程特解为
$$y^*=e^{\lambda x}(a\cos x+b\sin x)=a\cos x+b\sin x.$$
代入原方程得 $(-4b-2a)\sin x+(-4a+2b)\cos x=3\sin x$,

比较 $\sin x$ 与 $\cos x$ 的系数得 $\begin{cases}-4b-2a=3\\-4a+2b=0\end{cases}$,解得 $a=-\dfrac{3}{10},b=-\dfrac{3}{5}$.

所以特解为 $$y^*=-\frac{3}{10}\cos x-\frac{3}{5}\sin x.$$

所以原方程的通解为 $y=C_1 e^x+C_2 e^{-3x}-\dfrac{3}{10}\cos x-\dfrac{3}{5}\sin x$.

例5 求 $y''-2y'+5y=e^x\sin 2x$ 的一个通解.

解 对应的齐次方程为 $y''-2y'+5y=0$,特征方程为 $T(r)=r^2-2r+5=0$,特征根为 $r_{1,2}=1\pm 2i$. 故对应的齐次方程的通解为
$$y=e^x(C_1\cos 2x+C_2\sin 2x).$$
因 $\lambda+\omega i=1+2i$ 是特征根,故设原方程的特解为
$$y^*=xe^x(a\cos 2x+b\sin 2x).$$
其中 $Q(x)=x(a\cos 2x+b\sin 2x)$ 满足
$$Q''(x)+T'(\lambda)Q'(x)+T(\lambda)Q(x)=\sin 2x,$$
又 $T(1)=4,T'(1)=0$,且
$$Q'(x)=(a+2bx)\cos 2x+(b-2ax)\sin 2x,$$
$$Q''(x)=(4b-4ax)\cos 2x-(4a+4bx)\sin 2x,$$
代入得 $4b\cos 2x-4a\sin 2x=\sin 2x$,

比较两端同类项系数,得 $a=-1/4,b=0$,

所以原方程的一个特解为 $$y^*=-\frac{1}{4}xe^x\cos 2x.$$

故所求通解是 $y=e^x(C_1\cos 2x+C_2\sin 2x)-\dfrac{1}{4}xe^x\cos 2x$.

例6 求方程 $y''+y=x^2+x\cos 2x$ 的通解.

思路 利用解的叠加原理.

解 由例3知,齐次方程 $y''+y=0$ 的通解为 $y=C_1\cos x+C_2\sin x$,且非齐次方程 $y''+y=x^2$ 的一个特解为 $y_1^*=x^2-2$.

用前述方法可求出 $y_2^* = -\frac{1}{3}x\cos 2x + \frac{4}{9}\sin 2x$ 为 $y'' + y = x\cos 2x$ 的一个特解. 于是原方程的一个特解是

$$y^* = y_1^* + y_2^* = x^2 - 2 - \frac{1}{3}x\cos 2x + \frac{4}{9}\sin 2x.$$

所求方程的通解为 $y = C_1\cos x + C_2\sin x + x^2 - 2 - \frac{1}{3}x\cos 2x + \frac{4}{9}\sin 2x.$

至此,求自由项为多项式、指数函数、正弦函数、余弦函数,以及它们的积与和的二阶线性常系数非齐次微分方程的通解问题得到了圆满解决. 求解的关键是根据自由项 $f(x)$ 的两种不同的形式,设立相应的特解形式. 为此,我们将方程 $y'' + py' + qy = f(x)$ 的特解 y^* 的形式总结如下表：

$f(x)$ 的形式	条件	特解 y^*
$f(x) = P_m(x)e^{\lambda x}$	λ 不是特征根	$y^* = Q_m(x)e^{\lambda x}$
	λ 是单特征根	$y^* = xQ_m(x)e^{\lambda x}$
	λ 是重特征根	$y^* = x^2 Q_m(x)e^{\lambda x}$
$f(x) = P_m(x)e^{\lambda x}\cos\omega x$ 或 $P_m(x)e^{\lambda x}\sin\omega x$	$\lambda \pm \omega i$ 不是特征根	$y^* = e^{\lambda x}[Q_m(x)\cos\omega x + R_m(x)\sin\omega x]$
	$\lambda \pm \omega i$ 是特征根	$y^* = xe^{\lambda x}[Q_m(x)\cos\omega x + R_m(x)\sin\omega x]$

*三、一般的二阶线性常系数非齐次方程的解法

求二阶线性常系数非齐次微分方程的特解时,不仅要记住表格所列的特征根对应于特解形式的规律,而且求特解中的待定系数往往比较繁琐. 有兴趣的读者可以按下述的降阶方法直接来求通解,这种方法的优点是:不必讨论特征根与自由项的关系,又适用于自由项为任意连续函数的情形,还可以推广应用到求 n 阶线性常系数非齐次微分方程的通解.

设方程
$$y'' + py' + qy = f(x)$$
有两个特征根 r_1, r_2(可以相同或不同,可以是复数根),即
$$p = -(r_1 + r_2), q = r_1 r_2.$$
原方程化为 $y'' - (r_1 + r_2)y' + r_1 r_2 y = f(x)$,即
$$(y' - r_1 y)' - r_2(y' - r_1 y) = f(x).$$
令 $y' - r_1 y = z$,则方程化为关于未知函数 $z(x)$ 的一阶线性方程
$$z' - r_2 z = f(x),$$
它的通解为
$$z = \left[\int f(x)e^{\int -r_2 dx} dx\right]e^{\int r_2 dx} = \left[\int f(x)e^{-r_2 x} dx\right]e^{r_2 x}$$
记通解为 $z = g(x, C_1)$,那么又有关于未知函数 $y(x)$ 的一阶线性方程
$$y' - r_1 y = g(x, C_1),$$
再用通解公式即得原二阶线性常系数非齐次方程的通解为

$$y = \left[\int g(x,C_1)e^{\int -r_1 dx}dx\right]e^{\int r_1 dx} = \left[\int g(x,C_1)e^{-r_1 x}dx\right]e^{r_1 x}.$$

上述解法的实质是通过变量替换 $y'-r_1 y = z$,把二阶线性方程化为两个形式相同的一阶线性方程来求解.

例7 求方程 $y''-2y'=e^{2x}$ 的通解.

解 特征方程的两根为 $r_1=0, r_2=2$,方程化为
$$(y'-0y)'-2(y'-0y)=e^{2x}.$$
令 $y'-0y=y'=z$,则化为
$$z'-2z=e^{2x},$$
通解为 $z = \left[\int e^{2x}e^{\int -2dx}dx\right]e^{\int 2dx} = \left[\int dx\right]e^{2x} = (x+C_1)e^{2x}$.

又由 $y'=(x+C_1)e^{2x}$,解得 $y = \int (x+C_1)e^{2x}dx = C_2 e^{2x}+C_3+\frac{1}{2}xe^{2x}$,这就是所求通解.

实质上,例 7 的方程是可降阶的二阶方程(不显含 y).

上面的解法中,积分常数 C_1 和 C_2 都取零,可得非齐次方程的一个特解.

例8 求 $y''+y=\sec x \left(0<x<\frac{\pi}{2}\right)$ 的一个特解.

解 方程的自由项不是常见的类型,不知道特解的形式,不能用待定特解的办法,我们仍用降阶法.因为特征根 $r_{1,2}=\pm i$,令 $y'-iy=z$,则原方程化为
$$z'+iz=\sec x.$$
上式方程的通解 $z = \left[\int \sec x \cdot e^{\int i dx}dx\right]e^{\int -i dx} = \left[\int \sec x \cdot e^{ix}dx\right]e^{-ix}$
$$= \left[\int \sec x(\cos x+i\sin x)dx\right](\cos x-i\sin x)$$
$$= (x-i\ln\cos x)(\cos x-i\sin x),$$
得
$$y'-iy=(x-i\ln\cos x)(\cos x-i\sin x).$$
为了得到实数解,比较两边实部得 $y'=x\cos x-\sin x\ln\cos x$,

积分得原方程的一个特解为 $y^* = x\sin x+\cos x\ln\cos x$.

注 比较虚部也可直接得原方程的一个特解为 $y^* = x\sin x+\cos x\ln\cos x$.

*四、欧拉方程

一般来说,线性方程中,变系数的微分方程是不容易求解的.但是,有些特殊的方程,可以通过变量替换化为线性常系数方程来求解,欧拉方程就是其中一种.

形如
$$x^n y^{(n)}+p_1 x^{n-1}y^{(n-1)}+\cdots+p_{n-1}xy'+p_n y=f(x)$$
的方程称为 n 阶的**欧拉方程**,其中 $p_1,p_2,\cdots,p_n$ 为常数,$x>0$.

欧拉方程方程的特点是:方程中各项未知函数导数的阶数与其乘积因之自变量的幂次相同.

通过变量替换 $x=e^t$ 或 $\ln x=t$,可将欧拉方程化为以为未知函数的线性常系数方程.

下面以二阶方程为例加以介绍.

二阶欧拉方程为
$$x^2 y'' + pxy' + qy = f(x).$$
令 $x = e^t$ 或 $\ln x = t$,则有
$$y' = \frac{dy}{dx} = \frac{dy}{dt} \cdot \frac{dt}{dx} = \frac{1}{x} \cdot \frac{dy}{dt},$$
$$y'' = \frac{d^2 y}{dx^2} = -\frac{1}{x^2} \cdot \frac{dy}{dt} + \frac{1}{x} \cdot \frac{d^2 y}{dt^2} \cdot \frac{1}{x} = \frac{1}{x^2}\left(\frac{d^2 y}{dt^2} - \frac{dy}{dt}\right),$$
代入二阶欧拉方程,化为
$$\frac{d^2 y}{dt^2} + (p-1)\frac{dy}{dt} + qy = f(e^t),$$
这是关于未知函数 $y(t)$ 的线性常系数方程,求出此方程通解,再将 $t = \ln x$ 回代,就得到原二阶欧拉方程的通解.

例 9 求欧拉方程 $x^2 y'' - xy' + y = \ln x$ 的通解.

解 令 $x = e^t$ 或 $\ln x = t$,则方程化为
$$\frac{d^2 y}{dt^2} - 2\frac{dy}{dt} + y = t.$$
解此方程得通解为 $y = (C_1 + C_2 t)e^t + t + 2$,将 $t = \ln x$ 代入,得原方程的其通解为
$$y = (C_1 + C_2 \ln x)x + \ln x + 2.$$
类似地,下列欧拉方程:

(1) $x^2 y'' - 2y = x$;   (2) $x^2 y'' + xy' - y = 0$;

(3) $y'' - \dfrac{y'}{x} + \dfrac{y}{x^2} = \dfrac{2}{x}$;   (4) $x^2 y'' - 3xy' + 4y = x + x^2 \ln x$.

通解分别为:

(1) $y = C_1 x^2 + C_2 \dfrac{1}{x} - \dfrac{1}{2}x$;   (2) $y = C_1 x + \dfrac{C_2}{x}$;

(3) $y = (C_1 + C_2 \ln x + \ln^2 x)x$;   (4) $y = \left(C_1 + C_2 \ln x + \dfrac{1}{6}\ln^3 x\right)x^2 + x$.

习 题 6.6

1. 微分方程 $y'' - 5y' + 6y = f(x)$ 的特解 y^* 具有什么形式?其中自由项 $f(x)$ 分别为:
(1) 2;   (2) x;   (3) e^x;   (4) xe^{2x}.

2. 微分方程 $y'' - 2y' + y = f(x)$ 的特解 y^* 具有什么形式?其中自由项 $f(x)$ 分别为:
(1) 2;   (2) x;   (3) e^x;   (4) xe^{2x}.

3. 方程 $y'' - y' = x$ 既是可降阶的,又是线性的,请用不同的方法求通解,并验证结果.

4. 求下列方程的通解:
(1) $y'' + y' = 2e^x$;   (2) $y'' + 10y' + 25y = 2e^{-5x}$ (3) $y'' + 4y = -4\sin 2x$;
(4) $y'' - 2y' + 5y = e^x \sin x$;   (5) $y'' - a^2 y = e^x$ (a 为常数).

5. 求下列各微分方程满足已知初始条件的特解:
(1) $y'' - 2y' = 4, y|_{x=0} = 1, y'|_{x=0} = 2$;
(2) $y'' - 4y' + 3y = e^{2x}, y|_{x=0} = 1, y'|_{x=0} = 2$;
(3) $y'' - y = 4xe^x, y|_{x=0} = 0, y'|_{x=0} = -1$.

6. 试问:满足方程 $y''-y'-2y=3e^{-x}$ 的哪一条积分曲线在原点处与直线 $y=x$ 相切?

7. 求解下列各题:

(1)求以 $y=C_1 e^x - C_2 e^{-x} + x - 1$ 为通解的微分方程.

(2)已知方程 $y''+ay'+by=ce^x$ 有解 $y=e^{-x}(1+xe^{2x})$,求方程通解.

(3)已知方程 $y''+g(x)y'=f(x)$ 有解 $y=\dfrac{1}{x}$,而对应的齐次方程有解 $y=x^2$,求原方程的通解.

8. 求证下列命题:

(1)设 $y=y(x)$ 是二阶线性常系数微分方程 $y''+py'+qy=e^{3x}$ 满足初始条件 $y(0)=y'(0)=0$ 的解,求证: $\lim\limits_{x\to 0}\dfrac{\ln(1-x^2)}{y(x)}=-2$.

(2)设 a,b,c 是正数,求证:当 $x\to+\infty$ 时,方程 $ay''+by'+cy=f(x)$ 的任何两个解之差都趋于零.

§6.7 微分方程的应用(一)

一个方程含未知函数,就称之为**函数方程**. 本节介绍利用微分方程求解几类特殊的函数方程.

一、求解差分方程

函数 $y(x)$ 在任意点 x 处的差分为 $\Delta y = y(x+\Delta x)-y(x)$. 若一个函数方程中含未知函数 $y(x)$ 的差分 Δy,则称该方程为**差分方程**.

求解差分方程的一般方法是利用导数定义,即

$$\lim_{\Delta x \to 0}\frac{\Delta y}{\Delta x}=y',$$

把差分方程化为微分方程来求解.

例1 设 $y=y(x)$ 可导,在任意点 x 处差分 Δy 满足: $\Delta y = 2xy\Delta x + o(\Delta x)$,且 $y(0)=1$,求 $y(x)$.

解 由 $\Delta y = 2xy\Delta x + o(\Delta x)$ 两边同除以 $\Delta x \neq 0$,并令 $\Delta x \to 0$ 得

$$\lim_{\Delta x \to 0}\frac{\Delta y}{\Delta x}=\lim_{\Delta x \to 0}\left[2xy+\frac{o(\Delta x)}{\Delta x}\right],$$

于是
$$y'=2xy.$$

这是个可分方程,求解之(过程略),并利用条件 $y(0)=1$,可得 $y(x)=e^{x^2}$.

二、求解积分方程

若一个函数方程含未知函数的不定积分,定积分,或变限积分,则该方程为**积分方程**. 要求解积分方程,一般方法是利用求导法消去积分号,直接求出未知函数或化为微分方程求解. 要注意,某些积分方程要多次求导才能去掉积分号,还用特别注意隐喻条件的挖掘,以保证求导后的方程与原积分方程同解.

例2 设 $f(x)$ 连续, $f(x)=2+\int_0^{2x} f\left(\dfrac{t}{2}\right)dt$,求 $f(x)$.

解 由 $f(x)$ 连续,得 $\int_0^{2x} f\left(\dfrac{t}{2}\right)dt$ 可导,又由 $f(x)=2+\int_0^{2x} f\left(\dfrac{t}{2}\right)dt$,得 $f(x)$ 可导. 原

方程两边对 x 求导,得
$$f'(x) = 2f(x).$$

解此可分方程(过程略),得通解为 $f(x)=Ce^{2x}$.

又由原方程令 $x=0$ 得 $f(0)=2$(这就是隐喻条件,不可漏了),于是 $C=2$.

故 $f(x)=2e^{2x}$.

例 3 设 $f(x)$ 连续,且 $x>0$ 时满足 $2f(x)=\int_0^1 f(xt)\mathrm{d}t$,求 $f(x)$.

思路 被积式含有变量 x,先用定积分的算法把 x "换"或"分"到积分限上或积分号外,然后才能求导.

解 $x>0$ 时,方程右端的积分
$$\int_0^1 f(xt)\mathrm{d}t \xlongequal{xt=u} \int_0^x f(u) \cdot \frac{1}{x}\mathrm{d}u = \frac{1}{x}\int_0^x f(u)\mathrm{d}u.$$

原方程化为 $2f(x)=\dfrac{1}{x}\int_0^x f(u)\mathrm{d}u$,即 $2xf(x)=\int_0^x f(u)\mathrm{d}u$.

因为 $f(x)$ 连续,由上式得 $f(x)$ 当 $x>0$ 时可导,两边求导,得
$$2f(x)+2xf'(x) = f(x),\text{即 } f'(x) = -\frac{1}{2x}f(x).$$

解此可分方程(过程略),得 $f(x)=\dfrac{C}{\sqrt{x}}$.

三、求解其他方程

有些函数方程中,常会出现诸如 $f(x+y), f(xy), f(x), f(y)$ 等的关系式,如
$$f(x+y) = f(x)f(y), f(xy) = f(x)+f(y), f(x+y) = f(x)+f(y),$$
这种情况下要求未知函数 $f(x)$,也可用导数定义或导数运算,把关系式化为微分方程求解. 要注意方程特点及其隐喻条件.

例 4 设 $f(x)$ 可导, $f'(0)=e$,且对任何实数 x,y 满足:
$$f(x+y) = e^x f(y) + e^y f(x),$$

求 $f(x)$.

解法一 因为 $f(x)$ 可导,由方程两边对 y 求导,得
$$f'(x+y) = e^x f'(y) + e^y f(x).$$

令 $y=0$,得 $\quad f'(x)=e^{x+1}+f(x) \quad$ 即 $\quad f'(x)-f(x)=e^{x+1}$.

解此一阶线性方程(过程略),得 $f(x)=xe^{x+1}+Ce^x$.

由 $f'(0)=e$,得 $C=0$. 故 $f(x)=xe^{x+1}$.

解法二 由方程两边分别对 x,y 求导,得
$$f'(x+y)=e^x f(y)+e^y f'(x), f'(x+y)=e^x f'(y)+e^y f(x).$$

消去 $f'(x+y)$,并变量分离,得
$$e^{-x}(f'(x)-f(x)) = e^{-y}(f'(y)-f(y)).$$

由 x,y 任意性,得
$$e^{-x}(f'(x)-f(x)) = a \quad \text{即} \quad [f(x)e^{-x}]' = a.$$

积分后可得 $f(x)=(ax+C)\mathrm{e}^x$.

由原方程得 $f(0)=0$, 又 $f'(0)=\mathrm{e}$, 代入上式, 得 $a=\mathrm{e}, C=0$.

故 $f(x)=x\mathrm{e}^{x+1}$.

注 若去掉题设"$f(x)$ 可导"的条件, 则先要用导数定义推出
$$f'(x) = \mathrm{e}^{x+1} + f(x).$$

习 题 6.7

1. 求解下列差分方程:

(1) 已知 $y=f(x)$ 满足差分方程: $\Delta y = \dfrac{\mathrm{e}^x}{1+\mathrm{e}^{2x}}\Delta x + o(\Delta x)$, 求 $f(x)$.

(2) 已知 $y=y(x)$ 满足 $\Delta y = \dfrac{y\Delta x}{1+x^2} + o(\Delta x)$, 且 $y(0)=\pi$, 求 $y(1)$.

(3) 设 $y=y(x)$ 在 $[0,+\infty)$ 可导, 在任意点 $x\in(0,+\infty)$ 的差分满足
$$\Delta y \cdot (1+\Delta y) = \dfrac{y\Delta x}{x+1} + \alpha,$$
其中 α 当 $\Delta x \to 0$ 时是 Δx 的等价无穷小, 又 $y(0)=1$, 求 $y(x)$.

2. 解下列积分方程, 求连续函数 $f(x)$:

(1) $\displaystyle\int_0^x f(t)\mathrm{d}t = f(x) - \mathrm{e}^x$;

(2) $f(x) = \displaystyle\int_0^{3x} f\left(\dfrac{t}{3}\right)\mathrm{d}t + \ln 2$;

(3) $x\displaystyle\int_0^x f(t)\mathrm{d}t = (x+1)\displaystyle\int_0^x tf(t)\mathrm{d}t$;

*(4) $\displaystyle\int_0^x f(t)\mathrm{d}t = \displaystyle\int_0^x (x-t)f(t)\mathrm{d}t$;

*(5) $\displaystyle\int_0^x f(x-u)\mathrm{e}^u \mathrm{d}u = \sin x$;

*(6) $f(x) = \mathrm{e}^x - \displaystyle\int_0^x tf(x-t)\mathrm{d}t$.

3. 解下列函数方程, 求未知函数 $f(x)$:

(1) 已知对 $\forall x,y$, 恒有 $f(x+y)=f(x)f(y)$, 且 $f'(0)=1$.

(2) 已知 $\forall x>0, y>0$, 有 $f(xy)=f(x)+f(y)$, 且 $f'(1)=1$.

(3) 已知对 $\forall x,y$, 恒有 $f(x+y)=f(x)+f(y)+2xy$, 且 $f'(0) \exists$.

4. 证明下列各题:

(1) 若 $f'(x)=f(1-x)$, 求证: $f(x)=C\left(\cos x + \dfrac{1+\sin 1}{\cos 1}\sin x\right)$.

*(2) 已知 $f(x)\in C(0,+\infty), f(1)=3$, 且满足:
$$\int_1^{xy} f(t)\mathrm{d}t = x\int_1^y f(t)\mathrm{d}t + y\int_1^x f(t)\mathrm{d}t,$$
求证: $f(x)=3(\ln x+1)$.

*(3) 设 $f(x)$ 可导, 且满足:
$$f(x) - xf(-x) + \int_0^x f(t-x)\mathrm{d}t = \dfrac{1}{2}x^2,$$
求证: $f(x) = \dfrac{1}{2}\ln(1+x^2) + x - \arctan x$, 并求 $\displaystyle\lim_{x\to 0} \dfrac{f(x)}{1-\cos x}$.

§6.8 微分方程的应用(二)

微分方程是建立现实世界中变量与变量之间相互依赖的数学模型的重要工具之一, 本节里, 我们将比较集中地介绍一些微分方程在几何、物理及其他实际问题中的应用, 同时概

述利用微分方程建立和求解数学模型的方法.叙述中,以分析如何建立方程为主,至于怎样求解方程由读者自行解决,不再赘述.

一、求解几何问题

微分方程在几何中的应用,主要是指解几何问题求未知曲线,关键是建立微分方程.建立微分方程,一般有两类:

一是利用导数的几何应用列方程.这时主要用到的是曲线上任意点(x,y)处的切线斜率公式和曲线的曲率公式:

$$k = y', K = \frac{|y''|}{\sqrt{[1+(y')^2]^3}}.$$

根据问题中斜率或曲率与任意点的坐标,以及其他量的关系就可以建立微分方程.

二是利用积分的几何应用列方程.这时可能用到以下公式:曲线$y=y(x)$在区间$[a,x]$上的平均值为$\frac{1}{x-a}\int_a^x y(t)dt$;以非负曲线$y=y(x)$为曲边、以区间$[a,x]$为底的曲顶矩形的面积为$\int_a^x y(t)dt$,该曲边梯形绕$x$轴旋转所成的旋转体的体积为$\pi\int_a^x y^2(t)dt$;曲线$y=y(x)$在区间$[a,x]$上对应的一段曲线弧的弧长为$\int_a^x \sqrt{1+(y'(t))^2}dt$,该曲线弧绕$x$轴旋转所成的旋转曲面的面积为$2\pi\int_a^x y(t)\sqrt{1+(y'(t))^2}dt$.上述的积分公式都是以动点$x$为积分上限的,都是$x$的函数,用这些公式列方程时,得到的是所谓的积分方程(或是个既含未知函数导数又含未知函数积分的方程,称为**微分积分方程**).方程一般可以通过求导化为微分方程.

例1 若曲线上任意一点处的切线在纵坐标轴上的截距等于切点横坐标的平方,且曲线过$(-1,2)$点,求曲线方程.

思路 利用斜率公式列方程.

解 设曲线方程为$y=y(x)$,则曲线在任意点(x,y)处的切线斜率$k=y'$,切线方程为$Y-y=y'(X-x)$,其中,(X,Y)是切线上的动点的坐标.

令$X=0$,得切线在纵坐标轴上的截距为$Y=y-xy'$.依题设有

$$y-xy' = x^2, \text{即 } y' - \frac{1}{x}y = -x.$$

求解此一阶线性方程(过程略),并代入定解条件$y(-1)=2$,可得所求的曲线$y=-x(x+3)$.

例1实质上是建立了方程$\begin{cases} y-xy'=x^2 \\ y(-1)=2 \end{cases}$,也就是**数学模型**.

例2 设$y=f(x)(x\geq 0)$连续可微,且$f(0)=1$,现已知曲线$y=f(x)$,x轴,x轴上过O点与x点的垂线所围成的图形的面积值与曲线$y=f(x)$在$[0,x]$上的一段弧长值相等,求$f(x)$.

思路 利用面积公式与弧长公式列方程.

解 题中所言的面积为 $\int_0^x f(t)\mathrm{d}t$，弧长为 $\int_0^x \sqrt{1+[f'(t)]^2}\,\mathrm{d}t$，由题设得

$$\int_0^x f(t)\mathrm{d}t = \int_0^x \sqrt{1+[f'(t)]^2}\,\mathrm{d}t.$$

这是微分积分方程，两边对 x 求导，并化成典型形式，得

$$y' = f'(x) = \pm\sqrt{y^2-1}.$$

这是一阶可分方程，求其通解后，利用条件 $y(0)=f(0)=1$，可解得

$$f(x) = \frac{1}{2}(\mathrm{e}^x + \mathrm{e}^{-x}).$$

二、求解变化率问题

求解变化率问题，一般是考虑在任意 t 时刻，利用变量的变化率（即导数）所满足的等量关系列出方程。有时要注意到变量的增减与变化率的正负要对应，其次还要注意是否有用来确定题设中比例系数的条件。

例 3 在某一人群中推广新技术是通过其中已掌握新技术的人进行的，设该人群的总人数为 N，在 $t=0$ 时刻，已掌握新技术的人数 x_0。若在任意时刻 t 已掌握新技术的人数 $x(t)$（连续可微变量），其变化率与已掌握新技术的人数和未掌握新技术的人数之积成正比，比例系数为 $k>0$，求 $x(t)$。

思路 利用人数变化率（即导数）所满足的等量关系列出方程。

解 在任意时刻 t，已掌握新技术的人数为 $x(t)$，于是 $x(0)=x_0$。

又 $x(t)$ 的变化率为 $x'(t)$，未掌握新技术的人数为 $N-x(t)$，按题设有

$$x'(t) = kx(N-x).$$

解此一阶可分方程的初值问题，得 $x = \dfrac{Nx_0\mathrm{e}^{kNt}}{N-x_0+x_0\mathrm{e}^{kNt}}$。

显然 $x(t)$ 是单调增加的，且当 $t\to+\infty$ 时 $x\to N$，说明掌握新技术的人数不能超过总人数，这与日常经验不悖。总人数 N 称为**限制量**。

注 例 3 所建立的微分方程是一个新技术推广模型，它可以适用于人口的变迁、信息的传播、商品的销售、疾病的扩散、植物的生长等。这类问题所刻画的规律是：某个量的变化率既与目前的量，又与其限制量与目前量之差成正比。刚开始时，这个量增长速度较慢，渐渐地，这个量越长越快，最后，量的增长速度趋于稳定甚至慢慢减缓。

三、求解物理等问题

利用微分方程解决物理及其他实际问题时，关键的仍然在于如何建立微分方程。一般地，建立微分方程的方法有两种：

一种称为**取瞬法**，就是从任一瞬间的状态中寻求未知函数的导数与各变量和已知量的关系，并用数学式子即微分方程表出。

另一种称为**微元法**，就是从局部微小的改变中寻求未知函数的微分与各变量和已知量的关系，同样用微分方程表出。

下面我们介绍一些具有代表性的问题。

例4 设降落伞从跳伞塔下落后,所受空气阻力与速度成正比,并设降落伞离开跳伞塔时($t=0$)速度为零,求降落伞下落速度与时间的函数关系.

思路 求解直线运动问题,一般用取瞬法,结合导数的物理应用即速度公式$v=x'(t)$,加速度公式$a=v'(t)=x''(t)$,以及牛顿第二定律$F=ma$列方程,方程形式主要有两种:
$$mv'(t)=F(t),mx''(t)=F(t).$$
其中$F(t)$是与运动方向相同的合外力,要通过受力分析获得.

解 取降落伞刚离开跳伞塔时的位置为原点,垂直向下的方向为x轴方向,建立数轴(图 6-8-1). 设在任意t时刻,降落伞下落速度为$v(t)$,则此时降落伞受到重力P与阻力R的作用. 重力大小为mg,方向与v一致;阻力大小为kv(k为比例系数),方向与v相反,从而降落伞所受外力为
$$F=mg-kv.$$
根据牛顿第二运动定律,得函数$v(t)$应满足的方程为
$$mv'(t)=mg-kv, \quad (6.8.1)$$
解此可分方程,并注意初始条件$v|_{t=0}=0$,可得
$$v=\frac{mg}{k}(1-e^{-\frac{k}{m}t}). \quad (6.8.2)$$

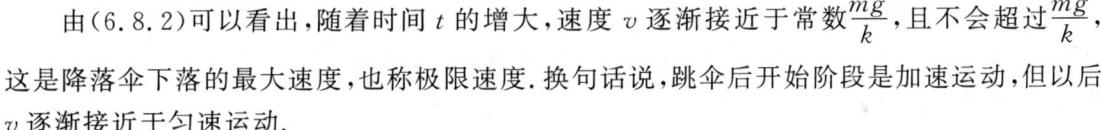

图 6-8-1

由(6.8.2)可以看出,随着时间t的增大,速度v逐渐接近于常数$\frac{mg}{k}$,且不会超过$\frac{mg}{k}$,这是降落伞下落的最大速度,也称极限速度. 换句话说,跳伞后开始阶段是加速运动,但以后v逐渐接近于匀速运动.

请读者自行求出降落伞下落的距离与时间的关系.

注 例4建模的方法,可以应用于各种物体沿直线运动的模型,比如物体下落、船体上浮、飞机滑行等. 运用上述原理时,要注意对质点进行正确的受力分析,同时要注意力的方向.

例5 设开始时甲、乙水平距离为1单位,乙从A点沿垂直于OA的直线以等速度v向正北行走;甲从乙的左侧O点出发,始终对准乙以nv($n>1$)的速度追赶. 求追迹曲线方程.

思路 求解追迹曲线问题,一般用取瞬法. 由于甲的速度方向(即切线方向)始终对准乙,因此在任意时刻t,点$P(x,y)$的切线斜率等于直线PB,由此建立一个含有t的方程,进一步利用P的速度大小消去t,最终获得以$y(x)$为未知函数且不含t的微分方程.

解 建立如图 6-8-2 所示的坐标系,设追迹曲线为$y=y(x)$. 设在时刻t,甲在追迹曲线上的点为$P(x,y)$,乙在点$B(1,vt)$,由于点$P(x,y)$的方向对准B,得
$$\frac{dy}{dx}=\frac{vt-y}{1-x},即(1-x)\frac{dy}{dx}+y=vt. \quad (6.8.3)$$
又甲在点$P(x,y)$的速度为nv,得
$$\sqrt{\left(\frac{dx}{dt}\right)^2+\left(\frac{dy}{dt}\right)^2}=nv,即\sqrt{1+\left(\frac{dy}{dx}\right)^2}=nv\frac{dt}{dx}.$$
$$(6.8.4)$$

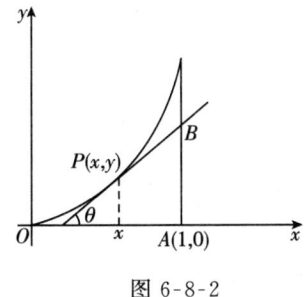

图 6-8-2

为了消去 t,由(6.8.3)两边对 x 求导,得

$$(1-x)\frac{d^2y}{dx^2} = v\frac{dt}{dx},$$

与(6.8.4)联立消去 $\frac{dt}{dx}$ 得 $\sqrt{1+\left(\frac{dy}{dx}\right)^2} = n(1-x)\frac{d^2y}{dx^2}$,即 $\sqrt{1+(y')^2} = n(1-x)y''$,于是

$$y'' = \frac{1}{n(1-x)}\sqrt{1+(y')^2}.$$

这是个二阶可降阶(不显含 y)方程,求解并注意到初始条件 $y(0)=0, y'(0)=0$,可解得追迹曲线为

$$y = \frac{n}{2}\left[\frac{(1-x)^{\frac{n+1}{n}}}{n+1} - \frac{(1-x)^{\frac{n-1}{n}}}{n-1}\right] + \frac{n}{n^2-1}.$$

若令 $x=1$,得 $y = \frac{n}{n^2-1}$,即乙行走至离 A 点 $\frac{n}{n^2-1}$ 单位距离时被甲追到.

注 例5建模的方法可以用于炮击、缉私等追踪问题.

例6 有高为 1m 的半球形容器,水从它的底部小孔流出,小孔横截面面积为 1cm^2. 开始时容器内盛满了水,求水从小孔流出过程中容器里水面的高度 h(水面与孔口中心间的距离)随时间 t 变化的规律(已知:水从深处 h 的孔流出的速度 $v=0.62\sqrt{2gh}\,\text{cm/s}$,这里 0.62 为流量系数,$g=980\text{cm/s}$ 平方,为重力加速度).

思路 求水面高度和时间的关系,要抓住"液面下降减少的水=小孔流出的水"这个等量关系,为克服水流速度不断变化的困难,可采用微元法,即微小时间段 $[t, t+dt]$ 内,按等量关系(流体平衡关系)列方程.

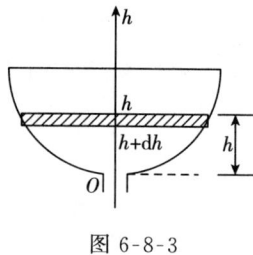

图 6-8-3

解 如图 6-8-3 建立坐标系,设任意时刻 t,水面高度为 h,在微小时间段 $[t, t+dt]$ 内,水面高度由 h 降至 $h+dh$ ($dh<0$),即这段时间内容器内减少的体积为

$$-\pi(\sqrt{100^2-(100-h)^2})^2 dh = -\pi(200h-h^2)dh,$$

右端置负号是由于 $dh<0$ 的缘故. 同时,这段时间内通过小孔流出的体积

$$0.62\sqrt{2gh}\,dt.$$

由平衡关系得

$$0.62\sqrt{2gh}\,dt = -\pi(200h-h^2)dh.$$

解此可分方程,并注意初始条件 $h|_{t=0}=100$,可得 h 随时间 t 变化的规律为

$$t = \frac{\pi}{4.65\sqrt{2g}}(7\times10^5 - 10^3 h^{3/2} + 3h^{5/2}).$$

如果欲求水流完所需时间,只要令 $h=0$ 求出相应的 t 即可.

注 本例是用微元法建立方程的典型例子,其建模方法,适用于任何单一流体的流动规律.

例7 设一个容器内原有 100L 的盐水,内含盐 10kg. 现以 3L/min 的速度注入质量浓度为 0.01kg/L 的淡盐水(假设淡盐水注入后与容器中原有盐水被搅拌而迅速成为均匀的

混合盐水),同时以 2L/min 的速度流出混合均匀的盐水.试求容器中盐量与时间的函数关系.

思路 这是混合溶液流动问题.一般用微元法,根据溶质的平衡关系列方程,即微小时间段 $[t,t+dt]$ 内,容器内溶质的改变量=流入的溶质量-流出的溶质量.针对本题,则在 $[t,t+dt]$ 内有:

容器中盐的改变量=注入的盐水中所含盐量-流出的盐水中所含的盐量.

解 设 t 时刻容器中的盐量为 $x(t)$kg,则在微小时间段 $[t,t+dt]$ 内,容器中盐的改变量为 dx,注入的盐水中所含盐量为 $0.01 \times 3dt$. 又 t 时刻容器中溶液的盐的浓度为 $\dfrac{x(t)}{100+(3-2)t}$,当 dt 很短时,在时间段 $[t,t+dt]$ 内容器中盐水的浓度不变(以匀代变),即流出的盐水中所含盐量为 $\dfrac{x(t)}{100+(3-2)t} \cdot 2dt$,故由平衡关系得

$$dx = 0.03dt - \frac{2x}{100+t}dt, \text{即} \frac{dx}{dt} + \frac{2x}{100+t} = 0.03.$$

解此线性方程并注意初始条件 $x|_{t=0}=10$kg,可得盐量与时间的函数关系为

$$x = 1 + 0.01t + \frac{90000}{(100+t)^2}.$$

下面对该问题进行一下简单的讨论,由盐量与时间的上式关系不难发现:t 时刻容器中盐水的浓度为

$$p(t) = \frac{x(t)}{100+t} = 0.01 + \frac{90000}{(100+t)^3},$$

当 $t \to +\infty$ 时,$p(t) \to 0.01$,即长时间地进行上述稀释过程,容器中盐的浓度将趋于注入盐水的盐的浓度.

注 关于混合溶液问题的更一般提法是:设一个容器,装有混合溶液的容积为 V_0,该混合溶液内含一定质量 x_0 的某种溶质.现以流量 V_1 注入质量浓度为 C_1 的同种类溶液(浓度不同).假定溶液立即被搅匀,并以 V_2 的流量流出这种混合溶液,求容器中溶质质量与时间的关系.

仿照例 7,利用微元法可得 t 时刻容器中溶质质量 $x(t)$ 所满足的条件是

$$\begin{cases} \dfrac{dx}{dt} + \dfrac{V_2}{V_0 + (V_1-V_2)t}x = C_1V_1 \\ x(0) = x_0 \end{cases}.$$

该模型不仅适用于液体的混合,而且还适用于气体的混合,在环境保护中有广泛应用.

总之,在物理或实际问题中,列微分方程的一般步骤:一是确定问题中的几个要素,例如自变量,未知函数,必要的参数与常数,坐标系等;二是确定一些与未知函数的变化率或微分有关的条件、规律、定律,并按照条件、规律、定律列出方程;三是将方程化为标准形式求解,利用初始条件定解.

列微分方程常用的思想方法是:取瞬法和微元法.

微分方程的应用问题有:利用导数几何应用列方程,求未知曲线;利用积分几何应用列方程,求未知曲线;利用牛顿第二定律及导数的物理意义列方程,求直线运动的规律;利用导

数的几何应用列方程,求曲线运动的轨迹;利用微小时间间隔内流体流动的等量关系列方程,求流体流动的规律;利用微小时间间隔内溶质流动的等量关系列方程,求溶质变化的规律;利用瞬时变化率满足的条件列方程,求实际量的变化规律.

从第一章开始,迄今我们已经介绍了许多微积分思想在实际问题中的应用,其中逼近法(极限思想)、取瞬法(导数思想)、微元法(微分与积分思想)是最重要的思想方法.

习 题 6.8

1. 求满足下列各条件的曲线的方程:

(1)曲线通过原点,并且它在点(x,y)处的切线斜率等于$2x+y$.

(2)曲线上任何点P处的切线在y轴上的截距等于原点到P的距离OP.

(3)在上半平面求一条凹曲线,其上任一点$P(x,y)$处的曲率等于此曲线在该点的法线段PQ长度的倒数(Q是法线与x轴的交点),且曲线在$(1,1)$处的切线与x轴平行.

*2. 求满足下列各条件的连续曲线的方程:

(1)连接两点$A(0,1),B(1,0)$的一条曲线,它位于弦AB上方,$P(x,y)$为曲线上任意一点,已知曲线与弦AP之间的面积为x^3.

(2)曲线$y=f(x)$在x轴上方,并过点$(1,1)$.该曲线与直线$x=1,y=0$及动直线$x=b(b\geqslant 1)$所围成的图形绕y轴旋转的旋转体的体积为$2\pi f(b)-2\pi$.

(3)曲线上$y=y(x)$两点$(0,1)$及(x,y)之间的弧长为$s=\sqrt{y^2-1}$.

3. 解下列与瞬时变化率有关的问题:

(1)一个半球状的的雪堆,其体积融化的速率与半球面面积成正比,比例系数为$k>0$.假设在融化期间雪堆始终保持半球状,已知半径为r_0的雪堆在开始融化的三个小时内,融化其体积的7/8,问全部融化需要多长时间?

(2)物体在空中的冷却速度与物体的温度及气温之差成正比,现将温度为100℃的物体放进气温为20℃的空气中冷却,若20min后,温度降到60℃,问物体温度下降到30℃时需要多少时间?

(3)牛顿冷却定律指出:物体冷却速度与当时的物体温度与周围环境温度之差成正比.同样地,一块热的物体,其温度下降的速度与其自身温度同环境温度的差值成正比.现在,某处发生一起谋杀案,接到报案后法医于晚上8:20赶到案发现场,测得尸体温度为32.6℃.一小时后,当尸体即将被抬走时,测得尸体温度为31.4℃,室温一直保持在21.1℃,如何判断谋杀案发生的时间.

4. 解下列各种直线运动的问题:

(1)火车沿水平轨迹运动,重量为p,机车的牵引力为f,运动时的阻力$R=a+bv$,设火车由静止开始运动,求火车的运动方程(其中a,b,f,p为常数,v是火车的速度).

(2)子弹以v_0的速度与板垂直的方向打入厚度为h的板,以速度v_1离开此板,设板对子弹的阻力与速度平方成正比,问子弹穿过该板需经过多少时间.

(3)初始质量为M_0克,在空气中自由落下的雨点均匀地蒸发着,设每秒蒸发m克,空气的阻力与雨点的速度成正比,如果开始雨点的速度为零,试求雨点运动的速度与时间的关系.

*5. 解下列各个有关流量的问题:

(1)有一个盛满水的圆锥形漏斗,高为10cm,顶角$\alpha=60°$,漏斗下端有一截面积$S=0.5\text{cm}^2$的小孔.水以速度$v=0.6\sqrt{2gh}$cm/s从小孔流出,其中$g=980\text{cm/s}^2$,h(cm)为水面到小孔距离.求水全部流出所需的时间.

(2)已知某车间的容积为$30\times 30\times 6\text{m}^3$,其中的空气含0.12%的$CO_2$(以容积计).现以含$CO_2$为0.04%的新鲜空气输入,问每分钟应输入多少,才能在30分钟后使车间空气中CO_2的含量不超过0.06%?

(假设输入的新鲜空气与原有空气很快混合均匀后以相同的流量排出).

(3)若有一已受污染的湖泊,其体积为 $4.9 \times 10^6 \text{ m}^3$,洁净的水以每年 $158 \times 10^3 \text{ m}^3$ 的流速流入湖中,污水也以同样的流速流出(假设污染物是均匀地分布在整个湖中,并且流入湖中洁净的水立刻就与原来湖中的水相混合.问经过多长时间,可使湖中的污染物排出 90%?若要排出 99%,又需要多长时间?

综合测试题六

一、单项选择题(每小题 3 分,共 15 分)

1. 函数 $y = C - x$ 是微分方程 $xy'' - y' = 1$ 的( )
   A. 通解   B. 特解
   C. 解,但既非通解也非特解   D. 不是解

2. 已知 $y = \dfrac{x}{\ln x}$ 是方程 $y' = \dfrac{y}{x} + \varphi\left(\dfrac{x}{y}\right)$ 的解,则 $\varphi(u) = ($)
   A. $-1/u^2$ B. $1/u^2$ C. $-u^2$ D. u^2

3. 若方程 $y'' + py' + qy = 0$ 的一切解是周期函数,则常数 p, q 满足( )
   A. $p > 0, q = 0$ B. $p < 0, q = 0$ C. $p = 0, q < 0$ D. $p = 0, q > 0$

4. 方程 $y'' - 6y' + 9y = x^2 e^{3x}$ 的特解形式是( )
   A. $ax^2 e^{3x}$ B. $x^2(ax^2 + bx + c)e^{3x}$
   C. $x(ax^2 + bx + c)e^{3x}$ D. $ax^4 e^{3x}$

5. 满足 $f(x) = \int_0^{3x} f\left(\dfrac{t}{3}\right) dt + 3x - 3$ 的连续函数 $f(x) = ($)
   A. $-3e^{-3x} + 1$ B. $-2e^{3x} - 1$ C. $-e^{3x} - 2$ D. $-e^{-3x} + 1$

二、填空题(每小题 3 分,共 15 分)

6. 方程 $y'' + y = 2$ 的通解是_____.

7. 方程 $y'' + y' = 2 + e^x$ 的通解是_____.

8. 若 $y^* = \dfrac{1}{2} x e^{2x}$ 是微分方程 $y'' - py' = e^{2x}$ 的一个解,则该方程的通解为_____.

9. 已知曲线过 $(1,3)$ 点,且曲线上任意一点的切线斜率等于自原点到该切点的连线的斜率的两倍,则此曲线方程为_____.

10. 底半径为 R 的圆柱形水桶,水面高为 h,因桶底有裂缝而漏水,漏水的流速与水面的高度成正比,1 小时漏出的水是原有水的 $m\%$,则 t 小时后,桶中所剩下之水为_____.

三、解答题(每小题 8 分,共 56 分)

11. 求微分方程 $xy' - y = x\ln x$ 满足 $y(1) = 1$ 的特解.

12. 设函数 $y(x)$ 满足方程 $(x^2 - 1)y' + 2xy - \cos x = 0$ 和条件 $y(0) = 1$,求 $\displaystyle\int_{-1/2}^{1/2} y(x) dx$.

13. 求方程 $yy'' + y'^2 = 0$ 满足初始条件 $y|_{x=0} = 1, y'|_{x=0} = \dfrac{1}{2}$ 的特解.

14. 求方程 $y'' - 5y' + 6y = ae^{ax}$ 的通解.

15. 已知是二阶线性常系数微分方程 $y'' + ay' + by = (cx + d)e^{2x}$ 有个解为 $y = e^x + x^2 e^{2x}$,求此微分方程的通解.

16. 利用代换 $y\cos x = z$,将方程 $y''\cos x - 2y'\sin x + 3y\cos x = e^x$ 化简,并求出方程的通解.

*17. 设 $f(x) = \sin x - \displaystyle\int_0^x (x - t) f(t) dt$,求连续函数 $f(x)$.

四、应用题(每小题 7 分,共 14 分)

18. 设函数 $f(x)$ 在 $[0,1]$ 上连续,在 $(0,1)$ 内大于零,并满足

$$xf'(x) = f(x) + \frac{3a}{2}x^2 \quad (a \text{ 为常数}),$$

又曲线 $y=f(x)$ 与 $x=1, y=0$ 所围成的图形 D 的面积为 2. 问 a 为何值时,图形 D 绕 x 轴旋转所得的体积最小?

19. 某种飞机在机场降落时,为了减少滑行距离,在触地的瞬间,飞机尾部张开减速伞,以增大阻力,使飞机迅速减速并停下. 现有一质量为 9000kg 的飞机,着陆时的水平速度为 700km/h. 经测试,减速伞打开后,飞机所受的总阻力与飞机的速度成正比,比例系数为 $k=6.0\times 10^6$. 求从着陆点开始算起,飞机滑行的最长距离.

五、附加题(共 10 分)

20. 函数 $f(x)$ 在 $[0,+\infty)$ 上可导,$f(0)=1$,且满足等式:$f'(x) + f(x) = \dfrac{1}{x+1}\int_0^x f(t)\mathrm{d}t$,

(1)求导数 $f'(x)$;(2)证明:当 $x \geqslant 0$ 时,$\mathrm{e}^{-x} \leqslant f(x) \leqslant 1$.

高等数学(上册)模拟试题一

一、单项选择题(每小题 3 分,共 18 分)

1. 设极限 $\lim\limits_{x\to 1}\dfrac{\sin(x^2-1)}{x^2+ax+b}=\dfrac{1}{2}$,则常数 a,b 的值分别是( )

   A. $a=-2,b=-3$ B. $a=2,b=-3$ C. $a=2,b=3$ D. $a=-2,b=3$

2. 设在点 $x=a$ 处,$f(x)$ 可导,且 $f'(a)=1$,则 $\lim\limits_{h\to 0}\dfrac{f(a+h)-f(a-h)}{h}=$( )

   A. 2 B. 1 C. 0 D. -1

3. 若 $f(x)=x\ln 2x$ 在 $x=x_0$ 的导数 $f'(x_0)=2$,则函数值 $f(x_0)=$( )

   A. $\dfrac{e}{2}$ B. $\dfrac{2}{e}$ C. e D. 1

4. 若 $x\to 0$ 时,$\sin x=P(x)+o(x^3)$,则三次多项式 $P(x)=$( )

   A. $x+x^3$ B. $x-x^3$ C. $x+\dfrac{1}{6}x^3$ D. $x-\dfrac{1}{6}x^3$

5. 若 $\Phi(x)=\int_0^{x^2}\cos t^2\,dt$,则导函数 $\Phi'(x)$ 是( )

   A. 单调函数 B. 周期函数 C. 奇函数 D. 偶函数

6. 满足 $(x+1)f(x)=2\int_0^x f(t)\,dt+1$ 的连续函数 $f(x)=$( )

   A. e^x B. $\cos x$ C. $\sin x$ D. $x+1$

二、填空题(每小题 3 分,共 15 分)

7. 极限 $\lim\limits_{x\to 0}(1-2x)^{\frac{3}{x}}=$ _____ .

8. 函数 $y=x^x+2x$ 在点 $x=1$ 处的微分 $dy|_{x=1}=$ _____ .

9. 若 $f(x)$ 是 $1+\sin x$ 的一个原函数,则 $f(x)$ 的一个原函数为 _____ .

10. 通解为 $y=C_1+C_2 e^{-x}+x$ 的二阶线性常系数非齐次微分方程是 _____ .

11. 设 R 为地球半径,g 为重力加速度.若把质量为 m 物体从地球表面升高到 h 处所做的功为 $W(h)$,则 $\lim\limits_{h\to+\infty}W(h)=$ _____ .

三、计算题(每小题 7 分,共 42 分)

12. 求极限 $\lim\limits_{x\to 0}\dfrac{x\sin^2 x}{x-\arcsin x}$.

13. 设参数方程 $\begin{cases} x=t+\sin t+2 \\ y=t+\cos t \end{cases}$,求导数 $\dfrac{dy}{dx}\Big|_{t=0}$,$\dfrac{d^2 y}{dx^2}$.

14. 设函数 $y=y(x)$ 由 $x^2-xy+y^2=1$ 所确定,求 y''.

15. 求定积分 $\int_0^4 \dfrac{x+2}{\sqrt{2x+1}}\,dx$.

16. 求定积分 $\int_{-1}^1 (|x|+x)e^{-|x|}\,dx$.

17. 求微分方程 $y'=\dfrac{\sin x-y}{x}$ 满足 $y\left(\dfrac{\pi}{2}\right)=\dfrac{2}{\pi}$ 的特解.

四、应用题(每小题 9 分,共 18 分)

18. 设 $f(x) = \dfrac{1+ax^2}{x}$,已知曲线 $y=f(x)$ 在 $x=1$ 对应点处的切线与 x 轴平行. (1) 求 a 的值; (2) 求 $f(x)$ 的单调增加区间与极小值; (3) 求 $y=f(x)$ 的垂直渐近线.

19. 设曲线 $y=x^2$ 与直线 $y=0, x=a(a>0)$ 所围成的平面图形为 D. 若 D 绕两个坐标轴旋转的旋转体的体积相等. (1) 求 a; (2) 求图形 D 的面积.

五、证明题(共 7 分)

20. 求证:当 $e < a < b$ 时,$\dfrac{\ln^2 b - \ln^2 a}{b-a} < \dfrac{2\ln a}{a}$.

高等数学(上册)模拟试题二

一、单项选择题(每小题 3 分,共 30 分)

1. 极限 $\lim\limits_{x \to +\infty} \dfrac{x\sin 2x}{2x^2+1} = ($)

   A. 0   B. 1   C. 1/2   D. 不存在

2. $x=0$ 是函数 $f(x)=\dfrac{1+x}{e^{1/x}+1}$ 的( )

   A. 可去间断点   B. 跳跃间断点   C. 无穷间断点   D. 振荡间断点

3. 设 $f(x)$ 在点 $x=1$ 连续,且 $\lim\limits_{x \to 1}\dfrac{f(x)}{x^2-1}=1$,则 $f(x)$ 在点 $x=1($)

   A. 不可导   B. 可导且 $f'(1)=0$
   C. 可导且 $f'(1)=1$ D. 可导且 $f'(1)=2$

4. 设 $f(x)$ 导,且满足 $f'(x)=e^{f(x)}$,则三阶导数 $f'''(x)=($)

   A. $e^{f(x)}$ B. $e^{3f(x)}$ C. $2e^{3f(x)}$ D. $3e^{3f(x)}$

5. 设函数 $y=(x-1)^{5/3}$,则 $x=1$ 不是 $f(x)$ 的( )

   A. 零点   B. 驻点   C. 极值点   D. 拐点

6. 方程 $x+e^x=0$ 的实根个数是( )

   A. 1   B. 2   C. 3   D. 0

7. 设函数 $f(x)$ 的原函数为 $\arctan x$,则 $f(x)$ 的导函数 $f'(x)$ 为( )

   A. $\arctan x$ B. $\dfrac{1}{1+x^2}$ C. $-\dfrac{2x}{1+x^2}$ D. $-\dfrac{2x}{(1+x^2)^2}$

8. 设函数 $f(x)$ 满足:$f(x)<0,f'(x)>0$,则当 $b>a$ 时( )

   A. $\int_a^b f(x)\mathrm{d}x > f(a)(b-a) > 0$ B. $f(a)(b-a) > \int_a^b f(x)\mathrm{d}x > 0$
   C. $\int_a^b f(x)\mathrm{d}x < f(a)(b-a) < 0$ D. $f(a)(b-a) < \int_a^b f(x)\mathrm{d}x < 0$

9. 设函数 $y=\int_0^{x^2}\sin(t^2)\mathrm{d}t$,则微分 $\mathrm{d}y=($)

   A. $\sin(x^2)\mathrm{d}x$ B. $2x\sin(x^4)\mathrm{d}x$ C. $\cos(x^2)\mathrm{d}x$ D. $2x\cos(x^4)\mathrm{d}x$

10. 微分方程 $y'+y\cos x=e^{-\sin x}$ 满足 $y(\pi)=\pi$ 的特解是( )

    A. $y=xe^{-\sin x}$ B. $y=xe^{\sin x}$ C. $y=xe^{-\cos x}$ D. $y=xe^{\cos x}$

二、解答题(共 7 分)

11. 求极限 $\lim\limits_{x \to 0}\dfrac{\sin x^3}{x[x-\ln(1+x)]}$.

三、解答题(每小题 8 分,共 32 分)

12. 设函数 $y=y(x)$ 由方程 $y=xe^y$ 确定,求导数 y' 和 y''.

13. 设参数方程 $\begin{cases} x=2t-\sin t \\ y=t^2-t\sin t-\cos t \end{cases}$,求导数 $\left.\dfrac{\mathrm{d}^2 y}{\mathrm{d}x^2}\right|_{t=0}$.

14. 设函数 $f(x)=(a-x)\mathrm{e}^{2x}$ 在 $x=\dfrac{1}{2}$ 取极值,(1)求 a 的值;(2)证明:当 $x>0$ 时 $f(x)<1+x$.

15. 在曲线 $y=\dfrac{1}{x^2}(x>0)$ 上求一点,使得曲线在该点处的切线在两坐标轴上的截距的平方和最小.

四、解答题(每小题 8 分,共 24 分)

16. 设函数 $f(x)=\begin{cases} x\mathrm{e}^{x^2}, & -1\leqslant x\leqslant 1, \\ \dfrac{1}{\sqrt{x}}\mathrm{e}^{\sqrt{x}}, & x>1 \end{cases}$,求定积分 $\displaystyle\int_{-1}^{4}f(x)\mathrm{d}x$.

17. 求不定积分 $\displaystyle\int\dfrac{\ln(1+\mathrm{e}^x)}{\mathrm{e}^x}\mathrm{d}x$.

18. 设抛物线 $y=x^2$,$y=(x-2)^2$ 和 x 轴所围平面图形为 D.(1)求 D 的面积;(2)D 绕 x 轴旋转一周所成立体的体积;(3)D 绕直线 $x=1$ 旋转一周所成立体的体积.

五、解答题(共 7 分)

19. 求二阶微分方程 $y''-y'=2x$ 的通解.

高等数学(上册)模拟试题三

一、单项选择题(每小题3分,共30分)

1. 设函数 $f(x),g(x),h(x)$ 满足 $g(x)\leqslant f(x)\leqslant h(x)$,且 $\lim_{x\to\infty}[h(x)-g(x)]=0$,则极限 $\lim_{x\to\infty}f(x)$ ( )

   A. 等于零　　　B. 不存在　　　C. 存在,但未必为零　　　D. 不一定存在

2. 设曲线 $y=\dfrac{e^x}{e^x-1}$ 水平渐近线的条数为 a,铅直渐近线的条数为 b,则( )

   A. $a=1,b=1$　　B. $a=1,b=2$　　C. $a=2,b=1$　　D. $a=2,b=2$

3. 设函数 $f(x)=x|x|$,则在点 $x=0$ 处( )

   A. $f(x)$ 不连续　　B. $f(x)$ 不可导　　C. $f'(x)$ 不连续　　D. $f'(x)$ 不可导

4. 设 $f(x)$ 可导,$f'(x)=[f(x)]^2$,则当 $n>2$ 时,$f^{(n)}(x)=$( )

   A. $n!\cdot[f(x)]^{n+1}$ 　　　　　　　B. $n[f(x)]^{n+1}$

   C. $[f(x)]^{2n}$　　　　　　　　　　D. $n![f(x)]^{2n}$

5. 设参数方程 $\begin{cases}x=4e^t+1\\y=2e^{2t}-1\end{cases}$,则二阶导数 $\dfrac{d^2y}{dx^2}=$( )

   A. $\dfrac{1}{4}$　　B. $2e^t$　　C. e^t　　D. $\dfrac{1}{4}e^t$

6. 方程 $x^2=x\sin x+\cos x$ 的实根个数是( )

   A. 1个　　B. 2个　　C. 3个　　D. 4个

7. 下列四个定积分,其值等于零的是( )

   A. $\int_0^\pi \sin(\sin x)dx$　　　　　　B. $\int_0^\pi \sin(\cos x)dx$

   C. $\int_0^\pi \cos(\sin x)dx$　　　　　　D. $\int_0^\pi \cos(\cos x)dx$

8. 函数 $F(x)=\int_0^{x^2}\ln(1-t)dt$ 的定义域和递增区间分别是( )

   A. $[0,1],(0,1)$　　　　　　B. $(0,1),(-1,0)$

   C. $(-1,1),(-1,0)$　　　　　D. $(-1,1),(0,1)$

9. 二阶微分方程 $y''-y=e^x+1$ 的一个特解应具有形式( )

   A. ae^x+b　　B. axe^x+bx　　C. ae^x+bx　　D. axe^x+b

10. 设潜水艇在重力作用下,从海平面由静止开始铅直下沉,在下沉过程中还受到阻力和浮力的作用.设潜水艇的质量为 m,体积为 B,海水比重为 ρ,而潜水艇所受阻力与下沉速度成正比,比例系数为 $k>0$.则下沉深度 y 与下沉速度 v 之间所满足的微分方程是( )

    A. $m\dfrac{dv}{dy}=mg-B\rho-kv$　　　　B. $mv\dfrac{dv}{dy}=mg-B\rho-kv$

    C. $m\dfrac{dy}{dv}=mg-B\rho-kv$　　　　D. $my\dfrac{dy}{dv}=mg-B\rho-kv$

二、解答题(每小题 10 分,共 70 分).

11. 求极限 $\lim\limits_{x\to 0}\left(\dfrac{1}{\sin x}-\dfrac{1}{e^x-1}\right)$

12. 设函数 $y=y(x)$ 由方程 $2\arctan\dfrac{y}{x}=\ln(x^2+y^2)$ 确定,求二阶导数 y''.

13. 设 $f(x)$ 的一个原函数为 e^{x^2},求定积分 $\displaystyle\int_0^1 x^3 f'(x^2)\,dx$.

14. 已知 $y(x)$ 是微分方程 $y'-\dfrac{y}{x\ln x}=\ln x$ 满足条件 $y|_{x=e}=e$ 的特解,求 $\lim\limits_{x\to 0^+} y(x)$.

15. 设函数 $f(x)=\dfrac{a(x-1)}{x+1}-\ln(x+1)$ 在点 $x=3$ 处取得极值.

(1)求常数 a;(2)求曲线 $y=f(x)$ 的拐点.

16. 已知曲线 $y=a\sqrt{x}$ 与 $y=\ln\sqrt{x}$ 在点 (x_0,y_0) 处有公切线.

(1)求 a,x_0;(2)求这两曲线与 x 轴围成的图形绕 x 轴旋转的体积.

17. 设函数 $f(x)$ 在 $[0,1]$ 上连续,在 $(0,1)$ 内可导,且满足 $f(0)=2\displaystyle\int_{1/2}^{1} e^{-x}f(x)\,dx$.

求证:存在 $\xi\in(0,1)$,使得 $f'(\xi)=f(\xi)$.

习题、综合测试题、模拟试题部分参考答案

习题 1.1

1. (1)$(0,10)\cup(10,+\infty)$;(2)$[-1,5]$;
(3)$[-1,1]$;(4)$[2k\pi,(2k+1)\pi]$,$k\in\mathbf{Z}$.
2. (1)相同;(2)不同;(3)不同;(4)相同.
4. (1)偶;(2)偶;(3)奇;(4)奇.
7. (1)是周期函数,周期为 $2\pi/3$;
(2)不是周期函数.
8. (1)无界;(2)有界;(3)有界;(4)有界.
9. (1)2^{2x};(2)$2^{\sqrt{x}}$;(3)$x^{1/4}$;(4)$2^{x/2}$.
10. (1)$\dfrac{1}{x^2+2}$;(2)$\dfrac{1}{3}(x^2+2x-1)$.
11. 1,3,5.
12. $f^{-1}(x)=\begin{cases}-\sqrt{(1-x)/2},& x<-1,\\ \sqrt[3]{x},& -1\leqslant x\leqslant 8,\\ (x+16)/12,& x>8.\end{cases}$
14. (1)$V=\dfrac{\pi}{4}h(4R^2-h^2)$,$0<h<2R$;
(2)$v=100/f$;
(3)$y=\begin{cases}0.15x,& 0\leqslant x\leqslant 50,\\ 7.5+0.25(x-50),& x>50.\end{cases}$
15. (1)单调减少且有界;
(2)$\dfrac{1}{6}n(n+1)(2n+1)$;
(3)$\dfrac{1}{6}n(n+1)(n+2)$.

习题 1.2

1. (1)0;(2)1;(3)不存在(无穷大).
3. $y_n=1/2^n$,$\lim\limits_{n\to\infty}y_n=0$.

习题 1.3

1. (1)0;(2)1;(3)不存在.
2. 都不存在.
3. 不存在,1.
4. 全错.

习题 1.4

1. (2)是无穷小;(3),(5)是无穷大.
2. 全错.
3. (1)0;(2)0;(3)0;(4)∞.
4. (2)(3)是无界函数;(2)是无穷大.

习题 1.5

1. (1)正确;(2)错误;(3)正确;(4)错误;(5)错误;(6)正确.
2. (1)0;(2)2/3;(3)∞;(4)$-1/2$;(5)∞;
(6)0;(7)-1;(8)-2;(9)$2\sqrt{2}/3$;
(10)$2^{20}/3^{30}$;(11)0;(12)不存在.
3. (1)当 $a=1$ 时,$\lim\limits_{x\to 1}f(x)=2$;当 $a\neq 1$ 时,
$\lim\limits_{x\to 1}f(x)$不存在;(2)$\lim\limits_{x\to\infty}f(x)$不存在.
4. (1)-1;(2)$\dfrac{\pi}{6}$;(3)$-\dfrac{1}{3}$;
(4)$\begin{cases}2,& 0<|x|<1,\\ -1/3,& |x|>1,\\ 1/4,& |x|=1,\\ \nexists,& x=0.\end{cases}$
5. (1)2;(2)1/2;(3)1/3;(4)1/2;(5)1;(6)3.
6. (1)3;(2)1;(3)$1+\sqrt{2}$.

习题 1.6

1. (1)3/2;(2)2/3;(3)1/2;(4)π;(5)2;
(6)$\pi/2$;(7)0;(8)1;(9)3.
2. (1)e^4;(2)$e^{-2/3}$;(3)e^{-7};(4)e^{-2};(5)$e^{2/3}$;
(6)e^{-1};(7)e^{-1};(8)$e^{-1/2}$;(9)e;(10)e^{-1}.
3. (1)3,2;(2)0;(3)e.
4. (1)$3\cdot 2^{n-2}R^2\sin\dfrac{\pi}{3\cdot 2^{n-2}}$;(2)$A_k=A_0 e^{rk}$.
5. (2)1.

习题 1.7

1. (1)$g(x)$;(2)$f(x)$;(3)$f(x)$.
2. (1)$a=\ln\sqrt{2}$;(2)$a=2$;(3)$a=2$,$b=1$;
(4)$a=-1$,$b=0$.
3. -1.
4. (1)垂直渐近线 $x=0$,水平渐近线 $y=0$;
(2)水平渐近线 $y=1$;(3)水平渐近线 $y=0$;(4)垂直渐近线 $x=0$,水平渐近线 $y=\pm 1$.
*5. (1)垂直渐近线 $x=-1$,斜渐近线 $y=x-1$;(2)斜渐近线 $y=x+2$.
7. (2)1/2.

习题 1.8

1. $(-\infty,-3)$,$(-3,2)$,$(2,+\infty)$;$1/2$,$-8/5$,∞.
2. (1)$\ln\sqrt{3}$;(2)2;(3)9/4;(4)1.
3. (1)不连续;(2)连续.

4.(1)4;(2)1,2.

5.(1)$x=1$ 为可去间断点,属第一类;$x=-1$ 为无穷间断点,属第二类;$x=0$ 为跳跃间断点,属第一类.(2)$x=0$ 是可去间断点,属第一类;$x=k\pi$ ($k\in \mathbf{Z}, k\neq 0$)是无穷间断点,属第二类.(3)$x=0$ 是跳跃间断点,属第一类.(4)$x=0$ 是跳跃间断点,属第一类.

6.(1)两个,分别是 $x=0$ 和 $x=2$;(2)$x=0$ 是跳跃间断点,属第一类.

习 题 1.9(略)

综合测试题一

1. D.　2. B.　3. D.　4. C.　5. A.

6. $\begin{cases} 0, x<0, \\ x^2, x\geq 0 \end{cases}$.　7. 1.　8. 4,10.

9. $-3/2$.　10. e^{-1}.

11. $x/\sqrt{1+2x^2}$.

12.(1)$e^{1/2}$;(2)e^{-6}.

13. 1.

14. 1/2.

15. 1.

16. 1/2.

17. $e^{-1/2}$.

18. $x=1$ 是跳跃间断点,属第一类;$x=-1$ 是可去间断点,属第一类. 补充定义 $f(-1)=0$,可使函数在点 $x=-1$ 连续.

习 题 2.1

1.(1)$\dfrac{1}{2\sqrt{a}}dx$;(2)dx;(3)$-\sin x dx$.

2. 0.0201, 0.02, 0.0001.

3. $4\pi \approx 12.56(cm^3)$.

习 题 2.2

1.(1)~(4)全错;(5)正确.

3.(1)0;(2)不存在;(3)不存在;(4)0.

4.(1)连续,不可导;(2)连续,不可导;(3)不连续,不可导;(4)连续,可导.

5.(1)A;(2)-2;(3)0;(4)4;(5)$\dfrac{1}{x}$.

6.(1)$-f'(a)$;(2)$(\alpha+\beta)f'(a)$.

7. 不一定.

8. $a=b=e/2$.

习 题 2.3

1.(1)$1-2x^3-\dfrac{4}{x^3}$;(2)$\dfrac{4\sqrt{x}+1}{x\sqrt{x}}dx$;

(3)$3x^2+3^x\ln 3-\dfrac{1}{x\ln 3}$;(4)$(xe^x+e x^{e-1})dx$;

(5)$\dfrac{4x}{(1-x^2)^2}$;(6)$\dfrac{x(1-\ln x)-1}{x\ln^2 x}dx$;

(7)$\ln x \cos x+\cos x-x\ln x \sin x$;

(8)$\dfrac{1+\cos x+\sin x}{(1+\cos x)^2}dx$;

(9)$\dfrac{x+\cos x}{1-\sin x}$;(10)$\sec x(2\tan^2 x+1)dx$.

2.(1)$-6\pi-1, 6\pi-1$;(2)$1/2, 0$;(3)$-dt/18$;

(4)$\dfrac{(-1)^{n-1}}{n(n+1)}$;(5)0;(6)$g(a)$.

3.(1)$f'(x)=\begin{cases} 1/2\sqrt{x}, & 0<x<1, \\ 不存在, & x=1, \\ 2, & 1<x \end{cases}$;

(2)$f'(x)=\begin{cases} 3x^2-4x, & x<0 \text{ 或 } x>2, \\ 0, & x=0, \\ 不存在, & x=2, \\ 4x-3x^2, & 0<x<2 \end{cases}$.

习 题 2.4

1.(1)$2(x-1)$;(2)$4(x^3-x)^3(3x^2-1)$;

(3)$n\left(ax+\dfrac{b}{x}\right)^{n-1}\left(a-\dfrac{b}{x^2}\right)$;(4)$2e^{2x}$;

(5)$e^{\sqrt{x}}/2\sqrt{x}$;(6)$1/x$;(7)$-x/\sqrt{a^2-x^2}$;

(8)$-\dfrac{1}{x^2}\cos\dfrac{1}{x}$;(9)$-\sin 2x$;(10)$2x\sec^2(x^2)$;

(11)$2\sec^2 x \tan x$;(12)$\dfrac{1}{2\sqrt{x}(1+x)}$.

2.(1)$\dfrac{1}{x\ln x \ln(\ln x)}$;(2)$\dfrac{1}{x}+2\cot x$;

(3)$-2a\omega\sin(2\omega t+\varphi)$;(4)$\dfrac{3x^2+4}{x(x^2+1)}$;

(5)$-\dfrac{2\arccos x}{\sqrt{1-x^2}}$;(6)$\dfrac{1}{\sqrt{2x-4x^2}}$;(7)$-\dfrac{1}{1+x^2}$;

(8)$-\dfrac{1}{(1+x)\sqrt{2x(1-x)}}$.

3.(1)$2^{\frac{x}{\ln x}} \cdot \dfrac{\ln 2(\ln x-1)}{\ln^2 x}dx$;(2)$\csc x dx$;

(3)$\dfrac{2(1-t^2)}{(1+t^2)|1-t^2|}dt$;

(4)$n\sin^{n-1} x \cos[(n+1)x]dx$;

(5)$\arcsin\dfrac{x}{2}dx$;

(6)$-\dfrac{1}{x\sqrt{1-x^2}(x+\sqrt{1-x^2})}dx$;

(7)$\dfrac{x\arcsin x}{(1-x^2)\sqrt{1-x^2}}dx$;

$(8)-\dfrac{1}{(2x+x^3)\sqrt{1+x^2}}dx.$

4. $(1)2x^2\ln 2;(2)4^x;(3)4^x\ln 2;(4)2^{x^2+1}x\ln 2.$
5. $(1)0,0;(2)-\pi dx;(3)-dx.$
6. $f'(x)=2|x|e^{x|x|}$；连续．
7. $(1)a=0;$

$(2)f'(x)=\begin{cases}2x\cos\dfrac{1}{x}+\sin\dfrac{1}{x},& x\neq 0,\\ 0,& x=0\end{cases};$

(3)不可导．

习 题 2.5

1. $(1)2x(3+2x^2)e^{x^2};(2)2(\arctan x+\dfrac{x}{1+x^2});$

$(3)-\dfrac{x}{\sqrt{(1+x^2)^3}};(4)\begin{cases}-2,& x<0,\\ \not\exists,& x=0,\\ 2,& x>0\end{cases};$

$(5)2f'(x^2)+4x^2f''(x^2);$

$(6)\dfrac{f''(x)f(x)-[f'(x)]^2}{[f(x)]^2}.$

2. $2g(a).$
3. $g''(y)=-\dfrac{f''(x)}{[f'(x)]^3}.$
4. $(1)\dfrac{3\cos 1-\sin 1}{e^3};(2)-1;(3)90;(4)10!;$

$(5)(-1)^n\dfrac{(n-2)!}{x^{n-1}};(6)(-1)^n(x-n)e^{-x}.$

习 题 2.6

1. $(1)0;(2)-e,2e^2;$

$(3)\dfrac{-y}{[1-\cos(x+y)]^3};(4)\dfrac{2(x^2+y^2)}{(x-y)^3}.$

2. $(1)\left(\dfrac{x}{1+x}\right)^x\left(\ln\dfrac{x}{1+x}+\dfrac{1}{1+x}\right);$

$(2)\dfrac{x^2}{1-x}\sqrt[3]{\dfrac{3-x}{(3+x)^2}}\left[\dfrac{2}{x}+\dfrac{1}{1-x}-\dfrac{1}{3(3-x)}-\dfrac{2}{3(3+x)}\right].$

3. $(1)\dfrac{3}{4(1-t)};(2)\dfrac{1}{3a}\sec^4\theta\csc\theta;(3)\dfrac{1+t^2}{4t};$

$(4)-1.$

4. $(1)\dfrac{y(x\ln y-y)}{x(y\ln x-x)};(2)\dfrac{f''}{(1-f')^3};$

$(3)\dfrac{1}{f'(0)};(4)0;(5)0.$

习 题 2.7

1. $(1)y=4(x-1);(2)y=0$ 和 $y=4(x-1);$

$(3)y=x-1;(4)\dfrac{x_0x}{a^2}+\dfrac{y_0y}{b^2}=1;$

$(5)x+2y-3=0;(6)4x+2y-3=0.$

2. $(1)1/2e;(2)e^{-1}.$
3. $(1)v(t)=v_0-gt,t=v_0/g;(2)t=4;$

$(3)v(0)=2,a(0)=-6;$

$(4)a(t)=f'(x)f(x).$

4. 速度大小 $v=\sqrt{v_0^2-2v_0gt_0\sin\theta+(gt_0)^2}$；

切线的倾角 $\alpha=\arctan\left(\dfrac{v_0\sin\theta-gt_0}{v_0\cos\theta}\right).$

*5. $(1)1.5\text{m/s};(2)50\text{km/h};$

$(3)0.14\text{rad/min};(4)16/25\pi\text{m/min}.$

综合测试题二

1. B. 2. C. 3. A. 4. B. 5. C.
6. 4. 7. 10!. 8. 2. 9. $f'(0).$
10. $x^{\tan x}(\sec^2 x\ln x+\dfrac{\tan x}{x})dx.$
11. $e^{-x}\sin 2e^{-x}dx.$
12. $-3/5.$
13. $\dfrac{e-1}{e^2+1}dx.$
14. 2.
15. 2e.
16. $y=x,y=-x.$
17. 连续．
18. $a=1/8,b=1/2.$
20. $D^*f(x)=-2f(x)f'(x)$；当 $f(x)=C$(常数)时,$D^*f(x)=f'(x).$

习 题 3.1

1. (1)正确,$\xi=1;(2)$正确,$\xi=2\sqrt{3}/3;(3)$正确,$\xi=\dfrac{1}{2}$ 或 $\sqrt{2}.$

习 题 3.2

1. 全错．
2. $(1)(0,\dfrac{1}{2});$

(2)增区间为$(-3,3)$,减区间为$(-\infty,-3)$和$(3,+\infty);$

$(3)f(0)=f(2)=0;(4)$极大值 $y|_{x=\pm 1}=e^{-1}$,极小值 $y|_{x=0}=0;(5)$极小值 $f(0)=4;$

(6)驻点 $x=0,\pm 3$；极小值 $f(-3)=-\dfrac{9}{2}$，极大值 $f(3)=\dfrac{9}{2}$；垂直渐近线 $x=\pm\sqrt{3}$,斜渐近线 $y=-x;$

$(7)a=\dfrac{1}{2}e^{1/2},b=-\dfrac{1}{8}$；是极大值．

3.(1)最大值 $f\left(\dfrac{3}{4}\right)=\dfrac{5}{4}$,最小值 $f(-5)=\sqrt{6}-5$;

(2)最大值 $f(1)=e$,最小值 $f(0)=0$;

(3)$f(1)=\dfrac{\pi-2\ln 2}{4}$;

(4)$\sqrt[3]{3}$;(5)$16\sqrt{2}$;(6)$a\leqslant 1$.

4.(1)$\left(\pm\sqrt{2},\dfrac{1}{2}\right)$;(2)$1/2$;(3)$4:\pi$;

(4)$1:1,4:\pi$.

5.(1)5h;(2)$AD=15$km;

(3)$Q=300$ 件,最大利润 $L(300)=25000$ 元;

(4)$m=1;m=4/3$.

6.(1)一个实根;

(2)方程当 $a>3$ 时无实根;当 $a=3$ 时有一个实根;当 $a<3$ 时有两个实根;

(3)$a\leqslant 0$ 或 $a=1/e$.

习 题 3.3

1.(1)凹;(2)$x=\pm 1$;(3)凹区间$(2,+\infty)$,凸区间$(-\infty,2)$,拐点$(2,2e^{-2})$;(4)凹区间$\left(-\dfrac{1}{2},+\infty\right)$,凸区间$\left(-\infty,-\dfrac{1}{2}\right)$,拐点$\left(-\dfrac{1}{2},-3\sqrt[3]{2}\right)$.

2.(1)$a=2$;(2)$\left(7,\dfrac{3}{2}-3\ln 2\right)$.

3.(1)$a=-1,b=3$;

(2)极小值 $f(0)=1$,极大值 $f(2)=5$;

(3)最大值 $f(2)=5$,最小值 $f(0)=f(3)=1$.

4.(3)$y=\pm 3x\pm 1$;(4)$a>0$ 或 $a<-\dfrac{e}{6}$.

*6.(1)$1/4\sqrt{2}$;(2)$1/2(x+y)\sqrt{x+y}$;(3)$2/3$.

*7.(1)$\left(\dfrac{\sqrt{2}}{2},-\dfrac{\ln 2}{2}\right)$;

(2)约 1246N;

(3)$y=-\dfrac{1}{32}x^5+\dfrac{1}{8}x^4-\dfrac{1}{8}x^3+\dfrac{1}{4}x^2$.

习 题 3.4

2.(1)渐近线 $x=1$ 与 $y=0$;

(2)极小值 $f(0)=-1$;

(3)拐点 $\left(-\dfrac{1}{2},-\dfrac{8}{9}\right)$.

3. 极小值 $f(3)=27/4$;拐点$(0,0)$;渐近线 $x=1$ 和 $y=x+2$.

5.$4x-4y+5-3\sqrt{3}=0$.

6.$\sqrt{2\pi^3+8\pi}$.

习 题 3.5

2.(1)$1/3$;(2)6;(3)$(-1)^{m-n}\dfrac{m}{n}$;

(4)3;(5)$-\dfrac{1}{8}$;(6)1;(7)$2/\pi$;(8)$1/2$;(9)e;

(10)1;(11)$e^{-2/\pi}$;(12)e^2;(13)$\sqrt{6}$;(14)1.

3.(1)$-1/6$;(2)1;(3)$e^{-1/6}$;(4)$-1/6$;

(5)0;(6)2.

4.(1)$a=-1,b=\dfrac{1}{6}$;*(2)$y=x-\dfrac{1}{2}$;

(3)连续;(4)$x=0$.

5.(1)0;(2)1;(3)2;(4)$1,2$.

习 题 3.6

1.(1)$\dfrac{1}{x}=-[1+(x+1)+(x+1)^2+\cdots+(x+1)^n]+o[(x+1)^n]$;

(2)$\sqrt{x}=2+\dfrac{1}{4}(x-4)-\dfrac{1}{64}(x-4)^2+\dfrac{1}{512}(x-4)^3-\dfrac{5}{128\sqrt{\xi^7}}(x-4)^4$,其中 ξ 介于 4 与 x 之间;(3)$\sqrt{e}\approx 1.646$.

2.(1)$\dfrac{7}{12}$;(2)36;(3)$A=\dfrac{1}{3},B=-\dfrac{2}{3},C=\dfrac{1}{6}$;(4)$-\dfrac{99!}{96}$.

综合测试题三

1. D. 2. C. 3. A. 4. C. 5. C.

6. $9/4$. 7. $y=x$. 8. $-1/6$.

9. 2. 10. 两. 11. $1/6$.

12. $-e/2$.

13. 极小值 $y(-1)=-\dfrac{1}{4}$;拐点 $\left(-2,-\dfrac{2}{9}\right)$;水平渐近线为 $y=0$;垂直渐进性线为 $x=1$.

14. e^{-1}.

15. $(\pm 1,\pm 2)$.

16. 当 $a>\dfrac{1}{2e}$ 时无实根;当 $a\leqslant 0$ 或 $a=\dfrac{1}{2e}$ 时有唯一实根;当 $0<a<\dfrac{1}{2e}$ 时有两个根.

习 题 4.1

2.(1)$I_1\geqslant I_2$;(2)$I_1\geqslant I_2$;(3)$I_1\geqslant I_2\geqslant I_3$;(4)$I_3\leqslant I_1\leqslant I_2$.

3.(1)$\pi\leqslant I\leqslant\sqrt{2}\pi$;(2)$\pi/9\leqslant I\leqslant 2\pi/3$;(3)$2e^{-1/4}\leqslant I\leqslant 2e^2$;(4)$1/2\leqslant I\leqslant\sqrt{2}/2$.

习 题 4.2

1. 全错.
3. 1.
4. $A=-1/2, B=1/2$.
5. $-\frac{1}{2}x^2+C$; $-\frac{1}{2}$.

习 题 4.3

1. (2) $\frac{20}{3}$; (4) $1+\frac{\pi}{4}$; (6) $\frac{8}{3}-\ln3$; (8) $\frac{40}{3}$;
(10) 2; (12) $\frac{\pi}{2}-1$; (14) $4-\pi$.
2. (1) $5/2$; (2) $2(\sqrt{2}-1)$; (3) $11/2$.
3. (1) $-\sin x-\cos x+C_1 x+C_2$; (2) $2/3$;
(3) $1/2, 1/4$; (4) $\begin{cases} x^2, & 0\leqslant x \leqslant 1, \\ 3x-2, & 1<x\leqslant 2 \end{cases}$
4. $y=\ln|x|+1$.

习 题 4.4

3. (3) 0; (6) $\frac{1}{2}\ln\frac{8}{5}$; (9) 2; (12) $\frac{1}{4}$;
(15) $\pi-\frac{4}{3}$; (18) $\frac{1}{2}(1-\ln2)$; (21) $\frac{\pi^3}{96}$.
4. (2) $\ln\frac{2e}{1+e}$; (4) $\frac{2e-1}{2e^2}$.
5. (1) $\begin{cases} e^x, & x\leqslant 0, \\ 2-e^{-x}, & x>0 \end{cases}$;
(2) $2e^2$; (3) $-\frac{1}{3}\sqrt{(1-x^2)^3}+C$;
(4) $\frac{Cx}{\sqrt{1+x^2}}$.

习 题 4.5

1. (2) $\frac{1}{2}(e-1)$; (4) $1-\frac{2}{e}$.
2. (1) $1-2e^{-1}$; (2) $4(\ln4-1)$; (4) $2-5e^{-1}$;
(5) $\ln2/3$; (7) $-2\pi/w^2$; (8) -2π;
(10) $(\pi-2)/4$; (11) $(\pi-\ln4)/8$;
(13) $2(1-2e^{-1})$; (14) $(\pi-\ln4)/8$.
3. (3) $\frac{1}{5}(e^\pi-2)$; (4) $\frac{\pi^3}{6}-\frac{\pi}{4}$; (5) e;
(6) $\frac{2^n \cdot n!}{(2n+1)!!}$; (7) $\frac{m! \cdot n!}{(m+n+1)!}$.
4. (1) 1; (2) 0; (3) 3; (4) $\frac{1}{2}(x+1)e^x+x+C$.

习 题 4.6

3. (2) $2\ln\frac{4}{3}$; (3) $\frac{1}{6}$; (5) $3(e-2)$;
(6) $\ln2-\frac{1}{2}$; (8) $4(\ln4-1)$; (9) $4(\ln8-1)$;
(11) $(3\sqrt{2}-2\sqrt{3})/3$;
(12) $3\pi/16$; (13) $\pi^2/4-2$;
(14) $\pi/4$; (15) $a=b$ 时, $\frac{1}{2a^2}$; $a\neq b$ 时, $\frac{1}{b^2-a^2}$
$\ln\left|\frac{b}{a}\right|$; (16) $\frac{1}{ab}\arctan\left(\frac{b}{a}\right)$.
4. (1) $b=\ln2$; (2) $\tan\frac{1}{2}+\frac{1}{2}(1-e^{-4})$;
(3) $\ln\frac{2e}{1+e}$; (4) $\frac{1}{2}$.
5. (1) $-\pi\ln2/2$; (2) $1/3$; (3) $\pi a^3/2$; (4) 0.

习 题 4.7

1. $\Phi(x)=\begin{cases} x, & 0\leqslant x\leqslant 1 \\ x^2, & 1<x\leqslant 2 \end{cases}$, 连续, 不可导.
2. (1) $-e^{-\sqrt{x}}$; (2) $(4e-1)dx$; (3) $4y$;
(4) $-1/\sqrt{2\pi}$; *(5) $f(x)$.
3. (1) 1; (2) 0; (3) 0; (4) 0.
4. (1) 极小值 $f(0)=0$, 极大值 $f(\pm\sqrt{2})=e^{-2}+1$; (2) $[2-\sqrt{2}, \sqrt{2}]$.

习 题 4.8

1. (1) $\frac{1}{2}gT^2$; (2) $-\frac{3}{2}$ m, $\frac{41}{6}$ m;
(3) $v=\frac{1}{2}t^2+4t+5$ (m/s), $\frac{1250}{3}$ m;
(4) $s=t^3+2t^2$ (m), 80 m, 40 m/s;
(5) 不会撞上行人; (6) 1800 L;
(7) $\left(50+\frac{28}{\pi}\right)°$F.
2. (1) $16/3$; (2) $2/5\pi$; (3) $(\sqrt{3}+1)\pi/12$.
*3. 只有(3)可以化成定积分.
*4. (1) $2/3$; (2) $2/\pi$; (3) $1/\ln2$; (4) $4/e$.

习 题 4.9

1. (1) $1/3$; (2) 发散; (3) π/k; (4) $\pi/2$;
(5) $\frac{\omega}{p^2+\omega^2}$; (6) 发散; (7) $\frac{\pi}{2}-1$; (8) $n!$;
(9) 当 $k>1$ 时收敛于 $\frac{1}{(k-1)(\ln a)^{k-1}}$; 当 $k\leqslant 1$ 时发散.
2. (1) $a=0$ 或 $a=-1$; (2) $\pi/2$; (3) 1.
*4. (1) $8/3$; (2) 发散; (3) 发散; (4) $\pi/2$;
(5) 当 $0<k<1$ 时收敛于 $\frac{1}{1-k}(b-a)^{1-k}$; 当 $k\geqslant 1$ 时发散.

综合测试题四

1. C. 2. B. 3. A. 4. A. 5. A.

6. $\dfrac{1}{1+2^{1/x}}+C, f(x)+C.$ 7. 2. 8. 1.

9. 12. 10. 2.

11. (1) $-\dfrac{\arctan x}{x}+\dfrac{1}{2}\ln\dfrac{x^2}{1+x^2}-\dfrac{1}{2}(\arctan x)^2+C;$

(2) $x\arctan x-\dfrac{1}{2}\ln(1+x^2)-\dfrac{1}{2}(\arctan x)^2+C.$

12. (1) $4\sin 1;$ (2) $\pi a^4/16.$

13. $4-\pi.$

14. $\sin 1-\cos 1.$

15. $x+2\ln|x-1|+C.$

16. $\pi/4.$ 17. 1.

习题 5.1(略)

习题 5.2

1. (1) $\dfrac{32}{3};$ (2) $2\pi+\dfrac{4}{3};$ (3) 1; (4) $\dfrac{7}{12};$

(5) $\dfrac{37}{12};$ (6) $\dfrac{3}{8}\pi a^2;$ (7) $\dfrac{5}{4}\pi.$

2. (1) 1; (2) 3; (3) 3(2); (4) e/2.

4. (1) $\dfrac{10}{3},\dfrac{16}{3}\pi;$ (2) $y=\pm\dfrac{1}{2}(x-1),\dfrac{2}{3},\dfrac{\pi}{6};$

(3) $\dfrac{1}{2}e-1,\dfrac{\pi}{6}(5e^2-12e+3);$ (4) $2\sqrt{3}.$

5. (1) $t=1;$ (2) $y=\dfrac{1}{2}x+\dfrac{1}{2};$

(3) $a=\dfrac{1}{3},b=\dfrac{5}{3};$ (4) $a=1.$

6. (1) $A(t)=\dfrac{8}{3}-4t+2t^2,t\in[0,2];$

(2) $t=1;$ (3) $\dfrac{46}{15}\pi.$

7. (1) $741\pi g;$ (2) $1/2\pi(cm/s).$

*8. (1) $8(10\sqrt{10}-1)/27;$

(2) $\sqrt{2}(e^{\pi/2}-1);$ (3) $\sqrt{5}(e^{4\pi}-1)/2.$

*9. (1) $8\pi;$ (2) $2\pi[\sqrt{2}+\ln(1+\sqrt{2})].$

*10. $s=8a,A=3\pi a^2,V=5\pi^2 a^3,S=64\pi a^2/3.$

习题 5.3

1. (1) 2.45J;

(2) $\dfrac{27}{7}kc^{2/3}a^{7/3}$ (k 为比例系数);

(3) $(\sqrt{2}-1)$cm.

2. (1) 392.34kJ;

(2) $\dfrac{1}{6}\rho gV\sqrt[5]{\dfrac{20V}{\pi}};$ (3) $\dfrac{4}{3}\pi R^4(2\mu-1).$

3. (1) 205.8kN; (2) 1.65N.

4. (1) 2kg; (2) 5/4(m).

5. (1) $\dfrac{GmM}{a(l+a)};$

(2) 取细棒在 y 轴上,下端点在原点,质点 M 在 x 轴的位置 $(a,0)$ 上. $\vec{F}=\{F_x,F_y\}=Gm\rho\left\{-\dfrac{l}{a\sqrt{a^2+l^2}},\dfrac{1}{a}-\dfrac{1}{\sqrt{a^2+l^2}}\right\}.$

(3) 引力的大小为 $\dfrac{2Gm\rho}{R}\sin\dfrac{\varphi}{2},$ 方向为 M 指向圆弧的中点.

6. 111000gJ.

综合测试题五

1. B. 2. A. 3. C. 4. D. 5. C.

6. $e+e^{-1}-2.$ 7. $\pi.$ 8. $\pi/2.$

9. $a\pi^2/2.$ 10. $mgR.$

11. $17/4; 129\pi/7.$

12. (1) $\pi/30;$ (2) $1-1/\sqrt[3]{2}.$

13. (1) 1/3; (2) $\pi/6;$ (3) $\pi(11\sqrt{5}-1)/6.$

14. (1) $1/\sqrt{2};$ (2) $(\sqrt{2}+1)\pi/30.$

15. (1) $\dfrac{1}{27}(13\sqrt{13}-8);$ (2) 4.

16. $\pi\rho gH^3/16.$

17. $\pi abh\rho g.$

18. (1) 4; (2) $G\ln 3.$

习题 6.1

1. (1) 是通解; (2) 是解; (3) ①是解; ②是解; ③④是通解.

2. (1) $y'=x^2;$ (2) $\dfrac{dP}{dT}=k\dfrac{P}{T^2}$ (k 为比例系数).

3. $y=xe^{2x}.$

4. $y''-2y'+y=0.$

习题 6.2

1. 是可分方程,也是线性方程; $y=Ce^{2x}-2.$

2. (1) $\sin x\sin y=C;$ (2) $(e^x+1)(e^y-1)=C;$

(3) $(x^2-1)(y^2-1)=C;$

(4) $y=(x-1)^3+C(x-1);$

(5) $y=x^n(e^x+C);$ (6) $(x^2+1)y=x^3+C.$

3. (1) $y=e^{-\cos x}/x;$ (2) $y=e^x/x;$

(3) $y=\dfrac{1}{2}x^2\ln x;$

(4) $y=e^x(e^x-1)/x;$

(5) $y=\begin{cases}x-1+e^{-x}, & x\geq 0, \\ 1-x-e^{-x}, & x<0\end{cases};$

(6) $y = \begin{cases} e^{2x-1}, & x > 1/2, \\ 2x, & -1/2 \leq x \leq 1/2, \\ -e^{-2x-1}, & x < -1/2. \end{cases}$

4. (1) $y = a\ln\dfrac{a+\sqrt{a^2-x^2}}{x} - \sqrt{a^2-x^2}$;

(2) $I = I_0 e^{-k\rho y}$; (3) $i = \dfrac{E}{R}(1 - e^{-\frac{R}{L}t})$;

(4) $C = \dfrac{a}{x} + \dfrac{C_0 x_0 - a}{x_0^b} x^{b-1}$.

5. (2) $y = Ce^{x^2} + \sin x$.

习 题 6.3

1. 是齐次方程,也是伯努利方程;$y(1+Cx^2) = 2x$.

2. (1) $y^2 = x^2(\ln x^2 + C)$; (2) $y = xe^{Cx+1}$;
(3) $x + 2ye^{x/y} = C$;
(4) $x - \sqrt{xy} = C$; (5) $1 - xy^2 = Cxy$.

3. (1) $2x^2 y^2 \ln y - 2xy - 1 = Cx^2 y^2$;
(2) $3(x-1)^2 - y^2 = C(x-1)$;
(3) $y^2 = Cx - x\ln|x|$;
(4) $y - x + 3 = C(y + x + 1)^3$;
(5) $4x - 8y + 3\ln|4x + 8y + 1| = C$.

习 题 6.4

1. (1) $y = \dfrac{1}{6}x^3 - \sin x + C_1 x + C_2$;

(2) $y = \dfrac{1}{3}x^3 + C_1 x^2 + C_2$;

(3) $y^2 = C_1 x + C_2$;

(4) $y = -\ln\cos(x + C_1) + C_2$.

2. (1) $y = (\ln x)^2 + \ln x + 2$; (2) $y = e^x$;

(3) $y = \tan(x + \dfrac{\pi}{4})$; (4) $y = -\dfrac{1}{a}\ln(ax+1)$.

3. $y = \dfrac{a}{2}(e^{\frac{x}{a}} + e^{-\frac{x}{a}})$.

习 题 6.5

1. $y = C_1 + C_2 e^x$.

2. (1) $y = e^{-x} - e^{4x}$; (2) $s = (4 + 6t)e^{-t}$;
(3) $y = 2\cos 5x + \sin 5x$;
(4) $y = e^{-x}(C_1 \cos 2x + C_2 \sin 2x)$;
(5) $a = 0$ 时为 $y = C_1 + C_2 x$, $a > 0$ 时为 $y = C_1 e^{\sqrt{a}x} + C_2 e^{-\sqrt{a}x}$, $a < 0$ 时为 $y = C_1 \cos\sqrt{-a}x + C_2 \sin\sqrt{-a}x$;* (6) $y = C_1 e^{-x} + C_2 e^{2x} + C_3 e^{3x}$.

3. (1) 0; (2) 1.

4. (1) 不可能; (2) $p = 0, q = -1$;
(3) $p = -4, q = 4$.

习 题 6.6

1. (1) $y^* = a$; (2) $y^* = ax + b$;
(3) $y^* = ae^x$; (4) $y^* = x(ax+b)e^{2x}$.

2. (1) $y^* = a$; (2) $y^* = ax + b$;
(3) $y^* = ax^2 e^x$; (4) $y^* = (ax+b)e^{2x}$.

4. (1) $y = C_1 + C_2 e^{-x} + e^x$;
(2) $y = (C_1 + C_2 x)e^{-5x} + x^2 e^{-5x}$;
(3) $y = C_1 \cos 2x + C_2 \sin 2x + x\cos 2x$;
(4) $y = e^x(C_1 \cos 2x + C_2 \sin 2x) + \dfrac{1}{3}e^x \sin x$;
(5) $a = 0$ 时, $y = e^x + C_1 x + C_2$; $a \neq \pm 1$ 时, $y = C_1 e^{ax} + C_2 e^{-ax} + \dfrac{1}{1-a^2}e^x$; $a = \pm 1$ 时, $y = C_1 e^x + C_2 e^{-x} + \dfrac{1}{2}xe^x$.

5. (1) $y = 2e^{2x} - 2x - 1$; (2) $y = e^x + e^{3x} - e^{2x}$;
(3) $y = (x^2 - x)e^x$.

6. $y = \dfrac{2}{3}e^{2x} - \dfrac{2}{3}e^{-x} - xe^{-x}$.

7. (1) $y'' - y = 1 - x$;
(2) $y = C_1 e^x + C_2 e^{-x} + xe^x$;
(3) $y = C_1 x^2 + C_2 + \dfrac{1}{x}$.

习 题 6.7

1. (1) $\arctan e^x + C$; (2) $\pi e^{\pi/4}$;
(3) $(x+1)[\ln(x+1) + 1]$.

2. (1) $f(x) = (x+1)e^x$; (2) $f(x) = e^{3x}\ln 2$;
(3) $f(x) = \dfrac{C}{x^3}e^{-1/x}$; (4) $f(x) = 0$;
(5) $f(x) = \cos x - \sin x$;
(6) $f(x) = \dfrac{1}{2}(\cos x + \sin x + e^x)$.

3. (1) $f(x) = e^x$; (2) $f(x) = \ln x$;
(3) $f(x) = f'(0)x + x^2$.

习 题 6.8

1. (1) $y = 2(e^x - x - 1)$; (2) $x^2 + 2Cy = C^2$;
(3) $y = \dfrac{1}{2}(e^{x-1} + e^{1-x})$.

2. (1) $y = -6x^2 + 5x + 1$; (2) $y = e^{\frac{1}{2}(x^2-1)}$;
(3) $y = \dfrac{1}{2}(e^x + e^{-x})$.

3. (1) 6h; (2) 60min; (3) 谋杀案发生时间大约在下午 5:23.

4. (1) $x = \dfrac{f-a}{b}\left(t + \dfrac{p}{bg}e^{-\frac{bg}{p}t} - \dfrac{p}{bg}\right)$;

(2) $t_1 = \dfrac{h(v_0 - v_1)}{v_0 v_1}\left(\ln\dfrac{v_0}{v_1}\right)^{-1}$;

(3)$v=-\dfrac{g}{m-k}(M_0-mt)+\dfrac{g}{m-k}M_0^{\frac{m-k}{m}}(M_0-mt)^{\frac{k}{m}}$

*5. (1)约 10s;(2)约 250m³;(3)约 72 年,约 143 年.

综合测试题六

1. C.　2. A.　3. D.　4. B.　5. B.
6. $y=C_1\sin x+C_2\cos x+2$.
7. $y=C_1+C_2 e^{-x}+2x+\dfrac{1}{2}e^x$.
8. $y=C_1+C_2 e^{2x}+\dfrac{1}{2}xe^{2x}$.
9. $y=3x^2$.
10. $V=\pi R^2 h\left(1-\dfrac{m}{100}\right)^t$.
11. $y=x\left(\dfrac{1}{2}\ln^2 x+1\right)$.
12. ln3.
13. $y=\sqrt{x+1}$.
14. 当 $a\neq 2,a\neq 3$ 时,$y=C_1 e^{2x}+C_2 e^{3x}+\dfrac{a}{a^2-5a+6}e^{ax}$;当 $a=2$ 时,$y=C_1 e^{2x}+C_2 e^{3x}-2xe^x$;当 $a=3$ 时,$y=C_1 e^{2x}+C_2 e^{3x}+3xe^{3x}$.
15. $y=C_1 e^x+C_2 x+x^2 e^{2x}$.
16. $z''+4z=e^x$,$y=C_1\dfrac{\cos 2x}{\cos x}+2C_2\sin x+\dfrac{e^x}{5\cos x}$.
17. $f(x)=\dfrac{1}{2}(x\cos x+\sin x)$.
18. $a=-5$.
19. 1.05(km).

高等数学(上册)模拟试题一

1. B.　2. A.　3. A.　4. D.　5. C.　6. D.
7. e^{-6}.
8. $3dx$.
9. $\dfrac{1}{2}x^2-\sin x$.
10. $y''+y'=1$.
11. mgR.
12. -6.
13. $\dfrac{dy}{dx}\bigg|_{t=0}=\dfrac{1}{2};\dfrac{d^2 y}{dx^2}=\dfrac{\sin t-\cos t-1}{(1+\cos t)^3}$.
14. $\dfrac{6}{(x-2y)^3}$.
15. $\dfrac{22}{3}$.

16. $2(1-2e^{-1})$.
17. $y=\dfrac{1-\cos x}{x}$.
18. (1)$a=1$;(2)单调增加区间为$(-\infty,-1)$和$(1,+\infty)$;极小值 $f(1)=2$;(3)$x=0$.
19. (1)$a=\dfrac{5}{2}$;(2)$\dfrac{125}{24}$.
20. 提示:利用拉格朗日定理和单调性证明.

高等数学(上册)模拟试题二

1. A;　2. B;　3. D;　4. C;　5. C;
6. A;　7. D;　8. D;　9. B;　10. A
11. 2.
12. $y'=\dfrac{e^y}{1-xe^y}$(或$=\dfrac{e^y}{1-y}$);$y''=\dfrac{e^{2y}(2-xe^y)}{(1-xe^y)^3}$(或$=\dfrac{e^{2y}(2-y)}{(1-y)^3}$).
13. 1.
14. (1)$a=1$;(2)提示:利用单调性证明.
15. $(\sqrt{2},\dfrac{1}{2})$.
16. $2(e^2-e)$.
17. $-\dfrac{\ln(1+e^x)}{e^x}+x-\ln(1+e^x)+C$.
18. (1)$\dfrac{2}{3}$;(2)$\dfrac{2}{5}\pi$;(3)$\dfrac{1}{6}\pi$.
19. $y=C_1+C_2 e^x-x(x+2)$.

高等数学(上册)模拟试题三

1. D;　2. C;　3. D;　4. A;　5. A;
6. B;　7. B;　8. C;　9. D;　10. B.
11. $\dfrac{1}{2}$.
12. $\dfrac{2(x^2+y^2)}{(x-y)^3}$.
13. $\dfrac{1}{2}(e+1)$.
14. 0.
15. (1)$a=2$;(2)$\left(7,\dfrac{3}{2}-3\ln 2\right)$.
16. (1)$a=\dfrac{1}{e},x_0=e^2$;(2)$\dfrac{\pi}{2}$.
17. 提示:先利用定积分中值定理,再利用罗尔定理.

参 考 文 献

常庚哲,史济怀. 2003. 数学分析教程. 北京:高等教育出版社.
李大华,林益,汤燕斌,等. 2007. 工科数学分析. 武汉:华中科技大学出版社.
李德新. 2007. 高等数学(理工类). 厦门:厦门大学出版社.
李德新. 2010. 高等数学. 北京:高等教育出版社.
史迪沃特(Stewart,J). 2004. 微积分. 白峰杉译. 北京:高等教育出版社.
同济大学数学系. 2006. 高等数学. 6版. 北京:高等教育出版社.